RECUEIL D'EXERCICES

THÉORIQUES ET PRATIQUES

D'ALGÈBRE ÉLÉMENTAIRE

A. Guilmin

1981 — Abbeville. — Imprimerie Briez, C. Paillart et Retaux.

RECUEIL D'EXERCICES

THÉORIQUES ET PRATIQUES

D'ALGÈBRE ÉLÉMENTAIRE

ÉNONCÉS ET SOLUTIONS DÉVELOPPÉES
DES QUESTIONS PROPOSÉES

DANS

LES COURS D'ALGÈBRE IN-8 ET IN-18

A L'USAGE DES CLASSES DE SCIENCES
DES CLASSES DE LETTRES ET DES COURS PROFESSIONNELS

Par A. GUILMIN.

NOUVELLE ÉDITION

PARIS
ALPHONSE PICARD, LIBRAIRE
82, rue Bonaparte, 82

EXERCICES

PROPOSÉS DANS LE COURS D'ALGÈBRE

PAR

A. GUILMIN.

SOLUTIONS DÉVELOPPÉES

PRÉLIMINAIRES.

BUT ET UTILITÉ DE L'ALGÈBRE. — EMPLOI DES FORMULES.

1. Partager 1200^f entre 3 personnes de manière que la seconde ait 150^f de plus que la première, et la troisième 60^f de moins que la seconde.

1° Développer la solution par l'arithmétique (sans lettres). 2° Résoudre en désignant une des parts par x. 3° Comparer les deux méthodes. 4° Généraliser, c'est-à-dire établir trois formules pour les partages tout à fait analogues.

Solution arithmétique. Si je connaissais la 1re part, j'en déduirais aisément les deux autres. Je vais donc tout rapporter à la 1re part.

La 2e part vaut la 1re part plus 150 fr. La 3e part, qui vaut 60 fr. de moins que la 2e, vaut la 1re part plus 150 fr. moins 60 fr., ou la 1re part plus 90 fr. seulement. 1200 fr., qui se composent des trois parts réunies, valent donc la 1re part, plus la 1re part plus 150 fr., plus la 1re part plus 90 fr. Total, trois fois la 1re part plus 240 fr. Trois fois la 1re part plus 240 fr. valant 1200 fr., trois fois la 1re part seulement valent 1200 fr. moins 240 fr., c'est-à-dire 960 fr. Trois fois la 1re part valant 960 fr., la 1re part vaut $960^f : 3 = 320^f$. La 1re part valant 320 fr., la 2e vaut $320^f + 150^f = 470^f$; la 3^e $470^f - 60^f = 410^f$.

Vérification. $320 + 470 + 410 = 1200.$

SOLUTION ALGÉBRIQUE. Si la 1re part était connue, j'en déduirais aisément les deux autres. Je cherche donc d'abord la 1re part que je désigne par x.

1re part:	x
2e part:	$x + 150$
3e part:	$x + 150 - 60$
Total	$3x + 300 - 60$

Mais la somme des trois parts est 1200 fr. Donc $1200 = 3x + 300 - 60 = 3x + 240$. Je retranche 240 des deux côtés ; $1200 - 240$ ou $960 = 3x$.

Par suite $x = 960 : 3 = 320$.

1re part 320^f ; 2e $320^f + 150^f = 470^f$; 3e part $470^f - 60^f = 410^f$.

3° COMPARAISON DES DEUX MÉTHODES. Il n'y a qu'à jeter les yeux sur les deux solutions écrites pour apprécier la netteté, la simplicité, la facilité, et la rapidité plus grande de la méthode algébrique. Ces avantages sont dus uniquement à l'emploi des signes + et — et à ce qu'on a remplacé partout cette locution: la 1re part, par une seule lettre x.

4° GÉNÉRALISER LA SOLUTION, c'est-à-dire trouver une formule servant à effectuer sans raisonnement les partages analogues qui ne diffèrent que par les valeurs des sommes données.

Pour cela on énonce la même question en y remplaçant chaque nombre par une lettre, de cette manière : *partager une somme de* a^f *entre* 3 *personnes, de manière que la* 2e *ait* b^f *de plus que la* 1re, *et la* 3e, c^f *de moins que la seconde.*

Je désigne la 1re part par x.

1re part:	x
2e part:	$x + b$
3e part:	$x + b - c$
Total	$3x + 2b - c$

Mais la somme des 3 parts est a. Donc $a = 3x + 2b - c$. J'ajoute c des deux côtés, et j'ai $a + c = 3x + 2b$. Pour dégager x, je retranche $2b$ des deux côtés; $a + c - 2b = 3x$. Par suite $x = \frac{a + c - 2b}{3}$. (1)

La 2e part $x + b = \frac{a + c - 2b}{3} + b = \frac{a + c - 2b + 3b}{3} = \frac{a + c + b}{3}$. (2)

La 3e part $x + b - c = \frac{a + c + b}{3} - c = \frac{a + c + b - 3c}{3} = \frac{a + b - 2c}{3}$. (3)

Les égalités (1), (2), (3) sont autant de formules qui servent à trouver les trois parts quand on connaît les valeurs numériques de a, de b et de c.

On peut appliquer ces formules au problème proposé.

$$a=1200;\ b=150;\ c=60;\ x=\frac{1200+60-300}{3}=\frac{960}{3}=320. \text{ Etc.}$$

2. Partager 1259f entre 4 personnes de manière que la 2e ait les 2/5 de la 1re plus 120f, la 3e les 3/4 de la 2e moins 50f, et la 4e la moitié de la 3e plus 80f. 1° Développer la solution par l'arithmétique (sans lettres). 2° Résoudre en désignant l'une des parts par x. 3° Comparer les deux solutions.

On suit exactement la même marche que dans l'Ex. 1. Nous développerons seulement la solution algébrique.

1re part x. 2e part $2/5x+120$. La 3e part vaut les 3/4 de la 2e moins 50, c'est-à-dire

$$\left(\frac{2}{5}x+120\right)\times\frac{3}{4}-50=\frac{6}{20}x+\frac{360}{4}-50=\frac{6}{20}x+40.$$

La 4e part $\left(\frac{6}{20}x+40\right)\frac{1}{2}+80=\frac{3}{20}x+20+80=\frac{3}{20}x+100.$

La somme des quatre parts :

$$1259^f=x+2/5x+120+\frac{6}{20}x+40+\frac{3x}{20}+100.$$

Je réduis les fractions au dénom. commun 20, et j'additionne:

$$\frac{37x}{20}+260=1259; \qquad \text{d'où} \qquad \frac{37}{20}x=999,$$

$$x=999:\frac{37}{20}=\frac{999\times20}{37}=540.$$

La 1re part étant connue, j'en déduis les trois autres d'après l'énoncé.

La 2e part $=540\times2/5+120=216+120=336.$

La 3e part $=336\times3/4-50=252-50=202.$

La 4e part $=202\times1/2+80=181.$

Vérification $540+336+202+181=1259.$

3. $(a+b)^3 = a^3 + 3a^2b + 3ab^2 + b^3$ (n° 3, 1°, 1er exemple). Déduire de là une formule pour calculer la différence des cubes de deux nombres entiers consécutifs.

Appliquez cette formule pour trouver la valeur de $48^3 - 47^3$.

Deux nombres consécutifs se désignent par a et $a+1$. Si je fais $b=1$ dans la formule énoncée, elle devient :

$$(a+1)^3 = a^3 + 3a^2 + 3a + 1\,;$$

d'où on déduit : $(a+1)^3 - a^3 = 3a^2 + 3a + 1$.

La différence des cubes de deux nombres consécutifs est égale à 3 fois le carré du plus petit nombre, plus 3 fois ce nombre, plus 1.

Application. $a=47\,;\ a+1=48$. La formule donne

$$48^3 - 47^3 = 47^2 \times 3 + 47 \times 3 + 1 = (2209+47)\,3 + 1 = 6769.$$

4. Connaissant la somme s, ou la différence d, ou le produit p, ou le rapport q, de deux nombres inconnus dont l'un est représenté par x, représenter l'autre simplement et immédiatement (1°, 2°, 3°, 4°).

On se fonde sur les définitions des quatre opérations :

1° (Somme s). Le 1er nombre étant x, le 2e est $s - x$.

2° (Différence d). Si x est le plus petit n., le plus grand est $x + d$. Si x est le plus grand n., le plus petit est $x - d$.

3° (Produit p). Le 1er nombre étant x, le 2e est $p : x$.

4° Quotient $\dfrac{y}{x} = q\,;\ y = qx$. 1er n. x; 2e nombre qx.

5. Exprimez algébriquement que des nombres inconnus sont proportionnels à des nombres donnés a, b, c, d.

D'après la définition donnée en arithmétique, les nombres en question sont les produits de a, b, c, d par un même nombre, qui est ici indéterminé et que nous désignerons par x ; les nombres proposés seront donc exprimés par ax, bx, cx, dx.

6. Exprimez algébriquement que les carrés ou les cubes de nombres inconnus sont proportionnels à des nombres donnés a, b, c, d (*deux questions*).

1° Les carrés des n. en question sont les produits de a, de b, de c et de d par un même nombre qui est ici indéterminé, et que nous pouvons désigner par x^2. Cela étant, ces carrés seront représentés par ax^2, bx^2, cx^2, dx^2, et les nombres en question eux-mêmes par $x\sqrt{a}$, $x\sqrt{b}$, $x\sqrt{c}$, $x\sqrt{d}$.

2° On trouve de même que les cubes des n. en question doivent être exprimés par ax^3, bx^3, cx^3, dx^3, et les nombres eux-mêmes par $x\sqrt[3]{a}$, $x\sqrt[3]{b}$, $x\sqrt[3]{c}$, $x\sqrt[3]{d}$.

7. Exprimez par des formules des nombres dont la somme est s, et qui sont proportionnels à des nombres donnés a, b, c, d.

Traduisez ces formules en langage ordinaire (*Règle des partages proportionnels*).

D'après l'Ex. 5, les nombres en question peuvent être représentés par ax, bx, cx, dx. Leur somme $s=(a+b+c+d)x$; par suite $x=\dfrac{s}{a+b+c+d}$.

1er n. $ax=\dfrac{a\times s}{a+b+c+d}$; 2e n. $\dfrac{b\times s}{a+b+c+d}$; etc.

Ces formules démontrent cette règle donnée en arithmétique: *Pour partager une somme s en parties proportionnelles à des n. donnés a, b, c, d, on additionne ces nombres. On multiplie successivement la somme à partager s par chacun des n. proportionnels donnés, et on divise chaque produit par la somme de ces nombres.*

8. *Applications.* Partagez 1200f en quatre parties proportionnelles à 3, 4, 5 et 8.

2° Les trois angles d'un triangle sont proportionnels à 3, 5 et 7. Quels sont ces angles?

1° $s=1200$; $a=3$, $b=4$, $c=5$, $d=8$; $a+b+c+d=20$.

1re part $\dfrac{1200\times 3}{20}=60\times3=180$; 2e part $60\times4=240$;

3e part $60\times5=300$; 4e part $60\times8=480$.

2° La somme des 3 angles est 180°. $s=180$; $a=3$, $b=5$; $c=7$, $a+b+c=15$; $180 : 15=12$. Par suite le 1er angle $= 12°\times 3 = 36°$; le 2^e^ $= 12°\times 5 = 60°$; le 3^e^ $12°\times 7 = 84°$.

Dans les problèmes de ce genre, il y a donc avantage à effectuer d'abord la division de s par $a+b+c+d$, quand cette division peut être faite exactement, ou au moins de réduire la fraction $\dfrac{s}{a+b+c+d}$ à sa plus simple expression.

9. Exprimez par des formules des n. dont la somme est égale à s, et dont les carrés sont proportionnels à des n. donnés a, b, c, d.

D'après l'Ex. 6, les carrés des nombres en question ont pour expressions ax^2, bx^2, cx^2, dx^2, et les n. eux-mêmes $x\sqrt{a}$, $x\sqrt{b}$, $x\sqrt{c}$, $x\sqrt{d}$. Par suite $s = x(\sqrt{a}+\sqrt{b}+\sqrt{c}+\sqrt{d})$, d'où

$x = \dfrac{s}{\sqrt{a}+\sqrt{b}+\sqrt{c}+\sqrt{d}}$. Les nombres eux-mêmes sont donc

$$\frac{s\sqrt{a}}{\sqrt{a}+\sqrt{b}+\sqrt{c}+\sqrt{d}}; \quad \frac{s\sqrt{b}}{\sqrt{a}+\sqrt{b}+\sqrt{c}+\sqrt{d}}; \text{ etc.}$$

10. *Application.* Partagez 100 en trois parties dont les carrés soient proportionnels à 5, 7 et 8 (à 0,001 près).

D'après les formules de l'Ex. 9.

Le 1er nombre $= \dfrac{100\sqrt{5}}{\sqrt{5}+\sqrt{7}+\sqrt{8}}$; le 2e nomb. $= \dfrac{100\sqrt{7}}{\sqrt{5}+\sqrt{7}+\sqrt{8}}$;

le 3e nombre $= \dfrac{100\sqrt{8}}{\sqrt{5}+\sqrt{7}+\sqrt{8}}$.

On commence l'extraction de chaque racine carrée jusqu'aux centièmes au moins ; on se propose ensuite de trouver chaque n. demandé à 0,001 près par une division abrégée. On détermine en conséquence le n. des chiffres décimaux à calculer dans chaque extraction de racine carrée. On achève cette extraction ; puis on calcule en effet chacun des n. demandés par une division abrégée

$$\sqrt{5} = 2{,}236068\,; \qquad \sqrt{7} = 2{,}645751\,; \qquad \sqrt{8} = 2{,}828426.$$

Rép. Les trois nombres demandés sont : 29,001 ; 34,315 ; 36,684.

11. Exprimez par des formules deux n. dont on connait le rapport r et la somme s, ou la différence d, ou le produit p, ou la somme des carrés s_2, ou la différence des carrés d_2 (1°, 2°, 3°, 4°, 5°). Appliquez ces formules aux cas où $r = 3$ et 1° $s = 20$, ou 2° $d = 12$, ou 3° $p = 12$, ou 4° $s_2 = 40$, ou 5° $d_2 = 32$.

L'un des n. étant x, l'autre est rx (Ex. 4, 4°).

1° (somme s) $x + rx = s$; $x(1+r) = s$; $x = \frac{s}{1+r}$; $rx = \frac{sr}{1+r}$;

2° (différ. d) Si $r > 1$, $rx - x = d$; $x(r-1) = d$; $x = \frac{d}{r-1}$; $rx = \frac{dr}{r-1}$. Si $r < 1$, on écrit $x - rx = d$; $x(1-r) = d$. Etc.

3° Produit p. $rx^2 = p$; $x = \sqrt{\frac{p}{r}}$; $rx = r\sqrt{\frac{p}{r}} = \sqrt{pr}$;

4° (somme des carrés s_2). $x^2 + r^2x^2 = s_2$; $x^2(1 + r^2) = s_2$; $x = \sqrt{\frac{s_2}{1 + r_2}}$;

5° (différ. des carrés d_2). $r^2x^2 - x^2 = d_2$; $x^2(r^2 - 1) = d_2$; $x = \sqrt{\frac{d_2}{r^2 - 1}}$.

Application. 1° $r = 3$; $s = 20$; $x = \frac{20}{4} = 5$; $rx = 15$;

2° $r = 3$, $d = 12$; $x = \frac{12}{3-1} = \frac{12}{2} = 6$; $rx = 18$;

3° $r = 3$, $p = 12$; $x = \sqrt{12 : 3} = \sqrt{4} = 2$; $rx = 6$;

4° $r = 3$, $s_2 = 40$; $x^2 = 40 : (1 + 9)$; $x = 2$; $rx = 6$;

5° $r = 3$, $d_2 = 32$, $x^2 = \frac{32}{9-1} = \frac{32}{8} = 4$; $x = 2$; $rx = 6$.

12. Application. Une maison et un jardin coûtent ensemble 23400f; trois fois le prix de la maison valent 10 fois le prix du jardin. Quels sont les deux prix?

Soit m la maison, j le jardin. On sait que $3m = 10j$; d'où $j = (0{,}3)m$. $m + j = (1{,}3)m = 23400$ fr.
Par suite $0{,}1m = 23400 : 13 = 1800$. La $m = 18000$ fr.; le $j = 5400$ fr.

VALEURS NUMÉRIQUES. — APPLICATION DES FORMULES

13. $x = vt$; $e = 1/2gt^2$; $y = a + vt + 1/2gt^2$. Calculer x, e, y, pour $a = 15^m$; $v = 3^m$; $t = 6$; $g = 2^m,4$.

RÉP. $x = 18^m$; $e = 43^m,2$; $y = 76^m,2$.

14. $l = l_0 \times (1 + Kt)$; $l' = l \times \frac{1 + Kt'}{1 + Kt}$; $l'_1 = l\,[1 + K(t' - t)]$. Calculer à 0,00001 près l, l' et l'_1 pour $l_0 = 24^m$. $K = 0,0000123$; $t = 12°,5$; $t' = 31°$.

RÉP. $l = 24,00369$; $l' = 24,00915$; $l'_1 = 24,00915$.

15. $V = 1/3\pi.\ h \times (R^2 + r^2 + R \times r) \times [1 + K(t' - t)]$. Calculer V pour $\pi = 3,1416$; $h = 12^m,96$; $R = 3^m,2$; $r = 1^m,5$; $K = 0,0000369$; $t' = 32°$; $t = 12°$.

$R^2 + r^2 + Rr = (R + r)^2 - Rr$. Cette formule est plus simple.

RÉP. $V = 234^{mc},828$.

16. Calculer, à 0,00001 près, $t = \pi \sqrt{\frac{l}{g}}$ pour $\pi = 3,1416$, $l = 0,99$, $g = 9,8088$.

RÉP. 0,99807. (Multiplication et division abrégées.)

17. Calculer, à 0,0001 près, $c' = \sqrt{R \times (2R - \sqrt{4R^2 - c^2}}$ pour $R = 2,5$, $c = \sqrt{12,5}$.

$c = \sqrt{12,5} = \sqrt{6,25 \times 2} = 2,5\sqrt{2}$; $R = 2,5 \times 1$. Le plus simple est de calculer c'_1 pour $c = \sqrt{2}$ et $R' = 1$ puis de multiplier le résultat par 2,5.

$c'_1 = \sqrt{2 - \sqrt{2}} = 0,76536$; $c' = 0,76536 \times 2,5 = 1,9134$.

18. Calculer $P = 6x^5 + 5x^4 - 4x^3 + 8x^2 - 2$, 1° pour $x = 2$; 2° pour $x = 1/2$. On peut calculer simplement la valeur numérique d'un semblable polynome sans calculer isolément les différents termes ni les puissances successives de x. Trouver et énoncer une règle générale à cet effet.

Voici la règle demandée.

RÈGLE. *On complète au besoin le polynome proposé de manière qu'il ne manque aucune puissance de* x *inférieure à la plus élevée jusques et compris la puissance zéro (terme indépendant). Pour cela, on rétablit à sa place dans le polynome ordonné chaque puissance qui manque avec le coefficient zéro* (0). Ex. Notre polynome doit s'écrire ($P=6x^5+5x^4-4x^3+8x^2+0.x-2.$)

Cela fait, 1° *on multiplie le* 1er *coefficient à gauche par la valeur* a *donnée à* x, *puis on ajoute au produit, ou on en retranche le coefficient du* 2e *terme, suivant que ce coefficient a le signe* $+$ *ou le signe* $-$. 2° *On multiplie le résultat ainsi obtenu par* a, *et on ajoute ou on retranche le* 3e *coefficient.* 3° *On multiplie de même le* 2e *résultat par* a, *et on ajoute ou on retranche le* 4e *coefficient. Ainsi de suite jusqu'à ce qu'il n'y ait plus de terme suivant.*

Application *au polynome proposé* pour $x=2$.

On écrit $6x^5+5x^4-4x^3+8x^2+0.x-2$.

1° $6\times2+5=17$; 2° $17\times2-4=30$; 3° $30\times2+8=68$; 4° $68\times2+0=136$; 5° $136\times2-2=272-2=270$. Pour $x=2$, $P=270$.

2° *Probl.* $x=1/2$. 1° $6\times1/2+5=8$. 2° $8\times1/2-4=0$. 3° $0\times1/2+8=8$. 4° $8\times1/2+0=4$. 5° $4\times1/2-2=0$. Pour $x=1/2$, $P=0$.

Démonstration de la règle.

J'applique la règle au polynome proposé, en y faisant, pour plus de netteté, $x=a$ au lieu de $x=2$.

1er résultat : $6a+5$. 2e *id.* $(6a+5)a-4=6a^2+5a-4$.

3e résultat : $(6a^2+5a-4)a+8=6a^3+5a^2-4a+8$.

4e résultat : $(6a^3+5a^2-4a+8)a+0=6a^4+5a^3-4a^2+8a$.

5e résultat : $(6a^4+5a^3-4a^2+8a)a-2=6a^5+5a^4-4a^3+8a^2-2$.

Ce 5e résultat obtenu en appliquant successivement les prescriptions de la règle est bien le polynome proposé dans lequel x est simplement remplacé par a.

Pour obtenir le 2e membre de chaque égalité nous avons appliqué ces deux principes d'arithmétique : 1° pour multiplier une somme ou une différence par un nombre, il suffit de multiplier chacun de ses termes par ce nombre ; 2° pour multiplier un produit, 6×2^2 par ex., par un nombre 2, il suffit de multiplier un de ses facteurs à volonté par ce nombre (ce qui donne ici 6×2^3).

19. Calculer $P = 12x^6 + 5x^5 + 3x^4 + 4x^3 - 11x^2 - 6x + 3$; 1° pour $x=3$; 2° pour $x=1/3$. Rép. Pour $x=3$, $P=10200$. Pour $x=1/3$, $P=0$.

J'applique la règle précédente (Ex. 18) pour $x = 3$.

$12 \times 3 + 5 = 41$; $41 \times 3 + 3 = 126$; $126 \times 3 + 4 = 382$; $382 \times 3 - 11 = 1135$; $1135 \times 3 - 6 = 3399$; $3399 \times 3 + 3 = 10200$.

Pour $x=1/3$. $12 \times 1/3 + 5 = 9$; $9 \times 1/3 + 3 = 6$; $6 \times 1/3 + 4 = 6$; $6 \times 1/3 - 11 = -9$; $-9 \times 1/3 - 6 = -9$; $-9 \times 1/3 + 3 = 0$.

20. Calculer $P = 5a^5b^4 - 12a^3b^2 + 5a^3b^2 + 12a^5b^4 + 3a^3b^2 - 2a^5b^4$ pour $a=3$, $b=1$. Rép. $P = 3753$.

Je réduis d'abord les termes semblables ; ce qui donne $15a^5b^4 - 4a^3b^2$. Je fais $b=1$; ce qui donne $15a^5 - 4a^3 = 15a^5 + 0.a^4 - 4a^3 + 0.a^2 + 0.a + 0$. On cherche la valeur de ce polynome pour $a = 3$ d'après l'Ex. 12. Quand une lettre $= 1$, on remplace celle-là la première.

21. Calculer $P = x^5 - 5ax^4 + 10a^2x^3 - 10a^3x^2 + 5a^4x - a^5$ pour $x=4$ et $a=2$.

Quand le polyn. proposé renferme deux lettres, on en remplace une seule d'abord en appliquant la règle jusqu'au bout, la 2e lettre étant considérée dans chaque terme comme faisant partie du coefficient en qualité de facteur. Dans notre exemple, on remplace d'abord x par 4 comme il suit.

1er *résultat.* $1 \times 4 - 5a = 4 - 5a$; 2e *résultat.* $(4 - 5a) \times 4 + 10a^2 = 16 - 20a + 10a^2$; 3e *résultat.* $(16 - 20a + 10a^2) \times 4 - 10a^3 = 64 - 80a + 40a^2 - 10a^3$. Ainsi de suite. 4e *résultat.* $256 - 320a + 160a^2 - 40a^3 + 5a^4$. 5e *résultat.* $1024 - 1280a + 640a^2 - 160a^3 + 20a^4 - a^5$.

La règle ainsi appliquée jusqu'au bout pour $x=4$, on renverse l'ordre des termes, et on cherche d'après la règle la valeur du polynome $-a^5+20a^4-160a^3+$ etc., pour $a=2$. On trouve finalement $P=32$.

Autre méthode. On peut remarquer que le nombre des facteurs littéraux a et x comptés dans chaque terme du polynome proposé est partout 5 ; ce polynome est ce qu'on appelle *homogène* par rapport aux lettres a et x. Dans ce cas, on pose $x=ax'$, et on remplace x par cette valeur dans tous les termes ; puis on met a^5 en facteur commun. On trouve ainsi $P=a^5[x'^5-5x'^4+10x'^3-10x'^2+5x'-1]$. x étant égal à 4 et $a=2$, l'égalité $x=ax'$ donne $4=2x'$; d'où $x'=2$. On cherche la valeur du polynome entre parenthèses pour $x'=2$; cette valeur est 1. Maintenant a étant égal à 2, $a^5=2^5=32$. $P=1\times32=32$.

22. Calculer $P=\frac{8}{12}a^4b^3-\frac{5}{6}a^3b^2+\frac{2}{3}a^2b-1/2a^3b^2+3a^4b^3-\frac{7}{9}a^2b$ pour $a=1$, $b=4$. Rép. $P=212\ 8/9$.

Avant d'appliquer la règle, il faut toujours réduire les termes semblables, s'il y en a. Notre polynome simplifié est $(3\ ^2/_3)a^4b^3-{}^4/_3\,a^3b^2-{}^1/_9\,a^2b$. On fait $a=1$, puis on applique au résultat $(3\ ^2/_3)\,b^3-{}^4/_3\,b^2-{}^1/_9\,b$ la règle de l'Ex. 18 en faisant $b=4$. On trouve $P=212\ ^8/_9$.

23. Un nombre s'écrit ainsi : 5630427, dans le système de numération dont la base est b. Exprimez algébriquement que ce n. est la somme des valeurs relatives de ses chiffres.

Dans le système de numération dont la base est b, l'unité du 1er chiffre à droite est l'unité simple ou 1 ; l'unité du 2e chiffre en allant vers la gauche vaut b unités simples ; celle du 3e chiffre en vaut b^2 ; ainsi de suite. La valeur relative du 1er chiffre à droite du nombre proposé est donc 7 ; celle du 2e en allant vers la gauche $2b$, du 3e, $4b^2$; ainsi de suite, jusqu'au dernier à gauche qui vaut $5b^6$. La valeur totale du nombre proposé exprimée algébriquement est donc $5b^6+6b^5+3b^4+0b^3+4b^2+2b+7$.

24. On suppose dans l'Ex. 23, $b=8$. On propose d'écrire le même nombre dans le système décimal.

Énoncez d'après la marche suivie une règle simple pour passer d'un système de numération quelconque au système décimal.

Pour obtenir la valeur du nombre de l'Ex. 23 dans le système décimal, il suffit de chercher la valeur du polynome précédent pour $b=8$, d'après la règle de l'Ex. 18, en calculant et en écrivant d'après les règles du calcul décimal :

$$5\times 8+6=46, \quad 46\times 8+3=371\,; \quad 371\times 8+0=2968\,;$$
$$2968\times 8+4=23748\,; \quad 23748\times 8+2=189986\,;$$
$$189986\times 8+7=1519895.$$

Le nombre proposé écrit dans le système décimal est 1519895.

Les coefficients 5, 6, 3, 0, 4, 2, 7 étant précisément les chiffres du n. proposé écrit dans le système dont la base est 8, la règle du n° 18 conduit dans ce cas particulier à la règle spéciale suivante :

Règle *pour passer d'un système dont la base est* b *au système décimal*. On multiplie le 1er chiffre à gauche par b, et on ajoute au produit le 2e chiffre en allant vers la droite, en calculant et en écrivant dans le système décimal. On multiplie de même le résultat ainsi obtenu par b, et on ajoute au produit le 3e chiffre à droite. Ainsi de suite jusqu'à ce qu'on ait ajouté le dernier à droite.

25. Application. Écrivez 530431 (système 7) dans le système décimal (V. l'Ex. 24).

On applique la règle précédente.

$$5\times 7+3=38\,; \quad 38\times 7+0=266\,; \quad 266\times 7+4=1866\,;$$
$$1866\times 7+3=13065\,; \quad 13065\times 7+1=91456.$$

$N=91456$ (système 10).

26. $ab^5+cb^4+db^3+eb^2+fb+g=53178$ (système décimal). Trouver pour le cas de $b=8$ les valeurs entières plus petites que 8 des coefficients a, c, d, e, f, g, qui vérifient cette égalité.

a, c, d, e, f, g sont dans le cas actuel les chiffres du n. 53178 écrit dans le système 8. Énoncez d'après la marche suivie une règle simple et générale pour passer du système décimal à un autre système de numération.

Pour $b=8$, l'égalité devient $a.8^5+c.8^4+d.8^3+e.8^2+f.8+g=53178$. Si je divise le 1er membre terme à terme par 8, j'aurai pour quotient $a \cdot 8^4 + c \cdot 8^3 + d \cdot 8^2 + e \cdot 8 + f$ et pour reste g. Si je divise aussi le 2e membre par 8, en opérant dans le système décimal, j'obtiens pour quotient 6647 et pour reste 2. Je puis donc écrire $g = 2$ et $a \cdot 8^4 + c \cdot 8^3 + d \cdot 8^2 + e \cdot 8 + f = 6647$. Je divise encore les deux membres de cette dernière égalité par 8, et je trouve de même le reste $f = 7$, et le quotient $a \cdot 8^3 + c \cdot 8^2 + d \cdot 8 + e = 830$. Je divise encore les deux membres de cette dernière égalité par 8, et je trouve de même $e = 6$ et $a.8^2 + c \cdot 8 + d = 103$. Je divise encore des deux côtés par 8, et je trouve $d = 7$ et $a.8 + c = 12$. Je divise encore, et j'ai enfin $c = 4$ et $a = 1$.

51378 (système 10) $= 1 \cdot 8^5 + 4 \cdot 8^4 + 7 \cdot 8^3 + 6 \cdot 8^2 + 7 \cdot 8 + 2$; 1, 4, 7, 6, 7, 2, sont évidemment les chiffres de ce n. 51378 traduit du système décimal dans le système (8). On peut donc de qui précède déduire la règle suivrnte :

Règle *pour passer du système décimal au système* (8).

Opérant dans le système décimal, on divise le nombre proposé par 8, et on met le reste à part. On divise le quotient par 8, et on met à part le nouveau reste. On divise de même tous les quotients successifs par 8 jusqu'à ce qu'on trouve un quotient plus petit que 8. Cela fait, on écrit de gauche à droite ce dernier quotient, puis le dernier reste, puis l'avant-dernier reste ; ainsi de suite, en rétrogradant jusqu'au 1er reste obtenu. Tout reste nul doit être remplacé par un zéro dans le nombre ainsi écrit qui est le nombre proposé écrit dans le système (8).

8	
53178	
6647	2
830	7
103	6
12	7
1	4
147672	

L'opération complète se dispose comme il est indiqué à gauche ci-dessus. On prend le 8e de 53178 ; on écrit le quotient au-dessous, et le dernier reste à droite et à part. On prend le 8e de 6647 ; etc. Le n. proposé écrit dans le système (8) est 147672.

27. Application. Écrivez 41732 dans le système 6 (V. l'Ex. 26).

On applique la règle précédente en divisant par 6 au lieu de diviser par 8. Le calcul est fait à gauche.

6	
41732	
6955	2
1159	1
193	1
32	1
5	2
521112	

Réponse, 521112

ADDITIONS A EFFECTUER.

28. Additionner $5a^3b^4 - 7a^5b^3 + 8a^4b^2$, $12a^5b^3 - 8a^3b^4 - 5a^4b^2$, $12a^4b^2 - 15a^5b^3 - 8a + 6a^3b^4$.

Total $3a^3b^4 - 10a^5b^3 + 15a^4b^2 - 8a$.

29. Add. $2/3a^5 - 6a^4b + 3/8a^3b^2$, $3/4a^5 - (7\ 1/8)a^4b - 2/3a^3b^2$, $\left(4\frac{3}{5}\right)a^4b - \frac{1}{2}a^5 + 3a^3b^2$.

Total. $\frac{11}{12}a^5 - \left(8\frac{21}{40}\right)a^4b + \frac{65}{24}a^3b^2$.

30. Add. $19a^4b^3c^2 + 4a^3 - 6a^3b^2c$, $24a^2b - 7a^3b^2c + (8\frac{3}{4})a^4b^3c^2$, $(12\frac{1}{2})a^4b^3c^2 - 5a^3 - 15a^2b$.

Total. $\left(40\frac{1}{4}\right)a^4b^3c^2 - a^3 - 13a^3b^2c + 9a^2b$.

31. Calculer la valeur de chaque polynome, puis celle de leur somme directement pour $a=3$, $b=1$, $c=2$ dans chacun des trois exercices précédents. Vérification.

On cherche les valeurs numériques des polynomes donnés dans chaque exercice, puis celle du total. La dernière valeur doit être la somme algébrique des premières.

Pour l'Ex. 28. Valeurs partielles : — 918 ; 2295 ; — 2535. Valeur du total : — 1158.

Pour l'Ex. 29. Valeurs partielles : $\frac{-2511}{8}$; $\frac{-3303}{8}$; +332,1. Valeur du total : — 394,65.

Pour l'Ex. 30. Valeurs partielles : 5940 ; 2673 ; 3780. Valeur du total : 12393.

Nous avons commencé par faire $b = 1$ dans chacun des polynomes proposés, puis $c = 2$ dans le 3e. Les polynomes ne renfermant plus que la lettre a, nous avons cherché la valeur de chacun d'après l'Ex. 18, pour $a = 3$.

Observation importante. Nous ne saurions trop recommander de pareils exercices ; il n'en est pas de meilleurs pour exercer les élèves au calcul numérique et au calcul algébrique.

32 Add. $7x^5 - 3/4x^4 - 2x^2 + 5/3x - 8$, $7/8x^4 - 3/5x^3 + 2/3x^2 - (8\ 5/6)$, $2x^5 - (3\ 1/3)x^4 - 8/9x + (4\ 3/9)$, $7x^3 - 5/6x^2 - 2$.

Total $9x^5 - {}^{77}/_{24}x^4 + 6,4x^3 - {}^{13}/_{6}x^2 + {}^{7}/_{9}x - (14\ {}^{1}/_{2})$.

33. Calculer la valeur de chaque polynome de l'Ex. 32, et celle de la somme directement pour $x = 4$. Vérification.

Valeurs partielles : 6942 $^{2}/_{3}$; 187 $^{13}/_{30}$; 1195 $^{4}/_{9}$; 432 $^{2}/_{3}$; valeur du *total :* 8758 $^{19}/_{90}$.

ADDITIONS ET SOUSTRACTIONS A EFFECTUER.

34. Soustraire $15x^4 - 7x^3 + 3/8x^2 - 5x + 4$ de $27x^4 - 12x^3 + 5/6x^2 - \left(7\frac{1}{3}\right)x$.

Reste. $12x^4 - 5x^3 + {}^{11}/_{24}x^2 - (2\ {}^{1}/_{3})x - 4$.

35. Soust. $7x^2y^5 - 3x^2y^3 + 8x^4y - 7/8x^5$ de $15/12x^5 + 9x^4y - 4x^2y^3 - \left(5\frac{1}{2}\right)x^3y^2 + 8x^2y^5$.

Reste. ${}^{17}/_{8}x^5 + x^4y - x^2y^3 - (5\ {}^{1}/_{2})x^3y^2 + x^2y^5$.

36. Calculer la valeur de chaque polyn., puis celle du reste directement 1° dans l'Ex. 34; 2° dans l'Ex. 35, pour $x = 3$, $y = 1$. Vérification.

Pour l'Ex. 34. 1re valeur 1848 $^{1}/_{2}$; 2e id. 1018 $^{3}/_{8}$; valeur du reste : 830 $^{1}/_{8}$.

Pour l'Ex. 35. 1re valeur 920 $^{1}/_{4}$; 2e id. 471 $^{3}/_{8}$; valeur du reste : 448 $^{7}/_{8}$.

Nous avons fait d'abord $y=1$ dans chaque polynome donné, puis dans le reste ; ce qui nous a donné pour chaque exercice trois polynomes en x dont nous avons cherché séparément les valeurs numériques d'après l'Ex. 18.

Nous recommandons encore vivement de pareils exercices.

37. Soustraire $19a^5b^4c^3 - 12a^4b^3c^2 + 7a^3b^2c - 8a^2b - 7bc^2$ de $27a^5b^4c^3 - 12a^2b - 19 - (7\ \frac{3}{8})a^4b^3c^2 - (4\ \frac{3}{7})bc^2$.

Reste. $8a^5b^4c^3 - 4a^2b + (4\ {}^{5}/_{8})a^4b^3c^2 + (2\ {}^{4}/_{7})bc^2 - 7a^3b^2c - 19$.

38. Soust. $(a-b) - 2(c-d)$ de $2(a-b) - 3(c-d)$, puis ôtez les parenthèses.

Reste. $a - b - c + d$.

39. Soust. $(a-b+2c)x-(2a+b-c)y$ de $(2a-b+3c)x-(3a+2b-c)y$.

Reste. $(a+c)x-(a+b)y$.

40. Écrivez sans parenthèses et réduisez à la plus simple expression: $19a^4b^3c^2$
$-\frac{5}{6}a^3b^2c-\frac{15}{2}a^2b+\left[(12a^4b^3c^2-\frac{3}{8}a^2b)-\left(\frac{7}{8}a^4b^3c^2-7a^3b^2c\right)\right]$
$-[(8a^2b-7/8a^4b^3c^2)-(3/4a^4b^3c^2-4a^3b^2c+8a^2b)]-[(3a^4b^3c^2-5/9a^3b^2c$
$-(3a^3b^2c-8/15a^2b)]+[(12a^2b-5/8a^4b^3c^2)-(5/6a^3b^2c-3/2a^4b^3c^2)]$.

Somme algébrique. $(29\ ^5/_8)a^4b^3c^2+\left(4\frac{8}{9}\right)a^3b^2c+\left(3\frac{71}{120}\right)a^2b$.

41. Écrivez sans parenthèses, et réduisez à la plus simple expression

$$8a^5b^3x-16a^4b^2x^2-7/9a^3bx^3-[a^4b^2x^2-5/6a^3bx^3-5a^5b^3x]$$
$$-[(8\ 1/3)a^3bx^3-(3a^4b^2x^2+(7\ 1/2)a^5b^3x-13/9a^2b^2)]$$
$$+[((4\ 2/5)a^4b^2x^2-5/8a^3bx^3)-(5/6a^2b^2-(2\ 1/7)a^5b^3x)]$$
$$-[(4/9a^5b^3x+8/15a^3bx^3-(2\ 1/5)a^4b^2x^2)-((3\ 1/3)a^2b^2-15/8a^3bx^3)].$$

Total. $\left(22\frac{25}{126}\right)a^5b^3x-(7\ ^2/_5)a^4b^2x^2-\left(11\frac{14}{45}\right)a^3bx^3+\frac{19}{18}a^2b^2$.

MULTIPLICATIONS A EFFECTUER.

(On vérifiera l'opération, là où nous assignons des valeurs aux lettres, en calculant successivement les valeurs numériques des deux facteurs et celle du *produit* comme conséquence, puis directement.)

42. $(a+4b-c)\times(a-4b+c)$; $[a=2,\ b=1,\ c=3]$.

$[a+(4b-c)]\ [a-(4b-c)]=a^2-(4b-c)^2=a^2-16b^2+8bc-c^2$.

Vérification. $(2+4-3)\ (2-4+3)$ ou 3×1. Le produit $=4-16+24-9=3$.

43. $(a^3-3ba^2+3ab^2-b^3)\times(a^2+2ab+b^2)$; $[a=6,\ b=2]$.

Produit : $a^5-a^4b-2a^3b^2+2a^2b^3+ab^4-b^5$.

Vérification. Le 1er facteur vaut $(a-b)^3=(6-2)^3=4^3=64$; le 2e vaut $(a+b)^2=8^2=64$; le produit doit valoir $64\times64=4096$. Pour le vérifier, comme ce produit est homogène par rapport à a et à b, agissant comme dans l'Ex. 21, j'y remplace a par ba'; ce qui donne $b^5(a'^5-a'^4-2a'^3+2a'^2+a'-1)$. Comme $a=6$, $b=2$, $a=ba'$ donne $6=2a'$, d'où $a'=3$. Je cherche la valeur du polynome entre parenthèses pour $a'=3$; je trouve 128. Je multiplie ensuite 128 par $b^5 = 2^5 = 32$ et j'ai pour produit 4096.

44. $(x^2 + y^2 + xy) \times (x^2 - xy + y^2)$ $[x = 3,\ y = 1]$.

Produit. $x^4 + y^4 + x^2y^2$.

Vérification. Je fais d'abord $y = 1$ partout ; ce qui donne $x^2 + x + 1$, $x^2 - x + 1$ et $x^4 + x^2 + 1$. Je fais $x = 3$ dans chacun de ces polynomes ; ce qui me donne 13, 7 et 91 ; or $13 \times 7 = 91$.

45. $(a^3 + 4a^2b + 2ab^2 - b^3) \times (2b^3 - 4ab^2 + 12a^2b - 3a^3)$ $[a = 9,\ b = 3]$.

Produit. $-3a^6 + 38a^4b^2 + 13a^3b^3 - 12a^2b^4 + 8ab^5 - 2b^6$.

Vérification. Les trois polynomes étant homogènes par rapport à a et b, on fait encore $a = ba'$ dans chacun. Les deux facteurs ont chacun pour facteur b^3, et par suite leur produit a pour facteur b^6. On peut évidemment laisser ce facteur b^6 de côté et faire seulement $a' = 3$ dans les trois polynomes en a'. (Puisque $a = 9$, $b = 3$, $a = ba'$ donne $9 = 3a'$; d'où $a' = 3$.) On trouve ainsi pour le 1er facteur en a', 68 ; pour le 2e id., 17 ; pour le produit 1156. Or $68 \times 17 = 1156$.

46. $(x - 3)^3 \times (x^2 - 4x + 4) \times (x + 1)$ $[x = 4]$.

Produit. $x^6 - 12x^5 + 54x^4 - 104x^3 + 45x^2 + 108x - 108$.

Vérification. Pour $x = 4$, $x - 3 = 1$, $x - 2 = 2$, $x + 1 = 5$; $1 \times 2^2 \times 5 = 20$. On cherche la valeur du produit par $x = 4$. (Ex. 18); cette valeur est 20.

47. $(x^2 + 3x + 2) \times (x + 3)^3 \times (x - 1)$ $[x = 5]$.

Produit. $x^6 + 11x^5 + 44x^4 + 70x^3 + 9x^2 - 81x - 54$.

Vérification. Valeur du 1er facteur, 42 ; id. du 2e, 512 ; id. du 3e, 4 ; $42 \times 512 \times 4 = 86016$. Pour $x = 5$ (Ex. 18), la valeur du produit est aussi 86016.

48. $(x^2 - 2ax + a^2) \times (x - b) \times (x + b)$.

Produit. $x^4 - 2ax^3 + (a^2 - b^2)x^2 + 2ab^2x - a^2b^2$.

49. $(a^4 - 2a^3 + a^2 + 4a - 1) \times (a^2 - 2a + 3)$ [$a = 2$].

Produit. $a^6 - 4a^5 + 8a^4 - 4a^3 - 6a^2 + 14a - 3$.

Vérification. Pour $a = 2$, le 1er facteur $= 11$, le 2^e^ $= 3$; le produit $= 33$.

50. Développez et réduisez $(x + y + z)^3 - 3(y + x)(y + z)(x + z)$.

Cette expression se réduit à $x^3 + y^3 + z^3$.

$$(x+y+z)^3 = [x+(y+z)]^3 = x^3+3(y+z)x^2+3(y+z)^2x+y^3+z^3+3yz(y+z) = x^3+y^3+z^3+3(y+z)(x^2+xy+xz+yz) = x^3+y^3+z^3+3(y+z)(x+y)(x+z).$$

Donc $(x+y+z)^3-3(y+z)(x+y)(x+z) = x^3+y^3+z^3$.

51. Dév. et réduisez $(a + b + c)(a + b - c)(a + c - b)(b + c - a)$.

Produit. $2a^2b^2 + 2a^2c^2 + 2b^2c^2 - a^4 - b^4 - c^4$.

On considère les facteurs 2 à 2 en écrivant comme il suit :

$$[(a + b) + c][(a+b) - c] = (a+b)^2 - c^2 = a^2+b^2+2ab-c^2.$$
$$[c+(a-b)][c-(a-b)] = c^2-(a-b)^2 = c^2-a^2-b^2+2ab.$$

Ces deux facteurs peuvent s'écrire :

$$[2ab+(a^2+b^2-c^2)][2ab-(a^2+b^2-c^2)] = 4a^2b^2-(a^2+b^2-c^2)^2$$
$=$ le produit ci-dessus.

52. Dév. et réduisez $(a+b+c-d)(a+b+d-c)(a+c+d-b)(b+c+d-a)$.

Produit. $2a^2b^2+2a^2c^2+2a^2d^2+2b^2c^2+2b^2d^2+2c^2d^2-a^4-b^4-c^4-d^4+8abcd$.

On considère les facteurs 2 à 2 en les disposant comme il suit :

$$[(a+b)+(c-d)][(a+b)-(c-d)] = (a+b)^2-(c-d)^2 = a^2+b^2+2ab-c^2-d^2+2cd.$$

$$[(d+c)+(a-b)][d+c)-(a-b)] = (d+c)^2-(a-b)^2 = d^2+c^2+2cd-a^2-b^2+2ab.$$

Pour multiplier les deux facteurs trouvés, on peut les disposer comme il suit :

$$[(2ab+2cd)+(a^2+b^2-c^2-d^2)][(2ab+2cd)-(a^2+b^2-c^2-d^2)] = 4(ab+cd)^2-(a^2+b^2-c^2-d^2)^2 =$$ le produit ci-dessus.

53. Dév. et réduisez $(a+b)(a^2+ab-b^2)(a^2+ab+b^2)(a-b)$.

Produit. $a^6+2a^5b-2a^3b^3-2a^2b^4+b^6$.

$(a+b)(a-b)=a^2-b^2$; $[(a^2+ab)+b^2)][(a^2+ab)-b^2]$ $=a^4+a^2b^2+2a^3b-b^4$. Etc.

54. Dév. et réduisez $(a-b)^3+3(a-b)^2(a+b)+(a+b)^3+3(a-b)(a+b)^2$.

Produit. $8a^3$. L'expression proposée est le développement de $[(a-b)+(a+b)]^3=(2a)^3=8a^3$.

55. $(a^2+b^2+c^2)(p^2+q^2+r^2)=(ap+bq+cr)^2+(aq-bp)^2+(ar-cp)^2+(br-cq)^2$. (*Vérifiez.*)

Il n'y a qu'à effectuer les calculs indiqués des deux parts.

56. $(a^2+b^2+c^2+d^2)(m^2+n^2+p^2+q^2)=(am+bn+cp+dq)^2+(an-bm+cq-dq)^2+(ap-cm+dn-bq)^2+(aq-dm+bp-cn)^2$ (*Vérifiez.*)

Effectuez simplement.

57. $[(a^2+b^2+ab)x^3+(a^2-ab+b^2)x^2+(a^2+2ab+b^2)x-a^2+b^2]\times[(a^2-b^2)x^2+(a+b)x+a-b]$. (*Vérifiez* pour $x=1$ et $a=b=2$.)

Produit. $(a^4+a^3b-ab^3-b^4)x^5+(a^4-a^3b+ab^3-b^4+a^3+2a^2b+2ab^2+b^3)x^4+(a^4+2a^3b-2ab^3-b^4+2a^3)x^3+(2a^3-a^4-2a^2b^2+a^2b+5ab^2-b^4)x^2-a^3+a^2b+ab^2-b^3$

Vérification. Pour $x=1$, $a=b=2$; 1er facteur $=8a^2=8\times4$; 2e facteur $=2a=4$; $8a^2\times2a=16a^3=16\times8$.
Le produit vaut $16a^3$

58. $[(a+b)^3x^2-(a-b)^2x+3(a+b)^2]\times[(a-b)^2x^3+5(a-b)x^2-5(a^2-b^2)x]$. *Vérifiez* pour $a=b=1$, $x=3$.

Produit. $(a^6-3a^4b^2+3a^2b^4-b^6)x^5+(-a^5+5a^4b+5a^4-10a^3b^2+10a^3b+10a^2b^3+5ab^4-10ab^3+b^5-5b^4)x^4+(-2a^5-18a^4b-16a^3b^2+16a^2b^3+18ab^6-5a^3+15a^2b-15a^2b-15ab^2+2b^5+5b^3)x^3+(5a^4-10a^3b+15a^3+15a^2b+10ab^3-15ab^2-5b^4-15b^3)x^2-(15a^6+10a^3b-30ab^3-15b^4)x$.

Vérification. Pour $a=b=1$, le produit se réduit à 0, quel que soit x. Le multiplicateur de même. Cette vérification n'est pas sûre quant aux exposants de a et de b ; elle ne vérifie *à peu près* que les signes et les coefficients du produit.

59. Exprimez par des formules deux n. dont on connaît la différence des carrés d_2, et la somme s ou la différence d.

Applications. 1° $d_2 = 24$ et $s = 12$; 2° $d_2 = 33$, $d = 3$.

1° La somme est s ; alors la différence est $\frac{d_2}{s}$. Cela étant, le plus grand nombre est $\frac{s}{2} - \frac{d_2}{2s}$, et le plus petit $\frac{s}{2} - \frac{d_2}{2s}$.

2° La différence est d ; alors la somme est $\frac{d_2}{d}$. Le plus grand n. est alors $\frac{d_2}{2d} + \frac{d}{2}$, et le plus petit $\frac{d_2}{2d} - \frac{d}{2}$.

Si $d_2 = 24$ et $s = 12$, la diff. des deux n. est $24 : 12 = 2$. Le 1er nombre est 7 et le 2e, 5. 2° $d_2 = 33$; $d = 3$; alors $s = 33 : 3 = 11$. Le 1er nombre est 7 ; et le 2e est 4.

60. $\sqrt{x} - \sqrt{y} = 1/4$; $x - y = 17/48$. Trouver x et y.

x et y sont les carrés de $\sqrt{x}$ et de $\sqrt{y}$.

$$(x - y) : (\sqrt{x} - \sqrt{y}) = \sqrt{x} + \sqrt{y} = 17/48 : 1/4 = 17/12.$$

Connaissant $\sqrt{x} + \sqrt{y}$ et $\sqrt{x} - \sqrt{y}$, on trouve aisément $\sqrt{x} = 10/12 = 5/6$, et $\sqrt{y} = 7/12$. D'où $x = 25/36$ et $y = 49/144$.

61. On connaît un côté de l'angle droit d'un triangle rectangle et la somme ou la différence des deux autres côtés ; calculer ces deux autres côtés.

Soient a l'hypoténuse, b et c les deux autres côtés. On connaît b et $a - c$. Or $b^2 = a^2 - c^2$; $b^2 : (a - c) = (a^2 - c^2) : (a - c) = (a + c)$. Connaissant $a - c$ et $a + c$, on calcule aisément a et c.

62. On connaît la surface, la hauteur, et la différence des carrés des bases d'un trapèze isocèle ; calculer les quatre côtés.

Soient S la surface, H la hauteur (AE), B et b les bases DC et AB. On sait que $S = 1/2\, H\, (B + b)$; donc $B + b = 2S : H$. On connaît $B^2 - b^2$ et $B + b$; la différence $B - b = (B^2 - b^2) : (B + b)$. Connaissant $B + b$ et $B - b$, on connaît B et b. D'ailleurs, $DE + FC$ ou $2DE = B - b$; donc

$DE = 1/2\,(B - b)$. Or $AD = BC = \sqrt{\overline{AE}^2 + \overline{DE}^2} = \sqrt{h^2 + \overline{DE}^2}$. On connaît B, b, AD et BC.

63. Un enfant essaie de ranger ses billes en carré. Une 1re fois le carré formé, il lui reste 10 billes. Alors il recommence en mettant une bille de plus par rangée ; mais il ne peut pas achever son carré ; il lui manque pour cela 7 billes. Combien a-t-il de billes?

Le 2e carré contiendrait toutes les billes du 1er plus les 10 billes restantes, plus 7 billes, c'est-à-dire 17 billes de plus que le 1er. Si le côté du 1er carré est a, celui du 2e est $a + 1$; la différence des carrés est $2a + 1$; donc $2a + 1 = 17$; $2a = 16$ et $a = 8$. Le 1er carré contient donc 8^2 ou 64 billes. Il en reste 10 ; l'enfant a donc 74 billes. Pour faire un carré de 9 billes de côté, qui contiendrait 81 billes, il lui manque en effet 7 billes.

64. Si un nombre est la somme de deux carrés, son carré est aussi la somme de deux carrés. Exemples 5, 10, 13, 17, 25, etc.

Soit $n = a^2 + b^2$. $n^2 = a^4 + b^4 + 2a^2b^2 = a^4 + b^4 - 2a^2b^2 + 4a^2b^2 = (a^2 - b^2)^2 + (2ab)^2$.

Application. $5 = 2^2 + 1^2$; $25 = (2^2 - 1)^2 + (2 \times 2 \times 1)^2 = 3^2 + 4^2$. De même $13 = 3^2 + 2^2$; $13^2 = (3^2 - 2^2)^2 + (2 \times 3 \times 2)^2 = 5^2 + 12^2$.

65. Décomposez $4x^2y^2 - (x^2 + y^2 - z^2)^2$ en 4 facteurs.

$4x^2y^2 - (x^2 + y^2 - z)^2 = (2xy + x^2 + y^2 - z^2)(2xy - x^2 - y^2 + z^2) = [(x + y)^2 - z^2]\ [z^2 - (x - y)^2] = (x + y + z)(x + y - z)\ (z + x - y)\ (z + y - x)$.

66. Décomposez $4(ad + bc)^2 - (a^2 - b^2 - c^2 + d^2)^2$ en 4 facteurs.

$4(ad + bc)^2 - (a - b^2 - c^2 + d^2)^2 = (2ad + 2bc + a^2 - b^2 - c^2 + d^2)(2ad + 2bc - a^2 + b^2 + c^2 - d^2) = [(a + d)^2 - (b - c)^2][(b + c)^2 - (a - d)^2] = (a + d + b - c)\ (a + d + c - b)\ (b + c + a - d)\ (b + c + d - a)$.

67. Décomposez $a^4 + b^4$ en deux facteurs entiers et rationnels par rapport à a et b. — Décomposez de même $a^8 + b^8$.

$a^4 + b^4 = (a^2 + b^2)^2 - 2a^2b^2 = (a^2 + b^2)^2 - (ab\sqrt{2})^2 = (a^2 + b^2 + ab\sqrt{2})\ (a^2 + b^2 - ab\sqrt{2})$.

$a^8+b^8=(a^4+b^4)^2-2a^4b^4=(a^4+b^4+a^2b^2\sqrt{2})\,(a^4+b^4-a^2b^2\sqrt{2})$.

68. Décomposez $a^{32}-b^{32}$ en 9 facteurs entiers et rationnels par rapport à a et à b. Quels sont les diviseurs exacts de $a^{32}-b^{32}$ qu'on peut former d'après cette décomposition.

$a^{32}-b^{32}=(a^{16}-b^{16})\,(a^{16}+b^{16})$; $a^{16}-b^{16}=(a^8-b^8)(a^8+b^8)$; $a^8-b^8=(a^4-b^4)\,(a^4+b^4)$; $a^4-b^4=(a^2-b^2)\,(a^2+b^2)$; $a^2-b^2=(a-b)\,(a+b)$. En multipliant toutes ces égalités membre à membre, et supprimant les facteurs communs, on trouve.

$$a^{32}-b^{32}=(a^{16}+b^{16})(a^8+b^8)(a^4+b^4)(a^2+b^2)(a+b)(a-b).$$

On décompose $a^{16}+b^{16}$, a^8+b^8 et a^4+b^4, chacun en deux facteurs, d'après l'ex. 67, et on a en tout 9 facteurs.

Ces 9 facteurs pris isolément, multipliés 2 à 2, 3 à 3, 4 à 4, ..., 8 à 8, et les 9 ensemble forment des diviseurs de $a^{32}-b^{32}$.

68 *bis*. Décomposez en facteurs entiers et rationnels par rapport à a et à b: 1° $a^4+b^4+a^2b^2$ (en 2 facteurs); 2° $a^4+b^4-a^2b^2$ (*idem*); 3° $a^{16}+b^{16}+a^8b^8$ (en 8 facteurs).

1° $a^4+b^4+a^2b^2=(a^2+b^2)^2-a^2b^2=(a^2+b^2+ab)(a^2+b^2-ab)$

2° $a^4+b^4-a^2b^2=(a^2+b^2)^2-3a^2b^2=(a^2+b^2+ab\sqrt{3})\,(a^2+b^2-ab\sqrt{3})$.

3° $a^{16}+b^{16}+a^8b^8=(a^8+b^8+a^4b^4)\,(a^8+b^8-a^4b^4)=(a^4+b^4+a^2b^2)$ $(a^4+b^4-a^2b^2)(a^4+b^4+a^2b^2\sqrt{3})(a^4+b^4-a^2b^2\sqrt{3})$. Ces 4 produits se décomposent chacun en deux facteurs d'après 1° et 2°. On décompose, et on a huit facteurs. $[a^2b^2\sqrt{3}=(ab\sqrt[4]{3})^2]$

69. Développez $(a+b)^2$, $(a+b+c)^2$, $(a+b+c+d)^2$, etc. Trouvez et démontrez la loi de formation du carré d'un polynome de n termes.

$(a+b)^2=a^2+2ab+b^2$; $(a+b+c)^2=[(a+b)+c]^2=(a+b)^2+2(a+b)c+c^2=a^2+2ab+b^2+2ac+2bc+c^2$ $(a+b+c+d)^2=[(a+b+c)+d]^2=(a+b+c)^2+2(a+b+c)d+d^2=a^2+2ab+b^2+2ac+2bc+c^2+2ad+2bd+2cd+d^2$. Etc.

Loi. *Le carré d'un polynome se compose de la somme des carrés de tous ses termes plus les doubles produits différents de ces termes multipliés 2 à 2.*

Autrement. *On forme le carré d'un polynome, en faisant le*

carré du 1er terme, 2 fois le produit du 1er terme par le 2e, plus le carré du 2e, plus les doubles produits du 1er et du 2e par le 3e, plus le carré du 3e, plus les doubles produits des 3 premiers termes par le 4e, plus le carré du 4e. Ainsi de suite.

L'une ou l'autre loi est vérifiée pour les polynomes précédents. Nous allons montrer que si elle est vraie pour un polynome de n termes, $a+b+c\ldots+k=s$, elle est vraie pour un polynome de $n+1$ termes $a+b+c+\ldots+k+l=s+l$. En effet, $(s+l)^2=s^2+2sl+l^2$. Le carré s^2 développé contient par hypothèse $a^2+b^2+c^2+\ldots+k^2$. Donc $(s+l)^2$ contient $a^2+b^2+c^2+\ldots k^2+l^2$. D'un autre côté, s^2 contient par hypothèse les doubles produits de a, b, c, k multipliés 2 à 2. Or si on considère ces doubles produits pour $a+b+c+d+\ldots k+l$, on peut les partager en 2 séries : 1° les produits qui ne renferment pas les facteurs l; ce sont précisément les doubles produits composés avec a, b, c,... k qui sont dans s^2 : 2° les produits qui renferment l, savoir $2al$, $2bl$, $2cl$,... $2kl$; ceux-là sont dans $2sl=2(a+b+c\ldots+k)l$. Le carré $(s+l)^2=(a+b+c+\ldots+k+l)^2$ est donc composé suivant l'une ou l'autre loi. Cette loi étant vraie pour un polynome de 4 termes est vraie pour un polynome de 5 termes; étant vraie pour 5 termes, elle est vraie pour 6 termes. Ainsi de suite indéfiniment : elle est donc générale.

70. Application. Développez $(5ax^3+3a^2x^2+4a^3x+2a^4)^2$.

On applique la 1re ou la 2e loi précédente, puis on fait la réduction des termes semblables. Le carré demandé est

$$25a^2x^6+30a^3x^5+49a^4x^4+44a^5x^3+28a^6x^2+16a^7x+4a^8.$$

L'application de la 2e loi rapproche davantage les termes semblables.

70 *bis.* Théorème. Dans un système de numération dont la base est de la forme $4n+2$, le carré d'un nombre terminé par $2n+1$, ou par $2n+2$ est terminé par le même chiffre $2n+1$ ou $2n+2$.

1er cas. *Le nombre est terminé par* $2n+1$. C'est alors un multiple de la base plus $2n+1$, de la forme $[(4n+2)k+2n+1]$, dont le carré est égal à $(4n+2)^2k^2+2(4n+2)k\times(2n+1)+$

$(2n+1)^2$. Or, $(2n+1)^2 = 4n^2+4n+1 = 4n^2+2n+2n+1 = (4n+2)n+(2n+1)$. En remplaçant $(2n+1)^2$ par cette valeur dans le carré du nombre, on trouve que ce carré se compose de 3 multiples de la base $4n+2$, tous terminés par zéro, et en plus de $2n+1$; ce carré est donc terminé par le chiffre $2n+1$.

2e cas. *Le nombre proposé est terminé par* $2n+2$. On raisonne de même en considérant $2n+2$ au lieu de $2n+1$. Or $(2n+2)^2 = 4n^2+8n+4 = 4n^2+2n+(4n+2)+2n+2 = (4n+2)n+4n+2+(2n+2)$. Ayant remplacé $(2n+2)^2$ par cette valeur dans le carré du n. proposé, on trouve que ce carré se compose de 4 multiples de la base terminés chacun par un zéro, plus $2n+2$; il est donc terminé par le chiffre $2n+2$.

71. Développez $(a+b)^3$, $(a+b+c)^3$, $(a+b+c+d)^3$. Trouvez et démontrez la loi de formation du cube d'un polynome de n termes.

$(a+b)^3 = a^3+3a^2b+3ab^2+b^3$. $(a+b+c)^3 = [(a+b)+c]^3 = (a+b)^3+3(a+b)^2c+3(a+b)c^2+c^3 = a^3+3a^2b+3ab^2+b^3+3a^2c+6abc+3cb^2+3ac^2+3bc^2+c^3$.

Loi. *Le cube d'un polynome est égal à la somme des cubes de tous ses termes, plus la somme des produits qu'on obtient en multipliant successivement le triple de chaque terme par les carrés de tous les autres, plus la somme des sextuples produits différents de ses termes multipliés 3 à 3.*

Cette loi est vérifiée pour un trinome. Je vais prouver que si elle est vraie pour un polynome de n termes $a+b+c+\ldots+k = s$, elle est vraie pour un polynome de $n+1$ termes $a+b+c+\ldots+k+l = s+l$. En effet, $(s+l)^3 = s^3+3s^2l+3sl^2+l^3$. 1° Dans s^3, on trouve par hypothèse $a^3+l^3+c^3+\ldots+k^3$; dans $(s+l)^3$ il y a donc $a^3+l^3+c^3+\ldots+d^3+k^3+l^3$. 2° Dans s^3 se trouvent les produits tels que $ab^2, ac^2, \ldots ak^2, ba^2, bc^2, bh^2$, etc., indiqués dans la loi; ce sont les produits analogues qui doivent se trouver dans $(s+l)^3$, et qui ne contiennent pas le facteur l. Dans s^2 on trouve $a^2+b^2+c^2+\ldots+k^2$; dans $3s^2l$ on trouve $3a^2l$, $3b^2l$, $3c^2l$, $3k^2l$. $3sl^2 = 3(a+b+\ldots+k)l^2$ se compose de $3al^2$, $3bl^2, \ldots 3kl^2$. On trouve donc dans $s^3+3s^2l+3sl^2$ tous les triples produits qui doivent se trouver dans $(s+l)^3$ d'après la 2e partie de la loi. 3° On trouve dans s^3, par hypothèse, $6abc$, $6acd$, $6bcd$, etc., c'est-à-dire tous les sextuples produits de trois termes pris parmi a, b, c... k, l qui ne contiennent pas le facteur l. On trouve dans s^2 (Ex. 70), les produits $2ab$, $2ac$, $2bc$,... $2ak$,... ; par suite dans $3s^2l$, les produits $6abl$, $6acl$,... $6akl$, etc., c'est-à-dire tous les sextuples produits de 3 facteurs pris parmi a, b, c,..., k, l, qui contiennent le facteur l. La 3e partie de la loi est donc vérifiée pour $(s+l)^3 = (a+b+c+\ldots+k+l)^3$.

Cette loi est vraie pour un polynome de 3 termes ; donc elle est vraie pour un polynome de 4 termes. Étant vraie pour 4 termes, elle est vraie pour 5 termes. Ainsi de suite indéfiniment. Cette loi est donc générale.

72. Développez $(5x^3-3ax^2+2a^2x-a^3)^3$.

On applique la règle du n° 71, et on réduit les termes semblables. Le cube cherché est $125x^9-225ax^8+285a^2x^7-282a^3x^6+204a^4x^5-123a^5x^4+59a^6x^3-21a^7x^2+6a^8x-a^9$.

73. Développez et ordonnez les produits $(x+a)(x+b)$, $(x+a)(x+b)(x+c)$, $(x+a)(x+b)(x+c)(x+d)$. Trouvez et démontrez la loi de formation du produit de m binomes $x+a$, $x+b$,... $x+k$, $x+l$.

En effectuant les multiplications, et en ordonnant par rapport à x, on trouve que

$$(x+a)(x+b) = x^2+(a+b)x+ab.$$
$$(x+a)(x+b)(x+c) = x^3+(a+b+c)x^2+(ab+ac+bc)x+abc.$$
$$(x+a)(x+b)(x+c)(x+d) = x^4+(a+b+c+d)x^3$$
$$+(ab+ac+ad+bc+bd+cd)x^2+(abc+abd+acd+bcd)x+abcd.$$

Ces produits sont composés d'après la loi suivante :

Loi. *Le produit de m binomes $x+a$, $x+b$, $x+c$,..., $x+k$, ordonné par rapport à x, contient les puissances x^m, x^{m-1}, x^{m-2},... x^2, x, x^0. Le coefficient de x^m est 1 ; celui de x^{m-1} est la somme des m seconds termes $a+b+c+\ldots+k$. Le coefficient de x^{m-2} est la somme des produits différents de ces termes multipliés 2 à 2, (ab, ac,..., bc, etc.). Le coefficient du 4e terme est la somme des produits de ces seconds termes multipliés 3 à 3. Ainsi de suite.*

Cette loi est vraie d'après nos calculs pour le produit de 3 binomes et même de 4. Nous allons montrer que si elle est vraie pour un produit de m binomes $(x+a)(x+b)(x+c)\ldots(x+k)=\mathrm{P}$, elle est vraie pour un produit de $m+1$ binomes $(x+a)(x+b)\ldots(x+k)(x+l)=\mathrm{P}(x+l)$.

Désignons dans le produit des m premiers binomes, par $s_1, s_2, s_3, \ldots, s_{m-1}, s_m$, les divers coefficients indiqués dans la loi. Par hypothèse

$$\mathrm{P}=x^m+s_1x^{m-1}+s_2x^{m-2}+\ldots+s_{m-2}x^2+s_{m-1}x+s_m$$
$$x+l$$

$$\mathrm{P}(x+l)=\left\{\begin{array}{r|r|r|r|r} x^{m+1}+s_1 & x^m+s_2 & x^{m-1}+\ldots+s_{m-1} & x^2+s_m & x \\ +l & +s_1l & +s_{m-2}l & +s_{m-1}l & +s_ml \end{array}\right.$$

$s_1+l=(a+b+c+\ldots+k)+l$. La somme des produits 2 à 2 des seconds termes $a, b, c,\ldots k, l$ peut se partager en deux séries : 1° la série de ces produits qui ne renferment pas le facteur l, et qui ne sont autres que les produits 2 à 2 des m binomes $a,b,c,\ldots k$, lesquels sont tous dans s_2 ; 2° La série de ces produits qui contiennent l, avoir $al, bl, cl,\ldots kl$; or tous ces produits sont dans $s_1l=(a+b+c+\ldots+k)l$. Le coefficient de x^{m-1} dans le produit $(x+a)(x+b)\ldots(x+k)(x+l)$ est donc formé suivant la loi. La somme des produits de 3 facteurs pris parmi les seconds termes $a, b, c,\ldots k, l$, se divise de même en deux séries ; la 1re composée des produits abc, abd, etc., qui ne contiennent pas le facteur l ; ces produits se trouvent tous dans s_3 ; la 2e composée de ceux de ces produits qui contiennent l (savoir abl, acl, etc.) ; ceux-là se trouvent dans $s_2l=(ab+ac+\ldots+ak+bk+\ldots)l$. Le coefficient de x^{m-3} dans $\mathrm{P}(x+l)$ est donc composé suivant la loi. On démontre de même pour les autres coefficients suivants. La loi vraie pour un produit de m binomes est donc vraie pour $m+1$ binomes. Or elle est vraie pour 4 binomes ; elle est donc vraie pour 5. Étant vraie pour 5, elle l'est pour 6. Ainsi de suite indéfiniment ; elle est donc générale.

74. Développez et ordonnez $(x+3)(x+4)(x+2)(x-1)(x-2)(x-3)$.

On applique la loi (Ex. 78), et on réduit les termes semblables.

Rép. Le produit est $x^6+3x^5-17x^4-39x^3+88x^2+108x-144$.

Remarque. En considérant les facteurs, on trouve $(x+3)(x-3)=x^2-9$; $(x+2)(x-2)=x^2-4$; $(x+4)(x-1)=x^2+3x-4$. En multipliant ces trois produits de la manière ordinaire, on a plus tôt fait dans ce cas qu'en appliquant la loi précédente.

75. Remplacez x par $y-2$ dans $x^4+4x^3+4x^2+2xy^2-y^4+2y^3$; effectuez les opérations indiquées et simplifiez.

J'applique la règle de l'Ex. 18. Je multiplie d'abord le coefficient de x^4 par $y-2$ et j'ajoute le coefficient suivant de x^3; ce qui donne $y-2+4=y+2$. Je multiplie ce résultat par $y-2$ et j'ajoute le coefficient suivant de x^2 ; ce qui donne $y^2-4+4=y^2$. Ainsi de suite $y^2(y-2)+2y^2=y^3$; $y^3(y-2)-y^4+2y^3=0$. La valeur du polynome proposé est 0 pour $x=y-2$.

76. Remplacez x par $a+2$ dans $x^4-2x^3-2ax^2-2a^2x-a^4-2a^3$; effectuez les opérations indiquées et simplifiez.

J'applique la règle de l'Ex. 18 comme dans l'Ex. précédent, $a+2-2=a$; $a(a+2)-2a=a^2$; $a^2(a+2)-2a^2=a^3$; $a^3(a+2)-a^4-2a^3=0$. Pour $x=a+2$, le polynome proposé se réduit à 0.

77. Remplacez x par $a+b$ dans $2x^3-2ax^2-2abx-2ab^2-2b^3$; effectuez les opérations indiquées et simplifiez.

On suit exactement la même marche, et on trouve encore 0 pour résultat final.

78. $\frac{1}{6}(h+h')^3+\frac{1}{2}(h+h')r^2=\frac{1}{6}h^3+1/2h(r^2+r'^2)+\frac{1}{6}h'^3+\frac{1}{2}r'^2h'$.
Démontrez que cette égalité est vraie si $r^2=2rh-h^2$ et $r'^2=2r'h'-h'^2$.

On remplace r^2 et r'^2 par leurs valeurs indiquées, et on effectue les calculs de part et d'autre. Les deux membres de l'égalité demeurent alors identiquement les mêmes.

DIVISION DES MONOMES.

79. $18a^5b^4c^3-30a^4b^3c^5-12a^6b^5c^2+24a^6b^4c^4$. Trouvez le produit des facteurs monomes communs aux divers termes, et mettez ce produit en facteur commun.

On cherche le plus g. c. div. des coefficients en les décomposant en facteurs premiers, ou autrement ; c'est **6**. On cherche de même le plus grand commun diviseur littéral, en appliquant aux lettres la règle donnée en arithm. pour trouver le plus g. c. div. d'un nombre, décomposé en ses facteurs premiers. On trouve ainsi $a^4b^3c^2$. On divise tous les termes par $6a^4b^3c^2$, qu'on met ensuite comme facteur à côté du quotient.

RÉP. $6a^4b^3c^2\ (3abc - 5c^3 + 2a^2b^2 + 4a^2bc^2)$.

80. $84x^5y^4 - 108x^4y^5 + 420x^6y^3 - 228x^7y^6$. Trouvez le produit des facteurs monômes communs aux divers termes, et mettez ce produit en facteur commun.

On suit la même marche que dans l'Ex. précédent ; ce qui donne : $12x^4y^3\ (7xy - 9y^2 + 35x^2 - 19x^3y^3)$.

DIVISIONS DES POLYNOMES.

81. $(a^3+b^3) : (a+b)$.

81 *bis*. $(a^3-b^3) : (a-b)$.

$(a^3+b^3) : (a+b) = a^2 - ab + b^2$ $(a^3-b^3) : (a-b) = a^2 + ab + b^2$.

Ces deux égalités sont deux formules qu'il faut savoir par cœur parce qu'elles sont d'une application fréquente.

82. $(a^6-b^6) : (a^2-ab+b^2)$.

Quotient: $a^4 + a^3b - ab^3 - b^4$.

82 *bis*. $(2x^3 - 2ax^2 - 2abx - 2ab^2 - 2b^3) : (x - a - b)$.

Quotient: $2x^2 + 2bx + 2b^2$. Pour trouver ce quotient, on peut appliquer la règle du n° 3 de l'Appendice au chapitre Ier ; $x - a - b = x - (a + b)$.

83. $(125x^6 - 64y^3) : (5x^2 - 4y)$.

Quotient : $25x^4 + 20x^2y + 16y^2$).

Je remarque que $125x^6$ et $64y^3$ sont des cubes et précisément les cubes de $5x^2$ et de $4y$; c'est donc le cas d'appliquer la formule $(a^3-b^3) : (a-b) = a^2 + ab + b^2$ (Ex. 81 *bis*) ; c'est ce que nous avons fait.

83 *bis*. $x^4 + 4x^3 + 4x^2 + 2xy^2 - y^4 + 2y^3 : (x - y + 2)$.

Quotient : $x^3 + (y + 2)x^2 + y^2x + y^3$. On applique la même règle que dans l'Ex. 82 *bis*, en tenant compte de ce que $x - y + 2 = x - (y - 2)$.

84. $(16a^4 + 8a^2b^2 + 9b^4) : (4a^2 - 4ab + 3b^2)$.

Quotient : $4a^2 + 4ab + 3b^2$.

85. $(6a^5 - 7a^4b + 3a^3b^2 + 11a^2b^3 - 9ab^4 - 4b^5) : (3a + b)(a + b)(a - b)$.

Quotient : $2a^2 - 3ab + 4b^2$. On peut diviser le dividende proposé par $a - b$, le quotient obtenu par $a + b$, et le nouveau quotient par $3a + b$. C'est ce que nous avons fait (en appliquant 3 fois la règle du n° 3 de l'Appendice au chapitre Ier).

86. $[(a^2 - 2ac)^3 + c^6] : (a - c)^2$.

Quotient : $a^4 - 4a^3c + 3a^2c^2 + 2ac^3 + c^4$.

Remarque. $(a - c)^2 = (a^2 - 2ac) + c^2$. Le dividende étant $(a^2 - 2ac)^3 + (c^2)^3$, c'est le cas d'appliquer la formule de l'Ex. 81, $(a^3 + b^3) : a + b = a^2 - ab + b^2$. Dans notre exemple le quotient doit être $(a^2 - 2ac)^2 - (a^2 - 2ac)c^2 + (c^2)^2$.

87. $(x^3 + y^3 + z^3 - 3xyz) : (x + y + z)$.

Quotient : $x^2 + y^2 + z^2 - xy - xz - zy$.

88. $[(x + y + z)^3 - (2x - y)^3] : [2y - x + z]$.

Quotient : $7x^2 - yx + 4zx + y^2 + z^2 + yz$. On peut remarquer que $2y - x + z = (x + y + z) - (2x - y)$, et par suite trouver le quotient en appliquant la formule de l'Ex. 81 *bis*.

89. $(16a^5 + 44a^4b + 86a^3b^2 + 76a^2b^3 + 48ab^4) : (2a^3 + 3a^2b + 4ab^2)$.

Quotient : $8a^2 + 10ab + 12b^2$.

90. $(a^5 - a^4b + a^3b^2 - a^2b^3 + ab^4 - b^5) : (a^2 - ab + b^2)$.

Quotient : $a^3 - b^3$.

91. $(x^2+x-2)\times(x^2-2x+1)\times(x^2-x-1):(x-1)^3$.

Quotient : $(x+2)(x^2-x-1)=x^3+x^2-3x-2$.

Le diviseur étant $(x-1)^3$, je cherche si les facteurs du dividende ne sont pas divisibles par $x-1$. On voit tout de suite que $x^2-2x+1=(x-1)^2$. On supprime ce facteur du dividende et on n'a plus qu'à diviser par $x-1$. Or le 1er facteur x^2+x-2 s'annule pour $x=1$; il est donc divisible par $x-1$. On le divise : le quotient est $x+2$. On conclut de là que le quotient cherché est $(x+2)(x^2-x-1)$.

92. $(b^2+c^2-a^2+2bc)\times(2bc+a^2-b^2-c^2):(a^2-b^2+c^2+2ac)$.

$(b^2+c^2+2bc-a^2)=(b+c)^2-a^2=(b+c+a)(b+c-a)$. De même $2bc+a^2-b^2-c^2=a^2-(b-c)^2=(a+b-c)(a+c-b)$ de sorte que le dividende est $(a+b+c)(b-c-a)(a+b-c)$ $(a+c-b)$. Le diviseur $a^2+c^2+2ac-b^2=(a+c)^2-b^2$ $=(a+c+b)(a+c-b)$. Le quotient est donc $(b+c-a)(b+a-c)$ $=b^2-a^2-c^2+2ac$.

93. $[a^2(b+c)-b^2(a+c)+c^2(a+b)+abc]:[a(b+c)+cb]$.

Quotient : $a-b+c$.

94. $[(b-c)a^3-(a-c)b^3+(a-b)c^3]:(a-c)(b-c)$.

On divise d'abord par $a-c$, ce qui donne pour quotient $(b-c)a^2+(bc-c^2)a+bc^2-b^3$. Puis on divise ce quotient par $b-c$, ce qui donne pour quotient final a^2+ac-b^2-bc $=(a-b)(a+b+c)$.

95. $(a^8-x^8):(a^4+a^3x\sqrt{2}-ax^3\sqrt{2}-x^4)$.

Quotient : $a^4-a^3x\sqrt{3}+2a^2x^2-ax^3\sqrt{3}+x^4$.

D'après l'Ex. 67, le dividende $a^8-x^8=(a^4-x^4)(a^4+x^4)=$ $(a^2-x^2)(a^2+x^2)(a^2+x^2+ax\sqrt{3})(a^2+x^2-ax\sqrt{3})$. Le diviseur $a^4-x^4+a^3x\sqrt{3}-ax^3\sqrt{3}=(a^2-x^2)(a^2+x^2)+(a^2-x^2)ax\sqrt{3}$ $=(a^2-x^2)(a^2+x^2+ax\sqrt{3})$. D'après cela, le quotient est $(a^2+x^2)(a^2+x^2-ax\sqrt{3})$. On effectue ce produit. La division directe aussi facile conduit au même résultat.

96. $[(x^4-(b+c)x^3-(a^2-bc)x^2+a^2(b+c)x-a^2bc]:[x^2+(a-b)x-ab]$.

Quotient. $x^2-(a+c)x+ac$.

97. $[(y^3-z^3)x^4+(z^4-y^4)x^3+y^4z^3-z^4y^3]:(x-y)(y-z)(x-z)$

Quotient. $(y^2+z^2+zy)x^2+(y^2z+yz^2)x+y^2z^2=x^2y^2+x^2z^2+y^2z^2+zyx^2+xzy^2+xyz^2$.

On divise d'abord par $x-y$, le quotient par $x-z$, et le 3e quotient par $y-z$. On peut appliquer trois fois la règle n° 3 de l'appendice au chapitre 1er.

98. $[(a+b+c)^5-a^5-b^5-c^5]:(a+b)(a+c)(b+c)$.

Quotient. $5(a^2+b^2+c^2+ab+ac+bc)$.

On développe le dividende. Cela fait, on divise par le produit effectué $(a+b)(a+c)(b+c)$, ou, si on veut, d'abord par $a+b$, le quotient par $a+c$ et enfin le quotient par $(b+c)$.

DIVISIBILITÉ PAR $x - a$.

99. $(x^5-5x^4+8x^3-6x^2+4x-12:(x-3)$.

Quotient. $x^4-2x^3+2x^2+4$.

J'applique dans cet exemple et dans les suivants la règle spéciale relative à la division par un diviseur de la forme $x-a$.

Le 1er terme du quotient est x^4. $1\times3-5=-2$; le 2e terme du quotient est $-2x^3$: $-2\times3+8=2$; le 3e terme est $2x^2$. $2\times3-6=0$; le 4e terme est $0.x$. $0\times3+4=4$; le 5e terme est 4. En continuant, on trouve $4\times3-12=0$. Le reste de la division est 0.

99 *bis*. Démontrer qu'un polynome $Ax^m+Bx^{m-1}+\ldots+Px+Q$ divisible par $x-a$, $x-b$, $x-c$, est divisible par $(x-a)(x-b)(x-c)$.

Désignons par P le polynome proposé, et par Q le quotient entier par rapport à x de sa division par $x-a$). $P=Q(x-a)$. Le 1er membre P, divisible par $x-b$, se réduit à 0 pour $x=b$; il doit en être de même du 2e membre $Q(x-a$. Le facteur $x-a$ devenant alors $b-a$, différent de 0, il faut que Q devienne zéro. Q se réduisant à 0 pour $x=b$, est divisible par $x-b$; $Q=Q'(x-b)$, et $P = Q'(x-b)(x-a)$, Q' étant un polynome entier par rapport à x.

Le 1er membre P de la dernière égalité étant divisible par $x-c$, se réduit à 0 pour $x = c$; il doit en être de même du 2e membre. Mais alors $x-b$ et $x-a$ prennent les valeurs $c-b$, $c-a$ différentes de 0; donc Q' doit s'annuler; donc Q' est divisible par $x-c$; $Q' = Q'' \times (x-c)$. Par suite $P = Q''(x-c)(x-b)(x-a)$; P est divisible par $(x-a)(x-b)(x-c)$.

100. Trouver la loi de formation du quotient et du reste de la division de $Ax^m + Bx^{m-1} + Cx^{m-2} + \ldots\ldots Kx + L$ etc. par $x + a$. Condition de divisibilité.

Règle. On divise le 1er terme du dividende par x; ce qui donne le 1er terme du quotient Ax^{m-1}. La division par x ne diminuant l'exposant du terme divisé que de 1, le quotient doit renfermer généralement les puissances décroissantes consécutives de x, x^{m-1}, x^{m-2}, x^{m-3}, etc. A partir de Ax^{m-1} le coefficient de chaque puissance s'obtient d'après cette loi : Pour obtenir le coefficient de x^n, on multiplie le coefficient de x^{n+1} par $-a$, et on ajoute algébriquement au produit le coefficient de x^{n+1} dans le dividende ; puis on écrit x^n à côté du coefficient ainsi obtenu. On applique continuellement cette loi depuis le terme Ax^{m-1} jusqu'à ce qu'on soit arrivé au terme indépendant de x.

Reste. Pour obtenir le reste final de la division, on multiplie le terme indépendant de x du quotient par $-a$, et on ajoute algébriquement au produit le terme indépendant de x dans le dividende.

Remarque. Quand une puissance de x manque à partir de x^m dans le dividende, ou de x^{m-1} dans le quotient, on considère pour appliquer la règle cette puissance comme ayant le coefficient 0, et on agit en conséquence.

Démonstration. Soit Px^n un terme obtenu au quotient suivant la règle ordinaire de la division qu'on peut toujours appliquer. Pour continuer la division, je multiplie le diviseur $x + a$ par Px^n et je retranche le produit du dividende. Le produit est $Px^{n+1} + Pax^n$ et pour retrancher $-Px^{n+1} - Pax^n$. $-Px^{n+1}$ détruit le 1er terme Px^{n+1} du reste précédent; $-Pax^{n+1}$ s'ajoute algébriquement au terme Kx du dividende, et le nouveau reste est $(-Pa+K)x^n$ suivi de tous les autres termes du dividende nullement altérés. Je divise le 1er terme de ce reste par x, et j'obtiens au quotient $-(Pa+K)x^{n+1}$ qui est bien le terme suivant déduit de Px^n, suivant notre règle ; cette règle est donc exacte.

Reste. Ayant trouvé le terme indépendant, T par ex., du quotient, pour trouver le reste suivant, je multiplie T. par $x+a$; ce qui donne $+Tx$ et pour soustraire $-Tx$ qui détruit Tx du reste précédent, puis Ta, et pour soustraire $-Ta$, qui s'ajoute au terme indépendant V du dividende ; ce qui donne le reste : $-Ta+V$ qu'on ne peut plus diviser par x.

101. Condition de divisibilité de x^m+a^m par $x+a$; forme du quotient.

Par la division ordinaire, ou en appliquant la règle de l'exercice précédent au polynome x^m+a^m qu'on peut écrire ainsi : $x^m+0x^{m-1}+0x^{m-2}+\ldots+0x+a^m$, on trouve aisément le quotient $x^{m-1}-ax^{m-2}+a^2x^{m-3}-a^3x^{m-4}+\ldots\pm a^{m-1}$ et pour reste $\mp a^m+a^m$.

1er terme, x^{m-1}. 2e terme, $1\times-a+0=-a$; $-ax^{m-2}$. 3e terme, $-a\times-a+0=+a^2$; a^2x^{m-3}. Etc.

D'après les signes successifs de a, a^2, a^3, a^4, etc., on voit que le reste est $+a^m+a^m=2a^m$ quand m est pair, et $-a^m+a^m=0$, quand m est impair. x^m+a^m est donc divisible par $x+a$ quand m est impair. Quand m est pair, il y a un reste $2a^m$.

102. Condition de divisibilité de x^m-a^m par $x+a$; forme du quotient.

On trouve comme dans l'ex. 101 le quotient : $x^{m-1}-ax^{m-2}+a^2x^{m-3}-$ etc., et le reste $+a^m-a^m=0$ si m est pair, ou le reste $-a^m-a^m=-2a^m$ quand m est impair. x^m-a^m est donc divisible par $x+a$ quand m est pair ; il y a un reste $-2a^m$, quand m est impair.

102 *bis*. Application. Dites et démontrez les principes de la divisibilité d'un nombre, 1° par $b-1$, 2° par $b+1$, dans le système b. Cas de $b=10$.

1° b^m-1 est divisible par $b-1$, est un multiple de $b-1$, quel que soit m. Autrement dit $b^m=$ un multiple de $(b-1)+1$; $Kb^m=$ (mult. de $(b-1)+1)K=$ mult. de $(b-1)+K$.

Application. Le nombre 34527 écrit dans la base $(b)=7+2b$

$+5b^2+4b^3+3b^4$. $7=7$; $2b=$mult. de$(b-1)+2$; $5b^3=$mult. de $(b-1)+5$; etc., etc. $34527=$mult. de $(b-1)+(7+2+5+4+3)$.

Principe. *Tout nombre écrit dans le système* (*b*) *est égal à un multiple de b — 1 plus la somme des valeurs absolues de ses chiffres.*

Pour $b=10$; $b-1=9$. On retrouve le caractère de divisibilité d'un nombre par 9.

2° $b^{2n}-1$ est divisible par $(b+1)$; $b^{2n}=$mult. de$(b+1)+1$.

K. $b^{2n}=$ K(mult. de $(b+1)+1)=$ un mult. de $(b+1)+$K.

$b^{2n+1}+1$ est divisible par $(b+1)$; $b^{2n+1}=$mult. de $(b+1)-1$; K.$b^{2n+1}=$ un mult. de $(b+1)-$K. De là ces deux principes:

Dans un nombre écrit dans le système (b), *la valeur relative d'un chiffre de rang impair* (de droite à gauche) *est égale à un multiple de* (b + 1) *plus la valeur absolue de ce chiffre. La valeur relative d'un chiffre de rang pair est égale à un mult. de* (b+1) *moins la valeur absolue de ce chiffre.*

En raisonnant d'après ces deux principes sur un n. quelconque comme on raisonne en arithmétique à propos de la divisibilité par 11, on a le caractère semblable de divisibilité d'un nombre par $(b+1)$.

Si $b=10$, $b+1=11$; on a le caractère de divisibilité par 11.

103. Appliquez ce qui a été trouvé Ex. 100, à la division de x^7+a^7, x^7-a^7, x^8-a^8 et x^8+a^8, 1° par $x+a$, 2° par $x-a$. Écrivez les quotients et les restes.

D'après l'Ex. 101. $(x^7+a^7):(x+a)=x^6-ax^5+a^2x^4-a^3x^3+a^4x^2-a^5x+a^6$ (sans reste). La division de x^7-a^7 par $x-a$ donne le même quotient et le reste $-2a^7$.

$(x^7-a^7):x-a=x^6+ax^5+a^2x^4+a^3x^3+a^4x^2+a^5x+a^6$.

$(x^7+a^7):(x-a)$. Même quotient et le reste $2a^7$.

$(x^8-a^8):(x-a)=x^7+ax^6+a^2x^5+a^3x^4+a^4x^3+a^5x^2+a^6x+a^7$ (sans reste).

$(x^8+a^8):(x-a)$; même quotient avec le reste $2a^8$.

$(x^8-a^8):(x+a)=x^7-ax^6+a^2x^5-a^3x^4+a^4x^3-a^5x^2+a^6x-a^7$ (sans reste).

$(x^8+a^8):(x+a)$; même quotient avec le reste $2a^8$.

104. Décomposez $a^6 - b^6$ en 4 facteurs. Combien d'après cette décomposition peut-on former de diviseurs exacts de $a^6 - b^6$. Formez ces diviseurs.

$a^6 - b^6 = (a^3 - b^3)(a^3 + b^3) = (a - b)(a^2 + ab + b^2)(a+b)(a^2 - ab + b^2)$.

Ces facteurs considérés isolément sont 4 diviseurs de $a^6 - b^6$. En les multipliant 2 à 2, on obtient 6 autres diviseurs ; 3 à 3, 4 diviseurs. (Faites ces multiplications.)

105. Décomposez $a^9 - b^9$ en facteurs.

$(a^9 - b^9) = (a^3)^3 - (b^3)^3 = (a^3 - b^3)(a^6 + a^3b^3 + b^6) = (a-b)(a^2 + ab + b^2)(a^6 + a^3b^3 + b^6)$.

105 *bis*. Prouver que $1 + 2x^4$ n'est jamais moindre que $x^2 + 2x^3$.

Cela revient à prouver que l'on a toujours $1 + 2x^4 - x^2 - 2x^3 > 0$. Or $1 + 2x^4 - x^2 - 2x^3 = (1 + x^4 - 2x^2) + x^4 - 2x^3 + x^2 = (1 - x^2)^2 + x^2(1 - x)^2$. Cette somme de 2 carrés est positive quel que soit x.

106. $(x^5 - 3bx^4 + 5b^2x^3 - 8b^3x^2 + 6b^4x - 4b^5) : (x - 2b)$.

J'applique la règle n° 3 de l'Appendice.

Quotient. $x^4 - bx^3 + 3b^2x^2 - 2b^3x + 2b^4$ (sans reste).

1er terme x^4. 2e terme : $1 \times 2b - 3b = -b$; $-bx^3$. 3e terme : $-b \times 2b + 5b^2 = 3b^2$; $3b^2x^2$. Etc.

107. Trouver le quotient et le reste de la division du polynome précédent (Ex. 106) par $x - 2a$.

(Même règle.) *Quotient*. $x^4 + (2a - 3b)x^3 + (4a^2 - 6ab + 5b^2)x^2 + (8a^3 - 12a^2b + 10ab^2 - 8b^3)x + (16a^4 - 24a^3b + 20a^2b^2 - 16ab^3 + 6b^4)$. *Reste*. $32a^5 - 48a^4b + 40a^3b^2 - 32a^2b^3 + 12ab^4 - 4b^5$.

108. $(9x^5 + 6x^4 - 12x^3 + 12x^2 + 15x - 6) : 3x - 1$. Trouver le quotient d'après la règle du n° 3 de l'Appendice au chapitre 1er.

$3x - 1 = 3\left(x - \frac{1}{3}\right)$. Je divise préalablement le dividende par 3; ce qui donne $3x^5 + 2x^4 - 4x^3 + 4x^2 + 5x - 2$. Puis je divise ce quotient par $x - 1/3$ d'après la règle du n° 3 de l'appendice.

Quotient. $3x^4 + 3x^3 - 3x^2 + 3x + 6$ (sans reste.)

109. La différence entre les cubes de deux nombres entiers consécutifs est 91. Trouver ces nombres. Généralisez la méthode. RÉP. 5 et 6.

Soient x et $x+1$ les n. cherchés. $(x+1)^3 - x^3 = 3x^2 + 3x + 1 = 91$. Je retranche 1 des deux parts : $3x^2 + 3x = 90$; où $3x(x+1) = 90$. Je divise par 3; $x(x+1) = 30$. Puisque x et $x+1$ sont des nombres entiers consécutifs, je les trouverai en décomposant 30 en deux facteurs qui soient deux nombres entiers consécutifs. $30 = 3 \times 10 = 2 \times 15 = 5 \times 6$. Ces facteurs sont 5 et 6; $x = 5$; $x + 1 = 6$.

La marche à suivre en général dans les cas semblables est suffisamment indiquée.

109 *bis*. La différence des cubes de deux nombres impairs consécutifs est 1946. Trouver ces nombres. RÉP. 17 et 19.

Soient $2x - 1$ et $2x + 1$ les deux n. cherchés. $(2x-1)^3 = 8x^3 - 12x^2 + 12x - 1$; $(2x+1)^3 = 8x^3 + 12x^2 + 12x + 1$. $(2x+1)^3 - (2x-1)^3 = 24x^2 + 2 = 1946$. D'où $24x^2 = 1944$; $x^2 = 1944 : 24 = 81$; $x = 9$. Par suite $2x - 1 = 17$ et $2x + 1 = 19$. (Deux nombres impairs consécutifs se représentent avantageusement par $2x - 1$ et $2x + 1$.)

110. $x^4 - 17x^3 + 98x^2 - 232x + 192 = 0$. Cette égalité est vérifiée par quatre valeurs entières de x; trouver ces valeurs (*). RÉP. 2, 3, 4 et 8.

Chaque valeur entière de x divisant tous les termes de l'égalité qui précèdent 192, doit diviser 192; les nombres entiers cherchés sont donc des diviseurs de 192. Je détermine les diviseurs de 192 qui sont 2, 3, 4, 6, 8, etc. Si 2 est une valeur cherchée de x, ce nombre substitué dans le polynome proposé, doit le réduire à 0. Je cherche donc par la règle de l'Ex. 18 ce que devient ce polynome pour $x = 2$; $2 - 17 = -15$; $-15 \times 2 + 98 = 68$; $68 \times 2 - 232 = -96$, $-96 \times 2 + 192 = 0$. 2 est une des valeurs cherchées. J'essaye de même le diviseur 3.

Le résultat est 0 ; 3 est un 2e nombre cherché. De même 4.

6 ne convient pas ; j'essaye 8 qui donne aussi finalement 0; 8 est le 4e nombre.

$x=2$ annulant le polynome, celui-ci est divisible par $x-2$; on peut effectuer cette division, égaler le quotient à zéro : $x^3-15x^2+68x-96=0$ et chercher les trois autres nombres au moyen de cette équation. Ayant trouvé $x=3$, on peut diviser par $x-3$, etc.

111. $(x+1)^4-x^4=65$, et x est un n. entier. Trouver x. RÉP. $x=2$.

$(x+1)^4-x^4=4x^3+6x^2+4x+1=65$; je retranche 1 ; $4x^3+6x^2+4x=64$. Je divise par 2 ; $2x^3+3x^2+2x=32$. Le n. entier cherché, valeur de x, divisant le 1er membre, doit diviser le 2e. C'est donc un diviseur de 32. Les diviseurs de 32 sont 2, 4, 8, 16. Essayons 2 ; c'est-à-dire substituons $x=2$ dans le 1er membre d'après la règle de l'Ex. 18. $2\times2+3=7$; $7\times2+2=16$; $16\times2+0=32$. Pour $x=2$, le 1er membre vaut 32 ; il est égal au 2e ; l'égalité est vérifiée ; 2 est donc la valeur cherchée de x.

112. $(x+1)^3+x^3=341$, et x est un n. entier. Trouver x (**). RÉP. $x=5$.

$(x+1)^3+x^3=2x^3+3x^2+3x+1=341$. D'où $2x^3+3x^2+3x-340=0$. Même raisonnement. On essaye les diviseurs de 340, qui sont 2, 4, 5, 10, etc. 2 et 4 ne réussissent pas ; 5 réussit. $x=5$; $x+1=6$.

113. Le produit de quatre nombres entiers consécutifs diminué de leur somme est égal à 818. Trouver ces nombres. RÉP. 4, 5, 6 et 7.

Soient $x-1$, x, $x+1$, $x+2$, les 4 nombres demandés. Leur somme est $4x+2$; leur produit $(x-1)(x+1)x(x+2)=(x^2-1)x(x+2)=(x^3-x)(x+2)=x^4+2x^3-x^2-2x$. En retranchant la somme $4x+2$, on trouve $x^4+2x^3-x^2-6x-2=818$, d'où $x^4+2x^3-x^2-6x-820=0$. On raisonne comme dans l'Ex. 110, et on est conduit à essayer la substitution à la place de x de chacun des diviseurs de 820 qui sont 2, 4, 5, 10, etc. 2 et 4 ne réussissent pas ; 5 réussit. $x=5$; $x-1=4$; $x+1=6$; $x+2=7$.

114. Le produit de trois nombres entiers consécutifs augmenté de la somme de leurs carrés est égal à 320. Trouver ces nombres. Rép. 5, 6 et 7.

Soient $x-1$, x et $x+1$ les nombres demandés; $(x-1)(x+1)x=(x^2-1)x=x^3-x$. Les carrés sont x^2-2x+1; x^2+2x+1, et x^2; leur somme $3x^2+2$. En ajoutant cette somme au produit, on trouve, d'après l'énoncé, l'équation $x^3+3x^2-x+2=320$; d'où $x^3+3x^2-x=318$. On raisonne comme dans les exerc. précédents. Les diviseurs de 318, sont 2, 3, 6, etc.; on essaye ces diviseurs d'après l'exerc. 18. 6 réussit. $x=6$, $x-1=5$; $x+1=7$.

Remarque. Nous ferons remarquer le choix des valeurs littérales données aux n. cherchés. Au lieu de désigner ces n. par x, $x+1$, $x+2$, comme on le ferait si on ne réfléchissait pas un peu d'avance à l'usage qu'on en va faire, nous les avons désignés par $x-1$, x, et $x+1$, et nous avons eu un produit et une somme beaucoup plus simples. Le lecteur aura déjà remarqué que nous avons fait des simplifications analogues dans les exercices précédents. La dernière égalité est $x^3+3x^2-x=318$. On est conduit par le raisonnement à essayer 2, 3, 6, etc. On voit tout de suite, sans appliquer la règle, que pour $x=2$, ni pour $x=3$, le 1er membre ne vaudra pas 318; c'est évident. On essaye donc 6 régulièrement pour commencer.

115. Trouver d'après l'Ex. 73, trois nombres a, b, c tels que $a+b+c=15$; $abc=105$; $ab+ac+bc=71$.

D'après l'Ex. 73, le produit de trois binomes $(x-a)(x-b)(x-c)=x^3-(a+b+c)x^2+(ab+ac+bc)x-abc$. Mais dans le cas actuel, $a+b+c=15$; $ab+ac+bc=71$; $abc=105$. On a donc l'égalité $(x-a)(x-b)(x-c)=x^3-15x^2+71x-105$. a, b, c, ayant les valeurs cherchées, le 2e membre de cette égalité est donc divisible par $x-a$, par $x-b$ et par $x-c$; il doit donc se réduire à 0 pour $x=a$; de même pour $x=b$; de même pour $x=c$. Trouver a, b, c, c'est donc trouver les nombres qui vérifient l'équation $x^3-15x^2+71x-105=0$. Si les nombres a, b, c sont entiers, ils se trouvent parmi les diviseurs de 105 qui sont 3, 5, 7, 15, etc. (Ex. 110). Je cherche ce que devient le 1er membre de l'équation pour $x = 3$, puis pour $x = 5$, puis pour $x = 7$ (d'après l'Ex. 18). Il se réduit à 0 pour chacune de ces valeurs de x. J'en conclus que 3, 5 et 7 sont les nombres cherchés. *Vérifions* : $3 + 5 + 7 = 15$; $3 \times 5 + 3 \times 7 \times 5 \times 7 = 71$; et le produit $3 \times 5 \times 7 = 105$.

116. La somme des quatrièmes puissances de deux nombres entiers consécutifs est 337. Trouver ces nombres.

Soient x et $x + 1$ les nombres cherchés. $x^4 + (x+1)^4 = 2x^4 + 4x^3 + 6x^2 + 4x + 1 = 337$; d'où $x^4 + 2x^3 + 3x^2 + 2x = 168$.

En raisonnant et en opérant comme dans les exercices précédents, on trouve $x = 3$, $x + 1 = 4$.

PRINCIPES SUR LES FRACTIONS, LES RAPPORTS ET LES PROPORTIONS.

117. Examiner ce que devient une fraction $\frac{a}{b}$ quand on augmente ou diminue ses deux termes du même nombre m.

La fraction devient $\frac{a+m}{b+m}$. Je réduis $\frac{a}{b}$ et cette fraction au même dénominateur. $\frac{a}{b} = \frac{ab + am}{b(b+m)}$; $\frac{a+m}{b+m} = \frac{ab + bm}{b(b+m)}$.

D'après les numérateurs, $\frac{a+m}{b+m}$ surpasse $\frac{a}{b}$ quand bm est plus grand que am, ou $b > a$; c'est-à-dire quand la fraction proposée est plus petite que l'unité. Dans le cas contraire, bm étant moindre que am, $\frac{a+m}{b+m}$ est moindre que $\frac{a}{b}$. On conclut de là ce principe : *quand on ajoute un même nombre aux deux termes d'une fraction, cette fraction augmente si elle est plus petite que l'unité, diminue dans le cas contraire.*

118. De quels nombres peut-on augmenter ou diminuer les deux termes d'une fraction $\frac{a}{b}$ sans en changer la valeur ?

Soient x et y les deux nombres cherchés ; on doit avoir

$\frac{a+x}{b+y}=\frac{a}{b}$. Réduisons au même dénominateur : $\frac{ab+bx}{b(b+y)}=\frac{ab+ay}{b(b+y)}$; d'où $ab+bx=ab+ay$ et enfin $bx=ay$; d'où $\frac{x}{y}=\frac{a}{b}$. *Les nombres ajoutés doivent être tels que divisés l'un par l'autre, ils forment une fraction égale à la fraction proposée.* Cette condition est nécessaire et suffisante.

Il résulte de là que si $\frac{a}{b}=\frac{c}{d}$, $\frac{a+c}{b+d}=\frac{a}{b}$. Si $\frac{a}{b}=\frac{c}{d}=\frac{e}{f}$; $\frac{a+c}{b+d}=\frac{a}{b}$; d'où $\frac{a+c}{b+d}=\frac{e}{f}$, et par suite $\frac{a+c+e}{b+d+f}=\frac{a}{b}$; ce qui est le principe à démontrer dans l'Exerc. 119 *bis*.

119. Si les fractions $\frac{a}{b}$, $\frac{c}{d}$, $\frac{e}{f}$, $\frac{g}{h}$ sont inégales, $\frac{a+c+e+g}{b+d+f+h}$ est comprise entre la plus petite et la plus grande de ces fractions.

Soient $\frac{a}{b}>\frac{c}{d}>\frac{e}{f}>\frac{g}{h}$. Posons $\frac{a}{b}=m$; d'où $a=bm$. Par hypothèse $\frac{c}{d}<m$; ou $c<dm$; de même $e<fm$; $g<hm$. Par suite, $a+c+e+g<bm+dm+fm+hm$, ou $a+c+e+g<(b+d+f+h)m$, et enfin $\frac{a+c+e+g}{b+d+f+h}<m$ ou $\frac{a}{b}$.

Posons ensuite $\frac{g}{h}=n$; d'où $g=hn$. D'après l'hypothèse $\frac{e}{f}>n$; d'où $e>fn$. De même $c>dn$; $a>bn$. On déduit de là, comme ci-dessus, $\frac{a+c+e+g}{b+d+f+h}>n$ ou $\frac{g}{h}$. La fraction $\frac{a+c+e+g}{b+d+f+h}$ est donc comprise entre $\frac{a}{b}$ et $\frac{g}{h}$.

119 *bis*. Si $\frac{a}{b}=\frac{c}{d}=\frac{e}{f}=\frac{g}{h}$, $\frac{a+c+e+g}{b+d+f+h}=\frac{a}{b}$.

Posons $\frac{a}{b}=\frac{c}{d}=\frac{e}{f}=\frac{g}{h}=m$. Par suite $a=bm$, $c=dm$

$e = fm$; $g = hm$; puis $a + c + e + g = (b + d + f + h)m$ et $\dfrac{a + c + e + g}{b + d + f + h} = m = \dfrac{a}{b}$.

120. Si $\dfrac{a}{b} = \dfrac{c}{d}$, $a \times d = c \times b$, $\dfrac{b}{a} = \dfrac{d}{c}$, $\dfrac{a \pm b}{b} = \dfrac{c \pm d}{d}$, $\dfrac{a \pm b}{a} = \dfrac{c \pm d}{c}$, $\dfrac{a + b}{a - b} = \dfrac{c + d}{c - d}$, $\dfrac{a + c}{b + d} = \dfrac{a - c}{b - d}$ (1°, 2°, 3°, 4°, 5°, 6°).

1° Réduisons $\dfrac{a}{b}$ et $\dfrac{c}{d}$ au même dénominateur. $\dfrac{ad}{bd} = \dfrac{bc}{bd}$; d'où $a \,.\, d = b \,.\, c$.

2° De $\dfrac{a}{b} = \dfrac{c}{d}$ résulte $1 : \dfrac{a}{b} = 1 : \dfrac{c}{d}$, ou $\dfrac{b}{a} = \dfrac{d}{c}$.

3° De $\dfrac{a}{b} = \dfrac{c}{d}$, résulte $\dfrac{a}{b} \pm 1 = \dfrac{c}{d} \pm 1$, ou $\dfrac{a \pm b}{b} \pm \dfrac{c \pm d}{d}$.

4° D'après 2° $\dfrac{b}{a} = \dfrac{d}{c}$; $\dfrac{b}{a} \mp 1 = \dfrac{d}{c} \mp 1$, ou $\dfrac{b \pm a}{a} = \dfrac{d \pm c}{c}$.

5° D'après 3°, $\dfrac{a + b}{b} = \dfrac{c + d}{d}$ et $\dfrac{a - b}{b} = \dfrac{c - d}{d}$; en divisant ces égalités membre à membre, on obtient $\dfrac{a + b}{a - b} = \dfrac{c + d}{c - d}$.

6° De $\dfrac{a}{b} = \dfrac{c}{d}$, résulte $\dfrac{a}{c} = \dfrac{b}{d}$, puis d'après 5°, $\dfrac{a + c}{b + d} = \dfrac{a - c}{a - d}$.

121. Application Un triangle est isocèle ou rectangle quand les carrés de deux de ses côtés sont proportionnels aux projections de ces côtés sur le 3°.

Désignons BC par a, AC par b, AB par c, CD par b' et BD par c'. $b' + c' = a$ et par hypothèse $\dfrac{b^2}{c^2} = \dfrac{b'}{c'}$. Par suite $\dfrac{b^2 - c^2}{b^2 + c^2} = \dfrac{b' - c'}{b' + c'}$ (1) d'après l'Ex. 120, 5°).

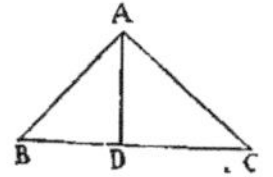

Mais $b^2 = b'^2 + \overline{AD}^2$, $c^2 = c'^2 + \overline{AD}^2$; par suite $b^2 - c^2 = b'^2 - c'^2 = (b' - c')\,(b' + c')$. Remplaçons $b^2 - c^2$ par cette valeur dans l'égalité (1); elle devient $\dfrac{(b' - c')(b' + c')}{b^2 + c^2} = \dfrac{b' - c'}{b' + c'}$;

d'où $(b'-c')(b'+c')^2=(b^2+c^2)(b'-c')$, ou $(b'-c')a^2=(b^2+c^2)(b'-c')$; d'où on déduit : $(b'-c')[a^2-(b^2+c^2)]=0$. Pour que cette égalité soit vraie, il faut nécessairement que $(b'-c'=0$, c'est-à-dire $b'=c'$, ou $a^2=b^2+c^2$. Dans le 1er cas, le triangle proposé est *isocèle*; dans le 2e cas, il est *rectangle*.

FRACTIONS A SIMPLIFIER.

122. $$\frac{532a^5b^4c^2}{644a^4b^3c^5d^2}.$$

On cherche le plus grand commun diviseur des coefficients des deux termes et on les divise par le plus grand commun diviseur; etc. (règle du n° 6, *Appendice*).

On trouve ainsi : $$\frac{19ab}{23c^3d^2}.$$

123. $$\frac{1980(a^5b^3c^2-4a^3bc^4)}{2178(a^3b^2c+2a^2bc^2)}.$$

Dans cet exercice et dans les suivants, on cherche, 1° dans le numérateur, 2° dans le dénominateur, le produit des facteurs monomes communs à tous les termes (*voy.* les Ex. 79 et 80), et on le met en facteur commun. On simplifie la fraction formée par les deux facteurs communs. Puis on s'occupe des polynomes qui suivent. On compare ces polynomes pour voir d'après leur composition et les formules connues s'ils ont des diviseurs communs $a^2b^2-4c^2=(ab+2c)(ab-2c)$.

$$\text{Notre fraction}=\frac{10a^3bc^2(a^2b^2-4c^2)}{11a^2bc(ab+2c)}=\frac{10ac(ab-2c)}{11}.$$

124. $$\frac{5474(a^5b^4c^3-a^3b^2c^5d^2)}{7378(a^2b^2-2abcd+c^2d^2)}.$$

$$\text{Cette fraction}=\frac{23a^3b^2c^3(a^2b^2-c^2d^2)}{31(ab-cd)^2}=\frac{23a^3b^2c^3(ab+cd)}{31(ab-cd)}.$$

125. $$\frac{2475(a^2b^4x^5-b^6x^3)}{3645(a^4b^3x^2-a^3b^4x)}.$$

$$\text{Cette fraction}=\frac{55b^4x^3(a^2x^2-b^2)}{91a^3b^3x(ax-b)}=\frac{55bx^2(ax+b)}{91a^3}.$$

126 $\dfrac{10353(4a^4b^3c^2 - 8a^3b^2c^3xy + 4a^2bc^4x^2y^2)}{6783(3a^5b^4x^3 - 3a^3b^2c^2x^5y^2)}$.

Rép. $\dfrac{29\times4a^2bc^2(a^2b^2-2abcxy+c^2x^2y^2)}{19\times3a^3b^2x^3(a^2b^2-c^2x^2y^2)}=\dfrac{116c^2(ab-cxy)}{57abx^3(ab+cxy)}$.

127. $\dfrac{15a^2x^3 - 45ax^2 + 30x}{6a^3x^3 - 12a^2x^2}$.

Cette fraction $=\dfrac{15x(a^2x^2-3ax+2)}{6a^2x^2(ax-2)}=\dfrac{5(ax-1)}{2a^2x}$.

Pour simplifier la 2e fraction, on a essayé la division de $a^2x^2-3ax+2$ par $ax-2$, qui a réussi.

128. $\dfrac{5ab+10}{2a^2b - ab^2 + 4a - 2b}$.

Cette fraction $=\dfrac{5(ab+2)}{2a(ab+2)-b(ab+2)}=\dfrac{5}{2a-b}$.

129. $\dfrac{28a^3 - 168a^2b + 336ab^2 - 224b^3}{21a^2 - 84ab + 84b^2}$.

Tous les termes du numérateur sont divisibles par 28, ceux du dénominateur par 21 ; on les divise. Puis on divise le polynome qui se trouve au numérateur par celui qui est au dénominateur. On trouve ainsi finalement, $\dfrac{4(a-2b)}{3}$.

130. $\dfrac{x^2+2x+1}{x^2-x-2}$.

$$\frac{x^2+2x+1}{x^2-x-2}=\frac{(x+1)^2}{(x+1)(x-2)}=\frac{x+1}{x-2}.$$

Le numérateur est visiblement le carré de $x+1$. Cela étant, j'essaye la division du dénominateur par $x+1$; elle réussit et donne pour quotient $x-2$.

131. $\dfrac{2x^2 - 7x + 3}{2x^3 - 11x^2 + 17x - 6}$.

Cette fraction $=\dfrac{(2x-1)(x-3)}{(2x-1)(x-3)(x-2)}=\dfrac{1}{x-2}$.

Je cherche les valeurs de x qui annulent le numérateur proposé. Pour cela, j'essáye 1 et 3, diviseurs du dernier terme ; 3 seul réussit. Le numérateur est divisible par $x-3$; le quotient est $2x-1=2(x-{}^1/_2)$. Je cherche la valeur du dénominateur pour $x=3$ et pour $x={}^1/_2$; c'est 0 dans les deux cas. Il est donc divisible par $x-3$, et par $x-{}^1/_2$ ou même par $2x-1$. Je le divise par $x-3$, puis le quotient par $2x-1$; le dernier quotient est $x-2$ D'où la décomposition ci-dessus, puis la simplification.

132.
$$\frac{6x^3-18x^2y+18xy^2-6y^3}{4x^2y-8xy^2+4y^3}.$$

6 est facteur au numérateur, 4 au dénominateur ; on a donc d'abord

$$\frac{6(x^3-3x^2y+3xy^2-y^3)}{4y(x^2-2xy+y^2)}=\frac{6(x-y)^3}{4y(x-y)^2}=\frac{3(x-y)}{2y}.$$

133.
$$\frac{a^3-4a^2-a+4}{a^3-7a^2+14a-8}.$$

Je cherche les nombres qui, mis à la place de a, annulent le numérateur. Pour cela, j'essaye les diviseurs du dernier terme 1, 2, 4 ; 1 et 4 mis pour a (Ex. 18), donnent pour résultat 0. Le numérateur est donc divisible par $a-1$ et par $a-4$. Pour voir s'il en est de même du dénominateur, je cherche sa valeur pour $a=1$ et pour $a=4$; je trouve 0 pour chaque valeur. Je divise donc le numérateur par $a-1$, puis le quotient par $a-4$. De même le dénominateur.

La fraction devient ainsi $\dfrac{(a-1)(a-4)(a+1)}{(a-1)(a-4)(a-2)}=\dfrac{a+1}{a-2}$.

134.
$$\frac{a^3-a(b^2+c^2)+2abc}{2a^2b^2+2b^2c^2+2a^2c^2-a^4-b^4-c^4}.$$

Je reconnais le dénominateur (Ex. 51) ; il est le produit de 4 facteurs $(a+b+c)(a+b-c)(a+c-b)(b+c-a)$. Le numérateur contient le facteur a que je mets à part ; le quotient $a^2-b^2-c^2+2bc=a^2-(b-c)^2=(a+b-c)(a+c-b)$. Ces facteurs se trouvent dans le dénominateur ; je les supprime, et j'ai la fraction simplifiée : $\dfrac{a}{(a+b+c)(b+c-a)}$.

135. $$\frac{a^2 + b^2 - c^2 + 2ab}{a^2 + c^2 - b^2 + 2ac}.$$

$$a^2 + b^2 - c^2 + 2ab = (a + b)^2 - c^2 = (a + b + c)(a + b - c).$$
$$a^2 + c^2 - b^2 + 2ac = (a + c)^2 - b^2 = (a + c + b)(a + c - b).$$

Il y a un facteur commun ; on le supprime. *Rép.* $\dfrac{a + b - c}{a + c - b}$.

136. $$\frac{x^3 - 3x^2 - 4x + 12}{x^3 - 10x^2 + 31x - 30}.$$

Les diviseurs du dernier terme du numérateur sont 2, 3, 4, etc. Je cherche ce que devient le numérateur pour $x = 2$, $x = 3$; etc. (Ex. 18). Je trouve ainsi que le numérateur est divisible par $x - 2$, $x - 3$. J'essaye les mêmes nombres au dénominateur. Les deux termes se décomposent ainsi : $\dfrac{(x - 3)(x - 2)(x + 2)}{(x - 3)(x - 2)(x - 5)} = \dfrac{x + 2}{x - 5}$.

137. $$\frac{x^6 - y^6}{x^8 - y^8}.$$

$$x^6 - y^6 = (x^3 - y^3)(x^3 + y^3) = (x - y)(x^2 + xy + y^2)(x + y)(x^2 + y^2 - xy).$$
$$x^8 - y^8 = (x^4 - y^4)(x^4 + y^4) = (x^2 - y^2)(x^2 + y^2)(x^4 + y^4) = (x - y)(x + y)(x^2 + y^2)(x^4 + y^4).$$

La fraction simplifiée est donc

$$\frac{(x^2 + y^2 + xy)(x^2 + y^2 - xy)}{(x^2 + y^2)(x^4 + y^4)} = \frac{x^4 + y^4 + x^2 y^2}{(x^2 + y^2)(x^4 + y^4)}.$$

138. $$\frac{x^4 - x^3 - 32x^2 - 12x - 144}{x^3 - 7x + 6}.$$

Le dernier terme du dénominateur ayant moins de diviseurs, j'essaye d'abord les diviseurs 1, 2, 3 de ce dernier terme. Ce dénominateur devient 0 pour $x = 2$, et pour $x = 1$ (Ex. 18). Je le divise par $x - 1$, puis le quotient par $x - 2$; il se décompose ainsi : $(x - 1)(x - 2)(x + 3)$. J'essaye la division du numérateur par ces facteurs. La division réussit pour $x - 2$ et pour $x + 3$. Le quotient final est $x^2 - 2x + 24$. La fraction simplifiée est donc $\dfrac{x^2 - 2x + 24}{x - 1}$.

139. $\dfrac{x^4 + y^4 + x^2y^2}{x^6 - y^6}$.

D'après l'Ex. 68 *bis*, $x^4 + y^4 + x^2y^2 = (x^2 + y^2 + xy)(x^2 + y^2 - xy)$; $x^6 + y^6 = (x^3 - y^3)(x^3 + y^3) = (x - y)(x^2 + y^2 + xy)(x + y)(x^2 + y^2 - xy)$. On supprime les facteurs communs ; la fraction réduite est $\dfrac{1}{x^2 - y^2}$.

140. Simplifier $\dfrac{a^2b^2 + b^2c^2 - a^2c^2 - b^4}{a^2b + a^2c - abc - ab^2}$; $\dfrac{a^{16} + b^{16} + a^8b^8}{a^{10} + a^6b^4 + a^2b^8}$.

1° $a^2b^2 + b^2c^2 - a^2c^2 - b^4 = a^2(b^2 - c^2) - b^2(b^2 - c^2) = (a^2 - b^2)(b^2 - c^2)$; $a^2b + a^2c - abc - ab^2 = ab(a - b) + ac(a - b) = a(b + c)(a - b)$. On supprime les facteurs communs aux deux termes : la fraction simplifiée est $\dfrac{(a + b)(b - c)}{a}$.

2° $a^{16} + b^{16} + a^8b^8 = (a^8 + b^8)^2 - a^8b^8 = (a^8 + b^8 + a^4b^4)(a^8 + b^8 - a^4b^4)$; $a^{10} + a^6b^4 + a^2b^8 = a^2(a^8 + b^8 + a^4b^4)$. La 2° fraction simplifiée est donc $\dfrac{a^8 + b^8 - a^4b^4}{a^2}$.

141. Simplifier $\dfrac{x^2 - 3xy + 2y^2 + xz - 2yz}{x^2 + 2yz - y^2 - z^2}$.

$$x^2 + 2yz - y^2 - z^2 = x^2 - (y - z)^2 = (x + y - z)(x + z - y).$$

J'essaye la division du numérateur par $x + y - z$, et par $x + z - y$; la 2° réussit ; le quotient est $x - 2y$. La fraction simplifiée est $\dfrac{x - 2y}{x + y - z}$.

ADDITIONS ET SOUSTRACTIONS DE FRACTIONS.

Il faut toujours réduire au dénominateur commun le plus simple et réduire chaque résultat à sa plus simple expression.

142. $\dfrac{3}{1 - 5x} - \dfrac{2}{1 + 5x} - \dfrac{20x}{1 - 25x^2}$. *Somme.* $\dfrac{1 + 5x}{1 - 25x^2} = \dfrac{1}{1 - 5x}$.

143. $\dfrac{3+4x}{3-x}-\dfrac{3x-2}{3+x}-\dfrac{10x^2-5x+15}{9-x^2}$. *Somme.* $\dfrac{9x-3x^2}{9-x^2}=\dfrac{3x}{3+x}$.

144. $\dfrac{5x}{12}-\dfrac{3y}{4}+\dfrac{5x-3y}{24}$. *Somme.* $\dfrac{5x-7y}{8}$.

145. $\dfrac{y}{y-x}-\dfrac{x}{x+y}$. *Reste.* $\dfrac{y^2+x^2}{y^2-x^2}$.

146. $\dfrac{a+b}{b-a}+\dfrac{a-b}{a+b}+\dfrac{4a^2}{a^2-b^2}$. *Somme.* $\dfrac{4ab-4a^2}{b^2-a^2}=\dfrac{4a}{a+b}$.

147. $\dfrac{a+b}{a-b}+\dfrac{a-b}{a+b}-\dfrac{a^2+b^2}{a^2-b^2}$. *Somme.* $\dfrac{a^2+b^2}{a^2-b^2}$.

148. $\dfrac{1}{x}-\dfrac{2}{x-1}+\dfrac{1}{x-2}$. *Somme.* $\dfrac{2}{x(x-1)(x+2)}$.

149. $\dfrac{x-2y}{y-x}+\dfrac{2y-x}{x+y}+\dfrac{2y^2}{y^2-x^2}$. *Somme.* $\dfrac{2(y-x)}{y+x}$.

150 $\dfrac{(a+3b+1)(2a-2)}{a^2-4}+\dfrac{3-2a}{a-2}+\dfrac{2-3b}{a+2}$. *Somme.* $\dfrac{3ab+a}{a^2-4}$.

151 $\dfrac{1}{x+y}+\dfrac{y}{x^2-y^2}-\dfrac{x}{x^2+y^2}$. *Somme.* $\dfrac{2xy^2}{x^4-y^4}$.

152. $\dfrac{1}{a^2-b^2}+\dfrac{1}{2(a+b)^2}+\dfrac{1}{2(a-b)^2}$. *Somme.* $\dfrac{2a^2}{(a^2-b^2)^2}$.

153 $\dfrac{(x-y)^2+(y-z)^2+(z-x)^2}{(x-y)(y-z)(z-x)}+\dfrac{2}{x-y}+\dfrac{2}{y-z}+\dfrac{2}{z-x}$.

Somme.

$$\frac{(x-y)^2+(y-z)^2+(x-z)^2+2(z-x)(y-z)+2(x-y)(z-x)+2(x-y)(y-z)}{(x-y)(y-z)(z-x)}$$
$$=\frac{[(x-y)+(y-z)+(z-x)]^2}{(x-y)(y-z)(z-x)}=0.$$

154. $\dfrac{1}{a(a-b)(a-c)}-\dfrac{1}{b(a-b)(b-c)}+\dfrac{1}{c(a-c)(b-c)}$.

En réduisant au même dénominateur, puis additionnant, on

trouve : $\frac{bc(b-c)-ac(a-c)+ab(a-b)}{abc(a-b)(a-c)(b-c)}$. En effectuant les calculs indiqués au numérateur, on trouve $cb^2-bc^2-ca^2+ac^2+ba^2-ab^2=(b-c)a^2+(c^2-b^2)a+cb^2-bc^2=(b-c)[a^2-ac-ab+bc]=(b-c)[a(a-c)-b(a-c)]=(b-c)(a-b)(a-c)$. La somme est donc $\frac{(b-c)(a-b)(a-c)}{abc(a-b)(a-c)(b-c)}=\frac{1}{abc}$.

155. $\frac{a+b}{(b-c)(a-c)}+\frac{b+c}{(a-b)(a-c)}+\frac{a+c}{(a-b)(c-b)}$.

La somme est $\frac{-a^2+b^2-b^2+c^2+a^2-c^2}{(a-b)(a-c)(c-b)}=0$.

156. $\frac{bc}{(a-b)(a-c)}-\frac{ac}{(a-b)(b-c)}-\frac{ab}{(b-c)(c-a)}$.

La somme est $\frac{bc(b-c)-ac(a-b)+ab(a-c)}{(a-b)(a-c)(b-c)}=1$.

Le calcul est le même que dans l'Ex. 154.

MULTIPLICATIONS DE FRACTIONS.

On simplifie considérablement en comparant les numérateurs des diverses fractions considérés comme les facteurs d'un même produit final ; de même pour les dénominateurs. On supprime en conséquence les facteurs qui devront être communs aux deux termes du produit cherché.

157. $\frac{a^2-b^2}{a^2-c^2}\times\frac{a^2+c^2-2ac}{a^2+2ab+b^2}$.

Produit simplifié. $\frac{(a-b)(a-c)}{(a+c)(a+b)}=\frac{a^2-ac-ab+bc}{a^2+ac+ab+bc}$.

a^2-b^2 et $a^2+2ab+b^2$ ont le facteur commun $a+b$; je le supprime. a^2-c^2 et $a^2+c^2-2ac=(a-c)^2$ ont le facteur commun $a-c$; je le supprime.

158. $$\frac{1-x^2}{1+2y+y^2}\times\frac{1-y^2}{y^2-2xy+x^2}\times\left(\frac{x}{1-x}-\frac{y}{1-y}\right).$$

Produit. $\frac{1+x}{(1+y)(x-y)}$. J'additionne algébriquement dans la parenthèse; ce qui donne $\left(\frac{x-y}{(1-x)(1-y)}\right)$. Le facteur $1-x$ se trouve dans $1-x^2$ et dans ce dén^r; je le supprime. $1-y$ et $1+y$ de $1-y^2$ se trouvent au dén^r dans $1+2y+y^2 = (1+y)^2$ et dans le dénom^r de la parenthèse; je les supprime. $x-y$ se trouve au num^r de la parenthèse et dans $y^2-2xy+x^2 = (x-y)^2$; je le supprime.

159. $$\left(\frac{a+b}{a-b}-\frac{a-b}{a+b}-\frac{4a^2}{b^2-a^2}\right)\times\frac{a^2+2ab+b^2}{4a}.$$

Produit. $\frac{a^2+b^2+2ab}{a-b}$.

J'additionne dans la parenthèse et je trouve $\left(\frac{4ab+4a^2}{a^2-b^2}=\frac{4a}{a-b}\right)$. Je remplace; $4a$ est facteur commun.

160. $$\frac{a^2-b^2}{a^2+b^2}\times\frac{a^4+b^4+2a^2b^2}{a^4+b^4-2a^2b^2}.$$

Produit. $\frac{a^2+b^2}{a^2-b^2}$. $a^4+b^4\pm2a^2b^2=(a^2\pm b^2)^2$. On supprime d'après cela les facteurs communs.

161. $$(x^2-1)\left(\frac{1}{x-1}-\frac{1}{x+1}+1\right).$$

Produit. x^2+1.

162. $$\frac{x^2-2x+1}{x^2+2x+1}\times\frac{x^2+3x+2}{x^2-3x+2}\times\frac{x^2-4}{x^2-1}.$$

Produit. $\frac{(x+2)^2}{(x+1)^2}$. $x^2-2x+1=(x-1)^2$; $x^2+2x+1=(x+1)^2$. $x^2-4=(x-2)(x+2)$; $x^2-1=(x+1)(x-1)$. Je cherche les n. qui annulent x^2-3x+2 : ce sont 2 et 1; j'en conclus que $x^2 - 3x + 2 = (x-2)(x-1)$. Je cherche si les facteurs $x+1$, $x+2$, $x-1$ du dénr ne divisent pas $x^2 + 3x + 2$; $x+1$ et $x+2$ le divisent, $x^2+3x+2=(x+1)(x+2)$. Tous ces produits étant décomposés, on simplifie et on a le produit final que nous avons indiqué.

163. $$\frac{a+b-c}{a+b+c} \times \frac{a^2-c^2-b^2-2bc}{a^2-c^2-b^2+2bc}.$$

Produit. $\frac{a-b-c}{a-b+c}$. $a^2 - c^2 - b^2 - 2bc = a^2 - (b+c)^2 = (a-b-c)(a+b+c)$. De même $a^2 - c^2 - b^2 + 2bc = a^2 - (b-c)^2 = (a+b-c)(a+c-b)$

164. $$\frac{a^2-6ac+9c^2}{a^2+4ac+4c^2} \times \frac{a^2-4c^2}{a^2-5ac+6c^2}.$$

Produit. $\frac{a-3c}{a+2c}$. $a^2 - 6ac + 9c^2 = (a-3c)^2$; $a^2 + 4ac + 4c^2 = (a+2c)^2$; $a^2 - 2c^2 = (a+2c)(a-2c)$; $(a^2 - 5ac + 6c^2) = (a-2c)(a-3c)$. On supprime les facteurs communs.

165. $$\frac{x^3+y^3}{x^3-y^3} \times \frac{x-y}{x+y} \times \frac{(x+y)^5 - x^5 - y^5}{3x^2y+3xy^2}.$$

J'indique les produits des 3 numérateurs et des 3 dénominateurs. Puis j'effectue les décompositions suivantes:

$x^3 + y^3 = (x+y)(x^2 - xy + y^2)$. $(x^3 - y^3) = (x-y)(x^2 + xy + y^2)$. $(x+y)^5 - x^5 - y^5 = 5x^4y + 10x^3y^2 + 10x^2y^3 - 5xy^4 = 5xy(x^3+y^3) + 10x^2y^2(x+y) = 5xy(x+y)(x^2 - xy + y^2 + 2xy) = 5xy(x+y)(x^2+y^2+xy)$. Cela fait je supprime les facteurs communs au numérateur et au dénominateur du produit et je trouve finalement le *produit simplifié* : $\frac{5(x^2-xy+y^2)}{3}$.

DIVISIONS DE FRACTIONS.

166. $$\frac{ab+b^2}{a^2-2ab+b^2} : \frac{b^2}{a^2-b^2}.$$

Quotient. $\frac{(ab+b^2)(a^2-b^2}{b^2(a^2-2ab+b^2)} = \frac{b(a+b)(a+b)(a-b)}{b^2(a-b)^2} = \frac{(a+b)^2}{b(a-b)}$.

167. $\left(a^4 - \frac{1}{a^4}\right) : \left(a^2 - \frac{1}{a^2}\right).$

$a^4 - \frac{1}{a^4} a = \left(a^2 + \frac{1}{a^2}\right)\left(a^2 - \frac{1}{a^2}\right).$ Le quotient cherché est donc $a^2 + \frac{1}{a^3}$.

168. $\frac{8a^3b^3c^2}{a^2bx - ab^2x} : \frac{12a^2b^3x^2}{a^2 - b^2}.$

Quotient. $\frac{2ac^2}{3x^2} \times \frac{a^2 - b^2}{abx(a - b)} = \frac{2c(a + b)}{3bx^3}.$

169. $\frac{x^3 - 3ax^2 + 3a^2x - a^3}{x^3 + a^3} : \frac{x^3 - a^2x + ax^2 - a^3}{x^2 - ax + a^2}.$

$x^3 - 3ax^3 + 3a^2x - a^3 = (x - a)^3$; $x^3 + a^3 = (x + a)(x^2 - ax + a^2) x^3 - a^2x + ax^2 - a^3 = x(x^2 - a^2) + a(x^2 - a^2) = (x + a)(x^2 - a^2)$. On remplace chacune de ces expressions par sa dernière valeur ; on effectue la division ; puis on supprime les facteurs communs au terme du quotient. *Quotient simplifié :* $\frac{(x - a)^2}{(x + a)^3} = \frac{x^2 - 2ax + a^2}{x^3 + 3ax^2 + 3a^2x + a^3}.$

170. $\left(a^2 + \frac{1}{a^2} - 2\right) : a - \frac{1}{a}.$

Quotient. $a - \frac{1}{a}.$

171. $\left(\frac{x^2}{y^2} + \frac{y}{x}\right) : \left(\frac{x}{y^2} - \frac{1}{y} + \frac{1}{x}\right).$

Ce quotient $= \frac{x^3 + y^3}{xy^2} : \frac{x^2 - xy + y^2}{xy^2} = x + y$; d'après l'Ex. 81.

172. $\left(\frac{2a + b}{a + b} + \frac{2b - a}{a - b} - \frac{a^2}{a^2 - b^2}\right) : \frac{(ab + b^2)^2}{a^3 - b^3}.$

Quotient simplifié. $\frac{a^2 + ab + b^2}{(a + b)^3}.$

173. $$\left(x^2+2x+1-\frac{1}{x^2}\right):\left(x+\frac{1}{x}+1\right).$$

Quotient. $$x+1-\frac{1}{x}.$$

174. $$\frac{\dfrac{x^2+y^2}{y}-x}{\dfrac{1}{y}-\dfrac{1}{x}}:\frac{x^3+y^3}{x^2-y^2}.$$

$$\frac{x^2+y^2-xy}{\dfrac{(x-y)}{x}}:\frac{(x+y)(x^2+y^2-xy)}{(x-y)(x+y)}=x.$$

175. $a+\cfrac{1}{b-\cfrac{1}{a}}$. **176.** $a+\cfrac{1}{b-\cfrac{1}{a-\cfrac{1}{b}}}$. **177.** $\dfrac{\dfrac{a+b}{a-b}-\dfrac{a-b}{a+b}}{1-\dfrac{a-b}{a+b}}$.

Rép. $\dfrac{a^2b}{ab-1}$. *Rép.* $\dfrac{a^2b^2-ab-1}{ab^2-2b}$. *Rép.* $\dfrac{2a}{a-b}$.

On obtient chaque valeur progressivement en commençant par le bas comme il suit

$$b-\frac{1}{a}=\frac{ab-1}{a};\ 1:\left(b-\frac{1}{a}\right)=\frac{a}{ab-1};\ a+\frac{a}{ab-1}=\frac{a^2b}{ab-1}.$$

Ex. 176.

$$a-\frac{1}{b}=\frac{ab-1}{b};\qquad \frac{1}{a-\dfrac{1}{b}}=\frac{b}{ab-1};\qquad b-\frac{b}{ab-1}=\frac{ab^2-2b}{ab-1};$$

$$a+\cfrac{1}{b-\cfrac{1}{a-\cfrac{1}{b}}}=a+\frac{ab-1}{ab^2-2b}=\frac{a^2b^2-ab-1}{ab^2-2b}.$$

De même pour l'Ex. 177.

178. $$\frac{\frac{1}{a}-\frac{1}{b+c}}{\frac{1}{a}+\frac{1}{b+c}} : \frac{\frac{1}{b}-\frac{1}{a+c}}{\frac{1}{b}+\frac{1}{a+c}} = \frac{2c}{a+c-b} - 1. \quad \text{(Vérifiez).}$$

Cette vérification est facile.

RÉSOLUTIONS D'ÉQUATIONS DU PREMIER DEGRÉ.

ÉQUATIONS A UNE INCONNUE.

179. $$\frac{x}{2}-\frac{x}{3}-\frac{x}{4}=11-x.$$

Rép. $x = 12.$

180. $$\frac{4x}{15}-\frac{5x}{6}+6=\frac{7x}{18}-\frac{5x}{12}+\frac{11}{18}.$$

Rép. $x = 10.$

181. $$\frac{7x-5}{2}-\frac{8x-6}{3}=\frac{3x+7}{4}-2.$$

Rép. $x = 3.$

182. $$\frac{5x-3/2}{9x-5/4}=\frac{4}{13}.$$

Rép. $x = \frac{1}{2}.$

183. $$\frac{5x}{2}-\frac{7x}{8}+\frac{4x-13}{5}=14+\frac{8x-5}{20}-\frac{11x-3}{15}.$$

Rép. $x = 6.$

184. $$\frac{7(7-x)}{6}-\frac{3(17-2x)}{9}=\frac{4x-9}{7}-\frac{13-x}{2}+4.$$

Rép. $x = 4.$

185. $$\frac{5/4x-8/9}{7/8}=2/3x.$$

Rép. $x = \frac{4}{3}$

186. $$\frac{8(5x-3)}{7(14-3x)}=\frac{19+3/7}{2}.$$

Rép. $x = 4.$

187. $$\frac{5x+3}{14}-\frac{4x}{15}=\frac{49-3x}{10}.$$

Rép. $x = 12.$

188. $$\frac{\frac{1+x}{1-x}-\frac{1-x}{1+x}}{\frac{1+x}{1-x}-1}=\frac{3}{14-x}.$$

Rép. $x = 5.$

189. $$5+\frac{2}{3-\frac{1}{4-x}}=\frac{29}{5}.$$

Rép. $x = 2.$

Dans l'Ex. 188, on effectue les soustractions indiquées dans le dividende et dans le diviseur du 1er membre, puis on divise les 2 restes l'un par l'autre ; on trouve ainsi $\frac{2}{1+x}=\frac{3}{14-x}$ qu'on résout aisément.

190. $\frac{1}{x+\frac{1}{1+\frac{x+2}{2-x}}}=\frac{12}{7x+12}$ **191.** $\frac{\frac{x+b}{x-b}}{1-\frac{x-2b}{x-b}}=\frac{3x-5b-8}{b}$.

Rép. $x=3$. *Rép.* $x=3b+4$.

On réduit d'abord le 1er membre de chacune de ces équations à une fraction simple ordinaire comme il a été fait et expliqué dans l'Ex. 175 et suivants.

192. $\frac{2+5x-b}{x+b}=7-6b$. **193.** $\frac{x-a}{b}-\frac{x-b}{a}=\frac{b}{a}$.

Rép. $x=1-b$. *Rép.* $x=\frac{a^2}{a-b}$.

194. $(m+x)(n+x)-m(n+p)=\frac{pm^2+nx^2}{n}$.

Rép. $x=\frac{mp}{n}$.

195. $(1-x)(a-x)=(a-x)(1-b)-(x+1)(b-x)$.

Rép. $x=b$.

196. $\frac{1}{2}\left(x-\frac{a}{2}\right)-\frac{1}{4}\left(x-\frac{a}{4}\right)-\frac{1}{8}\left(x-\frac{a}{5}\right)=\frac{1}{10}\left(x-\frac{a}{8}\right)$.

Rép. $x=6a$.

197. $\frac{x-a}{x-2a-b}=\frac{x+b}{x+2b+a}$.

Rép. $x=\frac{a-b}{2}$.

198. $$\frac{a+b}{x-c}=\frac{a}{x-a}+\frac{b}{x-b}$$

Rép. $x=\dfrac{a^2b^2+ab^2-2abc}{a^2+b^2-ac-bc}$.

ÉQUATIONS A DEUX INCONNUES.

199. $7x+5y=43$, $8x-7y=11$. **200.** $8x-5y=20$, $12x-11y=16$. **201.** $21x+12y=87$, $35x-18y=69$.

Rép. $x=4$; $y=3$. $x=5$; $y=4$. $x=3$; $y=2$.

202. $1071x-1421y+224=0$, $819x-1127y+938=0$. **202** *bis.* $\sqrt{x}-\sqrt{y}=1/4$, $x-y=17/48$.

Rép. $x=25$; $y=19$. $x=25/36$; $y=49/144$.

Dans l'Ex. 202, le plus grand commun diviseur des coefficients de x est 63. $1071 : 63 = 17$; $819 : 63 = 13$. On multiplie la 1re équation par 13 et la 2e par 17.

Dans l'Ex. 202 *bis*, on remarque que $x-y=(\sqrt{x})^2-(\sqrt{y})^2$ $=(\sqrt{x}+\sqrt{y})(\sqrt{x}-\sqrt{y})$. Par suite en divisant la 2e équation par la 1re on a l'équation $\sqrt{x}+\sqrt{y}=17/12$ qui, combinée avec la 1re donne $\sqrt{x}$ et $\sqrt{y}$.

203. $\dfrac{x}{3}+\dfrac{y}{4}=\dfrac{1}{4}$, $\dfrac{4x}{3}-\dfrac{2y}{5}=\dfrac{3x}{4}+\dfrac{19y}{40}$. **204.** $\dfrac{3}{x}-\dfrac{2}{y}=\dfrac{9}{4}$, $\dfrac{12}{x}+\dfrac{8}{y}=21$. **205.** $\dfrac{a}{x}+\dfrac{b}{y}=c$, $\dfrac{a'}{x}+\dfrac{b'}{y}=c'$.

Rép. Ex. 203, $x=\dfrac{1}{2}$; $y=1/3$. Ex. 204, $x=\dfrac{4}{5}$; $y=\dfrac{4}{3}$.

Ex. 205, $x=\dfrac{ab'-ba'}{cb'-bc'}$; $y=\dfrac{ab'-ba'}{ac'-ca'}$.

Dans l'ex. 204 et dans l'ex. 205 on prend pour inconnues

$\frac{1}{x} = x'$ et $\frac{1}{y} = y$, de sorte que les deux équations deviennent $3x' - 2y' = \frac{9}{4}$; $12x' + 8y' = 21$. On cherche x' et y', et on en déduit $x = \frac{1}{x'}$, et $y = \frac{1}{y'}$.

206. $\frac{x+2y}{5} - \frac{4x-3y}{4} = \frac{11}{30}$
$\frac{5y-3x}{8} + \frac{7x-5y}{6} = \frac{37}{144}$.

207. $\frac{y-1}{2} + \frac{3-2y}{5} - \frac{x-8}{11} = 0{,}98$
$\frac{5x-1}{6} + \frac{4y-5x}{10} = \frac{3y-8x}{4} - \frac{29}{300}$.

Rép. $x = 1/2$; $y = 2/3$. $x = 0{,}3$; $y = 1{,}8$.

Dans l'ex. 206, on commence par chasser les dénominateurs ; on réduit ensuite les termes semblables et on résout. Dans l'ex. 207, on procède de la même manière ; on fait passer tous les termes qui renferment des inconnues dans le 1er membre.

208 $\frac{5x-3y}{6} + \frac{7y-3x}{10} = 0{,}164$
$\frac{4x - 0{,}6y}{3} = 0{,}06$.

208 *bis.* $5\sqrt{x} - 3\sqrt{y} = 3$
$25x - 9y = 81$

Rép. $x = 0{,}12$; $y = 0{,}5$. *Rép.* $x = 9$, $y = 16$.

On profite dans l'Ex. 208 *bis*, de ce que $25x$ et $9y$ sont les carrés de $5\sqrt{x}$ et de $3\sqrt{y}$, de sorte que $(25x - 9y) = (5\sqrt{x} - 3\sqrt{y})(5\sqrt{x} + 3\sqrt{y})$. On divise, et on a l'équation $5\sqrt{x} + 3\sqrt{y} = 27$ qu'on combine avec $5\sqrt{x} - 3\sqrt{y} = 3$.

209. $\frac{x}{a} - \frac{y}{b} = 2$; $\frac{x}{3a} - \frac{y}{6b} = \frac{4}{3}$.

210. $\frac{a}{bx} + \frac{b}{ay} = 1$
$\frac{b}{ax} + \frac{a}{by} = 1$.

Rép. $x = 6a$; $y = 4b$. $x = y = \frac{a^2 + b^2}{ab}$.

211. $\frac{2ax}{3} - \frac{5by}{6} = \frac{ab}{2}$; $\frac{4bx}{5} - 2ay = \frac{6(b^2-a^2)}{5}$.

Rép. $x = \frac{3b}{2}$; $y = \frac{3a}{5}$.

212. $\frac{x^2-1}{y^2-1} \times \frac{1+y}{x+x^2} \times \left(1 - \frac{1+x}{1-x}\right) = \frac{2}{3}$; $\frac{3-3x}{6-2y} \times \frac{9-y^2}{1-x^2} = \frac{3}{2}$.

Rép. $x = 6$; $y = 4$.

213. $\left(\frac{x+y}{x-y} - \frac{x-y}{x+y}\right) : \frac{5y}{x+y} = \frac{36}{5}$; $\frac{3x-4y}{2/3x-3/2y} = \frac{5}{6}$.

Rép. $x = 3/4$; $y = 2/3$.

214. $\frac{3/2x+4/9y}{5/8x-3/5y} = 5 - \frac{1}{33}$; $\frac{\frac{5}{4}x - \frac{4}{15}y}{\frac{13}{40}x - 0{,}3y} = 6\left(1 + \frac{1}{59}\right)$.

$x = 8/3$; $y = 5/6$.

ÉQUATIONS A PLUS DE DEUX INCONNUES.

215. $8x - 5y + 3z = 19$; $9x - 3y - 2z = 5$; $5y - 4x = 8$.

Rép. $x = 3$; $y = 4$; $z = 5$.

216. $8x - 5y + 3z = 17$; $6x + 4y - 9z = 17$; $15y - 12x + 6z = 0$.

Rép. $x = 3$; $y = 2$; $z = 1$.

217. $\frac{2}{3}x - \frac{5}{8}y + \frac{3}{4}z = 3$; $\frac{5x}{8} - \frac{7y}{12} - \frac{2z}{3} = \frac{1}{12}$; $\frac{7x}{15} - \frac{9y}{25} - \frac{9z}{50} = 1$.

Rép. $x = 6$; $y = 4$; $z = 2$.

218. $\frac{8x}{15} - \frac{7y}{6} + \frac{11z}{12} = \frac{7}{2}$; $\frac{8z}{9} - \frac{4y}{5} + \frac{3x}{4} = 5 + \frac{53}{60}$; $9x - \frac{3y}{4} = 42$.

Rép. $x = 5$; $y = 4$; $z = 6$.

219.
$$\frac{8x-2y}{6}-\frac{19-3x+4y}{4}=\frac{3x-2y+4z}{5}-\frac{5}{3}$$
$$\frac{5x-8z}{4}-\frac{8y-3x}{2}-\frac{4z-3y-13}{5}=1-\frac{7}{20}$$
$$\frac{21x-5y}{15}-\frac{14-3z}{6}-\frac{7z-5x}{4}=9-\frac{17}{48}.$$

Rép. $x=5$; $y=4$; $z=3/4$.

220. $x+y+z=12$; $x+z+t=10$; $y+z+t=9$; $x+y+t=11$

$x=5$, $y=4$, $z=3$, $t=2$. On additionne les 4 équations membre à membre, ce qui donne $3x+5y+3z+3t=42$; d'où $x+y+z+t=14$. En retranchant de cette équation chacune des proposées, on obtient successivement x, y, z, t.

221. $3x-4y+5z=13$; $7y-8z+4u=21$; $19-3x+4u=10z$; $9x-15-3z=6u$.

Rép. $x=5$, $y=3$, $z=2$, $u=4$.

222.
$$9x-4y+3z-\frac{t}{3}=24;\quad 29-3x-\frac{7y}{2}=\frac{8t}{3}+\frac{4z}{5}-14.$$
$$\frac{11t}{6}-\frac{7y}{8}=3x-\frac{3}{2};\quad 49-\frac{13y}{12}-\frac{13z}{10}=9x+\frac{19t}{6}-8+\frac{1}{6}.$$

Rép. $x=3$, $y=4$, $z=5$, $t=6$.

223. $x=\frac{a-y}{b}=\frac{c+y-z}{d}=\frac{e+z}{f}.$

Rép. $x=\frac{a+c+e}{b+d+f}$; $y=\frac{a(d+f)-b(c+e)}{b+d+f}$;
$$z=\frac{f(a+c)-e(b+d)}{b+d+f}.$$

On trouve x en additionnant d'une part les numérateurs, et de l'autre les dénominateurs des trois rapports égaux à x. On en déduit aisément y et z.

224 $9x - 4y + 5z - 8u = 21$; $19 - 3x - 5z + 12t = 8y - 5u - 26$.
$8x - 5y + 3z = 9u - 1$; $23 - 5y + 8t = 6x - 3y + 3$.
$5x - 9y + 38 = 7z - 15u + 2$

$x = 5$, $y = 7$, $z = 4$, $t = 3$, $u = 2$,

225. $\frac{5}{x} - \frac{7}{y} + \frac{3}{2z} = 0$; $\frac{24}{x} - \frac{9}{y} - \frac{5}{z} = \frac{1}{20}$; $\frac{19}{y} - \frac{13}{x} = 3 - \frac{17}{20}$.

$x = 5$, $y = 4$, $z = 2$.

226. $150yz - 210xz + 390xy = 13xyz$; $12xz - 10xy + 15yz = 9xyz$;
$210xy - 42xz - 30yz = 11xyz$.

Rép. $x = \frac{1347}{414}$; $y = \frac{1347}{721}$; $z = \frac{13470}{2739}$.

Pour résoudre le système proposé, on divise chaque équation membre à membre par xyz. Cela fait, on remplace $\frac{1}{x}$ par x', $\frac{1}{y}$ par y', et $\frac{1}{z}$ par z'. On résout les trois équations en x', y', z', et on renverse les trois valeurs trouvées pour avoir x, y, z.

227. $\left.\begin{array}{ll} ax - by + cz = 3 & 5x - 3y - 12z = 1 \\ cx - ay + bz = 25 & 7x - 6y + 8z = 42 \\ bx - ay - cz = 39 & 3x + 8y - 15z = 34 \end{array}\right\}$ déterminer a, b, c de manière que ces six équations soient vérifiées par les mêmes valeurs de x, y, z.

On résout d'abord le 2e système d'équations qui ne renferme que x, y et z. *On trouve* $x = 8$, $y = 5$, $z = 2$. On remplace x, y, z par ces valeurs dans le 1er système, et on obtient trois équations ayant pour inconnues a, b, c ; on les résout, et *on trouve* $a = 5$, $b = 9$ et $c = 4$.

228. $x + y = a$; $x + z = b$; $y + z = c$.

$x = \frac{a + b - c}{2}$; $y = \frac{a + c - b}{2}$; $y = \frac{b + c - a}{2}$.

On additionne les trois équations proposées membre à membre ; ce qui donne $2x + 2y + 2z = a + b + c$. On obtient

x, y, z en retranchant successivement de cette équation les proposées préalablement doublées.

Observation générale. Quand des équations littérales offrent cette particularité qu'elles se changent les unes dans les autres, sans que le sytème change, quand on y remplace par ex. x par y, et y par x, et en même temps a en c et c en a, la valeur de x étant trouvée, on en déduit celle de y en remplaçant a par c et c par a. De même pour déduire z de x.

229. $x+y+z=a$; $x+y+t=b$; $z+t+x=c$; $y+z+t=d$.

Rép. $x=\frac{a+b+c-2d}{3}$; $y=\frac{a+b+d-2c}{3}$; $z=\frac{a+c+d-2b}{3}$: $t=\frac{b+c+d-2a}{3}$.

On additionne les quatre équations proposées ; ce qui donne $3x+3y+3z+3t=a+b+c+d$. On obtient t, z, y, x, en retranchant successivement de cette équation les proposées multipliées par 3.

L'observation faite à la fin de l'ex. 228, s'applique au système que nous venons de résoudre, et à un grand nombre de ceux qui suivent.

230. $x+y+z=a+b+c$; $bx+cy+az=cx+ay+bz=ab+ac+bc$.

Rép. $x=a$, $y=b$, $z=c$.

On combine successivement la 1re équation avec les deux autres pour éliminer x par ex.; puis on élimine y, et on trouve z ; puis facilement y et x.

231 $xyz=a(xy+xz-yz)=b(xz-xy+yz)=c(xy-xz+yz)$.

$$x=\frac{2bc}{b+c};\quad y=\frac{2ab}{a+b};\quad z=\frac{2ac}{a+c}.$$

On sépare trois équations en égalant xyz à chacune de ces valeurs données ; on divise ces trois équations respectivement par $axyz$, $bxyz$, $cxyz$. On remplace $\frac{1}{x}$, $\frac{1}{y}$, $\frac{1}{z}$ par x', y', z' et on résout les trois équations en x', y', z'. Pour cela on additionne ces trois équations, ce qui donne $x' + y' + z' = \frac{1}{c} + \frac{1}{b} + \frac{1}{a}$. On obtient z', y', x', en retranchant successivement de cette équation les trois précédentes.

232. $ax = by = cz$; $\frac{1}{x} + \frac{1}{y} + \frac{1}{z} = \frac{1}{d}$.

Rép. $x = \frac{d(a+b+c)}{a}$; $y = \frac{d(a+b+c)}{b}$; $z = \frac{d(a+b+c)}{c}$.

Les deux premières équations donnent les valeurs de y et de z en x que l'on substitue dans la 3e ; ce qui donne x. Puis les deux premières donnent y et z.

233. $ax^2 = by^2 = cz^2$. $\frac{1}{x} + \frac{1}{y} + \frac{1}{z} = \frac{1}{d}$.

$x = \frac{d(\sqrt{a}+\sqrt{b}+\sqrt{c})}{\sqrt{a}}$; $y = \frac{d(\sqrt{a}+\sqrt{b}+\sqrt{c})}{\sqrt{b}}$; $z = \frac{d(\sqrt{a}+\sqrt{b}+\sqrt{c})}{\sqrt{c}}$.

Les premières équations équivalent à $x\sqrt{a} = y\sqrt{b} = z\sqrt{c}$. On résout comme dans l'Ex. 232.

234. $\frac{x}{m} + \frac{y}{n} = 1$; $\frac{y}{n} + \frac{z}{p} = 1$; $\frac{x}{m} + \frac{z}{p} = 1$.

Rép. $x = \frac{m}{2}$; $y = \frac{n}{2}$; $z = \frac{p}{2}$.

235. $ay + bx = c$; $cx + az = b$; $bz + cy = a$.

$x = \frac{b^2 + c^2 - a^2}{2bc}$; $y = \frac{a^2 + c^2 - b^2}{2ac}$; $z = \frac{a^2 + b^2 - c^2}{2ab}$.

On multiplie la 1re équation par c, la 2e par b, et la 3e par a. On obtient x en additionnant la 1re et la 2e et retranchant la 3e; y en additionnant la 1re et la 3e, et en retranchant la 2e ; z d'une manière analogue.

236. $ax+by+cz=d$; $a^2x+b^2y+c^2z=d^2$; $a^3x+b^3y+c^3z=d^3$.

Rép. $x=\dfrac{d(d-c)(d-b)}{a(a-c)(a-b)}$; $y=\dfrac{d(d-c)(d-a)}{b(b-c)(b-a)}$; $z=\dfrac{d(d-a)(d-b)}{c(c-a)(c-b)}$.

On combine la 2e équation avec la 1re et la 3e; puis les équations résultantes entre elles pour avoir x ; etc.

237. $(b+c)x+(a+c)y+(a+b)z=0$; $x+y+z=0$, $bcx+acy+abz=1$.

Rép. $x=\dfrac{1}{(a-b)(a-c)}$; $y=\dfrac{1}{(b-a)(b-c)}$; $z=\dfrac{1}{(c-a)(c-b)}$.

On combine successivement la seconde équation proposée avec les deux autres pour éliminer z par ex., puis les deux équations obtenues ensemble pour éliminer y.

238. $z+ay+a^2x+a^3=0$; $z+by+b^2x+b^3=0$; $z+cy+c^2x+c^3=0$.

$x=-(a+b+c)$; $y=ab+ac+bc$; $z=-abc$.

On soustrait successivement les équations (2) et (3) de l'équation (1). On divise les équations résultantes par $a-b$. On élimine ensuite y, et on trouve x ; etc.

239. $x+y+z=a+b+c$; $bx+cy+az=cx+ay+bz=a^2+b^2+c^2$.

$x=b+c-a$; $y=a+c-b$; $z=b+a-c$.

On combine la 1re équation avec les deux dernières pour éliminer z; puis les deux équations résultantes pour trouver x; etc.

240. $ax+by-cz=b^2$; $bx-cy+az=a^2$; $cx+ay-bz=c^2$

Rép. $x=c$, $y=b$, $z=a$.

Nous avons éliminé z entre la 1re équation et la 2e, puis entre la 2e et la 3e. Nous avons ensuite éliminé y pour trouver x; etc.

241. $xyz=a(x+y)=b(x+z)=c(y+z)$.

Rép. $x=\sqrt{\dfrac{2abc(bc+ac-ab)}{(ac+ab-bc)(bc+ab-ac)}}$; on déduit y de x

en changeant b en c et c en b ; puis z de x en changeant a en b et b en a. On agit ainsi parce que les équations proposées ne changent pas, 1° quand on remplace x par y, y par x, b par c et c par b, 2° quand on remplace x par z, z par x, a par b et b par a.

Pour résoudre, nous avons égalé xyz séparément à ses 3 valeurs données ; nous avons divisé les 3 équations par $axyz$, $bxyz$, $cxyz$; ce qui nous a donné 3 équations en xy, xz, yz. En les additionnant, on trouve $\frac{1}{xy}+\frac{1}{xz}+\frac{1}{yz}=\frac{1}{2a}+\frac{1}{2b}+\frac{1}{2c}$. En retranchant de cette équation les 3 précédentes, on trouve les valeurs de $\frac{1}{xy}, \frac{1}{xz}, \frac{1}{yz}$, d'où celles de xy, xz, yz, qui, multipliées, donnent $x^2y^2z^2$, puis xyz. Connaissant xyz et xy, xz, yz, on trouve aisément x, y, z.

242. $\frac{1}{x}+\frac{1}{y}+\frac{1}{z}=a$; $\frac{1}{y}+\frac{1}{z}+\frac{1}{t}=b$; $\frac{1}{x}+\frac{1}{z}+\frac{1}{t}=c$; $\frac{1}{x}+\frac{1}{y}+\frac{1}{t}=d$.

Rép. $\frac{1}{x}=\frac{a+c+d-2b}{3}$; $\frac{1}{y}=\frac{a+b+d-2c}{3}$; $\frac{1}{z}=\frac{a+b+c-2d}{3}$; $\frac{1}{t}=\frac{b+c+d-2a}{3}$.

On additionne les quatre équations proposées ; ce qui donne $\frac{1}{x}+\frac{1}{y}+\frac{1}{z}+\frac{1}{t}=\frac{1}{3}(a+b+c+d)$. Puis on retranche de cette équation chacune des équations proposées.

243. $xyzt=\frac{1}{a}(xyt+xzt+yzt)=\frac{1}{b}(xzt+xyt+xyz)=\frac{1}{c}(xyt+yzt+xyz)$ $=\frac{1}{d}(xzt+yzt+xyt)$.

On divise les équations proposées respectivement par $\frac{xyzt}{a}$, $\frac{xyzt}{b}$, etc.; ce qui donne précisément les 3 équations de l'ex. 242.

244. $\frac{xy}{ay+bx}=c,\quad \frac{yz}{bz+cy}=a;\quad \frac{xz}{az+cx}=b.$

Rép. $x=\frac{2a^2bc}{ab+ac-bc};\quad y=\frac{2b^2ac}{ab+bc-ac};\quad z=\frac{2c^2ab}{ac+bc-ab}.$

Nous avons divisé 1 par les deux membres de chaque équation, puis effectué les divisions alors indiquées par xy. Nous avons additionné les 3 équations résultantes; ce qui nous a donné $\frac{a}{x}+\frac{b}{y}+\frac{c}{z}=\frac{1}{2}\left(\frac{1}{c}+\frac{1}{a}+\frac{1}{b}\right)$. Enfin nous avons successivement retranché de cette dernière équation les 3 équations précédentes ; etc.

245. $(x+y)z=c;\quad y(x+z)=b;\quad x(y+z)=a.$

Rép. $x=\sqrt{\frac{(a+b-c)(a+c-b)}{2(b+c-a)}};\ y=\sqrt{\frac{(a+b-c)(b+c-a)}{2(a+c-b)}};$
$z=\sqrt{\frac{(a+c-b)(b+c-a)}{2(a+b-c)}};$

$xz+yz=c$; $yx+yz=b$; $xy+xz=a$. On prend pour inconnues xz, xy, yz, et on résout comme dans l'Ex. 228. On multiplie les 3 valeurs trouvées de xy, xz, yz ; ce qui donne $x^2y^2z^2$, puis xyz, puis par des divisions x, y, z.

PROBLÈMES DU 1er DEGRÉ A UNE INCONNUE.

246. La somme de deux nombres est 520; leur différence est égale aux 3/5 du plus petit. Quels sont ces n.? (Résoudre par l'arithm. et par l'alg.) Rép. 200 et 320.

Solution algébrique. Désignons le plus petit n. par x ; le plus grand sera $x+{}^3/_5x$. Leur somme

$$2x+\frac{3}{5}x=520;\ \frac{13}{5}x=520;\ \frac{x}{5}=40;\ x=200;\ x+{}^3/_5x=320.$$

Solution arithmétique. Le plus grand n. égale le plus petit plus les ${}^3/_5$ du plus petit. La somme des 2 nombres, 520, égale le plus petit n. plus le plus petit n., plus les ${}^3/_5$ du plus petit n. Au total : 520 = les $^{13}/_5$ du plus petit n. Par suite le 5e du plus petit n. égale 520 : 13 = 40 ; le plus petit n. = 40 × 5 = 200. Le plus grand égale 200 + 200 × $^3/_5$ = 320.

247. Partager 364f entre deux personnes de manière que l'une ait autant de pièces de 5f que l'autre de pièces de 2f. (Résoudre par l'arithm. et par l'alg.)

Rép. La 1re aura 260 fr. la 2e 104 fr.

Solution algébrique. Soit x le nombre des pièces de 5 fr. données à la 1re et par suite le n. des pièces de 2 fr. données à la 2e. La 1re reçoit $5x$ fr.; la 2e $2x$ fr.; total $7x^f = 364$. D'où $x = 52^f$; $5x = 260$; $2x = 104$.

Solution arithmétique. Les parts des deux personnes sont proportionnelles à 5 et à 2. On partage 364 en conséquence.

248. Les 3/5 d'un champ sont plantés en froment, le tiers en vignes et le reste en pommes de terre ; la 2e partie surpasse la 3e de 8a,4. Quelle est l'étendue du champ? (Résoudre par l'arithm. et par l'alg). Rép. 31a,5.

Solution algébrique. Soit x le nombre d'ares cherché. Les parties indiquées sont $^3/_5x$, $^1/_3x$, et $x - {^3/_5}x - {^1/_3}x = {^1/_{15}}x$. La 2e partie — la 3e partie $= {^1/_3}x - {^1/_{15}}x = {^4/_{15}}x = 8^a,2$; ${^1/_{15}}x = 2^a,1$; $x = 2^a,1 \times 15 = 31^a,5$. (Vérifiez.)

Solution arithmétique. Voy. le livre du maître de nos éléments d'arithm. (Ex. 320.)

249. J'ai dépensé les 3/5 de ce que j'avais moins 4f, puis le quart du reste plus 3f, puis les 2/5 du nouveau reste plus 1f,20 ; je rentre avec 24f. Avec quelle somme suis-je sorti ? (Résoudre par l'arithm. et par l'alg)

Soit x la somme cherchée. 1re *dépense*: $\frac{3}{5}x - 4$; 1er *reste*: $\frac{2x}{5} + 4$. 2e *dépense* : $\left(\frac{2x}{5} + 4\right)\frac{1}{4} + 3 = \frac{x}{10} + 4$; 2e *reste* : $\left(\frac{2x}{5} + 4\right) - \frac{x}{10} - 4 = \frac{3x}{10}$. 3e *dépense* : $\frac{3x}{10} \times \frac{2}{5} + 1^f,20 = \frac{3}{25}x + 1^f,20$. 3e *reste*: $\frac{3}{10}x - \frac{3}{25}x - 1,20 = \frac{9}{50}x - 1^f,20$. Ce 3e reste est égal par hypothèse à 24. De là l'équation. $x = 140$ fr. (Vérifiez.)

250. Trouver le prix d'une étoffe, sachant qu'il y a 17f de différence entre es 5/7 et les 3/11 de ce prix. (Résoudre par l'arithm. et par l'alg.)

Soit x le nombre cherché. $\frac{5}{7}x - \frac{3}{11}x = 17$; $x = 38^{f},50$. (*Voy. la solution arith. dans notre recueil de problèmes d'arith.*)

251. La somme de deux nombres est 14; si on les augmente tous deux de 7, leur rapport devient 5/9. Quels sont ces nombres? *Rép.* 3 et 11.

Soit x le plus grand nombre cherché; le plus petit est $14 - x$. Les deux nombres augmentés sont $x + 7$ et $21 - x$. On a $\frac{21-x}{x+7} = \frac{5}{9}$. On résout, et on trouve $x = 11$; $14 - x = 3$.

252. Quel nombre faut-il ajouter aux deux termes d'une fraction $\frac{a}{b}$ pour qu'elle devienne égale à une fraction donnée $\frac{c}{d}$? (*Discuter.*)

Soit x le nombre demandé ; $\frac{a+x}{b+x} = \frac{c}{d}$; d où $x = \frac{bc - ad}{d - c}$.

Discussion. Remarquons d'abord que les fractions données $\frac{a}{b}$ et $\frac{c}{d}$ sont en même temps > 1, ou $= 1$, ou < 1. En effet, si $\frac{a}{b} < 1$ ou $a < b$, $a + x < b + x$ ou $\frac{a+x}{b+x} = \frac{c}{d} < 1$.

x est *positif:* 1° quand $bc > ad$ et $d > c$ ou $\frac{c}{d} > \frac{a}{b}$ et < 1 ; 2° quand $bc < ad$ et $d < c$ ou $\frac{c}{d} < \frac{a}{b}$ et > 1. Dans le 1er cas, les fractions données sont plus petites que 1, et $\frac{c}{d} > \frac{a}{b}$; dans le 2e cas, les fractions sont plus grandes que 1, et $\frac{c}{d} < \frac{a}{b}$. De là ce théorème : *En ajoutant un même nombre x aux deux termes d'une fraction $\frac{a}{b}$, on l'augmente quand elle est plus petite que l'unité, et on la diminue si elle est plus grande que 1, sans la rendre jamais égale à 1.*

x est *négatif* ou *soustractif:* 1° quand $bc < ad$ et $d > c$ ou

$\frac{c}{d}<\frac{c}{b}$ et <1. 2° quand $bc>ad$ et $d<c$, ou $\frac{c}{d}>\frac{a}{b}$ et >1.

Dans le 1er cas, les fractions données sont <1 et $\frac{c}{d}<\frac{a}{b}$; dans le 2e cas, ces fractions sont >1 et $\frac{c}{d}>\frac{a}{b}$. On conclut de là ce théorème : *En retranchant un même nombre x des deux termes d'une fraction donnée, on diminue cette fraction quand elle est plus petite que 1 ; on l'augmente dans le cas contraire.*

$x=0$ quand $ad=bc$ et $d \gtrless c$, ou $\frac{c}{d}=\frac{a}{b}$ et $\frac{c}{d} \lessgtr 1$. *Pour ne pas changer une fraction différente de 1, il ne faut ni augmenter ni diminuer ses deux termes du même nombre.*

$x=\frac{0}{0}$ c'est-à-dire est *quelconque* quand $ad=bc$ et $d=c$, ou $\frac{a}{b}=\frac{c}{d}=1$. Dans ce cas, $a=b$; par suite $a+x=b+x$, et $\frac{a+x}{b+x}=1=\frac{c}{d}$, quel que soit x. *La fraction proposée, égale à l'unité, ne change pas quand on ajoute un même nombre quelconque à ses deux termes.*

$x=\frac{m}{0}$ quand $bc \lessgtr ad$ et $d=c$, ou $\frac{c}{d} \lessgtr \frac{a}{b}$ et $\frac{c}{d}=1$. Cette valeur de x indique l'*impossibilité. La 1re fraction* $\frac{a}{b}$ *est différente de la 2e, et on ne peut pas la rendre égale à la seconde qui est égale à 1, en ajoutant un même nombre à ses deux termes ; car ceux-ci restent toujours inégaux.*

Plus le nombre ajouté aux deux termes est grand, plus la fraction approche de l'unité qui est une limite supérieure ou inférieure. C'est ce qu'on voit en supposant la différence $d-c$ diminuant jusqu'à 0 à partir d'une certaine valeur.

Nous avons discuté complétement ce problème afin de montrer comment l'algèbre met en évidence toutes les faces d'une question proposée.

253. Trois robinets versent de l'eau dans un bassin qui se vide par un 4e. Le 1er robinet coulant seul remplirait le bassin en 4^h, le 2e en 2^h 1/2, le 3e en

$3^h\ 1/2$; le 4e le viderait en totalité en 5^h. Le bassin étant vide, on ouvre les 4 robinets; en combien de temps le bassin sera-t il rempli? *Rép.* en $1^h\ {}^{37}/_{103}$.

Désignons par 1 la capacité du bassin et par x le nombre d'heures cherché. Le 1er robinet, coulant seul, remplit en 1 heure le quart du bassin ou $^1/_4$, et en x^h, $\frac{x}{4}$. Le 2e robinet seul remplit 1 en $^5/_2{}^h$, $^1/_5$ en $^1/_2{}^h$, $^2/_5$ en 1^h, $\frac{2x}{5}$ en x^h. On trouve de même que le 3e robinet seul remplit $\frac{2x}{7}$ en x^h, et que le 4e vide $\frac{x}{5}$ dans le même temps. Mais la totalité du bassin représentée par 1 est remplie en x^h, quand les 4 robinets sont ouverts en même temps; en x^h les 4 robinets ouverts ensemble versent $\frac{x}{4}+\frac{2x}{5}+\frac{2x}{7}-\frac{x}{5}=1$. On résout cette équation, et on trouve $x=\frac{140^h}{103}=1^h+\frac{37}{103}$.

254. Généralisez le problème précédent (Ex. 253). Trouvez les formules.

Le 1er robinet coulant seul remplit le bassin en a heures; le 2e en b heures; le 3e en c heures; le 4e le vide en d heures. Ces robinets étant ouverts, le bassin se trouve rempli au bout de x^h; trouver x.

La capacité du bassin étant prise pour unité, le 1er robinet seul remplit en 1 heure $\frac{1}{a}$, et en x^h, $\frac{x}{a}$; le 2e seul remplit en x^h, $\frac{x}{b}$; le 3e, $\frac{x}{c}$; et le 4e, vide, $\frac{x}{d}$. Les 4 robinets ayant été ouverts pendant x^h, l'eau restante $\frac{x}{a}+\frac{x}{b}+\frac{x}{c}-\frac{x}{d}=1$. En résolvant, on trouve $x=\frac{abcd}{bcd+acd+abd-abc}$.

255. Un bassin de la contenance de $815^{mc},43$ est alimenté par trois fontaines. La 1re fontaine donne $12^{mc},8$ en $3^h\,12^m$; la 2e, $15^{mc},75$ en $2^h\,37^m\,30^s$; la 3e, $15^{mc},075$ en $2^h\,47^m\,30^s$. Au bout de combien de temps le bassin sera-t il rempli par les trois fontaines coulant ensemble?

Soit x le nombre de secondes de temps cherché. Prenons le décim. cube (dmc) pour unité de volume. Le 1er robinet verse

12800^{dmc} en $3^h12^m = 11520^{sec.}$; en $1^{sec.}$, $\frac{12800^{dmc}}{11520} = \frac{10^{dm}}{9}$. Le 2e robinet verse 15750^{dmc} en $2^h37^m30^s = 9450^{sec}$; en 1^{sec}; $\frac{15750^{dmc}}{9450} = \frac{5^{dmc}}{3}$.

Le 3e verse 15075^{dmc} en $2^h47^m30^s = 10050^{sec}$; en 1^{sec}; $\frac{15075^{dmc}}{10050} = \frac{3^{dmc}}{2}$. Dans x^{sec}; les 3 robinets verseront

$$x\left(\frac{10}{9} + \frac{5}{3} + \frac{3}{2}\right) = 815430.$$

On déduit de là $x = 190620^{sec.} = 52^h57^m$.

256. Généralisez le problème précédent (formules).

Un bassin contenant a^{dmc} est alimenté par 3 robinets, dont le 1er y verse par heure b^{dmc} d'eau; le 2e, e^{dmc}; le 3e, f^{dmc}. En combien de temps ce bassin sera-t-il rempli par 3 fontaines coulant ensemble ?

Soit x le nombre d'heures du temps cherché. En x^h les 3 robinets ensemble versent $(b + e + f)^{dmc} \times x$; ce qui doit être égal à a^{dmc}. On pose l'équation, et on déduit la valeur de x.

257. Quatre ouvriers construisent un mur de 221^{mc}. Le 1er travaille de manière à construire $8^{mc},4$ en $3^j\,1/2$; le 2e, $5^{mc},4$ en $2^j\,1/7$; le 3e, $4^{mc},9$ en $2^j\,1/3$, et le 4e, $3^{mc},18$ par jour. Le m. c. se paye $1^f,50$. On demande le temps employé pour faire le mur et le gain de chaque ouvrier. *Rép.* $21^j\,{}^2/_3$; gains 78^f; $81^f,90$; $68^f,25$; $103^f,35$.

Soit x le temps cherché. Le 1er fait $8^{mc},4$ en $3^h\,{}^1/_2 = {}^7/_2$ j.; en ${}^1/_2$ j., $8^{mc},4 : 7 = 1^{mc},2$; en 1 j., $2^{mc},4$. Le 2e fait $5^{mc},4$ en 2 j. ${}^1/_7 = {}^{15}/_7$; en ${}^1/_7$ j., $0^{mc},36$; en 1 j., $2^{mc},52$. Le 3e fait $4^{mc},9$ en ${}^7/_3$ de j.; en ${}^1/_3$ j., $0^{mc},7$; en 1 j., $2^{mc},1$. Le 4e fait $3^{mc},18$ par j. Les 4 ensemble font en x j., $(2,4 + 2,52 + 2,1 + 3,18)x = 10,20$. $x = 221$; d'où $x = 221 : 10,2 = 21\,{}^2/_3$. (1re réponse, $21^j\,{}^2/_3$).

(2e *question.*) Le 1er ouvrier a fait $2^{mc},4 \times 21\,{}^2/_3 = 52$ mètres cubes qui, à $1^f,50$ le mètre cube, se payent 78 francs. Le 2e a fait $2^{mc},52 \times 21\,{}^2/_3 = 54^{mc},60$, qui se payent $81^f,90$. On trouve de même que le 3e gagne $68^f,25$, et le 4e, $103^f,35$.

Vérification. La somme de ces 3 gains doit faire $1^f,50 \times 221 = 331^f,50$.

258. Les contenances de deux fûts pleins de bière sont entre elles comme 10 à 7 Quand on a tiré 40 litres du 1er et 60 litres du 2e, il reste dans le 1er 6 fois plus de bière que dans le 2e. Trouver les contenances? *Rép.* 100 et 70 (*Vérifiez.*)

Soit x la plus grande contenance ; la plus petite est $\frac{7x}{10}$.

D'après l'énoncé $x - 40 = 6\left(\frac{7x}{10} - 60\right)$; d'où $x = 100$.

259 Pour un 1er achat j'ai dépensé 1/5 de ce que j'avais, plus 6f; pour un 2e les 4/15 du reste moins 4f, pour un 3e les 3/7 du reste moins 5f; pour un 4e les 4/9 du reste plus 10f. Après cela, il me reste encore le 8e de ce que j'avais; combien avais-je? *Rép* 120f.

Soit x^f l'avoir cherché. Après le 1er achat, il me reste $\frac{4x}{5} - 6$.

Après le 2e achat, il me reste les $^{11}/_{15}$ de ce 1er reste, plus 4 fr. ou $\frac{44x}{75} - \frac{66}{15} + 4 = \frac{44}{75}x - \frac{6}{15}$. Après le 3e achat, il me reste les $^{4}/_{7}$ du 2e reste, plus 5 fr. ou $\frac{176}{525}x - \frac{24}{105} + 5. = \frac{176x}{525} + \frac{2505}{525}$. Après le 4e achat, il reste les $^{5}/_{9}$ du 3e reste moins 10 fr. $= \frac{176x}{945} + \frac{2505}{945} - \frac{9450}{945} = \frac{176x - 6945}{945}$. Ce dernier reste doit être égal à $\frac{x}{8}$. J'écris l'égalité et j'en déduis $1408x - 945x = 55560$. Puis $463x = 55560$; d'où $x = 55560 : 463 = 120$ fr. (Vérifiez.)

Remarque. Pour plus de rapidité, je cherche immédiatement ce qui me reste après chaque dépense. Si j'ai dépensé par ex. les $\frac{4}{15}$ d'un reste moins 4 fr.; il reste à nouveau les $^{11}/_{15}$ de ce reste précédent plus 4 francs.

260. Une paysanne a vendu le quart de ses œufs plus 5 œufs à raison de 70c la douzaine ; puis les 3/5 du reste plus 6 œufs à raison de 65c la douzaine; et enfin son dernier reste à raison de 60c la douzaine. Sa recette est de 5f,45. Combien a-t-elle apporté d'œufs au marché? *Rép.* 100 œufs.

Je prends la douzaine d'œufs et le centime pour unité. Chaque œuf est $^1/_{12}$ de douzaine. 1re *vente* $\frac{x}{4}+\frac{5}{12}$; 1re *recette* $\left(\frac{x}{4}+\frac{5}{12}\right)\times 70=\frac{70x}{4}+\frac{350}{12}$.

1er *reste*, $\frac{3x}{4}-\frac{5}{12}$, dont les $^3/_5+6$ œufs valent $\frac{9x}{20}-\frac{3}{12}+\frac{6}{12}=\frac{9x}{20}+{}^1/_4$. 2e *recette*, $\left(\frac{9x}{20}+\frac{1}{4}\right)65=\frac{585x}{20}+\frac{65}{4}$.

2e *reste* : $\frac{3x}{4}-\frac{5}{12}-\frac{9x}{20}-\frac{3}{12}=\frac{6x}{20}-\frac{8}{12}$. 3e *recette* $\left(\frac{6x}{20}-\frac{8}{12}\right)60=18x-40$. J'additionne les recettes, et j'égale la somme à 545^c. Je réduis au même dénominateur 60.

Total : $\frac{1050x+1750+1755x+975+1080x-2400}{60}=545$.

On déduit de là $x=8\,^1/_3$. La marchande a vendu 8 douz. $^1/_3$ d'œufs ou 100 œufs. (Vérifiez d'après l'énoncé.)

261. On emploie 1839^f,60 à payer 14 journées à des ouvriers divisés en deux escouades dans le rapport de 3 à 4. Trouver le n. des ouvriers de chaque escouade, sachant que chaque ouvrier de la 1re a reçu 2^f,50, et chaque ouvrier de la 2e, 3^f,60.

Soit x le nombre des ouvriers de la plus petite escouade ; 2e escouade, $^4/_3x$. La 1re escouade a reçu par jour $2{,}50\times x$; la 2e, $3{,}60\times{}^4/_3x=4{,}80\times x$. Les 2 escouades ont reçu par jour $x\times 7{,}30$, et pour 14 jours : $x\times 7{,}30\times 14=1839{,}60$. On déduit de là $x\times 7{,}30=131{,}40$: d'où $x=\frac{1314}{73}=18$. La 1re escouade comprenait 18 ouv.; la 2^e $18\times{}^4/_3=24$ ouv. (*Vérifiez.*)

262. Les $\frac{7}{15}$ d'un certain n. de personnes reçoivent chacune 6^f et les autres chacune 7^f,50; la somme distribuée est 408^f; trouver le n. des personnes. *Rép.* 60.

Soit x le nombre de personnes cherché. $^7/_{15}x$ reçoivent $6^f\times{}^7/_{15}x$; et $^8/_{15}x$ reçoivent $7{,}50\times{}^8/_{15}x$. En additionnant, on trouve $\frac{42x+60x}{15}=408$; $102x=408\times 15$; $x=4\times 15=60$.
(Vérifiez d'après l'énoncé.)

263. Trouver deux n. dont la somme, la différence et le produit soient proportionnels à 5, 3 et 8. *Rép.* 2 et 8.

La somme, la différence et le produit en question peuvent être représentés par $5x$, $3x$ et $8x$ (Ex. 5). Le plus grand nombre cherché vaut $\frac{1}{2}d + \frac{1}{2}s = \frac{5x + 3x}{2} = 4x$; le plus petit $= 5x - 4x = x$. Le produit p de deux nombres est $4x \times x = 4x^2$; il est d'ailleurs égal à $8x$; donc $4x^2 = 8x$; d'où $x = 2$. Le plus petit nombre est 2 ; le plus grand $4x = 8$. (Vérifiez cette solution.)

264 Trouver deux n. tels que la somme, la différence et le produit de leurs carrés soient proportionnels à 29, 21 et 1296. *Rép.* 18 et 7,2.

La somme, la différence et le produit des carrés en question peuvent être représentés par $29x^2$, $21x^2$, $1296x^2$ (Ex. 6). Le plus grand carré est égal à $(29x^2 + 21x^2) \times \frac{1}{2} = 25x^2$; le plus petit $= (29x^2 - 21x^2) \times \frac{1}{2} = 4x^2$. Le produit est $25x^2 \times 4x^2 = 100x^4$. Mais ce produit est d'ailleurs égal à $1296x^2$; donc $100x^4 = 1296x^2$; $x^2 = 12{,}96$; $x = 3{,}6$. Le plus grand nombre $= 5x = 18$; le plus petit $= 2x = 7{,}2$.

265. Le chiffre des centaines d'un n. de 3 chiffres vaut les 3/5 du chiffre des unités, et le chiffre des dizaines est la moitié de la somme des deux autres. En ajoutant 198 au nombre en question, on obtient ce nombre renversé Quel est ce nombre ?

Soit x le chiffre des unités ; le chiffre des cent. $= \frac{3}{5}x$; le chiffre des diz. $= \frac{4}{5}x$. Le nombre en question vaut $\frac{3}{5}x \times 100 + \frac{4}{5}x \times 10 + x = 69x$. Le n. renversé $100x + \frac{4}{5}x \times 10 + \frac{3}{5}x = 69x + 198$.

D'où $543x = 345x + 990$; $198x = 990$; $x = 5$. Le chiffre en unité est 5 ; celui des centaines est 3 ; celui des dizaines 4. Le nombre cherché est 345. *Vérification :* $345 + 198 = 543$.

266. Un n. est écrit dans le système dont la base est 7 au moyen de 3 chiffres. En considérant ces chiffres de *gauche à droite*, on trouve que le 1er vaut les 2/3 du second, et que le 3e est égal à la somme des 2 autres. Écrivez ce nombre dans le système décimal, sachant d'ailleurs qu'il est égal à 24 fois son plus grand chiffre plus 4. *Rép.* 124

Soit x le chiffre du milieu ; le premier chiffre à gauche est $^2/_3 x$; et le chiffre de droite $^5/_3 x$. $^5/_3 x \times 24 = 120$. Le n. lui-même

$$7^2 \times {}^2/_3 x + 7x + {}^5/_3 x = 40x + 4, \quad \text{d'où} \quad 98x + 21x + 5x = 120x + 12.$$

$x = 3$. Le chiffre du milieu est 3; le premier à gauche est 2; le troisième est 5. Le nombre demandé vaut, dans le système décimal, $7^2 \times 2 + 7 \times 3 + 5 = 124$. *Vérification :* $124 = 5 \times 20 + 4$.

267. Un nombre s'écrit de gauche à droite dans le système dont la base est 8 avec 4 chiffres proportionnels à 1, 2/3, 2, et 5/3. Écrivez ce n. dans le système décimal, sachant d'ailleurs que la somme de ses chiffres plus 2 est égale à 3 fois le plus grand chiffre *Rép.* 1717.

Les 4 chiffres peuvent être représentés par x, $^2/_3 x$, $2x$, $^5/_3 x$ (Ex. 5). Leur somme $^{16}/_3 x + 2 = 2x \times 3$; d'où $x = 3$. Les 4 chiffres sont donc 3, 2, 6 et 5, et le nombre cherché vaut

$$8^3 \times 3 + 8^2 \times 2 + 8 \times 6 + 5 = 1717.$$

268. Trouver trois nombres en progression géométrique qui surpassent également des n. donnés a, b, c. *Appliquez au cas de* $a = 2$, $b = 7$, $s = 17$.

Les 3 nombres cherchés peuvent être représentés par $a + x$ $b + x$, $c + x$. Par hypothèse $(b + x)^2 = (a + x)(c + x)$; ou $b^2 + 2bx + x^2 = ac + (a + c)x + x^2$ D'où $x = \dfrac{b^2 - ac}{a + c - 2b}$.

Application. $a = 2$, $b = 7$, $c = 17$; $x = 3$. Les 3 nombres sont 5, 10 et 20 qui forment bien dans cet ordre une progression géométique.

269. Trouver quatre nombres en proportion qui surpassent également 4 nombres donnés a, b. c, d. Appliquez au cas de $a = 7$, $b = 3$, $c = 25$, $d = 15$.

Les 4 nombres données sont $a + x$, $b + x$, $c + x$, $d + x$. D'après l'hypothèse, $(a + x)(d + x) = (b + x(c + x)$; d'où $ad + ax + dx = bc + bx + cx$. $x = \dfrac{bc - ad}{a + d - b - c} = \dfrac{ad - bc}{b + c - a - d}$.

Application. $a=7$; $b=3$; $c=25$; $d=15$. En remplaçant a, b, c, d dans la formule précédente, on trouve $x=5$ et les nombres demandés 12, 8, 30 et 20 qui forment bien une proportion.

270 Un domestique gagne par an 300f et sa livrée. Il quitte à la fin du 7e mois, reçoit 125f, et garde sa livrée ; combien valait la livrée ?

Soit x le prix de la livrée. Il gagne en 12 mois, $300+x$; pour 7 mois, $\frac{(300+x)7}{12}=125+x$; d'où $x=120$.

271. En deux endroits A et B distants de 225 kilom., on vend la houille 3f,35 et 4f,75 les 100Kg. On demande le point de l'intervalle où le charbon, pris en A ou pris en B, reviendrait également cher, sachant que le transport sur le chemin qui joint les deux endroits coûte 80c par 100Kg et 100 Km.

A x D B Soit x la distance du point cherché D au point A ; $DB=225-x$. Prenons le centime pour unité. Le transport de 100Kg se paye 0c,8 par kilom.; pour x kilom., c'est $0^c,8.x$; pour $(225^{Km}-x)$, c'est $0,8\times(225-x)$. En additionnant des deux parts le transport et l'achat, on a $335+0,8x=475+0,8(225-x)$. En résolvant, on trouve $x=200$. (Vérifiez d'après l'énoncé.)

272. Généralisez et discutez le problème précédent.

Remplacez dans l'énoncé 335c, 475c, 225Km et 0f,8 par a^c, b^c, n^{Km} et c^c, et écrivez le nouvel énoncé.

Soient toujours D le point cherché, $AD=x$ et $BD=n-x$.

Le prix de 100Kg de houille rendus de A en D est $a+cx$, de B en D c'est $b+c(n-x)$. L'équation du problème est donc

$$a+cx=b+c(n-x);\ \text{d'où}\ x=\frac{b+cn-a}{2c}.$$

Discussion. x est *positif* quand $b+cn>a$. Or $b+cn$ est le prix de la houille B transportée en A; ce prix étant plus grand que a prix de la houille A consommée sur place, il faut s'éloigner de A et se rapprocher de B pour trouver un point D, où le prix de la houille A augmenté et celui de la houille B diminué deviennent égaux.

$x=0$ quand $b+cn=a$. En effet, le point A répond alors à

la question ; la houille B, transportée en A, coûte le même prix que la houille A consommée sur place.

x est *négatif* si $b+cn<a$. Le problème est alors impossible. La houille B transportée en A coûte moins cher que la houille A consommée sur place. Si on considère un point quelconque de la droite AB même prolongée dans les deux sens, on voit que la houille B y coûte nécessairement moins cher que la houille A.

Si on change x en $-x$ dans l'équation du problème, on trouve $a-cx=b+c(n+x)$ En essayant d'interpréter cette équation, c'est-à-dire de trouver un problème dont elle soit l'équation, on voit qu'il faudrait supposer qu'en s'éloignant de A vers la gauche, la houille A diminue de prix par le transport, tandis que la houille B augmenterait ; ce qui est contradictoire et absurde. La valeur négative de x indique donc l'impossibilité absolue.

On voit aussi par l'équation que x ne doit pas surpasser n, sans quoi on arrive à la même conséquence absurde et contradictoire. La condition $x<n$ donne $a+cn>b$.

273. Un réservoir plein d'eau peut se vider au moyen de deux robinets de grandeurs inégales. On ouvre le premier et on laisse couler le quart de l'eau ; on ouvre ensuite le second et on les laisse couler tous deux ensemble ; le réservoir achève ainsi de se vider dans un temps qui surpasse de 5/4 d'heure celui qu'il a fallu au premier robinet seul pour vider le quart de l'eau. Si on eût ouvert les deux robinets ensemble depuis le commencement, le réservoir aurait été vide un quart d'heure plus tôt. Combien de temps faudrait-il, 1° au 1er robinet seul, 2° au 2e robinet seul, 3° aux deux robinets coulant ensemble, pour vider la totalité du bassin ?

Soit x le nombre d'heures employé par le 1er robinet coulant seul pour vider le bassin. En opérant comme il est dit, on emploie d'abord le temps $\frac{x}{4}$, puis, pour achever, $\frac{x}{4}+\frac{5}{4}$ en tout $\frac{2x}{4}+\frac{5}{4}$. Les deux robinets coulant ensemble auraient vidé le bassin en $1/4$ d'heure de moins, c'est-à-dire dans $\frac{2x}{4}+1=\frac{x+2}{2}$. Les deux robinets ensemble videraient $1/4$ du bassin dans $\frac{x+2}{8}$, et les $3/4$ dans $\frac{(x+2)3}{8}$. D'ailleurs ils ont vidé ces $3/4$ dans $\frac{x}{4}+\frac{5}{4}$, donc $\frac{(x+2)3}{8}=\frac{x}{4}+\frac{5}{4}$, d'où $x=4$.

Le 1er robinet coulant seul vide le bassin en 4 heures (1re *rép.*). Les deux robinets ensemble le vident en $^1/_2(x+2)=3$ heures (3e *réponse*). En 1 heure, le 1er robinet vide le quart du bassin ; les 2 ensemble vident un tiers ; le 2e robinet seul vide $^1/_3-{}^1/_4={}^1/_{12}$. Le 2e robinet seul viderait le bassin en 12 heures (2e *réponse*).

274. Un lévrier poursuit un lièvre qui a 80 de ses sauts d'avance. Le lièvre fait 3 sauts tandis que le lévrier n'en fait que 2 ; mais 2 sauts du lévrier valent 5 sauts du lièvre. Combien le lévrier fera-t il de sauts pour attraper le lièvre ?

A B R Appelons S et s les deux espèces de sauts. $2S=5s$; d'où $S={}^5/_2s$. Soit x le nombre cherché des sauts du lévrier. Pendant que le lévrier fait 2 sauts, le lièvre en fait 3 ; pour 1 du lévrier, c'est $^3/_2$ du lièvre ; pour x, c'est $^3/_2\,x$. Le chemin fait par le lévrier $AR=x.S$; le même chemin AR fait par le lièvre comprend l'avance $80s$ plus $^3/_2\,x.s$. On doit avoir $x.S=80s+\frac{3}{2}x.s$. Remplaçons S par $^5/_2s$; on trouve ainsi, en divisant ensuite par s, $^5/_2\,x=80+{}^3/_2x$; d'où $x=80$.

275. Un père partage son bien de la manière suivante : l'aîné de ses enfants aura une somme de 1000 fr., plus la 6e partie du reste ; le 2e aura 2000 fr., plus la 6e partie du reste ; le 3e 3000 fr., plus la 6e partie du reste. Ainsi de suite. Le partage ayant été fait dans ces conditions, l'héritage se trouve entièrement distribué, et toutes les parts sont égales. On demande la valeur de l'héritage et celle de chaque part, ainsi que le nombre des héritiers? *Réponses* : 25000^f, 5000^f, et 5 héritiers.

Soit x l'héritage cherché. L'aîné aura $1000+\frac{x-1000}{6}$. Le 2e, $2000+\frac{1}{6}\left(x-2000-1000-\frac{x-1000}{6}\right)$. Mais ces deux parts doivent être égales. On écrit l'égalité, et on en déduit $x=25000$. L'aîné a $1000+\frac{24000}{6}=5000$ francs. L'une des parts vaut 5000 fr. et toutes les parts 25000 fr.; donc il y a 5 parts, c'est-à-dire 5 héritiers.

276. Généralisez le problème précédent, en disant au lieu de 1000^f, 2000^f, 3000^f,..., a, $2a$, $3a$, et la $n^{ième}$ partie au lieu de la 6e partie.

Un père partage son bien comme il suit : L'aîné de ses enfants aura une somme de a fr., plus la $n^{\text{ième}}$ partie du reste ; le 2e enfant $2a$ fr., plus la $n^{\text{ième}}$ partie du reste ; le 3e, $3a$ fr., plus la $n^{\text{ième}}$ partie du reste ; ainsi de suite. Le partage fait ainsi, l'héritage se trouve entièrement distribué et toutes les parts sont égales. On demande la valeur de l'héritage, celle de chaque part, et le nombre des héritiers.

Soit x l'héritage cherché. L'*aîné* aura $a + \frac{x-a}{n}$. Le *second* aura

$$2a + \frac{1}{n}\left(x - 2a - a - \frac{x-a}{n}\right) = 2a + \frac{x-3a}{n} - \frac{x-a}{n^2}.$$

Mais ces deux parts doivent être égales. On les égale, et on déduit de l'équation : le bien $x = an^2 - 2an + a = a(n-1)^2$.

La part du 1er (une part) $= a + \frac{x-a}{n} = \frac{a(n + n^2 - 2n)}{n}$ $= a(n-1)$.

Le nombre des parts ou des héritiers est donc

$$a(n-1)^2 : a(n-1) = n - 1.$$

277. Un vase contient un mélange d'eau et de vin. On retire le quart du mélange qu'on remplace par de l'eau. On retire ensuite le quart du nouveau mélange qu'on remplace encore par de l'eau. On recommence la même opération sur le nouveau mélange ; après quoi le vase contient 3 fois plus d'eau que de vin. On demande dans quel rapport étaient l'eau et le vin dans le premier mélange. *Rép.* Dans le rapport de 11 à 16.

Désignons les 1res quantités de vin et d'eau par x et nx ; n est le rapport cherché. On remet chaque fois l'eau retirée, et une quantité d'eau nouvelle égale à la quantité de vin retirée, c'est-à-dire égale au *quart* de la quantité de vin précédemment existante. La quantité de vin devient chaque fois les $^3/_4$ de ce qu'elle était.

1er *mélange :* eau, nx ; vin x. 2e *mélange :* eau, $nx + \frac{x}{4}$; vin, $\frac{3x}{4}$. 3e *mélange :* eau, $nx + \frac{x}{4} + \frac{3x}{16}$; vin, $\frac{9x}{16}$. 4e *mélange :* eau, $nx + \frac{x}{4} + \frac{3x}{16} + \frac{9x}{64}$; vin, $\frac{27x}{64}$. La quantité d'eau est alors le triple de celle du vin. Chassons les dénominateurs et exprimons cette condition $64nx + 16x + 12x + 9x = 81x$;

d'où $64nx = 44x$; d'où enfin $n = \frac{44}{64} = \frac{11}{16}$. Il y avait d'abord 11^l d'eau par ex. pour 16 l. de vin. (Vérifiez d'après l'énoncé du problème.)

278. Un train t, dont la vitesse moyenne est de 800 mètres par minute, part de Paris pour Strasbourg 20 minutes après qu'un train t' qui parcourt en moyenne 500^m par minute a passé à Meaux A quelle distance de Paris aura lieu la rencontre des deux trains? Quand le train t arrivera à Strasbourg, à quelle distance en sera encore le train t' ? La distance de Paris à Meaux est de 45 kilom.. celle de Paris à Strasbourg de 500 kilomètres. 1re *rép.* $146^{Km}\ {}^2/_3$; 2e *rép.* $132^{Km},5$.

P M N R S Prenons le kilom. et la minute pour unité. Les vitesses des trains sont $0^{Km},8$ et $0^{Km},5$ par minute. Désignons par x la distance de Paris (P) au point de rencontre cherché R ; $PR = x$; $SR = 500 - x$ Quand t part de Paris, t' a déjà fait au delà de Meaux le chemin $0^{Km}, 5 \times 20 = 10^{Km}$; il se trouve donc au point N tel que $PN = (45 + 10)^{Km} = 55^{Km}$. t et t' partent au même instant, l'un de P l'autre de N et arrivent ensemble au point R ; ils parcourent dans le même temps, l'un $PR = x$; l'autre $NR = x - 55$. t parcourant $0^{Km},8$ par minute met, pour parcourir x^{Km}, un nombre de minutes égal à $\frac{x}{0,8}$; t' met pour parcourir $x-55$, $\frac{x-55}{0,5}$. D'où l'équation $\frac{x}{0,8} = \frac{x-55}{0,5}$. D'où PR ou $x = 55 \times 8 : 3 = 146^{km}\ {}^2/_3$.

2e Question. $RS = 353^{Km}\ {}^1/_3$. Pendant que t fait 8, t' fait 5. Pendant que t fait 1, t' fait $^5/_8$. t' ne faisant dans un temps donné que les $^5/_8$ du chemin fait par t, aura encore à faire les $^3/_8$ de $353^{Km}\ {}^1/_3$ quand t aura fait ce chemin, c'est-à-dire sera arrivé à Strasbourg ; t' aura alors à faire $132^{Km},5$.

279. Un ouvrier fait a mètres d'ouvrage par jour, un second fait b mètres. Le 1er ouvrier a une avance de c mètres. Après combien de temps les ouvriers auront-ils fait le même n. de mètres ? (*Discuter.*)

Soit x le nombre de jours cherché. Dans x j., le 1er ouvrier fait ax^m (*ax mètres*), le 2e bx^m. Pour que le 2e ouvrier regagne les c mètres, il faut que $bx = ax + c$. D'où $x = \frac{c}{b - a}$.

Discussion. x sera positif si $b>a$; $\frac{c}{0}$ si $b=a$; négatif si $b<a$.

Si $b>a$, le 2e ouvrier faisant chaque jour plus de mètres que le 1er finit par regagner l'avance de c^m.

Si $b=a$, le 2e ouvrier, faisant chaque jour le même nombre de mètres que le 1er, ne regagnera pas l'avance de c mètres ; le problème est impossible. Si $b-a$ n'est pas nul, mais très-petit, le 2e ouvrier regagne un peu chaque jour, et finit par regagner l'avance de c mètres, mais après un très-grand nombre de jours.

Si $b<a$, le 2e ouvrier, faisant chaque jour moins de mètres que le 1er, perdra au lieu de gagner sur lui, et n'aura jamais fait le même nombre de mètres. Le problème tel qu'il est proposé est impossible. Changeons x en $-x$ dans l'équation; elle devient $-bx=-ax+c$, ou $ax=bx+c$. En interprétant cette équation, on est conduit à supposer que c'est le 2e ouvrier qui a d'abord une avance de c mètres ; le 1er, qui fait plus de mètres par jour, regagne cette avance au bout d'un certain nombre de jours.

280. Un marchand de grains a acheté une certaine quantité de froment; il en a revendu un quart à 5 p. 0/0 de bénéfice, un 2e quart à 15 p. 0/0 de bénéfice, puis le reste à 4 2/3 p. 0/0 de perte. Il a gagné finalement 500 fr. Combien lui avait coûté ce froment ? *Rép.* 18750f.

Un bénéfice de 5 p. 0/0 est égal aux 0,05 du prix de revient. Soit x le prix cherché. Dans la 1re vente, il y a un bénéfice de $\frac{0,05x}{4}$; dans la 2e, $\frac{0,15 \, . \, x}{4}$; dans la 3e, il y a une perte de $\frac{2x}{4}\times\frac{0,14}{3}$. Il y a définitivement un bénéfice de 500 fr.; donc

$$\frac{0,05x}{4}+\frac{0,15x}{4}-\frac{2x\times 0,14}{12}=500.$$

En résolvant, on trouve $x=18750$ fr.

281. Une personne a placé deux capitaux à intérêts simples, le 1er à 4 p. 0/0 et le 2e à 5 p. 0/0 Elle a retiré au bout de 7 ans 9 mois une somme de 23800 fr. pour les capitaux et les intérêts. Trouver ces capitaux, sachant d'ailleurs que le 1er est égal aux 5/6 du second. *Rép.* 8000f et 9600f.

(Nous emploierons dans les problèmes suivants la formule $I = ait : 100$.)

2ᵉ capital, x; 1ᵉʳ, $\frac{5}{6}x$; 7 ans 9 mois $= \frac{93}{12}$ d'année. L'intérêt du 1ᵉʳ capital pour 7 ans 9 mois est $\frac{5}{6}x \times \frac{93}{12} \times 0,04$; l'intérêt du 2ᵉ, $x \times \frac{93}{12} \times 0,05$. La somme des capitaux et des intérêts $x + \frac{5}{6}x + \frac{5}{6}x \times \frac{93}{12}x \times 0,04 + x \times \frac{93}{12} \times 0,05 = 23800$. En résolvant cette équation, on trouve $x = 9600$. Le 2ᵉ capital est 9600 fr.; le 1ᵉʳ $= \frac{5}{6}x = 8000$ fr. (Vérifiez d'après l'énoncé.)

282. En plaçant les 3/7 de son capital à 5 p. 0/0, les 2/5 à 6 p. 0/0, et le reste à 4 p. 0/0, un particulier se fait 10980ᶠ de revenu. Trouver son capital ? *Rép.* 210000ᶠ.

Soit x le capital cherché. La 1ʳᵉ partie rapporte $\frac{3}{7}x \times 0,05$; la 2ᵉ, $\frac{2}{5}x \times 0,06$; la 3ᵉ, $\frac{6}{35}x \times 0,04$. On réduit au même dénominateur ; la somme des 3 intérêts

$$\frac{x}{35}\left(0,75 + 0,84 + 0,24\right) = 10980.$$

D'où $x = 210000$. (Vérifiez d'après l'énoncé.)

283 Un particulier place les 3/7 de son avoir en 3 p. 0/0 au cours de 69 fr., et le reste en 4 ½ au cours de 94 fr 50 Le 2ᵉ placement lui rapporte 580ᶠ de plus que le 1ᵉʳ. Trouver son avoir et son revenu annuel. *Rép* 67620 fr. et 3100 fr.

Soit x l'avoir cherché. 1ᵉʳ *placement* : 69 fr. rapportent 3 fr.; 1 fr. rapporte $\frac{3}{69} = \frac{1}{23}$; $\frac{3}{7}x$ rapportent $\frac{3x}{161}$; 2ᵉ *placement:* 94ᶠ,50 rapportent 4ᶠ,5 ; 1 fr. rapporte $\frac{4,5}{94,5} = \frac{1}{21}$; $\frac{4}{7}x$ rapportent $\frac{4x}{147}$. D'après l'énoncé $\frac{4x}{147} - \frac{3x}{161} = 580$. En résolvant, on trouve $x = 67620$ fr. Le revenu du 1ᵉʳ placement (en 3 p. 0/0 $\frac{3x}{161} = 1260^f$; le revenu du 2ᵉ placement (en 4 ½) $\frac{4x}{147} = 1840^f$) Le revenu total $= 3100^f$.

(Vérifiez d'après l'énoncé.)

284. Un particulier a placé 150255 fr, partie en 3 p. 0/0 au cours de 66 fr, partie en 4 1/2 au cours de 96ᶠ,75. Au bout d'un an il achète avec les rentes qu'il a touchées du 3 p. 0/0 au cours de 69ᶠ,30. Il s'est acquis ainsi un revenu total de 7230f. Trouver la quotité de chacun des trois placements ? *Rép.* 1° 55440f, 2° 94815f, 3° 6930f.

1re partie, x ; 2e partie, $150255 - x$. 1er *placement* : 66 fr. rapportent 3 fr.; 1 fr. rapporte $\frac{3^f}{66} = \frac{1^f}{22}$, et x fr. rapportent $\frac{x^f}{22}$. 2e *placement :* 96f,75 rapportent 4f,5; 1fr. rapp. $\frac{4^f,5}{96,75} = \frac{1^f}{21,5}$; $150255 - x$ rapp. $\frac{150255 - x}{21,5}$. Ces deux rentes font un total de $\frac{150255 \times 22 - 0,5x}{22 \times 21,5}$ (1).

Avec la 1re rente totale (1) touchée à la fin de la 1re année, on achète du 3 p. 0/0 au cours de 69f,30. A ce cours, 1 fr. rapporte $\frac{3^f}{69,30} = \frac{1^f}{23,10}$. Le nouveau placement produit un revenu additionnel de $\frac{1}{23,10} \times \frac{150255 \times 22 - 0,5x}{22 \times 21,5}$.

En ajoutant ce nouveau revenu au 1er revenu ci-dessus (1) que nous mettons en facteur commun, on trouve le revenu total

$$\frac{150255 \times 22 - 0,5x}{22 \times 21,5} \times \left(1 + \frac{1}{23,10}\right) = 7230.$$

En résolvant cette équation, on trouve $x = 55440$, et $150255 - x = 94815$ et la 1re rente totale (1) $= 6930^f$.

Vérification. La rente de x est $55440 : 22 = 2520$; celle de 94815 fr. est $94815 : 21,5 = 4410$; total 6930 fr. qui, au cours de 69f,30 rapp. $6930 : 23,10 = 300$ fr. Or $6930 + 300 = 7230$.

285. Un ouvrier place les 5/6 de son avoir en 3 p. 0/0 au cours de 69 fr., et le reste à la caisse d'épargne à 3 1/2 p. 0/0. A la fin de l'année, il porte à la caisse d'épargne la rente touchée au trésor. La somme inscrite sur son livret à la fin de la 2e année, après le règlement des intérêts, est de 1001f,72. Quel était son avoir primitif ? *Rép.* 4636f,78.

Soit x l'avoir cherché. Au cours de 69 fr., 1 fr. rapporte $\frac{3}{69} = \frac{1^f}{23}$; $^5/_6x$ rapp. $\frac{5x}{23 \times 6}$. Le reste $^1/_6x$, placé à 3,5 p. %, rapporte $(x \times 0,035) : 6$. Au commencement de la 2e année, l'ouvrier possède à la caisse d'épargne $\frac{1}{6}x + \frac{x \times 0,035}{6} + \frac{5x}{23 \times 6}$ qui, à la fin de cette année valent, avec leur intérêt à 3,5 p. $^0/_0$,

$$\left(\frac{x + x \times 0,035}{6} + \frac{5x}{23 \times 6}\right)(1 + 0,035) = 1001,72.$$

En résolvant cette équation, on trouve $x = 4636^f,78$. (Vérifiez d'après l'énoncé.)

286. On reçoit $1822^f,34\ ^1/_3$ pour deux billets escomptés le 21 juin à deux taux différents, l'un de 1200 fr payable le 13 août, l'autre de 640 fr. payable le 7 septembre. Trouver les deux taux qui sont entre eux comme 9 est à 14, et les deux escomptes. RÉP. *Les taux sont* 4,5 *et* 7 ; *les escomptes*, $7^f,95$ *et* $9^f,70$.

Soit x le 1er taux ; le 2e est $^{14}/_9\,x$; les deux nombres de jours sont 53 et 78. Les escomptes d'après la formule $I = ait$: 100 sont $\frac{1200 \times 53x}{36000}$ et $\frac{640 \times 78 \times 14x}{9 \times 36000}$. D'après cela la somme des billets diminués de leurs escomptes

$$1200\left(1 - \frac{53x}{36000}\right) + 640\left(1 - \frac{364x}{108000}\right) = 1822,34\ ^1/_3.$$

En résolvant cette équation, on trouve $x = 4,5$; $^{14}/_9 x = 7$; et les deux escomptes $7^f,95$, et $9^f,70$.

287. On reçoit 1489^f pour 3 billets de 500 fr. escomptés ensemble le 24 juin à 6 p. 0/0. En comptant les nombres de jours, on trouve qu'ils sont en progression arithmétique et que leur produit est 78848. Quelles sont les échéances ? RÉP.; 26 *juillet* ; 7 *août* ; 19 *août*.

Soient $x - d$, x, et $x + d$ les nombres de jours cherchés. L'escompte des 3 billets est $1500^f - 1489^f = 11^f$. D'après la formule de l'escompte par les nombres et les diviseurs, cet escompte est $\frac{500\,(x - d + x + x + d)}{6000}$. En égalant cet escompte à 11, on a une équation qui donne $x = 44$.

Le produit $x\,(x - d)\,(x + d) = 78848$. En divisant par $x = 44$, on trouve $x^2 - d^2 = 1792$; d'où $d^2 = 44^2 - 1792 = 1936 - 1792 = 144$; $d = 12$. Les 3 nombres de jours sont donc $44 - 12 = 32$; 44, et $44 + 12 = 56$. On trouve les échéances en avançant de 32 j., puis de 44 j., puis de 56 j., au delà du 24 juin.

288. On veut remplacer trois billets de a fr., de b fr. et de c fr. payables dans n jours, dans n' jours et dans n'' jours, par un seul billet de a fr. + b fr. + c fr. Quelle doit être l'échéance de ce billet unique? (Problème de l'échéance commune.)

Soit d le diviseur correspondant au taux stipulé sur les billets, et x le nombre de jours qui doivent s'écouler jusqu'à l'échéance cherchée. Si on escomptait les billets immédiatement, l'escompte des trois billets serait $\frac{an + a'n' + a''n''}{d}$, et l'escompte du billet unique $\frac{(a+b+c)}{d}x$. On égale ces deux valeurs, et on déduit de l'équation : $x = \frac{an + a'n' + a''n''}{a+b+c}$. L'échéance cherchée aura lieu dans x jours.

289. Établir la formule de l'escompte *exact*, autrement dit escompte *en dedans* (L'escompteur retient seulement l'intérêt de la somme qu'il donne au porteur du billet). Le billet est A fr. payable dans t années; le taux i p. 0/0 par an.

Faire l'escompte en dedans, c'est retenir précisément l'intérêt de la somme donnée pour le billet. Si a est la somme donnée, et I son intérêt, le montant du billet $A = a + I$, et $I = \frac{ait}{100}$; donc $A = a + \frac{ait}{100} = \frac{a(100+it)}{100}$; d'où $a = \frac{100A}{100+it}$. (1)

Telle est la formule de l'escompte en dedans.

290. On a reçu le 19 mars 1600f pour un billet de 1612f, escompté en dedans à 6 p. 0/0. Quelle était l'échéance? RÉP : *Le 3 mai.*

On applique la formule (1) de l'ex. précédent. $A = 1612$ $a = 1600$; $i = 6$; il faut trouver t. $a(100 + it) = 100A$; ou $1600\ (100 + 6t) = 161200$; d'où $400 + 24t = 403$; puis $24t = 3$, et enfin $t = {}^1/_8$ d'année ou 45 jours. En comptant 45 j. au delà du 19 mars, on trouve le 3 mai.

291. Exprimer la différence entre l'escompte commercial et l'escompte en dedans. Quelle relation y a-t-il entre eux?

Soient A la valeur nominale du billet, i le taux, t le temps. On sait que l'escompte commercial, dit en dehors, est $\frac{Ait}{100}$.

L'escompte en dedans est $A - \frac{100A}{100+it} = \frac{Ait}{100+it}$.

On voit que le 2e escompte est plus faible que le 1er dans le rapport de 100 à $100+it$.

En faisant l'escompte en dedans, on retient précisément l'intérêt de la somme que l'on paye au porteur du billet; ce qui est juste. En faisant l'escompte en dehors, on retient l'intérêt de la somme payée au porteur, plus l'intérêt de cet intérêt, plus l'intérêt de ce nouvel intérêt, plus, etc., indéfiniment. (Vérifiez.)

292. Un particulier fait deux placements se montant ensemble à 50302f et produisant le même revenu ; l'un en 3 0/0 au cours de 66f,40, l'autre en obligations d'un chemin de fer rapportant chacune 15 fr. de rente au cours de 296 fr. Trouver la quotité de chaque placement et le revenu annuel, en tenant compte du courtage de 1/8 pour 0/0 payé à l'agent de change, et du droit de mutation de 20 c. par 100f de capital perçu par l'État sur les obligations qui sont nominatives.

Soient x et $50302 - x$ les deux sommes placées. En ajoutant à 66f,40, $^1/_8$ p. $^0/_0$, ou $^1/_{800}$ de 66f,40, on trouve 66f,483, qui rapportent 3 fr. de rente ; 1fr. rapporte $\frac{3^{f.}}{66,483} = \frac{1}{22,161}$ et x^f rapportent $\frac{x^f}{22,161}$ (1). Sur une obligation de 296 fr., le droit de mutation est 0f,592; total 296f,592. En y ajoutant $^1/_{800}$ pour le courtage, on trouve 296f,96 qui rapportent 15 fr. de rente, 1 fr. rapp. $\frac{15^f}{296,96} = \frac{1}{19,80}$, et $50302 - x$ rapp. $\frac{50302-x}{19,80}$ (2).

Les deux parties du capital rapportent le même intérêt;

$$\frac{x}{22,161} = \frac{50302 - x}{19,80}.$$

On résout cette équation, et on trouve

$x^f = 26566^f,16$ (1er *capital*); $50302^f - x = 23735^f,84$ (2e *capital*).

L'intérêt de chaque capital est $23735,84 : 19,8 = 1198^f,78$ (*revenu*).

293. Résoudre la question précédente, en supposant le placement total égal à 61940f,35, et les obligations au porteur. Le revenu de ces obligations qui ne payent pas de droit de mutation est diminué du droit annuel de 12 c. par 100 fr. de capital, perçu d'après le cours de l'année précédente qui était 294 fr.

Pour le 3 p. % c'est le même intérêt que dans l'ex. précédent $\frac{x}{22,161}$ (1). L'action ne paye que le courtage $^1/_{800}$ de 296 fr. ; elle coûte en tout 296f,37. Le revenu 15 fr. est diminué de 0,0012 de 294f = 0,3528 ; ce revenu est 14f,6472. 296 fr. rapp. 14f,6472 ; 1 fr. rapp $\frac{14^f,6472}{296} = \frac{1^f}{20,234}$; 61940,35 − x rapp. $\frac{61940,35 - x}{20,234}$ (2).

Les intérêts (1) et (2) doivent être égaux. $\frac{x}{22,161} = \frac{61940,35 - x}{20,234}$

En résolvant cette équation, on trouve $x = 32377^f,88$ (1er *capital*) ; $61940^f,35 - x^f = 29562^f,47$ (2e *capital*).

Chacun de ces capitaux rapporte

$$x^f : 22,161 = 1461 \text{ fr. } (\textit{revenu}).$$

294. Un particulier divise son avoir en parties proportionnelles à 2492, 2670, 2910 et 2696,75. Avec la 1re partie, il achète du 3 p 0/0 au cours de 67 fr. 20 ; avec la 2e, du 4 1/2 p. 0/0 au cours de 96 fr. ; avec la 3e, des obligations du Crédit foncier qui au cours de 485f, rapportent 25f de rente ; avec la 4e, des obligations d'un chemin de fer rapportant chacune 25 fr., au cours de 480 fr., soumises au droit de mutation de 20 c. pour 100 fr. de capital. Il paye de plus pour le 1er, le 2e et le 4e achat un courtage de 1/8 p. 0/0. Trouver la quotité de chaque placement, sachant d'ailleurs que son revenu total se monte à 1894f. *Rép* 8971f,20 ; 9612f ; 10476f ; 9708f,30.

Les 4 parties de l'avoir en question peuvent être représentées par $2492x$; $2670x$; $2910x$; $2696,75x$. Je vais chercher ce que rapporte chaque partie, puis j'écrirai que la somme de ces intérêts est 1894 fr. 1° J'ajoute à 67f,20 le courtage ($^1/_{800}$ de 67,20), et j'ai 67f,284 qui rapp. 3 fr. ; donc :

$$1 \text{ fr. rapp. } \frac{3}{67,284} = \frac{1}{22,428}, \text{ et } 2492x \text{ rapp. } \frac{2492x}{22,428} = \frac{1000x}{9}.$$

2° J'ajoute à 96f le courtage ($^1/_{800}$ de 96 fr.), et j'ai 96f,12 qui rapp. 4f,50 ; 1 fr. rapp. $\frac{4^f,5}{96,12} = \frac{1^f}{21,36}$; $2670x$ rapp. $\frac{2670x}{21,36} = 125x$.

3° 485f rapportent 25f ; 1f rapporte $\frac{25^f}{485} = \frac{1^f}{19,40}$; $2910x$ rapportent $\frac{2910x}{19,40} = 150x$. 4° J'ajoute à 480 fr. les 0,002 pour droit de mutation ; total 480f,96 ; puis le courtage ($^1/_{800}$ de 480,96), et j'ai 481f,5612 qui rapp. 25 fr.

1^f rapp. $\frac{25^f}{481,6512}=\frac{1^f}{19,2625}$; $2696^f,75x$ rap. $\frac{2696,75x}{19,2625}=140x$.

Connaissant les 4 intérêts, j'écris que leur somme est égale à 1894

$$\frac{1000x}{9}+125x+150x+140x=1894, \quad \text{d'où } x=3,6.$$

$$2492x=8971^f,2 \; ; \; 2670x=9612^f \; ; \; 2910x=10476^f \; ;$$

$$2976,75x=9708^f,30.$$

Nous connaissons la quotité de chaque placement.

295. Combien faut-il mêler de vin, coûtant 70^c le litre à 72 litres de vin à 60^c et à 112 litres à 84^c, pour que le litre du mélange revienne à 74^c ? *Rép.* 28 litres.

Soit x le nombre de litres cherché. Les vins coûtent à part $60^c \times 72$, $84^c \times 112$ et $70^c \times x$; mélangés, ils valent $74(72+112+x)$. De là l'équation :

$$60\times 72+84\times 112+70x=74(72+112+x) \; ; \text{ d'où } x=28.$$

296. On trouve dans une cachette des pièces de 40 sols (de Louis XV) au titre de 0,883 Combien faut-il ajouter d'argent pur à 100^g de cet alliage pour le ramener au titre de 0,900. *Rép.* $1^g,7$.

100^g de l'alliage contiennent maintenant $0^g,883\times 100=88^g,3$ d'argent pur. Au titre de 0,900, 100^g contiendraient $0^g,900 \times 100=90^g$. L'équation du problème est donc $88^g,3+x=90^g$; $x=1^g,7$.

297. Combien faut-il prendre d'argent au titre de 0,840 et au titre de 0,910 pour composer un lingot de 3^{Kg}, 500 au titre de 0,885. (Résoudre par l'arithm. et par l'alg.) *Rép.* $2^{Kg},25$.

Soit x le n. de kilog. au 1er titre ; au 2e titre ce sera $3,5-x$. Séparément les lingots contiennent $0^{Kg},840\times x$ et $0^{Kg},910(3,5-x)$ d'argent pur. Mélangés, ils contiennent $0^{Kg},885\times 3,5$. On doit donc avoir $0,840\times x+0,910\,(3,5+x)=0,885\times 3,5$. D'où $x=1,25$; $3,5-x=2,25$.

(Voy. le livre du maître pour la solution arithmétique.)

298. Généralisez le problème précédent (formule).

Le titre est la quantité d'argent pur contenu dans une unité de poids du lingot considéré. Si donc on appelle t, t' les titres des lingots mélangés, t'' le titre du mélange de n^{Kg}, on aura en raisonnant comme dans l'Ex. 297, $tx + t'(n - x) = t''n$; d'où $x = \frac{n(t'' - t')}{t - t'}$.

299 Combien faut-il allier d'argent au titre de 7/9 et au titre 11/15 pour composer un lingot de $2^{Kg},4$ au titre de 3/4. (Résoudre par l'alg. et par l'arith).

On raisonne comme dans l'Ex. 297, en remplaçant les nombres décimaux par les fractions $^7/_9$, $^{11}/_{15}$, $^3/_4$.
$^7/_9 x + ^{11}/_{15}(2,4 - x) = ^3/_4 \times 2,4$. On chasse les dénominateurs. $140x + 2,4 \times 132 - 132x = 7,2 \times 45$. D'où $x = 0,9$; $2,4 - x = 1,5$.
Pour résoudre par l'arithmétique, on réduit les 3 fractions au même dénominateur, et alors il suffit pour avoir la proportion de considérer les numérateurs.

300. On fait un alliage de 3^{Kg} d'argent au titre de 0,860 et de x^{Kg} d'argent au titre de 0,900. Le titre de l'alliage est 0,884 ; trouver x. (Alg. et arithm.) *Rép.* $4^{Kg},5$.

On raisonne comme dans l'Ex. 297. Séparément les lingots contiennent $0^{Kg},860 \times 3$ et $0^{Kg},900 \times x$ d'argent pur. Mélangés, ils contiennent $0^{Kg},884 \times (3 + x)$; $0,860 \times 3 + 0,900 \times x = 0,884 \times (3 + x)$; d'où $x = 4,5$. (Voyez notre Arithmétique.)

301. Un marchand de vin remplit une pièce de 228 litres avec trois sortes de vin qui lui coûtent 50^c, 75^c et 80^c le litre, et une certaine quantité d'eau. Il vend ce vin 70 c. le litre, et gagne 10 c. par litre. Il a mis 5 fois moins de litres d'eau que de litres de vin, et 2 fois plus de vin à 50 c. que de vin à 80 c On demande combien il a employé de litres d'eau et de litres de chaque espèce de vin.

Désignons un instant par y le nombre des litres de vin du mélange; le nombre des litres d'eau est $^1/_5 y$; total $y + ^1/_5 y = 228$; d'où $y = 190$. Le mélange renferme 190^l de vin des 3 espèces. Soit x le nombre de lit. à 80^c; à 50^c, ce sera $2x$; à 75^c, c'est $190 - 3x$. Le marchand de vin vendant 70^c le litre, gagne 10^c par litre; le vin ne lui revient donc qu'à 60^c le litre du mélange. Les vins séparés valent $80x$, $50 \times 2x$; $75(190 - 3x)$ et l'eau 0. Mélangés ils valent $60^c \times 228$. $80x + 100x + 75(190 - 3x) =$

60×228; $45x = 570$. $x = 12\ ^2/_3$. $2x = 25\ ^1/_3$; $3x = 38$; $190 - 3x = 152$. D'ailleurs $228 - 190 = 38$. Le marchand a employé 38 litres d'eau, $25^l\ ^1/_3$ de vin à 50^c, 152^l à 75^c, et $12^l\ ^2/_3$ à 80^c.

302. On a un mélange de sulfate de potasse et de sulfate de soude dont le poids total est $1^{Kg},348$. Après avoir dissout ce mélange dans l'eau, on précipite l'acide sulfurique par le nitrate de baryte, et on obtient $2^{Kg},582$ de sulfate de baryte. Déduire de là la quantité totale d'acide sulfurique contenue dans les deux premiers sulfates, et par suite la proportion de chacun d'eux dans le mélange. On sait que le sulfate de potasse contient $\frac{45}{93}$ p. 0/0 d'acide sulfurique, le sulfate de soude $\frac{56}{18}$ p. 0/0 et le sulfate de baryte $\frac{24}{35}$ p. 0/0. *Rép.* Le mélange renferme $0^{Kg},992\ ^1/_3$ de sulfate de potasse, et $0^{Kg},425\ ^2/_3$ de sulfate de soude. On déduit de là aisément les deux quantités d'acide sulfurique.

Prenons le gramme pour unité de poids. D'après l'énoncé, 100^g de sulfate de baryte renfermant $^{24}/_{35}$ de gr. d'acide sulfurique; 1^g renferme $\frac{24^g}{3500}$, et 2582^g, $\frac{24^g \times 2582}{3500}$. Désignons par x le poids en gr. du sulfate de potasse ; le poids du sulfate de soude sera $1348 - x$.

En raisonnant comme tout à l'heure, on trouve que les x^g de sulfate de potasse renferment $\frac{45x}{9300}$ gr. d'acide sulfurique, et que les $(1348-x)^{gr}$ de sulfate de soude en renferment $\frac{56 \times (1348-x)}{1800}$. Ces deux quantités réunies composent l'acide sulfurique du sulfate de baryte. On a donc $\frac{45x}{9300} + \frac{56 \times (1348 - x)}{1800} = \frac{24 \times 2582}{3500}$. En résolvant cette équation, on trouve $x = 0^{Kg},922\ ^1/_3$; $1348 - x = 0^{Kg},425\ ^2/_3$.

QUESTIONS DE GÉOMÉTRIE.

(*Les discussions indiquées ne doivent être faites par les élèves qu'après l'étude des quantités négatives et des symboles* $\frac{m}{o}$ *et* $\frac{o}{o}$).

303. Déterminer 1° sur une droite donnée AB ; 2° sur son prolongement un point C tel que l'on dit $\frac{AC}{BC} = \frac{m}{n}$. (Discuter.)

A a C B C′

1° Posons $AB = a$, $AC = x$; $BC = a - x$.

On doit avoir $\frac{x}{a-x} = \frac{m}{n}$; d'où $x = \frac{am}{m+n}$.

2° Cherchons le point C′ au delà de B. Posons $AC' = x$; $BC' = x - a$.

On doit avoir $\frac{x}{x-a} = \frac{m}{n}$; d'où $x = \frac{am}{m-n}$.

Discussion. La 1re valeur de x indique qu'on peut toujours, quels que soient m et n, trouver un point C sur AB qui divise AB dans le rapport donné. La 2e valeur indique naturellement que m doit être plus grand que n puisque $AC' > BC'$, quand le point C′ doit être au delà de B ; si m est plus petit que n, le point C′ doit être à gauche de A (x est alors négatif). Si $m = n$, on trouve $x = \frac{m}{o} = \infty$. Le 2e point C′ n'existe pas. En effet, $m = n$ signifie $AC' = BC'$, ce qui ne peut pas être pour un point C′, non situé entre A et B. Si m différait infiniment peu de n, le point C′ existerait, mais à une très-grande distance du point A.

304. On prolonge les côtés d'un trapèze jusqu'à leur rencontre. Trouver la hauteur d'un des triangles ainsi obtenus. (Discuter.)

Soient $EI = x$, $DK = h$, $AB = B$, $CD = b$. Menons DF parallèle à CB; $AF = B - b$. Les triangles semblables EAB, ADF donnent $\frac{EI}{DK} = \frac{AB}{AF}$, ou $\frac{x}{h} = \frac{B}{B-b}$ (1), d'où $x = \frac{Bh}{B-b}$. La hauteur EO est égale à $\frac{bh}{B-b}$.

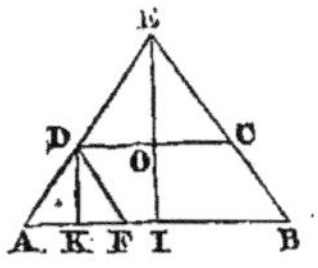

Comme B est la grande base, le dénominateur $B - b$ est positif. Si $B = b$ (parallélogramme), on trouve $x = \infty$. Le point E de rencontre de AD et de BC n'existe pas.

305. On connaît la hauteur du triangle de l'exerc. 304, et les bases du trapèze; Calculer la surface du trapèze.

Les bases étant données, il suffit de trouver la hauteur DK. Les triangles semblables AEB, ADF donnent DK : EI = AF : AB, ou DK : $h = (B - b) : B$; d'où DK.

306. Mener parallèlement aux bases AB, DC d'un trapèze ABCD, une droite qui ait une longueur donnée, 1° entre les côtés AD, BC, 2° entre les deux diagonales. (Discuter.)

1° Supposons le problème résolu, et soit EF la parallèle demandée. Pour la mener, il suffit de connaître le point E; cherchons AE $= x$. Les triangles semblables donnent $\frac{EO}{DC} = \frac{AE}{AD}$;

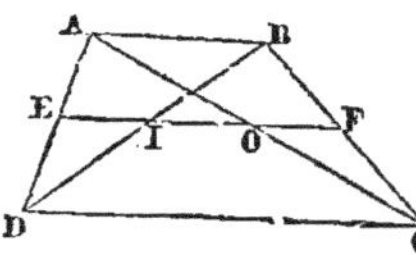

puis $\frac{OF}{AB} = \frac{CF}{CB} = \frac{DE}{DA}$; EO + OF ou

$$l = \frac{AE \times DC + DE \times AB}{AD} = \frac{x \cdot B + (AD - x)b}{AD},$$ d'où on déduit

$$x = \frac{(l - b)\,AD}{B - b}.$$

2° Entre les diagonales, l ou IO = EO − OF $= \frac{x \times B - (DA - x)b}{DA}$.

D'où $x = \frac{DA(l + b)}{B + b}$.

Discussion. 1re *question*. B étant la grande base, $B > b$. On voit que x est positif quand $l > b$; $x = 0$ quand $l = b$; x négatif quand $l < b$. C'est-à-dire que la parallèle se trouve au-dessous de AB quand $l >$ AB; $x = 0$, et la parallèle est AB quand $l = b$; enfin la parallèle et au-dessus de AB quand $l <$ AB.

Si $B = b$ (parallélogr.), on voit que $x = \infty$ à moins que $l = b$, et en effet, la parallèle doit être dans ce cas évidemment égale à AB = CD.

307. Trouver sur la base d'un triangle un point tel que la somme de ses distances aux deux autres côtés soit égale à une longueur donnée. (Discuter.) Tracez sur la fig. la hauteur BN de B à AC et à la hauteur O'H' de O' sur AC).

Soient a, b, c les trois côtés BC, AC et AB, $AD=h$, $OI=x$, et l la somme donnée des perpendiculaires OI et OH. Or $AOB+AOC=ABC$; d'où $c\times x+b(l-x)=ah$ (1); puis $x=\frac{ah-bl}{c-b}$.

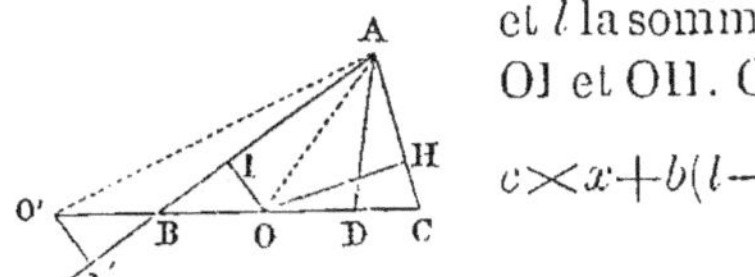

Discussion. Si le triangle n'est pas isocèle, on peut supposer $c>b$. Cela étant, x est *positif* si $bl<ah$ ou $l<\frac{ah}{b}=BN$. (Car $ah=b\times BN$), x est *négatif* quand $bl>ah$, et $x=0$ quand $ah=bl$ ou $l=BN$. Quand $l=BN$, x ou $OI=0$, signifie que le point O est sur AB ; or il est déjà par hypothèse sur BC ; c'est donc alors le point B.

Si $c=b$, c'est-à-dire si le triangle proposé est *isocèle*, $x=\frac{m}{0}$. Le problème est impossible à moins que l'on n'ait en même temps $ah=bl$. Dans ce cas $x=\frac{0}{0}$, le point D est quelconque sur BC, et $l=BN$. De là un théorème connu de géométrie (Voy. les Ex. 51 et 52 de notre Géom. in-8°).

x négatif. Pour interpréter la valeur négative de x, on change x en $-x$ dans l'équation (1); ce qui donne $-cx+b(l+x)=ah$. Si on interprète cette équation sur la figure, on voit d'abord qu'on doit regarder l comme la différence des deux perpendiculaires O'I' et O'H', $O'I'=x$ et $O'H'=x+l$. L'équation signifie que le triangle ABC est égal à $OAC-OAB$; ce qui ne peut être que si le point O est en dehors du triangle ABC, sur le prolongement de CB à gauche. C'est le point O'. $O'I'=\frac{bl-ah}{c-b}$.

308. Déterminer l'aire d'un trapèze considéré comme la différence de deux triangles. (Discuter.)

(*Figure de l'Ex.* 304). $ABCD=EAB-ECD=\frac{1}{2}(AB\times EI-DC\times EO)$. Désignons AB, DC, OI par B, b, et h. On a $\frac{EI}{EO}=\frac{B}{b}$ et $EI=h+EO$. Donc $\frac{h+EO}{EO}=\frac{B}{b}$; d'où $EO=\frac{bh}{B-b}$. Mais

$EI = \frac{B \times EO}{b} = \frac{Bh}{B-b}$. Par suite $AB \times EI = \frac{B^2h}{B-b}$; $DC \times EO = \frac{b^2h}{B-b}$; $ABCD = \frac{1}{2}\frac{(B^2h - b^2h)}{B-b} = \frac{1}{2}h\frac{(B^2-b^2)}{B-b} = \frac{1}{2}h(B+b)$.

Discussion. Tant qu'il s'agit d'un trapèze, $B-b$ n'est pas nul, et on peut diviser par $B-b$ comme nous l'avons fait. Si la figure dégénère progressivement en parallélogramme, $B=b$. Le raisonnement du n° 113 de notre *Algèbre* conduit à diviser encore par $B-b$: ce qui donne $\frac{1}{2}h(B+b)$, puis à faire $B=b$; ce qui donne $\frac{1}{2}h \times 2B = h \times B$; ce qui est bien la mesure du parallélogramme.

309. Déterminer le volume d'un tronc de pyramide considéré comme la différence de deux pyramides. (Discuter.)

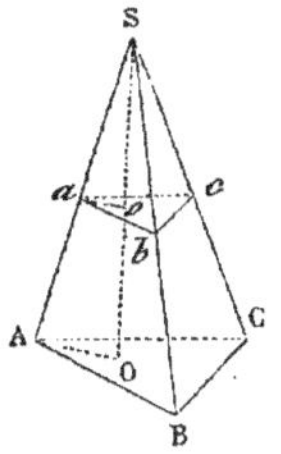

Le tronc abc ABC $=$ SABC $-$ S$abc = \frac{1}{3}$(ABC $\times$ SO $-$ $abc \times$ So) (1). Soient ABC $= B^2$; $abc = b^2$, $Oo = h$. On a l'égalité $\frac{ABC}{abc}$ ou $\frac{B^2}{b^2} = \frac{\overline{AB}^2}{\overline{ab}^2} = \frac{\overline{SA}^2}{\overline{Sa}^2} = \frac{\overline{SO}^2}{\overline{So}^2}$; d'où $\frac{SO}{So} = \frac{B}{b}$. Mais $SO = h + So$. Donc $\frac{h + So}{So} = \frac{B}{b}$; d'où $So = \frac{bh}{B-b}$; par suite $SO = \frac{So \times B}{b} = \frac{Bh}{B-b}$.

$ABC \times SO - abc \times SO = B^2 \times SO - b^2 \times So = \frac{B^3h - b^3h}{B-b} = \frac{(B^3 - b^3)h}{B-b} = (B^2 + Bb + b^2) \times h$. En remplaçant dans l'égalité (1), on trouve abc ABC $= \frac{1}{3}h\,(B^2 + b^2 + Bb)$. Ce qui est bien la mesure trouvée autrement en géométrie.

Discussion. Comme dans l'Exercice 308. Si la figure dégénère progressivement en prisme, $B=b$. On divise toujours par $B-b$, et on fait $B=b$ dans le résultat; ce qui donne $\frac{1}{3}h \times 3B^2 = h \times B^2$; ce qui est bien la mesure du prisme.

310. Trouver un triangle rectangle dont les côtés soient 3 nombres entiers consécutifs.

Soient $x-1$, x, et $x-1$ les trois côtés du triangle en question; $x+1$ est l'hypothénuse. On doit avoir $(x+1)^2 = (x-1)^2 + x^2$, ou $x^2+2x+1=x^2-2x+1+x^2$; ce qui se réduit à $x^2=4x$, ou $(x^2-4x)=0$, $x(x-4)=0$. On ne peut pas supposer $x=0$; il faut donc prendre $x=4$. Alors $x-1=3$ et $x+1=5$. Le triangle demandé est donc un triangle dont les côtés seraient 3, 4 et 5, ou bien proportionnels à 3, 4 et 5.

311. Inscrire dans un triangle donné un rectangle dont on connaît le périmètre, ou la différence des deux côtés adjacents, ou le rapport de ces côtés (3 problèmes). (Discuter.)

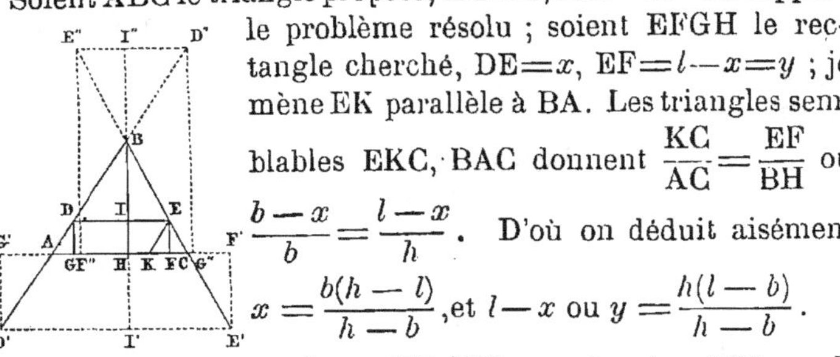

1er Problème. *On donne le périmètre $2l$ du rectangle à inscrire.* Soient ABC le triangle proposé, $AC=b$, $BH=h$. Je suppose le problème résolu ; soient EFGH le rectangle cherché, $DE=x$, $EF=l-x=y$; je mène EK parallèle à BA. Les triangles semblables EKC, BAC donnent $\frac{KC}{AC}=\frac{EF}{BH}$ ou $\frac{b-x}{b}=\frac{l-x}{h}$. D'où on déduit aisément

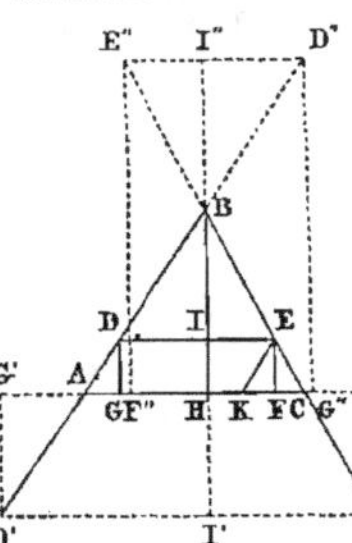

$$x=\frac{b(h-l)}{h-b}, \text{et } l-x \text{ ou } y=\frac{h(l-b)}{h-b}.$$

y étant connu, je prends sur HB, $HI=y$; je mène DIE parallèle à AC, puis les perpendiculaires EF, DG.

Discussion. Nous allons faire toutes les hypothèses possibles, eu égard aux différences $h-b$, $h-l$, $l-b$, et en déduire les conséquences relatives aux longueurs cherchées x et y.

	Hypothèses.	Conséquences.	
1re	$h > l > b$;	x pos. et $< b$;	y pos. et $< h$.
2e	$h < l < b$;	*idem.*	*idem.*
3e	$h > b > l$;	y nég. ;	x pos. et $> b$.
4e	$h < b < l$;	y nég. ;	x pos. et $> b$.
5e	$b > h > l$;	x nég. ;	y pos. et $> h$.
6e	$b < h < l$;	x nég. ;	y pos. et $> h$.
7e	$h = l \lessgtr b$;	$y = h$;	$x = 0$.
8e	$l = b \lessgtr h$;	$x = b$;	$y = 0$.
9e	$b = h \lessgtr l$;	$x = \infty$;	$y = \infty$.
10e	$b = h = l$;	$x = \frac{0}{0}$,	$y = \frac{0}{0}$.

On trouve ou on vérifie aisément ces diverses conséquences.

1re hypothèse $h > l > b$; $h - l$ pos. ; $h - b$ *idem* ; $l - b$ *idem* ; par suite x et y positives. D'un autre côté, $\frac{x}{b} = \frac{h-l}{h-b}$, et $\frac{y}{h} = \frac{l-b}{h-b}$; or $h-l < h-b$ et $l-b < h-b$; donc $x < b$ et $y < h$.

On vérifie de la même manière les conséquences des 9 autres hypothèses.

Interprétons maintenant ces conséquences sur la figure ; voyons comment le rectangle se construit dans chaque cas indiqué.

Rappelons-nous d'abord que dans la mise en équation on a pris y=HI sur HB, de H vers B, au-dessus de AC ; c'est le sens des y positives. La longueur x = DIE, allant de BA à BC, se dirige de gauche à droite ; c'est le sens des x positives.

1er et 2e cas. y pos. et $< h$; x pos. et $< b$. Je prends sur HB une longueur HI=y et je trace DIE qui est x et qui est en effet positive et $< b$. Puis j'abaisse les perpendic. DG, EF.

3e et 4e CAS. y négative, x pos. et $> b$. La longueur négative y doit être prise en sens contraire de HB, c'est-à-dire sur BH prolongée au-dessous de AC ; je prends HI'=y, puis je mène la parallèle D'I'E' qui est x et qui est en effet positive et $> b$; puis les perpendiculaires D'G', E'F'.

5e et 6e CAS. y pos. et $> h$; x négative. Je prends la longueur positive y sur HB ; comme $y >$ HB, l'extrémité I'' est au-dessus de B ; la parallèle D''I''E'' (de AB prolongée à CB prolongée) se dirige de droite à gauche ; cette longueur x est en effet négative. Puis j'abaisse les perpendic. D''G'', E''F''.

7e CAS. $h = l \gtrless b$, $y = h$; $x = 0$. Je prends HB=y. Le point I est en B ; la droite x qui doit en cet endroit aller de BA à AC est nulle en effet. Le rectangle se réduit à sa hauteur.

8e CAS. $l = b \gtrless h$; $y = 0$; $x = b$. Le point I est en H ; DIE ou x se confond avec AC ou b. Le rectangle se réduit à sa base.

9e CAS $b = h \lessgtr l$; $y = \infty$; $x = \infty$. Ces symboles indiquent l'impossibilité.

En effet, l'équation du problème $\frac{b-x}{b}=\frac{l-x}{h}$ est alors impossible. Puisque $b=h$, on devrait avoir, quel que soit x, $b-x=l-x$ ou $b=l$; ce qui n'est pas.

10e cas. $b=h=l$; $x=\frac{0}{0}$, $\frac{y}{x}=\frac{0}{0}$. Le problème est indéterminé.

En effet l'équation du problème est alors vérifiée par toute valeur de x car $b=h$ et $b-x=l-x$, quel que soit x. Tout rectangle inscrit et appuyé sur $AC=b$ répond dans ce cas à la question.

Remarque. Nous avons appuyé le rectangle sur le côté AC, c'est-à-dire que nous avons supposé deux de ses sommets placés sur AC. Si ce côté n'est pas expressément désigné pour cela, il faut, considérant successivement $AB=c$, et $BC=a$ pour bases du rectangle, recommencer deux fois tout ce que nous venons de faire ; ce qui donne de nouvelles solutions du problème.

Si le rectangle appuyé sur AC doit être intérieur au triangle proposé, le problème n'est possible que dans le 1er, le 2e et le 10e cas indiqués. Les deux autres rectangles D'E'F'G', D''E''F''G'' sont des solutions du problème quand on admet plus généralement que les sommets doivent se trouver sur les droites AB, AC, BC prolongées indéfiniment (deux étant sur AC).

2e Problème. *On donne la différence* d *des côtés adjacents du rectangle.*

(Fig. précédente). Le côté DE parallèle à AC peut être > ou < DG ou EF.

1er cas. DE>EF. Soit $DE=x$; $EF=x-d$. Les triangles semblables EKC, BAC donnent $\frac{KC}{AC}=\frac{EF}{BH}$, ou $\frac{b-x}{b}=\frac{x-d}{h}$; d'où $x=\frac{b(d+h)}{b+h}$, puis $x-d$ ou $y=\frac{h(b-d)}{b+h}$.

Discussion. 1° $b>d$; y pos. et $<h$ puisque $b-d<b+h$; x pos. et $<b$ puisque $d+h<b+h$. En construisant, on obtient le rectangle EFGH.

2° $b < d$; y négative; x pos. et $> b$; car $d + h > b + h$. En construisant, on obtient le rectangle D'E'F'G'.

3° $b = d$; $y = 0$; $x = b$; car $d + h = b + h$. Le rectangle se réduit à sa base.

2ᵉ cas. DE<DG ; DE$=x$; DG$=x+d$: on a $\frac{b-x}{b} = \frac{x+d}{h}$;

d'où $x = \frac{b(h-d)}{h+b}$, et $x + d$ ou $y = \frac{h(d+b)}{h+b}$.

Dans ce cas, y est toujours positive. Si $h>d$, x est positive et $<b$ car $h-d<h+b$; on construit EFGH. Si $h<d$, x est négative et $y>h$, car $d+b>h+b$. On construit D″E″F″G″.

Si $h=d$, $x=0$, $y=h$; le rectangle se réduit à sa hauteur.

On retrouve tous les résultats du problème précédent, excepté l'impossibilité et l'indétermination.

Si le rectangle demandé doit être intérieur au triangle proposé, on voit que le problème n'est possible dans le premier cas que si d est $< b$, et dans le deuxième que si d est $< h$.

3° Problème. *On donne le rapport r des côtés adjacents du rectangle.*

(Même figure). Soient DE$=x$ et EF$=rx$. On a $\frac{KC}{AC} = \frac{EF}{BH}$

ou $\frac{b-x}{b} = \frac{rx}{h}$, d'où $x = \frac{bh}{rb+h}$, et rx ou $y = \frac{rbh}{rb+h}$.

Discussion. Si le rapport r est positif, c'est-à-dire si les deux lignes x et y sont considérées comme étant nécessairement de même signe, on voit que x et y sont toutes deux positives; $x<b$, et $y<h$; car 1° $h<h+rb$; 2° $rb<rb+h$. On obtient donc toujours dans ce cas le rectangle intérieur EFGH, et le problème est toujours possible quelle que soit la grandeur de r.

Si le rapport r est négatif, c'est-à-dire si y et x doivent être de signes contraires, on change ci-dessus r en $-r'$ et on trouve les valeurs $x = \frac{bh}{h-br'}$ et $y = \frac{r'bh}{br'-h}$.

Si $br'<h$, x est pos. et $>b$; y négative ; on a le rectangle D'E'F'G'.

Si $br>h$, x est négative; y pos. et $>h$; on a le rect. D″E″F″G″.

Si $h = br'$, $x = \infty$, $y = \infty$; le problème est impossible. En effet, si on introduit cette hypothèse dans l'équation du problème, elle se réduit à $b - x = - x$ ou $b = 0$, équation impossible. Si $r = \pm 1$, le rectangle est un carré. C'est la question proposée dans l'ex. 312.

Si le rectangle demandé doit être intérieur au triangle proposé, on voit que le problème n'est possible que si r est positif et différent de $h : b$.

Remarque. Les discussions précédentes, très-simples et à la portée de tous les élèves, montrent comment on peut, à l'aide de l'algèbre, étudier une question de géométrie sous toutes ses faces, découvrir aisément et étudier tous les cas qui peuvent se présenter.

On peut si on veut, à titre d'exercice très-utile, appliquer ici tout ce qui a été dit à propos des quantités négatives et des symboles ∞ et $\frac{0}{0}$.

312. Inscrire un carré dans un triangle. Sur quel côté s'appuie le plus grand carré?

Ce problème est un cas particulier du 2e problème précédent (Ex. 311) quand $d = 0$, ou du 3e problème, quand $r = 1$. On trouverait donc le côté x du carré en faisant $d=0$, ou $r=1$ dans la valeur de x de l'un ou de l'autre problème. On trouve ainsi $x = \frac{bh}{b+h}$.

Traitons la question directement. Soient EFGH le carré cherché, BC$=a$, AD$=h$, EF$=$EH$=x$. Il suffit de trouver x. Les triangles semblables AEF, ABC, donnent $\frac{\text{EF}}{\text{BC}} = \frac{\text{AI}}{\text{AD}}$ ou $\frac{x}{a} = \frac{h-x}{h}$; d'où $h \cdot x = ah - ax$, et enfin $x = \frac{ah}{a+h}$.

2e *Question*. Le carré peut s'appuyer sur AC(b), et alors son côté $x' = \frac{b \times h'}{b+h'}$. Si le carré s'appuie sur AB(c), le côté $x'' = \frac{ch''}{c+h''}$.

Quel est le plus grand de ces trois carrés? On sait que $ah = bh' = ch''$; il faut donc comparer les dénominateurs. Or

de l'égalité $bh' = ah$, on déduit, $\frac{b}{a} = \frac{h}{h'}$, puis $\frac{b-h}{a-h'} = \frac{b}{a}$.
D'après cette dernière égalité, si le côté b est plus *petit* que a, $b - h < a - h'$, et $b + h' < a + h$. Par suite $\frac{bh'}{b+h'} > \frac{ah}{a+h}$. Le plus grand carré s'appuie donc sur le plus *petit* côté.

313. Inscrire dans un rectangle donné un rectangle semblable à un rectangle donné. (Discuter.)

Supposons le problème résolu. Soient EFGH le rectangle demandé, $AB = a$, $AD = b$, les côtés du rectangle donné auquel le rectangle EFGH doit être semblable, $CF = x$, $CE = y$, $DF = a - x$, $DG = EB = b - y$. Il faut trouver x et y. Les triangles EFC, GDF sont semblables; en effet, l'angle EFG étant droit, GFD et EFC sont complémentaires; GFD, DGF, idem; donc EFC= DGF. Ces triangles semblables donnent $\frac{FC}{DG} = \frac{EC}{DF} = \frac{EF}{FG} = \frac{m}{n}$

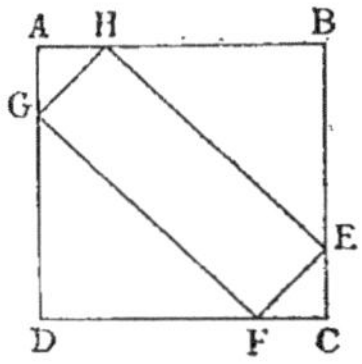

ou $\frac{x}{b-y} = \frac{y}{a-x} = \frac{m}{n}$; d'où en réduisant, $nx + my = mb$, et $ny + mx = ma$. On résout ces équations pour trouver x et y.
$$x = \frac{m(nb - ma)}{n^2 - m^2},\quad y = \frac{m(an - mb)}{n^2 - m^2},\ \text{ou}\ x = \frac{pb - a}{p^2 - 1},\quad y = \frac{pa - b}{p^2 - 1},$$

si on pose $\frac{n}{m} = p$, ou $n = pm$.

On prend $CF = x$, $CE = y$; on trace EF ; on mène les perpendiculaires HE, GF ; etc.

Discussion. On peut toujours supposer $m > n$ ou $p > 1$ Si le rectangle inscrit doit être intérieur, x et y doivent être positifs; par suite, on doit avoir $pb > a$ et $pa > b$, c'est-à-dire $p > \frac{a}{b}$ et $p > \frac{b}{a}$, ou simplement $p > \frac{a}{b}$ si $a > b$.

314. Diviser un trapèze par une parallèle à ses bases, 1° en deux parties équivalentes ; 2° en deux parties proportionnelles à m et à n ; 3° en parties de grandeurs données (trois problèmes).

1er Problème. *Diviser le trapèze entre deux parties équivalentes.*

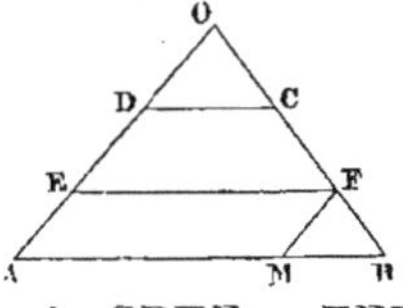

Je suppose le problème résolu ; soit EF la parallèle cherchée. Je prolonge AD et BC jusqu'à leur rencontre en O. J'appelle t, t', et T les triangles ODC, OEF, OAB et b, x, B leurs bases DC, EF, AB. On doit avoir CDEF = EFBA, ou $t' - t = T - t'$(1).

Mais, d'après les propriétés des triangles semblables, on a $\frac{t}{b^2} = \frac{t'}{x^2} = \frac{T}{B^2} = k$ (2) ; d'où $t = k.b^2$; $t' = k.x^2$; $T = k.B^2$ (3). En mettant ces valeurs dans l'égalité (1), on obtient $k(x^2 - b^2) = k(B^2 - x^2)$ qui se réduit immédiatement à $x^2 - b^2 = B^2 - x^2$; d'où on déduit $x^2 = \frac{1}{2}(B^2 + b^2)$. x étant trouvée, le problème est résolu.

2e Problème. *Division en parties proportionnelles* à m et à n. (*Même figure et mêmes notations*). On doit avoir $\frac{CDEF}{EFBA} = \frac{m}{n}$ ou $\frac{t' - t}{T - t'} = \frac{m}{n}$; ou bien encore $\frac{k(x^2 - b^2)}{k(B^2 - x^2)} = \frac{m}{n}$, qui se réduit à $\frac{x^2 - b^2}{B^2 - x^2} = \frac{m}{n}$; d'où $x = \frac{mB^2 + nb^2}{m + n}$.

3° *Division en parties de grandeurs données* M *et* N. Les surfaces des trapèzes partiels sont proportionnelles aux nombres qui les expriment. Il suffit donc de partager ABCD en parties proportionnelles à M et à N.

Remarque très-importante. Nous appelons l'attention du lecteur sur le procédé que nous avons employé pour passer sans peine d'une égalité entre des surfaces semblables à une égalité entre leurs lignes homologues.

On peut, dans tous les cas, écrire des égalités telles que (2), puis les égalités (3). En substituant ces valeurs (3) dans les égalités telles que (1) ci-dessus, qui sont homogènes par rapport aux surfaces, le facteur k se trouve au même degré dans tous les termes, et peut toujours être supprimé. On obtient ainsi sans peine une équation entre les lignes homologues.

La même méthode s'applique aux égalités ou équations qui

renferment des volumes semblables ; ces volumes sont de même remplacés aisément par les cubes de leurs lignes homologues. Le lecteur résoudra sans peine les *problèmes* suivants.

315. Diviser comme dans l'ex. précédent par un plan parallèle aux bases 1° la surface convexe d'un tronc de pyramide ; 2° son volume (6 problèmes).

La surface convexe d'un tronc de pyramide est composée

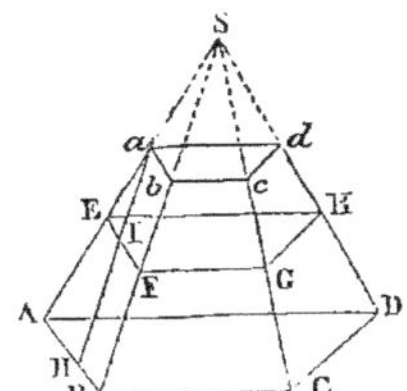

d'autant de trapèzes que chacune de ses bases a de côtés. Il suffit de diviser, d'après l'Exercice précédent, un de ces trapèzes bcBC par une parallèle FG à ses bases, comme doit être divisée la surface entière du tronc, puis de mener successivement, en faisant le tour de la surface à partir des extrémités de la ligne nouvelle FG, des parallèles GH, HE, aux côtés des bases. Le plan de ces parallèles résout la question proposée.

Quant au volume, il suffit d'achever la pyramide *sur la figure*, puis de considérer les pyramides p, p', P qui se terminent à la petite base $abcd$ du tronc, au plan cherché EFGH, et à la grande base ABCD du tronc. Les deux troncs partiels valent $p'-p$ et $P-p'$, et on a $\frac{p}{b^3}=\frac{p'}{x^3}=\frac{P}{B^3}$, b, x et B désignant les côtés homologues bc, FG, BC des bases de p, p' et P. En se servant de ces égalités, on trouve aisément x en raisonnant et en écrivant comme nous l'avons fait dans l'Exercice 314. La droite x étant connue, on mène dans le plan bcBC une droite $FG=x$ parallèle à bc et à BC ; puis on achève comme il a été dit pour la surface.

316. Résoudre les questions de l'exerc. précédent pour un tronc de cône.

On détermine le rayon $d'b'=x$ de la circonférence de la section

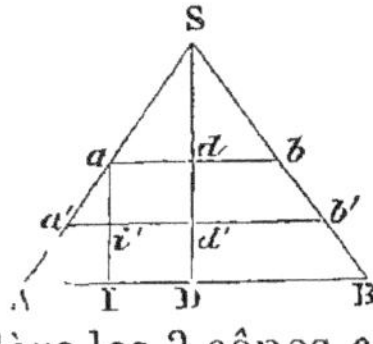

conique à l'aide des rayons r (db) et R (DB) des bases du tronc, en suivant la même marche que pour le tronc de pyramide. On suppose achevé sur la figure le cône dont le tronc proposé a été détaché ; puis on considère les 3 cônes c, c' et C (Sab, S$a'b'$, SAB) terminés aux cercles de rayons r, x et R. On sait que les surfaces des ces cônes semblables sont proportionnelles à r^2, x^2 et R^2, et leurs volumes à r^3, x^3 et R^3.

$$\frac{\text{surf. } c}{r^2}=\frac{\text{surf. } c'}{x^2}=\frac{\text{surf. C}}{R^2}=k \quad \text{et} \quad \frac{c}{r^3}=\frac{c'}{x^3}=\frac{C}{R^3}=k.$$

A l'aide de ces équations, on résout aisément les problèmes proposés; on trouve le rayon x $(d'b')$. Connaissant x $(d'b')$, on peut, connaissant le trapèze $oOAa$, tracer la parallèle $a'b'=2x$, et par suite connaître dd' ou aa'; ce qui détermine la position du plan sécant qui répond à la question proposée.

Remarque. On peut traiter toutes les questions proposées dans les Exercices 314, 315 et 316 directement en prenant deux inconnues, sans considérer le triangle achevé, ou la pyramide *id.*, ou le cône *id.* Mais cette marche est moins simple et moins générale que celle que nous venons d'indiquer. Le lecteur peut, comme exercice d'algèbre, traiter la question de cette autre manière.

317. Exprimer les hauteurs et la surface d'un triangle en fonction de ses trois côtés.

(*Faites la figure*). Désignons par a, b, c les trois côtés BC, AC, AB, d'un triangle ABC, par h, h', h'' les trois hauteurs correspondantes AD, BD', CD'', et la surface par S. On sait que $2S=ah=bh'=ch''$. On sait aussi que $\overline{AD}^2=\overline{AC}^2-\overline{CD}^2$ ou $h^2=b^2-\overline{CD}^2$ (1), et $\overline{AB}^2=\overline{AC}^2+\overline{BC}^2-2BC\times CD$ (si l'angle A est aigu), ou $c^2=b^2+a^2-2a\times CD$ (1). On déduit de cette égalité : $CD=\dfrac{b^2+a^2-c^2}{2a}$, et en mettant cette valeur dans l'égalité (1), on a $h^2=b^2-\dfrac{(b^2+a^2-c^2)^2}{4a^2}=\dfrac{4a^2b^2-(b^2+a^2-c^2)^2}{4a^2}$. Mais $4a^2b^2-(b^2+a^2-c^2)^2=(2ab+b^2+a^2-c^2)(2ab-b^2-a^2+c^2)$ $[(a+b)^2-c^2][c^2-(a-b)^2]=(a+b+c)(a+b-c)(c+a-b)(c+b-a)$. Posons pour simplifier, $a+b+c=2p$; on trouve aisément $a+b-c=2p-2c=2(p-c)$; $a+c-b=2(p-b)$; $b+c-a=2(p-a)$. En mettant ces valeurs dans l'égalité précédente, puis dans la valeur de h^2, puis extrayant les racines, on trouve aisément

$$h=\frac{2}{a}\sqrt{p(p-a)(p-b)(p-c)} \qquad (1)$$

Puis $$S={}^1/_2\, ah=\sqrt{p(p-a)(p-b)(p-c)}. \qquad (2)$$

On trouverait de même

$$h'=\frac{2}{b}\sqrt{p(p-a)\ldots} \qquad h''=\frac{2}{c}\sqrt{p(p-a)\ldots}$$

318. Appliquer la formule de l'Ex. précédent : 1° au triangle équilatéral ; 2° au triangle rectangle. Retrouver les formules spéciales.

Il s'agit de l'expression précédente de la surface. Pour le triangle équilatéral $a=b=c$; $2p=3a$; $p={}^3/_2 a$; $p-a=p-b=p-c={}^1/_2 a$.

$$S=\sqrt{\frac{3a^4}{16}}=\frac{a^2}{4}\sqrt{3}.$$

Pour le triangle rectangle : $p(p-a)=\dfrac{(b+c+a)\,(b+c-a)}{2\times 2}$ $=\dfrac{b^2+c^2+2bc-a^2}{4}=\dfrac{bc}{2}$, puisque $b^2+c^2=a^2$. De même

$$(p-b)(p-c)=\frac{(a+c-b)\,(a+b-c)}{2\times 2}=\frac{a^2-b^2-c^2+2bc}{4}=\frac{bc}{2}.$$

Donc $$S=\sqrt{\frac{b^2c^2}{4}}=\frac{bc}{2}. \qquad \text{C. Q. F. D.}$$

319. Exprimer la surface d'un triangle en fonction de ses trois médianes. Cas du triangle équilatéral.

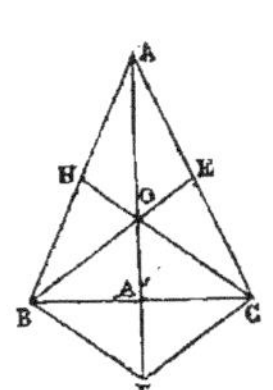

Le point O étant à une distance de la base BC égale au tiers de la hauteur h, le triangle OBC$={}^1/_3$ ABC. Mais dans le parallélogramme OBIC, le triangle OBI équivaut au triangle OBC. Or si a', b', c' désignent les médianes AA', BE, CH, les côtés OI, OB et BI $=$OC valent, comme on sait, ${}^2/_3 a'$, ${}^2/_3 b'$, ${}^2/_3 c'$. Pour appliquer la formule (2) de l'Ex. 317 au triangle OBI, il suffit donc d'y remplacer a, b, c par ${}^2/_3 a'$, ${}^2/_3 b'$, ${}^2/_3 c'$. Soit $2p'$ la somme des médianes. $p={}^1/_3(a'+b'+c')$

$= {}^2/_3 p'$; $p - a = {}^2/_3(p' - a')$; $p - b = {}^2/_3(p' - b')$; $p - c = {}^2/_3(p' - c')$.
De sorte que OBI ou ${}^1/_3 S = \sqrt{({}^2/_3)^4 p'(p' - a')(p' - b')(p - c')}$;
par suite, $S = {}^4/_3 \sqrt{p'(p' - a')(p' - b')(p' - c')}$. C. Q. F. T.

Cas du triangle équilatéral. $a' = b' = c'$. On a trouvé (Ex. 318) que dans ce cas $\sqrt{p'(p' - a')(p' - b')(p' - c')} = \frac{a'^2\sqrt{3}}{4}$.
Donc $S = \frac{4a'^2\sqrt{3}}{4 \times 3} = \frac{a'^2\sqrt{3}}{3}$.

320. Exprimer la surface d'un triangle en fonction de ses trois hauteurs. Cas du triangle équilatéral.

On sait que $2S = ah = bh' = ch''$; d'où $\frac{a}{2} = \frac{S}{h}$; $\frac{b}{2} = \frac{S}{h'}$; $\frac{c}{2} = \frac{S}{h''}$;
$p = \frac{S}{h} + \frac{S}{h'} + \frac{S}{h''} = \frac{S(h'h'' + hh' + hh'')}{hh'h''}$; $p - a = \frac{S(hh'' + hh' - h'h'')}{hh'h''}$;
$p - b = \frac{S(h'h'' + hh' - hh'')}{hh'h''}$; $(p - c) = \frac{S(h'h'' + hh'' - hh')}{hh'h'''}$. Désignons, pour abréger, par S^4. H le produit des quatre numérateurs de p, $p - a$, $p - b$, $p - c$. Nous aurons, d'après la formule (1), Exerc. 317 : $S = \sqrt{\frac{S^4 . H}{(hh'h'')^4}} = \frac{S^2\sqrt{H}}{(hh'h'')^2}$. On déduit de là $S = \frac{(hh'h'')^2}{\sqrt{H}}$. C'est la formule demandée.

Si le triangle est équilatéral $h = h' = h''$. Les numérateurs de p, $p - a$, $p - b$, $p - c$ divisés par S deviennent alors $3h^2$, h^2, h^2 et h^2 ; $H = 3h^8$; $\sqrt{H} = h^4\sqrt{3}$. Donc alors $S = \frac{h^6}{h^4\sqrt{3}} = \frac{h^2\sqrt{3}}{3}$.
C. Q. F. T.

Vérification. Ce résultat concorde avec le résultat analogue de l'Exercice 319. Car la hauteur h et la médiane a se confondent dans le triangle équilatéral. D'ailleurs ici, $h^2 = {}^3/_4\, a^2$. En remplaçant plus haut h^2 par cette valeur, on trouverait la valeur de S de l'Exercice 318.

321. Les trois côtés d'un triangle et sa surface sont exprimés par 4 nombres entiers consécutifs ; trouver ces nombres ? Rép. 3, 4, 5 et 6.

Soient $x-1$, x, et $x+1$ les trois côtés du triangle cherché, et $x+2$ sa surface. Pour appliquer la formule (2) de l'Ex. 317, nous avons $2p=3x$; $p={}^3/_2x$; $p-a={}^1/_2x+1={}^1/_2(x+2)$; $p-b={}^1/_2x$; $p-c={}^1/_2x-1={}^1/_2(x-2)$. Par suite le carré de la

surface $$(x+2)^2=\frac{3}{2}x\times\frac{x+2}{2}\times\frac{x}{2}\times\frac{x-2}{2},$$

d'où $$x+2=\frac{3}{2^4}x^2(x-2),$$

et enfin $$3x^3-6x^2-16x-32=0.$$

Il faut chercher les valeurs entières de x qui vérifient cette équation parmi les diviseurs de 32 (1 excepté ; car $x-1$ doit être au moins égal à 1). On essaye 2, 4, 8... Le nombre 4 réussit seul ; donc $x=4$; $x-1=3$; $x+1=5$; $x+2=6$. Le triangle demandé a pour côtés 3, 4, 5 et pour surface 6. Il est rectangle ; car $5^2=3^2+4^2$.

Avis. Le lecteur a dû déjà remarquer que nous avons appelé les nombres inconnus $x-1$, x, $x+1$ et $x+2$ au lieu de x, $x+1$, $x+2$, $x+3$. C'est que, si l'on doit additionner et multiplier des nombres pour mettre le problème en équation; les sommes ou les produits obtenus sont plus simples quand on désigne les nombres comme nous l'avons fait. S'il y avait 5 nombres, nous prendrions $x-2$, $x-1$, x, $x+1$, $x+2$.

322. Les trois médianes d'un triangle sont exprimées par 3 nombres entiers consécutifs, et sa surface par un nombre qui est la somme du plus petit et du plus grand de ces trois nombres Quels sont ces nombres ? Rép. 3, 4, 5 et 8.

Désignons par $x-1$, x, et $x+1$ les médianes cherchées ; d'après l'hypothèse, la surface est alors $x-1+x+1=2x$. Appliquons la formule de l'Ex. 319. On trouve p', $p'-a$, $p'-b'$, $p'-c'$, comme p, $p-a$, etc., dans l'Ex. 321.

La surface $$2x = \frac{4}{3}\sqrt{\frac{3x^2}{4} \times \frac{x+2}{2} \times \frac{x-2}{2}};$$

d'où $$4x^2 = \frac{16}{9} \cdot \frac{3x^2}{4} \cdot \frac{x^2-4}{4}.$$

En simplifiant, on trouve finalement

$12 = x^2 - 4$; puis $x^2 = 16$. $x = 4$; $x - 1 = 3$; $x + 1 = 5$.

La surface $2x = 8$. Les nombres demandés sont 3, 4, 5 et 8.

323. Exprimer la surface d'un trapèze en fonction de ses côtés ?

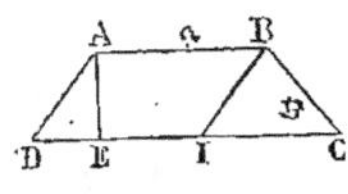

Pour simplifier, j'appelle a, b, c, d les côtés AB, BC, CD, DA. $\mathrm{CI} = c - a$; $\mathrm{BI} = d$. L'aire du trapèze $= \frac{1}{2}(a + c) \times \mathrm{AE}$ (1). Mais AE est la hauteur du rectangle BIC dont les trois côtés sont d, b et $c - a$. D'après la formule (1) de l'Ex. 317, cette hauteur

$$\mathrm{AE} = \frac{2}{\mathrm{IC}}\sqrt{p(p - \mathrm{BC})(p - \mathrm{BI})(p - \mathrm{IC})}\,; \qquad (2)$$

$$2p = \mathrm{BC} + \mathrm{BI} + \mathrm{IC} = b + d + c - a\,;$$
$$2(p - \mathrm{BC}) = 2(p - b) = d + c - a - b\,;$$
$$2(p - \mathrm{BI}) \text{ ou } 2(p - d) = b + c - a - d\,;$$
$$2(p - \mathrm{IC}) = 2(p - c + a) = b + d + a - c.$$

Si maintenant nous désignons par 2P la somme des côtés du trapèze, $2\mathrm{P} = a + b + c + d$, nous aurons $2p = 2\mathrm{P} - 2a = 2(\mathrm{P} - a)$ ou $p = \mathrm{P} - a$. On trouve de même $p - \mathrm{IC} = \mathrm{P} - c$; $p - \mathrm{BC} = \mathrm{P} - a - b$; $p - \mathrm{BI} = \mathrm{P} - a - d$ En mettant ces valeurs dans l'égalité (2), puis la valeur de AE ainsi obtenue dans l'expression (1) de l'aire du trapèze, et remplaçant IC par $c - a$, on trouve finalement,

aire du trapèze $$= \frac{a+c}{c-a}\sqrt{(\mathrm{P}-a)(\mathrm{P}-c)(\mathrm{P}-a-b)(\mathrm{P}-a-d)}.$$

324. Décrire une circonférence tangente à une droite donnée en un point donné, et touchant aussi une circonférence donnée.

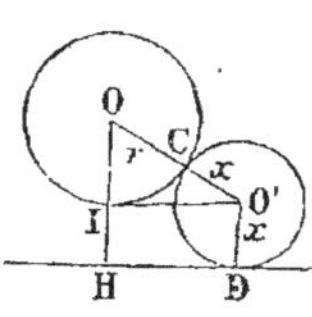

Supposons le problème résolu. Circ. OC ou circ. r est la circ. donnée, DH la droite donnée; D le point donnée, et circ. O'C ou circ. x la circonférence cherchée. Menons OH perpend. et O'I parallèle à DH. Soient encore O'I=DH=d, et OH $= c$. Le triangle rectangle OIO' donne $\overline{OO'}^2 = \overline{O'I}^2 + \overline{OI}^2$ ou $(r+x)^2 = d^2 + (c-x)^2$ qui se réduit à $r^2 + 2rx = d^2 + c^2 - 2cx$;

d'où $$x = \frac{d^2 + c^2 - r^2}{2(r+c)}.$$

Connaissant le rayon x (O'C ou O'D), on construit aisément la circonf. dont le centre O' se trouve sur une circ. décrite du centre O avec un rayon égal à $r+x$, et sur une parallèle à DH, menée à la distance x.

325. Trouver l'heure à laquelle l'aiguille des secondes d'une montre divise en deux parties égales l'angle des deux autres aiguilles. Dire le n. des degrés de cet angle.

Le fait indiqué dans la question arrive une fois chaque minute à partir de la deuxième minute après midi; nous allons chercher l'heure à laquelle il arrive la première fois. Désignons par OH, OS, OM, les positions des 3 aiguilles [heures (h), secondes (s), minutes (m)], au moment cherché; soit AH $= x$. L'aiguille des m marchant 12 fois plus vite que l'aig. des h, AM $= 12$AH $= 12x$, et HM $= 11x$; donc, d'après l'hypothèse, HS $= {}^{11}/_2 x$ et AS $= x + {}^{11}/_2 x = {}^{13}/_2 x$. Tandis que l'aig. des h a parcouru AH, l'aig. des s, qui va 720 fois plus vite (*), a parcouru le cadran, plus AS, c'est-à-dire $12^h + {}^{13}/_2 x$. Donc $12^h + {}^{13}/_2 x = 720x$ (1). C'est l'équation du problème. On en déduit $x = 24^h : 1427 = 1^m\ {}^{13}/_{1427}$.

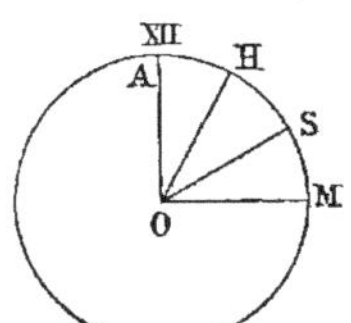

(*) L'aiguille des m. marche 12 fois plus vite que l'aig. des h., et l'aig. des secondes 60 fois plus vite que l'aig. des minutes.

Cherchons maintenant le nombre de degrés de l'arc HM $= 11x = 24^h \times 11 : 1427$; 12^h occupent la circ. ou 360° ; 24^h, 720° ; donc HM occupe $720° \times 11 : 1427 = 5°40'$ à 1″ près.

Voilà pour la 1re fois. Occupons-nous de la 2e fois. L'aig. des secondes passe une 2e fois au milieu de l'arc HM à son 3e tour du cadran. Arrivée cette fois au milieu S de HM, elle a parcouru depuis midi, $24^h + AS$, ou $24^h + {}^{13}/_2 x$, et l'équation est $24^h + {}^{13}/_2\, x = 720\, x$. La valeur de x, dans ce 2e cas, est double de la 1re ; AH étant doublé, HM $= 11$ AH est doublé, et le nombre de degrés est également doublé.

Pour la 3e fois, AH $= x$ et le nombre de degrés sont triplés. Ainsi de suite ; (le point S, au moment considéré, étant toujours le milieu de la distance circulaire HM, si grande qu'elle soit, parcourue par l'aig. des m en plus de la distance parcourue par l'aig. des h).

326. Deux chevaux A et B courent dans le même sens autour d'un hippodrome circulaire de 120^m de rayon, le 1er avec une vitesse de $5^m,4$, le 2e de $6^m,3$ par seconde. Le 1er part d'un poteau P à $1^h25^m48^s$, le 2e à $1^h26^m54^s$. On demande 1° à quelle heure les deux chevaux ne seront plus séparés que par un arc de 54° ; 2° à quelle heure ils se rencontreront, à quelle distance PR du poteau P, et le nombre de degrés de l'arc PR ; 3° le n. de degrés, ′ et ″, et la longueur en mètres de l'arc qui les séparera à 1^h 1/2. (On fera chaque réponse à 0″,01 et à $0^m,01$ près). (*)

Je calcule d'abord la longueur de la circonf. du cirque de 120^m de rayon et je trouve $753^m,984$. Je cherche ensuite la longueur de l'arc de $54° = 18° \times 3 = {}^3/_{20}$ du contour; je trouve $113^m,0976$. Le cheval A part 1^m6^s ou 66^s avant B ; pendant ce temps, il parcourt $5^m,4 \times 66 = 356^m,4$, qui composent son avance sur le cheval B au moment où celui-ci quitte le poteau P.

1° *On demande l'heure à laquelle cette avance sera réduite à* $113^m,0976$, c'est-à-dire diminuée de $243^m,3024$. Or le cheval B gagne à chaque seconde $6^m,3 - 5^m,4 = 0^m,9$ sur le cheval A ; pour gagner $243^m,3024$, il mettra un nombre de s. égal à $243,3024 : 0,9 = 270^s,336 = 4^m\,30^s,336$. La 1re heure demandée est donc $1^h26^m54^s + 4^m30^s,336 = 1^h31^m24^s,336$ (1re *réponse*)

(*) On suppose, dans cet exercice et dans les suivants, que les chevaux parcourent la même circonférence indiquée, en faisant abstraction de ce qui se passe nécessairement d'un peu contraire à cette hypothèse.

2° Les chevaux A et B se rencontreront quand B aura depuis son départ regagné l'avance de $356^m,4$; il la regagnera dans un nombre de *s.* égal à $356,4 : 0,9 = 396^s = 6^m 36^s$. La rencontre aura donc lieu à $1^h 26^m 54^s + 6^m 36^s = 1^h 33^m 30^s$ (2e *réponse*).

Dans ces 396^s, le cheval B aura parcouru $6^m,3 \times 396 = 2494^m,8$ qui comprennent plusieurs tours du cirque. Je divise par le contour 753,984, et je trouve 3 tours $+ 232^m,848$. La distance demandée PR est donc $232^m,848$ (3e *réponse*).

On demande le nombre de degrés de l'arc PR. $753^m,984$ sont la longueur du contour, c'est-à-dire de $360°$; 1^m vaut $360° :$ 753,984, et $232^m,848$ valent $360° \times 232,848 : 753,894$. On effectue et on évalue le quotient jusqu'aux centièmes de secondes ; on trouve ainsi $111°10'35'',29$ (4e *réponse*).

3° A $1^h\ {}^1/_2$ ou $1^h 30'$ le cheval A, ayant couru pendant $4^m 12^s = 252^s$ aura parcouru $5^m,3 \times 252 = 1335^m,6$; le cheval B, qui aura couru pendant $3^m 6^s = 186^s$, aura parcouru $6^m,3 \times 186 = 1171^m,8$. A $1^h 30^m$ l'avance de A sera donc encore de $163^m,8$ (5e *réponse*). Pour convertir ce nombre de mètres de l'arc BA en degrés, on raisonne et on opère comme ci-dessus pour l'arc PR (4e *réponse*), et on trouve $78°12'30'',80$ (6e *réponse*).

327 On suppose que les deux chevaux de l'ex. précédent (Ex. 326) courent en sens contraires. A quelles heures ont lieu les deux premières rencontres ? Évaluer en degrés, ' et ", et aussi en mètres la distance de chaque point de rencontre au poteau P (à $0'',01$ et à $0^m,01$ près). (V. la note.) (*Faites une figure.*)

1re Rencontre. Soit x le nombre de mètres de l'arc PAR parcouru du point P au point de rencontre R par le cheval A ; le chemin PBR parcouru par le cheval B est $753^m,984 - x$. Le cheval A met pour parcourir PAR un nombre de secondes égal à $x : 5,4$; le cheval B parcourt PBR dans un nombre de *s.* égal à $753,984 - x : 6,3$. Le cheval A partant $1^m 6^s$ avant B, le 1er temps est plus long que le 2e de 66^s. L'équation du problème est donc $\frac{x}{5,4} = \frac{753,984 - x}{6,3} + 66$, (5,4 et 6,3 peuvent par simplification se remplacer par 6 et 7). Par suite, $7x + 6x = 4523,904 + 2494,8 = 7018,704$. $x = 539^m,900$ (1re *réponse*). Pour trouver le nombre de degrés de l'arc $x =$ PAR, on raisonne et on opère comme nous l'avons fait pour trouver la 4e réponse de l'Ex. 326. PBR=257°46′57″,57, et PAR=360°−PBR=102°13′2″,43.

2e Rencontre. A partir du point R, le cheval A continue à courir dans le sens RBP, et le cheval B à courir dans le sens RAP jusqu'à ce qu'ils se rencontrent de nouveau en un point R′.

Cette fois ils partent en même temps de R et arrivent en même temps en R′. Soient x et 753m,984 — x les deux chemins parcourus. En égalant les temps employés, on a l'équation

$$\frac{x}{5,4}=\frac{753,984-x}{6,3} \quad \text{ou} \quad \frac{x}{753,984-x}=\frac{6}{7}.$$

$13x = 4523,904$. $x = 347^{m},992$. Le cheval A parcourt donc, de R en R′, 347m,992, et le cheval B, 753,984—347,992= 405,992. En ajoutant 347m,992 à PAR = 535m,900 on trouve 887m,892. Le cheval A a dépassé pour arriver en R′ le poteau P de 887m,892—753m,984=133m,908. La 2e rencontre a donc lieu à 133m,908 du poteau P vers la droite.

Pour vérifier, on peut ajouter les deux chemins parcourus par le cheval B dans le sens PBR (214m,084 et 405m,992) ; on trouve 620m,076 qui, retranchés du contour 753m,984, donnent bien 133m,908.

Nombre de degrés de RPR′ = 347m,992. On opère comme nous l'avons déjà fait plusieurs fois, et on trouve 166°9′13″,85.

On peut faire autrement en prenant le degré pour unité du chemin parcouru. Alors l'équation du problème pour la 2e course est $\frac{x}{5,4}=\frac{360^\circ-x}{63}$; d'où on déduit $x = 166^\circ 9' 13'',85$.

328. Trois chevaux A, B, C, courent dans le cirque précédent avec des vitesses de 5m,4, 6m,3 et 7m par seconde. Ils partent ensemble du poteau P à 2h15m. On demande 1° l'heure de la 1re rencontre de A et de C; 2° de B et de C; 3° de A et de B; 4° l'heure à laquelle le cheval C sera pour la 1re fois à égale distance de A et de B; 5° l'heure à laquelle il divisera l'arc AB dans le rapport de 4 à 5; 6° le n. de degrés, ′ et ″, et le n. de mètres de chacun des arcs AB, AC et BC à chacune des heures trouvées (à 0″,01 et à 0m,01 près). (V. la note.)

1° *Rencontre de* A *et de* C. Soit x le chemin parcouru par le cheval A du poteau P au point de rencontre R. Le cheval C fait le tour du cirque $+ x$ ou $753^m,984 + x$ (Ex. 326). Le cheval A parcourt x dans un n. de s. égal à $x : 5,4$; le cheval C parcourt $753^m,984 + x$ dans un n. de s. égal à $(753^m,984 + x) : 7$.

Ces deux temps sont égaux. De là une équation qui simplifiée se réduit à $753,984 \times 5,4 = 1,6 \times x$; d'où $x = 753,984 \times 5,4 : 1,6 = 753,984 \times (3\,{}^3/_8)$ ou 3 tours ${}^3/_8$. Pour parcourir ce chemin x, le cheval A met un n. de s. égal à $x : 5,4 = 753^s,984 : 1,6 = 471^s,24 = 7^m51^s,24$. La rencontre de A et de C a donc lieu à $2^h15^m + 7^m51^s,24 = 2^h22^m51^s,24$.

2° *Rencontre de* B *et de* C. On raisonne de la même manière, et on trouve que $x = 753,984 \times 6,3 : 0,7 = 753.984 \times 9$ (9 tours) parcourus par B dans $1077^s,12 = 17^m57^s,12$. Cette rencontre a donc lieu à $2^h15^m + 17^m57^s,12 = 2^h32^m57^s,12$.

3° *Rencontre de* A *et de* B. On raisonne de la même manière, et on trouve que, avant la rencontre, A parcourt $752^m,584 \times 5,4 : 0,9 = 753^m,984 \times 6$ (6 tours) dans un n. de s. égal à $753,984 : 0,9 = 837^s,76 = 13^m,57^s,76$. Cette rencontre a donc lieu à $2^h28^m57^s,76$.

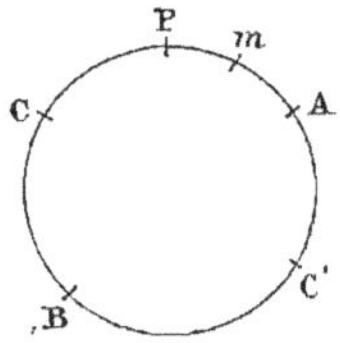

4° *On demande l'heure à laquelle le cheval* C *sera pour la* 1re *fois à égale distance de* A *et de* B. Au départ, le cheval C prend tout de suite les devants, suivi immédiatement par le cheval B, et celui-ci par A. La distance BC (dans le sens du mouvement), qui croît depuis zéro, est d'abord plus petite que la distance CPA (sens du mouvement). La marche continuant, puisque le cheval C atteint le cheval A avant que celui-ci ne soit atteint par B, la distance CA, (sens du mouvement), d'abord plus grande que BC, devient nulle avant celle-ci, c'est-à-dire devient plus petite que BC. Dans l'intervalle, ces deux distances BC et CA ont donc été égales. Soient A, B, C les positions des trois chevaux A, B, C au moment où BC=CA (sens du mouvement de gauche à droite en descendant). La première rencontre de A et de C n'ayant pas encore eu lieu, l'excès ABC du chemin parcouru par C sur le chemin parcouru par A est moindre qu'un tour de cirque ; il en est de même de l'excès AB (du chemin parcouru par B sur le chemin parcouru par A) et de l'excès BC (*idem* de C sur B). Autrement dit, ces excès sont précisément les arcs ABC, AB et BC (non augmentés de circonfér.). Soit x le nombre de secondes écoulées depuis le départ commun du poteau P jusqu'au sommet actuel où $BC = CA$. Les chemins parcourus par les 3 chevaux, dans ces x^s, sont $5^m,4 \times x$; $6^m,3 \times x$ et $7^m \times x$.

La différence $ABC = x(7-5,4) = x \times 1,6$; $BC = x(7-6,3) = x \times 0,7$. La distance CPA (sens du mouvement) = contour du cirque $- ABC = 753^m,984 - x \times 1,6$. On doit avoir $CPA = BC$; donc $753,984 - x \times 1,6 = x \times 0,7$. C'est l'équation du problème. $753,984 = x \times 2,3$; $x = 753,984 : 2,3 = 327^s,8 = 5^m 27^s,8$. L'heure cherchée est donc $2^h 15^m + 5^m 27^s,8 = 2^h 20^m 27^s,8$.

4° *bis*. On pourrait demander l'heure à laquelle le cheval C, ayant dépassé A, se trouve au milieu de l'arc AB qui est encore moindre qu'une circ., puisque la 1re rencontre de A et de B n'a pas encore eu lieu. Soit alors C′ l'endroit du cheval C, A et B étant les positions de A et de B. Le cheval C ayant atteint A, a parcouru un tour de cirque de plus que A, et de plus le chemin AC′. Si x^s désigne toujours le temps écoulé depuis le départ commun, A a parcouru $5^m,4 \times x$ et C, $7^m \times x$; on a donc $x \times 7 = x \times 5,4 + 1$ tour $+ AC' = x \times 5,4 + 753^m,984 + AC'$; d'où $AC' = x \times 7 - x \times 5,4 - 753,984 = x \times 1,6 - 753,984$.

Mais $AC' = C'B = {}^1/_2 AB = \frac{1}{2}(x \times 6,3 - x \times 5,4) = x \times 0,45$.

En égalant ces deux valeurs de AC′, on trouve $x \times 1,6 - 753,984 = x \times 0,45$. D'où $x = 753,984 : 1,15 = 655^s,6 = 10^m 55^s,6$. Les chevaux se trouvent dans la dernière situation indiquée à $2^h 25^m 55^s,6$.

5° On demande l'heure à laquelle le cheval C partage l'arc AB dans le rapport de 4 à 5. Soit C′ le point de division. $AC' : CB = 4:5$; $AC' : AB = 4:9$; $AC' = {}^4/_9 AB$. La 1re valeur de AC′ se trouve comme tout à l'heure (4° *bis*). $AC' = x \times 1,6 - 753,984$. La 2e valeur $AC' = {}^4/_9 AB = {}^4/_9(x \times 6,3 - x \times 5,4) = x \times 0,4$. L'équation du problème actuel est donc

$$x \times 1,6 - 753,984 = x \times 0,4.$$

D'où on déduit $x = 753,984:1,2 = 628^s,32 = 10^m28^s,32$.
L'heure demandée est donc $2^h25^m28^s,32$.

6° *On demande le nombre de degrés et le nombre de mètres des arcs* AB, BC, AC, *à chacune des heures trouvées.*

1re Heure. *Rencontre de* A *et de* C *en* R. L'arc AC est nul; les arcs AB, CB sont alors RB qui est l'excès du chemin total parcouru par B depuis le départ sur le chemin parcouru par A. On a trouvé (calcul 1°) le temps écoulé depuis le départ jusqu'à la rencontre de A et de C $= 471^s,24$. Les chemins parcourus par B et par A pendant ce temps sont $6^m,3 \times 471,24$ et $5^m,4 \times 471,24$. La différence $RB = 0^m,9 \times 471,24 = 424^m,116$. On trouve, comme dans l'Ex. 326, 2°, que le nombre de degrés de cet arc est $\dfrac{360 \times 424,116}{753,984} = 202°29'55'',22$.

2e Heure. *Rencontre de* B *et de* C *en* R'. L'arc BC est nul. L'arc RA et l'arc CA se confondent en R'A (excès du chemin parcouru par B sur le chemin parcouru par A.) Le temps écoulé depuis le départ a été trouvé (calcul 2°) égal à $1077^s,12$. Les chemins parcourus par B et par A sont $6^m,3 \times 1077,12$ et $5^m,4 \times 1077,12$. Leur différence est $0^m,9 \times 1077,12 = 969^m,408$. Cette différence égale 1 tour du cirque $+ 215^m,424$. Avant de rencontrer C, le cheval B a rencontré A et le dépasse actuellement de $R'B = 215^m,424$. Le nombre de degrés de cet arc R'B est égal à $\dfrac{360 \times 215,424}{753,984} = 102°51'8'',52$.

3e Heure. *Rencontre de* A *et de* B *en* R''. Nous avons à nous occuper de l'arc R''C (excès du chemin fait par C sur le chemin fait par B). Le temps employé depuis le départ commun (calcul 3°) est $837^s,76$. Le chemin parcouru dans ce temps par C est $7^m \times 837,76$; le chemin parcouru par B est $6^m,3 \times 837,76$. La différence $R''C = 0^m,7 \times 837,76 = 586^m,432$. Le nombre de degrés de R''C est $\dfrac{360 \times 586,432}{753,984} = 280°$.

4e Heure (calcul 4°). Le temps écoulé depuis le départ jusqu'à cette heure est . $27^s,8$. L'arc AB est l'excès du chemin fait par B pendant ce temps sur le chemin fait par A. AB$=(6^m,3-5^m,4)$ $327,8=0^m9\times327,8=295^m,02$. L'arc BC$=(7^m-6^m,3)327,8$ $=0^m,7\times327,8=229^m,46$. L'arc ABC (leur somme)$=524^m,48$. Le nombre de degrés de AB est $\dfrac{360\times295,02}{753,984}=140°51'40'',85$. L'arc BC $= {}^7/_9$AB $=109°33'31'',77$. L'arc ABC (somme de AB et de BC) $=250°25'12'',62$.

5e Heure. On a vu (calcul 4° *bis*) que AC'$=$C'B$=0^m,45\times x$ $=0^m,45\times655,6=295^m,02$ AB est le double de AC'. Le nombre de degrés de AC' est $\dfrac{360\times295,02}{753,984}=140°51'40'',85$.

6e Heure. On a trouvé (calcul 5°) que AC'$=0^m,4\times x=0^m,4$ $\times628,32=251^m,328$. AB$={}^9/_4$AC$=0^m,9\times628,32=565^m,488$; BC'$={}^5/_9AB=0^m,5\times628,32=314^m,160$. Le n. de degrés de AC' $=\dfrac{360\times251,328}{753,984}=120°$. AB$={}^9/_4$ AC' $=270°$ et C'B $={}^5/_4$ AC' $=150°$.

Remarque importante. Nous avons résolu bien complètement les questions des exercices 326, 327 et 328. Ces questions, que nous recommandons tout particulièrement aux professeurs, sont à la fois de nature à exercer la sagacité des élèves, et de très-bons exercices de calcul numérique.

Avis. *Les Exercices* 413 *à* 420 *inclus sont encore des problèmes du* 1er *degré à une inconnue qui doivent être proposés parmi ceux qui précèdent* : On fera bien aussi de chercher parmi les questions de physique, pour les proposer ici, les problèmes à une inconnue.

PROBLÈMES DU 1er DEGRÉ A PLUSIEURS INCONNUES (*indiqués après le* n° 88).

Les élèves doivent être tenus de vérifier si les nombres trouvés vérifient bien les conditions de la question proposée.

329. Quelle est la fraction qui devient égale à 3/4 quand on augmente ses deux termes de 7, et à 1/2 quand on les augmente de 1. Rép. ${}^2/_5$ (*vérifiez*).

Les équations du problème sont : $\dfrac{x+7}{y+7}=\dfrac{3}{4}$ et $\dfrac{x+1}{y+1}=\dfrac{1}{2}$; d'où on déduit aisément $x=2$, $y=5$; la fraction demandée est ${}^2/_5$.

8

330. Quelle est la fraction qui devient égale à 2/3 quand on augmente son numérateur seul de 4, et à 1/4 quand on diminue son dénominateur seul de 1. Rép. $^2/_9$.

Les équations du problème sont $\frac{x+4}{y}=\frac{2}{3}$; $\frac{x}{y-1}=\frac{1}{4}$ qui donnent $x=2$, $y=9$.

331. Trouver deux nombres tels que leur différence soit le sixième de leur somme et la 105ième partie de leur produit Rép 30 et 42 (*vérifiez*).

Les équations du problème sont $(x-y)\times 6=x+y$, et $(x-y)105=xy$. La 1re donne $5x=7y$: d'où $x={}^7/_5\,y$. Je mets cette valeur de x dans la 2e, et j'ai ${}^2/_5 y\times 105={}^7/_5 y^2$. y ne peut pas être nul, puisque xy ne l'est pas. Je divise les deux membres par ${}^1/_5\,y$, et j'ai $210=7y$; d'où $y=30$; $x={}^7/_5\,y=42$. (*Vérifiez.*)

332. Le diamètre d'une pièce d'argent de 2f est de 27mm, *id.* de 5f, 37mm. On forme la longueur du mètre avec 30 de ces pièces. Combien en emploie-t-on de chaque valeur ? Rép. 11 *de* 2f et 19 *de* 5 *fr.* (*vérifiez*).

$x+y=30$; $27x+37y=1000$. On trouve aisément $x=11$, $y=19$.

333. On partage également une somme d'argent entre un certain nombre de personnes. S'il y avait 3 personnes de plus, chacune aurait 1f de moins ; s'il y avait 2 personnes de moins, chacune aurait 1f de plus Trouver le nombre des personnes et la somme distribuée. Rép. 12 *personnes et* 60 *francs* (*vérifiez*).

Soient x le nombre des personnes et y le nombre de francs à partager. La part de chaque personne est $\frac{y}{x}$. S'il y avait 3 personnes de plus, la part serait $\frac{y}{x+3}$. D'après l'énoncé, $\frac{y}{x+3}=\frac{y}{x}-1$ (1). S'il y avait 2 personnes de moins, la part de chacune serait $\frac{y}{y-2}$; $\frac{y}{x-2}=\frac{y}{x}+1$ (2). En résolvant ces deux équations; on trouve $x=12$, $y=60$. (*Vérifiez*).

334. Un nombre de deux chiffres est égal à trois fois la somme de ses chiffres, et le carré de cette somme est égal à 3 fois le nombre. Quel est ce nombre ? RÉP. 27.

Soient x le chiffre des unités et y le chiffre des dizaines ; le nombre cherché vaut $x+10y$. On a d'abord $x+10y=3x+3y$; d'où $7y=2x$, puis $(x+y)^2$ ou $x^2+y^2+2xy=3x+30y$. De la 1re équation, je déduis $x = {}^7/_2\, y$ que je substitue dans la 2e ; je trouve ainsi $\frac{49}{4}y^2 + y^2 + \frac{14}{2}y^2 = \frac{21}{2}y + 30y$. y ne pouvant pas être nul, je divise par y, et je chasse les dénominateurs. Je trouve ainsi $81y=42+120=162$; $y=2$; par suite $x=7$. Le nombre cherché est 27. (*Vérifiez*).

335. J'ai deux fois l'âge que vous aviez quand j'avais l'âge que vous avez, et quand vous aurez l'âge que j'ai, nous aurons à nous deux 126 ans. Quel âge ai-je ? RÉP. 56 ans.

Soient A et B les deux personnes (*je* et vous), x et y leurs âges actuels. Il y a $x-y$ années que A avait y années ; B avait alors $y-(x-y)=2y-x$. D'après l'énoncé de la question, $x=2(2y-x)$; d'où $3x=4y$; puis $x={}^4/_3 y$. B aura x années dans $x-y$ années; A aura alors $2x-y$. La somme de ces deux âges $3x-y=126$. Je remplace x par $\frac{4}{3}y$, et je trouve $3y=126$; $y=42$. Par suite, $x=56$. RÉPONSE 56 ans.

336. A et B jouent à 45f la partie. Si A perd la 1re partie, il aura encore 2 fois autant d'argent que B moins 15f. Si c'est B qui perd, A aura 3 fois autant d'argent que B plus 120f. Combien A et B avaient-ils en se mettant au jeu ? RÉP. 480f et 180f.

Soient x^f et y^f les sommes cherchées. Si A perd la 1re partie, il lui restera $x-45$, et B aura $y+45$. D'après l'énoncé, $x-45=2y+90-15$, d'où $x-2y=120$ (1). Si c'est B qui perd, A aura $x+45$; et B, $y-45$; d'après l'énoncé, $x+45=3y-135+120$; d'où $3y-x=60$ (2) : j'ajoute (1) et (2) ; ce qui donne $y=180$. $x=2y+120=480$. A avait 480f, et B, 180f. (*Vérifiez.*)

337. A et B font deux parties. A gagne dans la 1re autant d'argent qu'il en avait moins 8f ; il se trouve avoir alors 2 fois autant d'argent que B Dans la 2e partie,

B gagne autant d'argent qu'il lui en restait — 4f ; il se trouve alors avoir autant d'argent que A. Combien avaient-ils d'argent l'un et l'autre 1° en se mettant au jeu, 2° en le quittant. Rép. 1° *Chacun* 12f ; 2° *chacun* 12f. *Ils ne perdent ni ne gagnent.*

Soient x^f et y^f les sommes qu'avaient A et B en se mettant au jeu. Après la 1re partie, A possède $x+x-8=2x-8$; B possède $y-x+8$. Après la 2e partie, B, qui gagne $y-x+8-4$, possède $2y-2x+16-4$, et A possède $2x-8-y+x-8+4=3x-y-12$.

D'après l'énoncé, on a d'abord $2x-8=2y-2x+16$; d'où $4x-2y=24$; $2x-y=12$ (1). Puis $3x-y-12=2y-2x+16-4$; d'où $5x-3y=24$ (2). De (1) on déduit $6x-3y=36$. En retranchant (2), je trouve $x=12$. Par suite $y=2x-12=12$. A et B avaient chacun 12f en se mettant au jeu. Après la 1re partie, le gagnant A possède $12^f+12-8=16^f$. Le perdant B, $12-12+8=8$. Après la 2e partie, B possède $8+8-4=12$, et A, $16-8+4=12$. A et B n'ont ni perdu ni gagné.

338. Des amis font un pique-nique. S'ils avaient été 2 de plus, et qu'ils eussent payé 1f de plus chacun, la dépense aurait été augmentée de 12f. S'ils avaient été 3 de moins et avaient payé 0f,50 de moins chacun, la dépense eût été diminuée de 7f,50. Trouver le n. des amis et la dépense. Rép. 6 *amis qui ont dépensé chacun* 2f. (Vérifiez).

Soient x le nombre des amis et y la dépense de chacun. La dépense totale est xy. D'après l'énoncé 1°. $(x+2)(y+1)=xy+12$ qui se réduit à $x+2y=10$ (1). 2° $(x-3)(y-0{,}5)=xy-7{,}5$, qui se réduit $-3y-0{,}5x+1{,}5=-7{,}5$, ou $3y+0{,}5x=9$ (2). Je double (2) et je retranche (1) du résultat; ce qui donne $4y=8$; d'où $y=2$. Par suite $x=10-2y=6$.

339. Un nombre N a pour facteurs premiers deux nombres entiers consécutifs. Si l'on augmente l'exposant du 1er facteur de 2 et celui du 2e de 4, le nouveau nombre N' aura 50 diviseurs de plus. Si on diminue le 1er exposant de 3 en augmentant le 2e de 5, le nouveau nombre N″ aura seulement 10 diviseurs de plus que N. Trouver N, N' et N″. Rép. $N=2^7 3^4=10368$. $N'=2^9 3^8=3359232$. $N''=2^4 3^9=314928$.

2 et 3 sont les deux seuls nombres premiers consécutifs ; ce sont donc les facteurs premiers de N. Soit $N=2^x 3^y$. Le nombre de ses diviseurs est $(x+1)(y+1)$. $N'=2^{x+2}3^{y+4}$; le nombre de ses

diviseurs est $(x+3)(y+5)$. $N'' = 2^{x-3}3^{y+8}$; le nombre de ses diviseurs est $(x-2)(y+6)$, D'après l'énoncé $(x+3)(y+5) = (x+1)(y+1)+50$; cette équation simplifiée se réduit définitivement à $y+2x=18$ (1). La 2e équation est $(x-2)(y+6) = (x+1)(y+1)+10$, qui se réduit à $5x-3y=23$ (2). Je multiplie la 1re équation par 3; ce qui donne $3y+6x=54$. J'ajoute ceci à l'équation (2), et je trouve $11x=77$; d'où $x=7$. Par suite $y=(5x-23):3=12:3=4$.

340. Quatre joueurs A, B, C, D conviennent qu'à chaque partie le perdant doublera l'argent de tous les autres. Ils gagnent chacun une partie dans l'ordre indiqué par leurs noms; après quoi ils ont chacun 32f. Combien chacun avait-il en se mettant au jeu?

Soient x, y, z, t les avoirs primitifs cherchés. Les avoirs, à la fin de chaque partie, s'obtiennent en doublant l'avoir précédent de chaque gagnant, et retranchant de l'avoir précédent du perdant tous les autres avoirs dont il vient de payer les valeurs aux gagnants.

Avoirs primitifs.	à la fin de la 1re partie	à la fin de la 2e partie	à la fin de la 3e partie	à la fin de la 4e partie
x	$x-y-z-t$	$2x-2y-2z-2t$	$4x-4y-4z-4t$	$8x-8y-8z-8t=32$
y	$2y$	$3y-x-z-t$	$6y-2x-2z-2t$	$12y-4x-4z-4t=32$
z	$2z$	$4z$	$7z-x-y-t$	$14z-2x-2y-2t=32$
t	$2t$	$4t$	$8t$	$15t-x-y-z=32$

Pour trouver x, y, z, t, il n'y a qu'à résoudre ces quatre équations ainsi simplifiées : $x-y-z-t=4$; $3y-x-z-t=8$; $7z-x-y-t=16$; $15t-x-y-z=32$. On abrége à l'aide de cette remarque : l'*avoir total des joueurs est invariable; il est égal à* $32\times4=128$. Donc $x+y+z+t=128$. On obtient la valeur de chaque inconnue en ajoutant cette équation à chacune des 4 équations simplifiées. On trouve, 1° $2x=132$; $x=66$; 2° $4y=136$; $y=34$; 3° $8z=144$; $z=18$; 4° $16t=160$; $t=10$

Solution arithmétique. On peut trouver les 4 avoirs primitifs sans algèbre en prenant la question au rebours, c'est-à-dire en procédant de la fin du jeu au commencement.

	A	B	C	D
A la fin de la 4ᵉ partie. . .	32	32	32	32
id. de la 3ᵉ partie. . .	16	16	16	80
id. de la 2ᵉ partie. . .	8	8	72	40
id. de la 1ʳᵉ partie. . .	4	68	36	20
Avant le jeu	66	34	18	10

A la fin de la 4ᵉ partie, les avoirs de C, de B, de A ont été doublés ; avant cette partie, ils étaient donc la moitié de ce qu'ils sont finalement, c'est-à-dire 16, 16 et 16. Le 4ᵉ, qui a doublé ces avoirs, a donné 3 fois 16^f ou 48^f ; il lui reste 32^f ; il avait donc $32^f+48^f=80^f$. A la fin de la 3ᵉ partie, la 1ʳᵉ, la 2ᵉ et la 4ᵉ part ont été doublées ; elles valaient auparavant la moitié de ce qu'elles valent, c'est-à-dire 8^f, 8^f et 40^f. Le 3ᵉ joueur a donné $8+8+40=56$; il lui reste 16 fr. ; il avait donc $56+16=72$.

Ainsi de suite jusqu'à ce qu'on arrive au commencement de la 1ʳᵉ partie.

341. Un bassin est alimenté par 3 fontaines. La 1ʳᵉ et la 2ᵉ coulant ensemble le rempliraient en $3^h\ 1/5$, la 2ᵉ et la 3ᵉ en $4^h\ 1/2$, la 1ʳᵉ et la 3ᵉ en $2^h\ 1/2$. Combien faudrait-il à chaque fontaine coulant seule pour remplir le bassin ?

Désignons par 1 la capacité du bassin. $3^h\ ^1/_5 = {}^{16}/_5$. La 1ʳᵉ fontaine et la 2ᵉ remplissent 1 en $\frac{16}{5}$ d'h, $\frac{1}{16}$ en $\frac{1}{5}$ d'h, $\frac{5}{16}$ en 1^h.

Soient x et y les nombres d'heures employés respectivement pour remplir le bassin, par la 1ʳᵉ et par la 2ᵉ fontaine, coulant seule chacune. La 1ʳᵉ remplit 1 en x^h, et $\frac{1}{x}$ en 1^h ; la 2ᵉ, 1 en y^h, $\frac{1}{y}$ en 1^h ; à elles deux $\frac{1}{x}+\frac{1}{y}$ en 1^h. On a déjà trouvé qu'elles remplissent $^5/_{16}$; on a donc $\frac{1}{x}+\frac{1}{y}=\frac{5}{16}$ (1). On raisonne de même à propos de la 2ᵉ et de la 3ᵉ fontaine considérées ensemble. $4^h\ ^1/_2 = {}^9/_2{}^h$, etc., et on trouve $\frac{1}{y}+\frac{1}{z}=\frac{2}{9}$ (2). On trouve de même pour la 1ʳᵉ et la 3ᵉ, $\frac{1}{x}+\frac{1}{z}=\frac{2}{5}$ (3). Il n'y a plus qu'à résoudre les équations (1), (2), (3). Pour plus de facilité, on les ajoute membre à membre, et on divise la somme par 2 ; on trouve ainsi $\frac{1}{x}+\frac{1}{y}+\frac{1}{z}=\frac{673}{1440}$. On trouve immédiatement $\frac{1}{x}, \frac{1}{y}, \frac{1}{z}$, en retranchant successivement de cette dernière équation les équations (1), (2), (3), dont on réduit préalablement les seconds membres au dénominateur commun 1440. On trouve ainsi $\frac{1}{x}=\frac{353}{1440}$; $\frac{1}{y}=\frac{97}{1440}$; $\frac{1}{z}=\frac{223}{1440}$; d'où on déduit x, y et z

$$x=\frac{1440}{353}=4+\frac{28}{353}\text{ ; de même } y=\frac{1440}{97}=14+\frac{82}{97};$$

$$z=\frac{1440}{223}=6+\frac{102}{223}.$$

342. 8 Kg de thé et 15 Kg de sucre coûtent ensemble 144f. Le thé ayant diminué de 6 2/3 p. 0/0 et le sucre de 12,5 p. 0/0, on achète encore 5 Kg de thé et 14 Kg de sucre pour 89f,60. Combien a-t-on payé chaque fois le Kg de thé et le Kg de sucre.

Soit x^f et y^f le prix du thé et du sucre (par Kg). On a d'abord $8x+15y=144$ (1). 6 $^2/_3$ est le 15e de 100 ; le prix du Kg de thé diminué d'un 15e, n'est plus que $^{14}/_{15}x$. De même, 12,5 est le 8e de 100 ; le prix du Kg de sucre diminué d'un 8e, n'est plus que de $^7/_8\, y$. La 2e équation du problème est donc

$$\frac{5\times 14x}{15}+\frac{14\times 7y}{8}=89{,}60 \quad \text{ou} \quad {}^{14}/_3x+{}^{49}/_4y=89{,}60,$$

ou enfin $56x+147y=1075{,}20$ (2). On résout les équations 1 et 2, et on trouve $x=15^f$; $y=1^f{,}60$.

343. 3 vares, 7 pieds, 5 palmes, 4 pouces de Portugal valent 6els,82 (mesure de Hollande) ; 5 vares, 8 pieds, 9 palmes valent 10els,12 ; 5 pieds, 6 palmes, 9 pouces, valent 3els,2175. Enfin, 7 vares, 8 palmes, 10 pouces valent 9els 735. On demande la valeur de la vare, de la palme, du pied et du pouce en *els*, puis en yards (mesure anglaise), sachant que 3yards 3/4 valent 3els,429.

Soient x, y, z, t les valeurs en *els* de la vare, du pied, de la palme et du pouce. Les équations du problème s'écrivent aisément ; en les résolvant on trouve $x = 1,1$; $y = 0,33$; $z = 0,22$; $t = 0,0275$.

2e *Question*. Puisque $3^{els},429 = 3^{yards},75$; $1^{el} = \frac{3^y,75}{3,429} = \frac{1^y,25}{1,143}$; $1^{vare} = \frac{1^y,25 \times 1,1}{1,143} = 1^y,203$; 1 pied $= 0^y,360$; 1 palme $= 0^y,240$; 1 pouce $= 0^y,030$.

344. Sept tonneaux, 12 oxholfs, et 15 ancres (mesures russes de capacité) valent 541 védros. Trois tonneaux, 8 oxholfs, et 6 ancres valent 282 védros. Cinq tonneaux, 9 oxholfs et 18 ancres valent 416 védros. Le védro vaut $12^{lit.},3$; on demande les valeurs en hectolitres des 3 autres mesures. Rép $4^{Hl},92$; $2^{Hl},214$; $0^{Hl},369$.

Soient x, y, z, les valeurs en védros du tonneau, de l'oxholf, et de l'ancre. $7x + 12y + 15z = 541$; $3x + 8y + 6z = 282$; $5x + 9y + 18z = 416$. En résolvant ces équations, on trouve $x = 40$; $y = 18$; $z = 3$. Un tonneau $= 12^l,3 \times 40 = 592^l = 4^{Hl},92$. On trouve de même que l'oxholf $= 2^{Hl},214$ et l'ancre, $0^{Hl},369$.

345. Trois chiffres inconnus juxtaposés expriment 1° dans le système 6, un nombre égal à 8 fois la somme des deux derniers (de gauche à droite) ; 2° dans le système 7 un n. égal 9 fois leur propre somme, et enfin dans le système 8 un n. égal à 20 fois la somme des deux premiers. On demande de trouver le n. exprimé par ces chiffres dans le système décimal, et de traduire dans ce dernier système les nombres qu'ils expriment dans les systèmes désignés. Rép. 144.

Soient x, y, z les chiffres cherchés. D'après les principes de numération et d'après l'énoncé actuel :

$$6^2.x + 6y + z = 8y + 8z \text{ ; d'où } 36x - 2y - 7z = 0 \quad (1)$$
$$7^2.x + 7y + z = 9x + 9y + 9z \text{ ; d'où } 40x - 2y - 8z = 0 \quad (2)$$
$$8^2.x + 8y + z = 20x + 20y \text{ ; d'où } 44x - 12y + z = 0 \quad (3)$$

En éliminant y d'abord entre (1) et (2), puis entre (2) et (3), et simplifiant, on trouve deux fois l'équation $4z - x = 0$ ou $z = 4x$; ce qui semble indiquer l'indétermination. Mais il faut tenir compte de ce que x, y et z désignent des chiffres destinés à écrire un nombre dans le système 6 ; aucun de ces chiffres ne peut donc dépasser 5. Cela posé, si on fait $x=1$, $z=4$; si on fait $x=2$, on trouve $z=8$ trop grand. On ne doit donc pas aller au delà de $x=1$, $z=4$. En portant ces valeurs dans l'équation (1), on trouve $y=4$. Les chiffres cherchés sont donc 1, 4, 4. Dans le système 6, $(144)=6^2+6\times4+4=64$; or $64=(4+4)\times8$. Dans le système 7, $(144)=7^2+7\times4+4=81$; or $81=(1+4+4)\times9$. Enfin dans le système 8, $(144)=8^2+8\times4+4=100$; or $100=(1+4)\times20$. Le problème est donc bien résolu ; il est déterminé.

346. Une personne, qui avait placé son argent à un certain taux, le retire, y ajoute 1000^f, et le place à 1 p. 0/0 de plus; ce qui augmente son revenu de 80^f. Un an après, elle le retire encore, y joint 500^f, le replace à 1 p. 0/0 de plus et augmente ainsi son revenu de 70^f. Trouver son avoir primitif et le 1er taux. Rép. 3000^f, et 4 p. 0/0.

Soient x et y le 1er capital et le 1er taux ; d'après la formule $I=\frac{ait}{100}$, le 1er revenu est $\frac{xy}{100}$. Le 2e revenu est $\frac{(x+1000)(y+1)}{100}=\frac{xy}{100}+80$. Le 3e revenu $\frac{(x+1500)(y+2)}{100}=\frac{xy}{100}+150$. En résolvant ces équations, on trouve $y=4$; $x=3000$.

347. Un capitaliste a placé trois capitaux a, b, c en 3 p. 0/0 au cours de 69^f, en 4 1/2 au cours de 94,50, et en obligations de chemins de fer rapportant chacune 15^f de rente au cours de 285^f ; il s'est fait ainsi un revenu de 8425^f. S'il avait placé ses capitaux dans cet ordre c, a et b en 3 p. 0/0, en 4 1/2 et en obligations, il aurait eu 8375 fr. de revenu. Enfin, s'il avait acheté avec le capital a des obligations 5 p. 0/0 du crédit foncier au pair, avec b des obligations de chemins de fer rapportant chacune 25^f de rente au cours de 475^f, et avec c du 5 p 0/0 italien au cours de 70^f, il se fût fait un revenu de 10292^f. Calculer a, b, c. Rép. $a=86540^f$; $b=29925^f$; $c=61180^f$

Placement effectif. 1° 69^f rapportant 3^f, 1^f rapp. $\frac{3^f}{69}=\frac{1^f}{23}$, et a^f, $\frac{a^f}{23}$. 2° $94^f,50$ rapp. $4^f,50$, 1^f rapp. $\frac{4,50}{94,50}=\frac{1}{21}$; b^f rapp. $\frac{b^f}{21}$. 3° 285^f rapp. 15^f, 1^f rapp. $\frac{15^f}{285}=\frac{1}{19}$; c^f rapp. $\frac{c^f}{19}$.

Dans ce placement, $a^f + b^f + c^f$ rapportent $\frac{a}{23} + \frac{b}{21} + \frac{c}{19} =$ 8425 (1).

En raisonnant de la même manière pour chacun des autres placements *supposés*, on trouve les deux autres équations :

$$\frac{c}{23} + \frac{a}{21} + \frac{b}{19} = 8375 \ (2), \quad \text{et} \quad \frac{a}{20} + \frac{b}{19} + \frac{c}{14} = 1092 \ (3).$$

On résout ces 3 équations, et on trouve $a = 86540^f$; $b = 29925^f$ et $c = 61180$ fr.

348. Un n. de 4 chiffres est égal à 96 fois la somme de ses chiffres. Les deux chiffres du milieu forment un n. égal à 4 fois la même somme des 4 chiffres. Les 3 premiers chiffres à gauche forment un n. égal à 9 fois cette somme $+10$. Enfin, les mêmes chiffres employés dans le même ordre expriment dans le système 9 un nombre plus petit de 406 unités. Trouver ce nombre. Rép. 1728.

Soient x, y, z, t les chiffres du n. cherché considéré de gauche à droite. D'après l'énoncé :

1° $1000x + 100y + 10z + t = 96x + 96y + 96z + 96t$, qui se réduit à $904x + 4y - 86z - 95t = 0$ (1).

2° $10y + z = 4x + 4y + 4z + 4t$; d'où $4x - 6y + 3z + 4t = 0$ (2).

3° $100x + 10y + z = 9x + 9y + 9z + 9t + 10$; d'où $91x + y - 8z - 9t = 10$ (3).

4° $1000x + 100y + 10z + t - 406 = 9^3.x + 9^2.y + 9z + t$;

d'où $$261x + 19y + z = 406.$$

On résout les équations (1), (2), (3) et (4), et on trouve $x = 1$, $y = 7$, $z = 2$, $t = 8$. Le nombre demandé est 1728. (*Vérifiez.*)

349. 3 hectolitres d'un certain vin et 5 hectol. d'un autre produisent un mélange dont le prix moyen est $19^f,25$ l'hectol. Sept hectol. du 1er et 3 hect. du 2e produisent un autre mélange du prix moyen de $18^f,60$ l'hect. Combien coûte l'hectol. de chacun de ces deux vins. Rép. 18^f et 20^f.

Soient x^f et y^f les prix cherchés. Le 1er mélange qui contient $5 + 3$ ou 8 hectolitres coûte $19^f,25 \times 8 = 154^f$. On a donc $3x + 5y = 154$ (1). Le 2e mélange qui contient $7 + 3$ ou 10 hectolitres coûte 186^f; on a donc $7x + 3y = 186$ (2). On résout ces deux équations, et on trouve $x = 18$; $y = 20$.

350. En alliant $1^{Kg},20$ d'un lingot d'or et $2^{Kg},5$ d'un autre, on obtient un alliage au titre de 0,880. En alliant $0^{Kg},8$ et $1^{Kg},2$ des mêmes lingots on obtient un alliage au titre de 0,866. Trouver les titres des lingots employés. Rép. 0,755 et 0,940.

Le titre de chaque alliage exprime en K*g* le poids de l'or contenu dans un K*g* de l'alliage. Soient x et y les titres cherchés. 1^{Kg} du 1er lingot contient x^{Kg} d'or ; $1^{Kg},20$ contiennent $x^{Kg}\times 1,20$. Le 2e lingot en contient $y^{Kg}\times 2,5$. Leur alliage, composé de $1^{Kg},20+2^{Kg},5=3^{Kg},7$ au titre de 0,880, en contient $0^{Kg},880\times 3,7 = 3,256$. On a donc l'équation $1,2\times x+2,5\times y=3,256$ ou $12x+25y=32,56$. En raisonnant de même pour le 2e alliage, on trouve l'équation $8x+12y=17,32$. En résolvant ces deux équations, on trouve $x=0,755$; $y=0,940$.

351. Un orfèvre a trois lingots d'argent pesant ensemble 12^{Kg} aux titres de 820, 900 et 870 millièmes. En alliant les deux premiers, on obtiendrait de l'argent au titre de 0,860. En alliant les deux derniers, on en obtiendrait au titre de 0,888. Combien pèse chaque lingot ? Rép. $4^{Kg},5$; $4^{Kg},5$; 3^{Kg}.

Soient x^{Kg}, y^{Kg}, z^{Kg} les poids cherchés. $x+y+z=12$ (1). Le 1er lingot au titre de 0,820 contient $0^{Kg},820$ ou 820^g d'argent par kilog. ; les x^{Kg} de ce lingot contiennent $820^g\times x$ d'argent ; les deux autres lingots en contiennent $900^g\times y$ et $870^g\times z$. Le 1er *alliage* contient $820^g\times x+900^g\times y$ d'argent ; comme d'ailleurs il est au titre de 0,800, et pèse $(x+y)^{Kg}$, il doit contenir $860^g(x+y)$ d'argent. On a donc l'équation : $820x+900y=860(x+y)$, d'où $40y-40x=0$, d'où $y=x$ (2). En considérant de même le 2e alliage, on obtient l'équation : $900y+870z=888(y+z)$; d'où $12y-18z=0$, puis $2y-3z=0$, et enfin $z=\frac{2}{3}y$ (3). En mettant y pour x, et $^2/_3\,y$ pour z dans l'équation (1), on trouve $^8/_3\,y=12$; d'où $y=4^{Kg},5$. Puis $x=4^{Kg},5$, et enfin $z=3^{Kg}$.

352 Quatre lingots d'or pesant ensemble 10^{Kg} sont au titre de 910, 930, 870 et 885 millièmes. En alliant les 3 premiers on obtient de l'or au titre de 0,895. En alliant les 3 derniers on en obtient au titre de 0,885. En alliant la moitié du 1er lingot, le quart du 2e et les 2/3 du 4e, on obtiendrait de l'or au titre de 0,900. Combien pèse chaque lingot ? Rép. $1^{Kg}\,^7/_9$; $^2/_3{}^{Kg}$; 2^{Kg} ; $5^{Kg}\,^5/_9$.

Soient x, y, z, t, les nombres de K*g* cherchés.

$x+y+z+t=10$ (1). Les quantités d'or contenues dans les 4 lingots sont respectivement $910^g.x$, $930^g.y$, $870^g.z$, $885^g.t$. (Ex. 351.) En alliant les 3 premiers qui contiennent ensemble $(910x+930y+870z)^g$ d'or, on obtient un alliage pesant $(x+y+z)$ Kg au titre de 0,895, qui doit en contenir d'après cela $895^g\times(x+y+z)$. On a donc l'équation : $910x+930y+870z=895(x+y+z)$, d'où $15x+35y-25z=0$, et enfin $3x+7y-5z=0$ (2).

En considérant de même le 2ᵉ alliage, on trouve : $930y+870z+885t=885(x+y+t)$, qui se réduit à $45y-15z=0$; d'où $3y-z=0$ (3). De même, en considérant le 3ᵉ alliage : $910\times{}^1/_2x+930\times{}^1/_4y+885\times{}^2/_3t=900({}^1/_2x+{}^1/_4y+{}^2/_3t)$; d'où, si on chasse les dénominateurs : $910\times6x+930\times3y+885\times8t=900(6x+3y+8t)$, puis, par réduction, $60x+90y-120t=0$, et enfin $2x+3y-4t=0$ (4). On résout les équations (1), (2), (3) et (4), et on trouve $y={}^2/_3$, $z=2$; $x=1\,{}^7/_9$; $t=5\,{}^5/_9$.

353. On veut composer un lingot d'or, d'argent, et de cuivre pesant 3^{Kg}, de manière que les quantités de ces trois métaux y soient proportionnelles à 8,10, et 15, en se servant de trois lingots qu'on possède déjà. Dans le 1ᵉʳ de ceux-ci les quantités d'or, d'argent et de cuivre sont proportionnelles à 7,8 et 12, dans le 2ᵉ à 15,18 et 21, dans le 3ᵉ à 9 15 et 20. Combien prendra-t-on de chaque lingot ?

Le problème est impossible avec les nombres donnés. Nous allons néanmoins expliquer et réaliser la mise en équation qui peut seule offrir quelque difficulté. Le lecteur résoudra aisément, d'après nos explications, les problèmes analogues.

Soient x, y, z, les nombres de Kg cherchés ; $x+y+z=3$ (1).

1ᵉʳ *Lingot.* $7+8+12=27$. Sur 27 Kg, ce lingot contient 7 Kg d'or, 8 d'argent, 12 de cuivre. Sur 1 Kg, ${}^7/_{27}$ de Kg, d'or ${}^8/_{27}$ Kg d'argent, ${}^{12}/_{27}$ Kg de cuivre ; sur x Kg, ${}^7/_{27}\,x$ Kg d'or ${}^8/_{27}\,x$ Kg d'argent, et ${}^{12}/_{27}\,x$ Kg de cuivre.

2ᵉ *Lingot.* A cause du diviseur commun 3, on peut ici remplacer 15,18, et 21 par les nombres proportionnels plus simples 5, 6 et 7, $5+6+7=18$. En raisonnant comme pour le 1ᵉʳ lingot, on trouve que les y Kg du 2ᵉ lingot employés dans l'alliage en question contiennent ${}^5/_{18}\,y$ Kg d'or, ${}^6/_{18}$ ou ${}^1/_3\,y$ Kg d'argent, ${}^7/_{18}\,y$ Kg de cuivre,

3e *Lingot.* $9+15+20=44$. On trouve comme précédemment que les z Kg employés de ce lingot contiennent $^{9}/_{44}z$ Kg d'or, $^{15}/_{44}z$ Kg d'argent, et $^{20}/_{44}z$ Kg de cuivre.

Alliage dès 3 lingots : $8+10+15=33$. 33 Kg de ce lingot doivent contenir 8 Kg d'or, 10 d'argent et 15 de cuivre ; 1 Kg doit contenir $^{8}/_{33}$ Kg d'or, $^{10}/_{33}$ Kg d'argent, et $^{15}/_{33}$ ou $^{5}/_{11}$ Kg de cuivre. Cet alliage pèse en tout $(x+y+z)$ Kg ; il contient donc $^{8}/_{33}(x+y+z)$ Kg d'or ; $^{10}/_{33}(x+y+z)$ Kg d'argent, et $^{15}/_{33}(x+y+z)$ Kg de cuivre. Mais l'or de l'alliage est la réunion des quantités d'or contenues respectivement dans les parties employées des 3 lingots proposés. On a donc l'équation :

$$^{7}/_{27}x + {}^{5}/_{18}y + {}^{9}/_{44}z = {}^{8}/_{33}(x + y + z). \qquad (2).$$

De même pour l'argent : $^{8}/_{27}x+{}^{1}/_{3}y+{}^{15}/_{44}z={}^{10}/_{33}(x+y+z)$ (3).

Pour le cuivre : $^{12}/_{27}x+{}^{7}/_{18}y+{}^{20}/_{44}z={}^{15}/_{33}(x+y+z)$. (4).

Il faut résoudre les équations (1), (2), (3), (4). Mais il n'y a que 3 inconnues ; il y a donc une équation de trop. Il suffit de résoudre trois de ces équations ; les valeurs trouvées de x, de y et de z, substituées dans la 4e, devront vérifier celle-ci. Cela posé, si on considère les 3 dernières équations dont aucune ne contient de terme tout connu, on voit qu'elles sont vérifiées simultanément par $x=0$, $y=0$, $z=0$. Ces valeurs ne convenant pas pour notre problème, on en cherche d'autres. On pose $\frac{x}{z}=x'$; $\frac{y}{z}=z'$; d'où $x=zx'$, $y=zy'$; on substitue ces valeurs dans les équations (2), (3) et (4), qui se simplifient et ne contiennent plus après cette simplification (division par z) que les inconnues x' et y'. C'est donc encore une équation de trop. On résout les équations (2) et (3) simplifiées. Les valeurs trouvées de x et de y' doivent vérifier la nouvelle équation (4). Si cela n'est pas, les 3 équations (2), (3) et (4) sont incompatibles. Si cette équation (4) est vérifiée, on remplace dans l'équation (1) x par $x'z$ et y par zy', et on déduit de cette équation la valeur de z. Connaissant z, on trouve aisément $x = zx'$, $y = zy'$, et le problème proposé est résolu.

Remarque importante. Telle est la marche à suivre. Mais

quand on l'applique aux équations proposées, les valeurs de x, y, z ne sont pas toutes positives. Or x, y, z ne peuvent avoir ici que des valeurs positives. Le problème n'est donc pas possible avec les nombres donnés. A l'aide de nos explications, on résoudra aisément de pareils problèmes, quand ils seront possibles.

353 *bis*. On possède trois lingots contenant : le 1er 27g d'or, 18g d'argent et 9g de cuivre ; le 2e, 54g d'or, 30g d'argent et 12g de cuivre ; le 3e, 15g d'or, 9g d'argent et 6g de cuivre. Combien prendra-t-on de chacun de ces trois lingots pour en composer un 4e contenant 23g d'or, 14g d'argent et 7g de cuivre? RÉP. 18g ; 16g ; 10g.

Soient x, y, z les nombres de grammes cherchés. 1er *Lingot*, $27+18+9=54$. Dans les 54 *g.* du 1er lingot, il y a 27 *g.* d'or, 18 d'argent et 9 de cuivre. Dans 1 *g.* de ce lingot, il y a $^{27}/_{54}$ ou $^{1}/_{2}g$. d'or, $^{18}/_{54}$ ou $^{1}/_{3}g$. d'argent, et $^{9}/_{54}$ ou $^{1}/_{6}g$. de cuivre. Les x^g de ce lingot mis dans l'alliage, contiennent $^{1}/_{2}x^g$ d'or, $^{1}/_{3}x^g$ d'argent et $^{1}/_{6}x^g$ de cuivre. 2e *Lingot*, $54+30+12=96$. On trouve de même que les y^g employés de ce lingot contiennent $^{54}/_{96}$ ou $^{9}/_{16}y^g$ d'or, $^{30}/_{96}$ ou $^{5}/_{16}y^g$ d'argent, et $^{12}/_{96}$ ou $^{1}/_{8}y^g$ de cuivre. 3e *Lingot*, $15+9+6=30$. On trouve de même pour ce 3e lingot $^{15}/_{30}$ ou $^{1}/_{2}z^g$ d'or, $^{9}/_{30}$ ou $^{3}/_{10}z^g$ d'argent, et $^{6}/_{30}$ ou $^{1}/_{5}z^g$ de cuivre. En réunissant les 3 quantités d'or fournies par les 3 lingots, on obtient les 23 *g.* d'or contenus dans leur alliage ; donc $^{1}/_{2}x+{}^{9}/_{16}y+{}^{1}/_{2}z=23$ (1). Pour l'argent, $^{1}/_{3}x+{}^{5}/_{16}y+{}^{3}/_{10}z=14$ (2). Pour le cuivre, $^{1}/_{6}x+{}^{1}/_{8}y+{}^{1}/_{5}z=7$ (3). On résout ces trois équations, et on trouve $x=18$, $y=16$, $z=10$.

354. On possède trois lingots renfermant chacun du cuivre, de l'étain et du zinc. Le titre du 1er est 1/2 par rapport au cuivre et 2/9 par rapport à l'étain. Le titre du 2e est $\frac{2}{5}$ par rapport au cuivre et 1/3 par rapport à l'étain ; le titre du 3e est $\frac{3}{8}$ par rapport au cuivre et 1/5 par rapport à l'étain. On demande combien on prendra de chacun de ces 3 lingots pour en composer un 4e pesant 1Kg,40, dont le titre soit 3/7 par rapport au cuivre et 1/4 par rapport au zinc.

Soient x, y, z les nombres de Kg cherchés; $x+y+z=1,40$.

1er *Lingot*. Je réduis $^{1}/_{2}$ et $^{2}/_{9}$ au même dénominateur, et j'ai $^{9}/_{18}$, $^{4}/_{18}$. Ce lingot contient $^{9}/_{18}$ de son poids de cuivre et $^{4}/_{18}$ de ce poids d'étain; le reste ou $^{5}/_{18}$ du poids est du zinc. Par suite, les x Kg de ce lingot employés dans l'alliage en question con-

tiennent $^9/_{18}$ ou $^1/_2\, x$ Kg de cuivre, $^4/_{18}$ ou $^2/_9\, x$ Kg d'étain et $^5/_{18}\, x$ Kg de zinc. 2° *Lingot*. Je réduis $^2/_5$ et $^1/_3$ au même dénominateur, ce qui donne $^6/_{15}$ et $^5/_{15}$; ce lingot contient $^6/_{15}$ de son poids de cuivre, $^5/_{15}$ de son poids d'étain, et $^4/_{15}$ de son poids de zinc. Les y Kg employés contiennent donc $^6/_{15}$ ou $^2/_5\, y$ Kg de cuivre, $^5/_{15}$ ou $^1/_3\, y$ Kg d'étain, et $^4/_{15}\, y$ Kg de zinc. 3° *Lingot*. On trouve de même pour ce lingot $^3/_8\, z$ Kg de cuivre, $^1/_5\, z$ Kg d'étain, et $^{17}/_{40}\, z$ Kg de zinc. *Alliage obtenu* : On réduit $^3/_7$ et $^1/_4$ au même dénominateur, $^{12}/_{28}$ et $^7/_{28}$. Cet alliage doit contenir : 1° les $^{12}/_{28}$ ou les $^3/_7$ de son poids de cuivre ; $^3/_7$ de $1^{Kg},40 = 0^{Kg},60$;
2° les $^7/_{28}$ ou le $^1/_4$ de son poids d'étain ; $^1/_4$ de $1^{Kg},40 = 0^{Kg},35$;
3° le reste de son poids, c'est-à-dire les $^9/_{28}$ de son poids de zinc ; $^9/_{28}$ de $1^{Kg},40 = 0^{Kg},45$. Le cuivre de l'alliage est la réunion des quantités de cuivre contenues dans les parties employées des 3 lingots proposés. On a donc, pour le cuivre, l'équation $^1/_2\, x + {}^2/_5\, y + {}^3/_8\, z = 0{,}60$ (2); pour l'étain : $^2/_9\, x + {}^1/_3\, y + {}^1/_5\, z = 0{,}45$ (3) ; pour le zinc : $^5/_{18}\, x + {}^4/_{15}\, y + {}^{17}/_{40}\, z = 0{,}35$ (4). On peut prendre le g. pour unité, et remplacer 0,60 ; 0,45, et 0,35 par 600, 450 et 350. Nous avons quatre équations et 3 inconnues. Une des équations doit être la conséquence des 3 autres. En effet, en additionnant membres à membres les équations (2), (3) et (4), on retrouve l'équation (1) : $x + y + z = 1{,}40$. On peut donc se borner à résoudre trois équations, (1), (2) et (3), ou (2), (3) et (4). En résolvant les équations (2), (3) et (4), on trouve pour z une valeur négative. Cette valeur ne convient pas et ne peut même pas être interprétée. Le problème n'est donc pas possible avec les nombres donnés.

QUESTIONS DE GÉOMÉTRIE (*à plusieurs inconnues*).

355. L'aire d'un rectangle ne change pas dans les deux cas suivants : 1° quand on augmente un de ses côtés de 5^m, en diminuant l'autre de 2 ; 2° quand on augmente le 1er côté de 9^m et qu'on diminue l'autre de 3^m. Trouver les côtés. R. 15^m ; 8^m.

Soient x et y les côtés du rectangle cherché ; sa surface $= xy$. D'après l'énoncé $xy = (x+5)(y-2)$; d'où $10 = 5y - 2x$ (1). $xy = (x+9)(y-3)$; d'où $27 = 9y - 3x$, d'où encore $9 = 3y - x$ (2). On résout les équations (1) et (2), et on trouve $x = 15$; $y = 8$ (vérifiez).

356. Quelles sont les dimensions d'un champ dont l'aire diminue de $1^a,6$ quand on diminue sa longueur de 12^m en augmentant sa longueur de 3^m, et augmente de $4^a,65$ quand on augmente sa largeur de 15^m en diminuant sa longueur de 7^m.

Soient x et y les dimensions cherchées exprimées en mètres. L'aire est xy^{mq}. D'après l'énoncé $(x-12)(y+3)=xy-160$; d'où $12y-3x=124$, ou $4y-x=31$ (1). En second lieu $(x-7)(y+15)=xy+465$; d'où $15x-7y=465+105=570$ (2). On résout les équations (1) et (2), et on trouve $y=19\,{}^{28}/_{53}$; $x=47\,{}^{6}/_{53}$.

357. Décrire des sommets d'un triangle comme centres 1° trois circonférences tangentes extérieurement; 2° 3 circ. tangentes dont une enveloppe les deux autres.

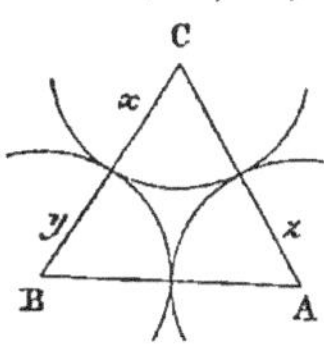

1° C, B, A, centres des circonférences de rayons x, y, z ; c, b, a côtés des triangles opposés à C, A, B. D'après la figure, on a les équations $x+y=a$; $x+z=b$; $y+z=c$. On en déduit $x+y+z={}^1/_2(a+b+c)$ (4). Puis par des soustractions successives $x={}^1/_2(a+b-c)$; $y={}^1/_2(a+c-b)$ et $z={}^1/_2(b+c-a)$.

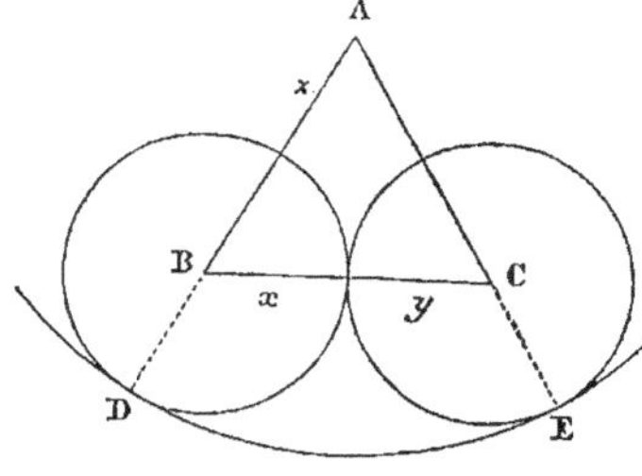

2° D'après la 2e fig, $x+y=a$ (1) ; $z-y=b$ (2), et $z-x=c$ (3). En additionnant, on trouve $2z=a+b+c$; d'où $z={}^1/_2(a+b+c)$. Puis $y=z-b={}^1/_2(a+c-b)$; $x=z-c={}^1/_2(a+b-c)$.

358. Mener dans un triangle ABC une parallèle DE à BC telle que DE = DB = EC.

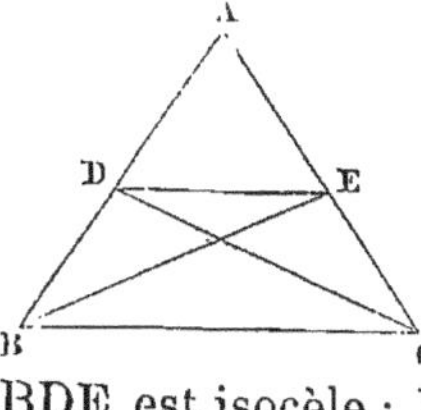

Le problème n'est possible que si le triangle ABC est isocèle; car, en le supposant résolu, on a $\frac{DB}{EC}=\frac{AB}{AC}$; si DB=EC, AB=AC. Supposons donc le triangle donné isocèle. D'après l'énoncé, le triangle BDE est isocèle ; BD = DE. L'angle DBE = DEB; puis DEB

= EBC ; on doit donc avoir DBE = EBC ; la droite BE doit diviser l'angle B en deux parties égales.

On trouve de la même manière que CD doit diviser l'angle C en deux parties égales. Il faut donc mener les bissectrices BE et CD des angles B et C, puis tracer la droite DE ; le triangle ABC étant isocèle, la droite DE ainsi obtenue est parallèle à la base, comme on le démontre aisément. Le problème est donc résolu ; mais c'est un problème de géométrie et non d'algèbre.

359. Mener une parallèle à la base d'un triangle de manière que le trapèze résultant ait un périmètre donné.

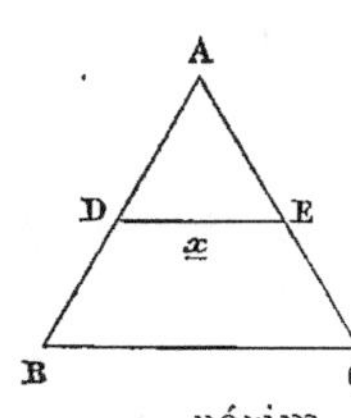

Supposons le problème résolu et DE la parallèle demandée. Soient $DE = x$, $BC = a$, $AB = c$, $AC = b$, $a + b + c = 2p$, et $2p'$ le périmètre donné du trapèze. Périm. ADE $+ 2p' = 2p + 2x$; d'où périm. ADE $= 2p + 2x - 2p'$.

Mais $\dfrac{\text{périm. ADE}}{2p} = \dfrac{x}{a}$ ou périmètre ADE $= \dfrac{2p \times x}{a}$. On a donc l'équation : $2p + 2x - 2p' = \dfrac{2px}{a}$; d'où $pa + ax - ap' = px$; d'où enfin $x = \dfrac{a(p - p')}{p - a}$.

p doit être $> p'$ et $> a$. La valeur de x est donc positive. Cette valeur connue, on construit aisément la parallèle $DE = x$.

360. Exprimer les côtés d'un triangle en fonction des médianes.

Soient a', b', c' les médianes, issues des sommets A, B, C. On sait (Géométrie) que $a^2 + b^2 = 2c'^2 + \frac{1}{2} c^2$ (1). $a^2 + c^2 = 2b'^2 + \frac{1}{2} b^2$ (2). $b^2 + c^2 = 2a'^2 + \frac{1}{2} a^2$ (3). J'additionne ces 3 équations membres à membres, puis je fais passer tous les termes inconnus dans le 1er membre. On trouve ainsi

$$\tfrac{3}{2}(a^2 + b^2 + c^2) = 2(a'^2 + b'^2 + c'^2) ;$$

d'où
$$a^2 + b^2 + c^2 = \tfrac{4}{3}(a'^2 + b'^2 + c'^2).$$

Je retranche l'équation (1) de cette dernière : je transpose

$^1/_2\, c^2$, et je divise les 2 membres par $^3/_2$; on trouve ainsi $c^2 = {}^4/_9\,(2a'^2 + 2b'^2 - c'^2)$. On trouve de même $b^2 = {}^4/_9\,(2a'^2 + 2c'^2 - b'^2)$ et $a^2 = {}^4/_9\,(2b'^2 + 2c'^2 - a'^2)$.

361. Exprimer les bissectrices des angles d'un triangle en fonction de ses trois côtés. Cas du triangle isocèle. Cas du triangle équilatéral.

AB $= c$, AC $= b$, BC $= a$, la bissectrice AD $= x$; BD $= y$; DC $= z$.

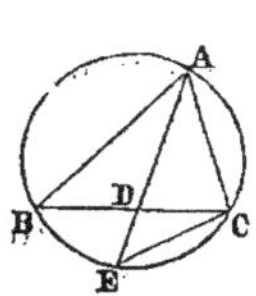

D'après la géométrie : $\frac{y}{z} = \frac{c}{b}$; $bc = x^2 + yz$; $y + z = a$. De ces équations, on tire $y = \frac{cz}{b}$, puis $\frac{cz}{b} + z = a$, d'où $z = \frac{ab}{c+b}$; $y = \frac{ac}{c+b}$; puis $bc = x^2 + \frac{a^2bc}{(c+b)^2}$; d'où $x^2 = \frac{bc[(c+b)^2 - a^2]}{(c+b)^2}$; d'où x. Si donc a'', b'', c'' désignent les 3 bissectrices issues des sommets A, B et C,

$$a''^2 = \frac{bc\,[(c+b)^2 - a^2]}{(c+b)^2}\,;\quad b''^2 = \frac{ac\,[(c+a)^2 - b^2]}{(c+a)^2}\,;$$
$$c''^2 = \frac{ab\,[(a+b)^2 - c^2]}{(a+b)^2}\,.$$

Cas du triangle isocèle. $b = c$; alors $a''^2 = \frac{b^2\,(4b^2 - a^2)}{4b^2} = \frac{4b^2 - a^2}{4} = b^2 - \frac{a^2}{4}$; ce qui est bien exact ; car alors, BD $=$ DC $= {}^1/_2 a$. $b''^2 = c''^2 = \frac{ba\,[(b+a)^2 - b^2]}{(b+a)^2} = \frac{a^2b(a+2b)}{(a+b)^2}$.

Cas du triangle équilatéral. $a''^2 = b''^2 = c''^2 = {}^3/_4\, a^2$.

362. Démontrer que si deux bissectrices d'un triangle sont égales, le triangle est isocèle. (Ex. 361.)

Supposons que les bissectrices b'' et c'' issues de B et de C soient égales.

Alors (Ex. 361). $\frac{ac\,[(a+c)^2 - b^2]}{(a+c)^2} = \frac{ab\,[(a+b)^2 - c^2]}{(a+b)^2}$.

Divisons les deux membres par $a \times (a+c+b)$, puis chassons les dénominateurs.

$$c(a+b)^2(a+c-b) \; ; = b(a+c)^2(a+b-c)$$

d'où $[c(a+b)^2 - b(a+c)^2]a = (b-c)\,[c(a+b)^2 + b(a+c)^2]$.

Le 1er membre se réduit $(ca^2+cb^2-ba^2-bc^2)a=(c-b)(a^3-abc)$.

Je transpose ce 1er membre dans le 2e développé, en mettant $(b-c)$ en facteur commun. $0 = (b-c)\,[ca^2 + cb^2 + ba^2 + bc^2 + 3abc + a^3]$.

Cette équation ne peut évidemment être vérifiée que si $b-c=0$, ou $b=c$; le triangle est donc isocèle $c''=b''$.

363. Inscrire dans un rectangle donné un autre rectangle dont les côtés soient entre eux comme m est à 1. (Discuter.)

On résout ce problème comme celui de l'Ex. 313 en remplaçant n par 1. En faisant ce changement dans les valeurs de x et de y, on trouve $x=\frac{am-b}{m^2-1}$; $y=\frac{mb-a}{m^2-1}$.

Si m est > 1, on voit que x et y ne peuvent être positifs comme cela doit être, que si m est à la fois plus grand que $\frac{b}{a}$ et $> \frac{a}{b}$, c'est-à-dire plus grand que le plus grand de ces rapports. Si $m=1$, le problème est impossible, à moins que a ne soit égal à b ; c'est-à-dire qu'on ne peut pas inscrire un carré dans un rectangle proprement dit. Si $a=b$ et $m=1$, on peut d'abord écrire $x=\frac{a(m-1)}{m^2-1}$, puis supprimer le facteur $m-1$; ce qui donne $x=\frac{a}{m+1}$; et enfin faire $m=1$, ce qui donne $x={}^1/_2a$.

De même $y={}^1/_2a$. On trouve ainsi la solution de ce problème : *Inscrire un carré dans un carré donné.* Si m est < 1, il faut que l'on ait $m<\frac{b}{a}$ et $m<\frac{a}{b}$, c'est-à-dire m plus petit que le plus petit de ces deux rapports.

364. Connaissant les volumes engendrés par un triangle tournant successivement autour de ses trois côtés, calculer ces trois côtés.

Le volume engendré par le triangle tournant autour de son côté a est $\frac{1}{3}\pi a h^2 = \frac{4}{3}\pi \frac{a^2h^2}{4a} = \frac{4}{3}\pi \frac{S^2}{a}$, S étant la surface du triangle. Soit v le quotient du volume donné par $\frac{4}{3}\pi$: on a $\frac{4}{3}\pi \frac{S^2}{a} = \frac{4}{3}\pi v$, ou $\frac{S^2}{a} = v$. Désignons par v' et v'' les quotients analogues relatifs aux côtés b et c. $\frac{S^2}{b} = v'$; $\frac{S^2}{c} = v''$. On déduit des 3 dernières égalités : $\frac{b}{a} = \frac{v}{v'}$ ou $b = \frac{v}{v'}a$; de même $c = \frac{v}{v''}a$. Par suite, $2p$ ou $a + b + c = a\left(1 + \frac{v}{v'} + \frac{v}{v''}\right) = a\left(\frac{v'v'' + vv'' + vv'}{v'v''}\right)$. $2p - 2a$ ou $2(p-a) = a\left(\frac{vv' + vv'' - v'v''}{v'v''}\right)$; $2(p-b) = a\left(\frac{v'v'' + vv' - vv''}{v'v''}\right)$; $2(p-c) = a\left(\frac{v'v'' + vv'' - vv'}{v'v''}\right)$. Désignons par V le produit des 4 numérateurs précédents. En multipliant entre elles les valeurs de p, $p-a$, $p-b$, $p-c$, et ayant égard à la valeur connue de S, on trouve $S^2 = av = \frac{a^4V}{16(v'v'')^4}$, d'où $a = \frac{2v'v''\sqrt[3]{2vv'v''}}{\sqrt[3]{V}}$. De même

$$b = \frac{2vv''\sqrt[3]{2vv'v''}}{\sqrt[3]{V}}; \qquad c = \frac{2vv'\sqrt[3]{2vv'v''}}{\sqrt[3]{V}}.$$

365. Trouver un point sur la ligne des centres de deux circonférences d'où les tangentes menées à ces courbes soient égales. Lieu de ces points sur le plan.

Soient $OB = r$, $O'B' = r'$, $OO' = d$, $OA = x$; $AO' = d - x$, et $r > r'$. Les triangles rectangles AOB, AO'B' donnent : $\overline{AB}^2 = x^2 - r^2$, et $\overline{AB'}^2 = (d-x)^2 - r'^2$; ces deux valeurs devant être égales, $x^2 - r^2 = (d-x)^2 - r'^2$ (1) ; d'où on déduit $x = \frac{d^2 + r^2 - r'^2}{2d}$. Le point A est donc connu.

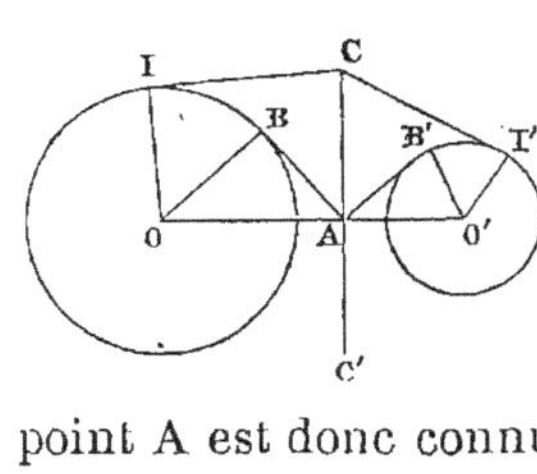

Considérons un point quelconque, C, tel que les tangentes CI, CI′ soient égales. Abaissons CAC′ perpendiculaire à OO′, et posons toujours $OA = x$, $AO' = d - x$. Les triangles rectangles donnent $\overline{CI}^2 = \overline{CO}^2 - r^2 = x^2 + \overline{CA}^2 - r^2$; $\overline{CA'}^2 = \overline{CO'}^2 - r'^2 = \overline{AO'}^2 + CA - r'^2 = (d-x)^2 + \overline{CA}^2 - r'^2$. En égalant $\overline{CI}^2$ et $\overline{CI'}^2$, on retrouve précisément l'équation (1) ci-dessus. La valeur de x est donc la même ; le point A actuel est le point A trouvé dans le cas précédent. C se trouve donc sur *la perpendiculaire élevée en* A *sur* OO′ ; cette perpendiculaire est le lieu géométrique demandé.

QUESTIONS DE PHYSIQUE (*).

366. Dans une machine d'Atwood, chacun des poids constants est de 30g. Quel doit être le poids additionnel pour que la vitesse du système soit : 1° de 80cm par seconde ; 2° le 8e de la vitesse g d'un corps tombant librement. $g = 9^m,8088$. Rép. $8^g\ {}^4/_7$.

Soient p' le poids additionnel variable, p, p les poids constants, g la vitesse de la chute libre, v la vitesse réduite à l'aide de la machine. On a la formule $p'g = (2p + p')v$ (1).

1° $p = 30^{gr}$, $v = 80^{cm} = 0^m,8$, $g = 9^m,8088$. L'équation (1) donne ici $p'g = (60 + p')0,8$; d'où $p'(g - 0,8) = 0,8 \times 60$;

puis $p' = \dfrac{48}{g - 0,8} = \dfrac{48}{9,0088} = 5^g,33$, à 0,01 près.

2° On doit avoir $v = {}^1/_8 g$; $2p = 60$. L'égalité (1) devient $p'g = (60 + p')\ {}^1/_8\ g$; d'où $7p' = 60$; $p' = {}^{60}/_7 = 8\ {}^4/_7$.

367. Un corps pèse pg dans l'eau et p'g dans un liquide dont la densité est d. Quelle est sa densité.

Soient x la densité cherchée, y le poids des corps dans l'air, et z le poids de l'eau qu'il déplace. Le poids d'un égal volume du liquide en question est dz. D'après l'énoncé,

$$x = \frac{y}{z} \quad (1) ; \quad y - z = p \quad (2) ; \quad y - dz = p' \quad (3).$$

(*) Ces questions ne sont évidemment proposées qu'aux élèves qui étudient la physique, et en connaissent les principes et les formules ; nous ne ferons qu'appliquer ces formules supposées connues.

En retranchant (3) de (2), on trouve $dz - z = p - p'$; d'où $z = \frac{p - p'}{d - 1}$. Par suite, $y = p + z = p + \frac{p - p'}{d - 1} = \frac{pd - p'}{d - 1}$, et enfin la densité cherchée $x = \frac{y}{z} = \frac{pd - p'}{p - p'}$.

368. Trois lingots de même volume et de poids différents pèsent ensemble 1200g ; on sait que 5dmc,82 du 1er pèsent 67Kg,512, que 8cmc,4 du 2e pèsent 80g,64, et enfin que 2mc,84 du 3e pèsent 21300Kg. On demande le volume et le poids de chaque lingot. Rép. 41cmc,811 ; *poids* : 485g ; 401g ; 314g.

Soient v^{cmc} le volume commun, x, y et z les 3 densités. Appliquons la formule $P = vd$, d'où $d = P : v$, en tenant bien compte de la concordance de l'unité de volume et de l'unité de poids.

$$v(x + y + z) = 1200 \quad (1). \qquad \text{Puis } x = \frac{67,512}{5,82} = 11,6.$$

$$y = \frac{80,64}{8,4} = 9,6, \qquad z = \frac{21300}{2840} = 7,5.$$

En remplaçant x, y, z par ces valeurs dans l'équation (1), on trouve $v \times 28,7 = 1200^{\text{cmc}}$; d'où $v = 41^{\text{cmc}},811$, à $0^{\text{cmc}},001$ près. Les poids demandés sont vx, vy, vz ; on les calcule aisément.

369. Un vase rempli successivement de deux liquides dont les densités sont d et d' pèse p et p', le poids du vase compris. Trouver le poids et la capacité du vase.

Soient x le poids du vase et y sa capacité ; les poids des deux liquides sont dy et $d'y$. Par suite $x + dy = p$, et $x + d'y = p'$. D'où $(d - d')y = p - p'$ et $y = \frac{p - p'}{d - d'}$; puis $x = p - dy = p - \frac{d(p - p')}{d - d'} = \frac{p'd - pd'}{d - d'}$.

Discussion. Si $d > d'$, on doit avoir $p > p'$ et $p'd > pd'$, ou $\frac{d}{d'} > \frac{p}{p'}$. Si $d < d'$, on doit avoir $p < p'$ et $\frac{d}{d'} < \frac{p}{p'}$. Enfin si $d = d'$, le problème n'est possible que si $p = p'$. Quand $p = p'$ et $d = d'$, $x = \frac{0}{0}$, $y = \frac{0}{0}$; le problème est indéterminé ; il n'y a pas de données suffisantes pour le résoudre ; les deux premières équations ci-dessus se réduisent alors à une seule $x + dy = p$ qui ne suffit pas pour déterminer x et y.

370. On fait un alliage de deux lingots dont les poids absolus sont P et P′ et les poids spécifiques p et p'. Trouver le poids spécifique de l'alliage : 1° en supposant qu'il n'y a eu ni condensation ni dilatation ; 2° et 3° en supposant qu'il y a eu une condensation ou une dilatation dont le coefficient est k.

Nous appliquerons très-souvent dans cet exercice et dans les suivants la formule

$$P = vd \quad \text{ou} \quad P = vp\,; \quad \text{d'où} \quad v = \frac{P}{p}.$$

1er CAS (1°). Soit p_1 le poids spécifique de l'alliage ; son poids absolu est $P + P'$, et son volume $\frac{P + P'}{p_1}$; les volumes des lingots alliés sont $\frac{P}{p}$ et $\frac{P'}{p'}$. Dans le cas actuel

$$\frac{P + P'}{p_1} = \frac{P}{p} + \frac{P'}{p'}. \quad (1) \qquad \text{D'où} \quad p_1 = \frac{(P + P')pp'}{Pp' + P'p}. \quad (2)$$

2e et 3e CAS (2° et 3°). Soient v_1 et p_1 le volume et le poids spécifique de l'alliage dans le 1er cas, v_2 et p_2 dans le 2e cas *(condensation)*, v_3 et p_3 dans le 3e cas *(dilatation)*. Soient aussi v et v' les volumes des deux lingots alliés. Le poids de l'alliage est dans les 3 cas : $P + P'$, et on a

$$P + P' = v_1p_1 = v_2p_2 = v_3p_3.$$

Dans le 1er cas, $v_1 = v + v'$. Dans le 2e cas, $v_2 = v + v' - k(v + v') = (v + v')(1 - k)$; donc $v_2 = v_1(1 - k)$. Dans le 3e cas, $v_3 = v + v' + k(v + v') = (v + v')(1 + k)$; donc $v_3 = v_1(1 + k)$.

L'égalité $v_2p_2 = v_1p_1$ revient à $v_1(1 - k)p_2 = v_1p_1$; d'où

$$p_2 = \frac{p_1}{1 - k}. \quad (3)$$

L'égalité $v_3p_3 = v_1p_1$ revient à $v_1(1 + k)p_3 = v_1p_1$; d'où

$$p_3 = \frac{p_1}{1 + k}. \quad (4)$$

Conclusion. Pour résoudre la question proposée, on calcule toujours le poids spécifique par la formule (2), en supposant que l'alliage se fait sans condensation ni dilatation. S'il y a eu condensation, on divise ensuite le poids spécifique trouvé par $1 - k$. S'il y a eu dilatation, on le divise par $1 + k$.

Remarques. On peut, à l'aide de l'égalité (1), trouver l'une quelconque des quantités P, P′, p, p', p_1 connaissant toutes les autres. Nous nous servirons très-souvent de cette égalité.

L'égalité (1) peut s'écrire ainsi : $\frac{P}{p_1} - \frac{P}{p} = \frac{P'}{p'} - \frac{P'}{p_1}$; d'où $Pp'(p - p_1) = P'p(p_1 - p')$. D'après cette égalité, *le poids spécifique de l'alliage doit être compris entre les poids spécifiques p et p' des substances alliées.* Si $p > p'$, on doit avoir $p > p_1 > p'$.

Pour trouver le poids spécifique p_1, il n'est pas nécessaire de connaître les deux poids P et P′ des substances alliées ; il suffit de connaître *leur rapport*. En effet, soit $P' = rP$; si l'on remplace P′ par rP, puis qu'on divise par P, l'égalité (1) devient

$$\frac{1+r}{p_1} = \frac{1}{p} + \frac{r}{p'}. \qquad (5)$$

Titre de l'alliage. On peut introduire dans ces égalités le titre de l'alliage. En effet, soit t le titre par rapport au 1er métal; sur 1^{Kg} de l'alliage, il y a t^{Kg} du 1er métal et $(1 - t)^{Kg}$ du 2e. On peut donc remplacer P par t, et P′ par $1 - t$; l'égalité (1) devient alors

$$\frac{1}{p_1} = \frac{t}{p} + \frac{1-t}{p'}; \quad (6) \qquad \text{d'où} \qquad t = \frac{p(p_1 - p')}{p_1(p - p')}. \quad (6\ bis)$$

371. Application. On fait un alliage de deux lingots dont les poids absolus sont 60^g et 84^g, et les poids spécifiques 9, 6, 8 et 4. On demande le poids spécifique de l'alliage, en supposant qu'il y a eu une condensation de 0,002.

C'est ici le 2e cas de l'Ex. 370; nous appliquons donc la formule (2) de cet exercice, en divisant aussitôt la valeur de p par $1 - k$ qui est ici 0,998.

$P = 60$; $P' = 84$; $p = 9{,}6$; $p' = 8{,}4$; $1 - k = 0{,}998$.

$$p_2 = \frac{(60 + 84) \times 8,4 \times 9,6}{(60 \times 8,4 + 84 \times 9,6) \times 0,998} = 8,88 \text{ à } 0,01 \text{ près.}$$

Les deux termes de p_2 sont divisibles par 12×12.

Remarque. Nous nous servirons des formules du n° 370 pour résoudre les questions suivantes. Mais il est bon que les élèves traitent complétement et *à priori* chaque question proposée en raisonnant sur les poids absolus, les poids spécifiques, les volumes, les titres donnés ou inconnus comme nous venons de le faire, comme nous l'avons fait dans les divers cas de l'Ex. 370. On peut finalement se servir des formules pour vérifier les résultats trouvés.

372. Le titre d'un alliage d'argent et de cuivre est 0,750 par rapport à l'argent Le poids spécifique de l'argent est 10,5. Trouver celui du cuivre, sachant que l'alliage qui s'est fait sans condensation ni dilatation a pour poids spécifique 10,016.

Considérons 1^{Kg} ou 1000^{g} de l'alliage; ce Kg se compose de 750^{g} d'argent et de 250^{g} de cuivre; soit p' le poids spécifique cherché. Les volumes des métaux et de l'alliage sont $\frac{1000}{10,016}$, $\frac{750}{10,5}$, et $\frac{250}{p'}$. On a l'équation : $\frac{1000}{10,016} = \frac{750}{10,5} + \frac{250}{p'}$. D'où on déduit la valeur de p'. $p' = 8,80$ à 0,01 près.

On peut appliquer immédiatement la formule (2) de l'Ex. 370.

373. On allie $1^{Kg},20$ d'argent au titre de 0,800, et $2^{Kg},4$ au titre de 0,750 Le poids spécifique de l'argent est 10,47, celui du cuivre 8,79. Trouver le poids spécifique de l'alliage : 1° en supposant qu'il n'y ait eu ni condensation ni dilatation ; 2° et 3° en supposant qu'il y ait eu une condensation ou une dilatation de 0,002.

1er Cas. Le 1er lingot contient $1^{Kg},20 \times 0,8 = 0^{Kg},96$ d'argent et $0^{Kg},24$ de cuivre. Le 2e lingot contient $2^{Kg},4 \times 750 = 1^{Kg},8$ d'argent et $0^{Kg},6$ de cuivre. L'alliage des deux lingots contient $(0,96 + 1,8)^{Kg} = 2^{Kg},76$ d'argent et $0^{Kg},84$ de cuivre. Nous n'avons qu'à appliquer la formule (2) de l'Ex. 370.

$$P = 2^{Kg},76; \quad P' = 0^{Kg},84; \quad p = 10,47; \quad p' = 8,79.$$

$$p_1 = \frac{3,6 \times 21,47 \times 8,79}{2,76 \times 8,79 + 0,84 \times 10,47} = 10,02 \quad \text{à } 0,01 \text{ près.}$$

2ᵉ CAS. *Il y a eu une condensation de* 0,02. D'après la formule (3) de l'Ex. 370, il faut diviser 10,02 par 1 — 0,002 = 0,998. On trouve $p_2 = 10,04$.

3ᵉ CAS. *Il y a eu une dilatation de* 0,002. Il faut diviser 10,02 par 1,002. On trouve : $p_3 = 10$.

374. Trouver le poids spécifique de chacun des lingots indiqués dans l'Ex. 297. Les poids spécifiques de l'argent et du cuivre sont 10,47 et 8,79.

Il suffit de considérer un K*g* de chaque lingot, et de lui appliquer la formule (2) de l'Ex. 370.

1ᵉʳ *lingot.* Argent, $0^{Kg},84$; cuivre $0^{Kg},16$.

$$p_1 = \frac{10,47 \times 8,79}{0,84 \times 8,79 + 0,16 \times 10,47} = 10,16.$$

2ᵉ *lingot.* Argent, $0^{Kg},91$; cuivre, $0^{Kg},09$.

$$p_1 = \frac{10,47 \times 8,79}{0,91 \times 8,79 + 0,09 \times 10,47} = 10,29.$$

Alliage. Sur 1^{Kg} de cet alliage, il y a $0^{Kg},885$ d'argent et $0^{Kg},115$ de cuivre.

$$P' = \frac{10,47 \times 8,79}{0,885 \times 8,79 + 0,115 \times 10,47} = 10,24 \text{ à } 0,01 \text{ près.}$$

375. On allie $1^{Kg},496$ d'argent au titre de 0,750 avec une certaine quantité d'argent au titre de 0.800. L'alliage est au titre de 0,780 et son poids spécifique est $10 + \frac{10}{49}$. On demande son poids absolu, et s'il y a eu condensation ou dilatation, trouver le coefficient de l'une ou de l'autre. Le poids spécifique de l'argent est 10,4 et celui du cuivre 8,8.

Poids absolu : $3^{Kg},740$. D'après l'arithmétique, pour obtenir un alliage au titre de 0,780, on doit prendre 30 K*g* d'argent au titre de 0,800 pour 20 K*g* au titre de 0,750, ou 3 K*g* pour 2, ou $^3/_2$ K*g* pour 1, et par suite $1^{Kg},496 \times {}^3/_2 = 2^{Kg},244$ pour $1^{Kg},496$. Poids total de l'alliage ; $3^{Kg},740$.

Poids spécifique. 1^{Kg} de cet alliage, au titre de 0,780, contient $0^{Kg},78$ d'argent et $0^{Kg},22$ de cuivre. Dès lors son poids spécifique sans condensation ni dilatation doit être [Ex. 370, formule (2)] :

$$p_1 = \frac{10,4 \times 8,8}{0,78 \times 8,8 + 0,22 \times 10,4} = \frac{10,4 \times 1,1}{0,78 \times 1,1 + 0,11 \times 2,6} = 10.$$

Le poids spécifique réel étant $10 + \frac{10}{49}$, il y a eu condensation.

Pour trouver le coefficient k, on a, d'après l'Ex. 370, égalité (3), l'équation :

$$\frac{10}{1-k} = 10 + \frac{10}{49} = \frac{500}{49}; \quad \text{d'où} \quad 1 - k = \frac{49}{50}; \quad k = \frac{1}{50} = 0,02.$$

376. Question générale. On allie deux substances dont les poids absolus sont P et P′ et les poids spécifiques p et p' ; il se trouve que le poids spécifique de l'alliage est p''. Comment reconnaît-on s'il y a eu condensation ou dilatation, et comment détermine-t-on, le cas échéant, le coefficient de l'une ou de l'autre ?

On cherche, par la formule (2) de l'Ex. 370, le poids spécifique p_1 de l'alliage, en supposant qu'il n'y ait ni condensation ni dilatation. Si $p'' = p_1$ il n'y a eu ni condensation ni dilatation. Si $p'' > p_1$, il y a eu *condensation* ; $p'' = p_1 : (1 - k)$; on trouve le coefficient de condensation k à l'aide de cette équation. Si $p'' < p_1$ il y a eu *dilatation* ; l'équation, $p'' = p_1 : (1 + k)$, donne le coefficient k.

377. Les poids spécifiques de deux substances sont p et p'. Dans quelle proportion doit-on les allier ou les mélanger pour que le poids spécifique de l'alliage soit p''. On suppose : 1° que l'alliage se fait sans dilatation ni condensation ; 2° et 3° qu'il y a une condensation ou une dilatation dont le coefficient donné est k.

1er Cas. Il n'y a qu'à appliquer l'égalité (5) de l'Ex. 370. Soient 1 et r les poids des substances mélangées ; le poids de l'alliage est $1+r$, et son volume $(1+r):p''$. On a l'équation

$$\frac{1+r}{p''}=\frac{1}{p}+\frac{r}{p'};\qquad \text{d'où}\qquad r=\frac{p'(p-p'')}{p(p''-p')}.$$

Discussion. Si $p'<p''$, on doit avoir $p''<p$; si $p'>p''$, on doit avoir $p''>p$, c'est-à-dire que le poids spécifique du mélange doit toujours être compris entre les poids spécifiques des deux substances mélangées ; ce qui est naturel, et ce que nous avons déjà remarqué dans l'Ex. 370.

Si $p'=p''$, on doit avoir $p=p''$, et alors $v=\frac{0}{0}$. En effet, si les poids spécifiques des substances proposées sont les mêmes, on peut évidemment les mélanger dans une proportion quelconque.

2° Si on suppose qu'il y a une *condensation* dont le coefficient donné est k, on a, d'après la formule (3) de l'Exercice 370.

$p''=\frac{(1+r)\,pp'}{(p'+rp)\,(1-k)}$; d'où on déduit r.

3° Si on suppose une dilatation, $p''=\frac{(1+r)\,pp'}{(p'+rp)\,(1+k)}$.

378. Application. Le poids spécifique de l'argent est 10,47 ; celui du cuivre 8,79 ; celui de l'or 19,6. Dans quelle proportion doit-on allier de l'or et du cuivre pour que l'alliage ait le poids spécifique de l'argent ? On suppose que l'alliage se fait sans dilatation ni condensation. Quel est son titre par rapport au cuivre ?

Rép. *Le rapport du cuivre à l'or est* 2,437 *à* 0,001 *près et le titre par rapport au cuivre* 0,709.

1° Pour trouver la proportion, ou le rapport r du cuivre à l'or, on applique la formule de l'ex. 377, en y faisant $p=19{,}6$; $p'=8{,}79$. $p''=10{,}47$. $r=\frac{8{,}79(19{,}6-10{,}47)}{19{,}6\times(10{,}47-8{,}79)}=\frac{8{,}79\times 9{,}13}{19{,}6\times 1{,}68}$ $=2{,}437$ à 0,001 près.

2° Pour trouver le titre x, on dit : sur 1Kg d'alliage, il y a xKg de cuivre, et $(1-x)$Kg d'or. Par suite, le rapport $x:1-x=r=2{,}437$; d'où on déduit $x=0{,}709$.

379. Un alliage d'argent et de cuivre qui pèse 304g,43 occupe un volume de 32cmc ; le poids spécifique de l'argent est 10,47, celui du cuivre 8,79. Trouver le titre de cet alliage ?

Le poids spécifique de l'alliage $(P : v)$ est $304,48:32=9,515$. Cela étant, nous n'avons qu'à appliquer la formule (6 *bis*) de l'Ex. 370.

(Développons). Soit t le titre de l'alliage par rapport à l'argent; 1^{Kg} d'alliage contient t^{Kg} d'argent, et $(1-t)^{Kg}$ de cuivre; le volume de l'alliage est $\frac{1}{9,515}$ et ceux de l'argent et du cuivre $\frac{t}{10,47}$ et $\frac{1-t}{8,79}$. On a donc l'équation

$$\frac{1}{9,515}=\frac{t}{10,47}+\frac{1-t}{8,79};\quad \text{d'où}\quad t=\frac{10,47\times 0,725}{9,515\times 1,68}=0,475.$$

Notons bien cette formule (6 *bis*) de l'Ex. 370.

380. Le poids spécifique du lingot formé dans l'Ex. 300 est $10+\frac{25210}{67419}$. Y a-t-il eu condensation ou dilatation? Trouver le coefficient. Le poids spécifique de l'argent employé est 10,5, et celui du cuivre 8,8.

D'après ce qui a été expliqué dans l'Ex. 376, j'applique d'abord la formule (2) de l'Ex. 370 pour trouver le poids spécifique p_1 de l'alliage dans l'hypothèse où il n'y aurait eu ni condensation ni dilatation. Pour cela, je considère 1^{Kg} de l'alliage qui, d'après le titre, renferme $0^{Kg},884$ d'argent, et $0^{Kg},116$ de cuivre. $P=0,884$; $P'=0,116$; $P+P'=1$.

$$p_1=\frac{10,5\times 8,8}{0,884\times 8,8+0,116\times 10,5}=10,270 \text{ à } 0,001 \text{ près.}$$

Cela fait, je convertis en décimales la fraction du poids spécifique réel donné, que je trouve ainsi égal à 10,374. Ce poids spécifique surpassant p_1, j'en conclus qu'il y a eu une condensation dont le coefficient k se déduit de l'équation $10,374=10,270:(1-k)$. $k=0,01$ à 0,0001 près.

381. Une couronne d'or et d'argent pèse dans l'air 10^{Kg}, et dans l'eau $9^{Kg},375$. Les poids spécifiques de l'or et de l'argent étant 19,6 et 10,5, trouver le titre de la couronne par rapport à l'or à 0,001 près, et le poids de l'argent.

Le volume d'eau déplacé par la couronne pèse $10^{Kg}-9^{Kg},375$

$=0^{Kg},625$; le poids spécifique est donc $10:0,625=16$. Soient t le titre cherché. Sur 1^{Kg} de l'alliage, il y a t^{Kg} d'or et $(1-t)^{Kg}$ d'argent. Nous pouvons appliquer la formule (6 *bis*) de l'Ex. 370, ou bien raisonner comme dans l'Ex. 379 ; on trouve ainsi :

$$t=\frac{19,6\times 5,5}{16\times 9,1}=0,7403\ {}^{11}/_{13}.$$

Dans 1^{Kg} de la couronne, il y a $0^{Kg},7403\ {}^{11}/_{13}$ d'or; dans la couronne de 10^{Kg}, il y a $7^{Kg},403\ {}^{11}/_{13}$ d'or et $2^{Kg},596\ {}^{2}/_{13}$ d'argent.

2e Solution. Le volume d'eau déplacé par la couronne pèse $10^{Kg}-9^{Kg},375=0^{Kg},625$; le volume de la couronne est donc $0^{dmc},625$. Désignons par x^{Kg} et y^{Kg} les poids d'or et d'argent contenus dans les 10^{Kg}; le titre cherché sera $0,1x$. On a d'abord $x+y=10$ (1). En second lieu, 1^{dmc} d'or pèse $19^{Kg},6$; 1^{Kg} a pour volume $\frac{1^{dmc}}{19,6}$; x^{Kg} ont pour volume $\frac{x^{dmc}}{19,6}$. De même les y^{Kg} d'argent ont pour volume $\frac{y^{dmc}}{10,5}$. La somme des 2 volumes : $\frac{x}{19,6}+\frac{y}{10,6}=0,625$ (2). On résout les équations (1) et (2), et on trouve $x=7,403\ {}^{11}/_{13}$ et $y=2,596\ {}^{11}/_{13}$; le titre cherché est $0,7403\ {}^{11}/_{13}$.

382. Traiter la question précédente d'une manière générale.

Question générale. *Un alliage de deux métaux pèse dans l'air* P_1, *dans l'eau* P'_1 ; *les poids spécifiques des métaux sont* p *et* p'. *Trouver le titre de l'alliage par rapport au* 1er *métal et le poids de chaque métal.*

1re Solution. Le volume d'eau déplacé pèse $P_1-P'_1$ et le poids spécifique de l'alliage $p_1=P_1:(P_1-P'_1)$. Soit t le titre cherché. On considère 1^{Kg} de l'alliage composé de t^{Kg} du 1er métal et de $(1-t)^{Kg}$ du 2e métal, et on applique la formule (6 *bis*) de l'Ex. 370 (Voy. le raisonnement de l'Ex. 379).

$$t=\frac{p(p_1-p')}{p_1(p-p')}.$$

383. $31^{Kg},36$ d'un métal perdent dans l'eau $1^{Kg},6$; $15^{Kg},4$ d'un autre métal perdent dans l'eau $1^{Kg},75$. Un alliage des deux métaux pèse dans l'air 54^{Kg} et dans l'eau 51^{Kg} Quel est son titre par rapport à chaque métal ? On suppose qu'il n'y a eu ni dilatation ni condensation.

Le poids spécifique du 1er métal est $31,36 : 1,60 = 19,6$; *idem* du 2e, $15,40 : 1,75 = 8,8$. ; *idem* de l'alliage, $54 : 3 = 18$: trouver le titre t de l'alliage. C'est la question précédente. On résout directement, comme dans l'Ex. 381, ou on applique la formule (6 *bis*) de l'Ex. 370. $p_1 = 18$; $p = 19,6$; $p' = 8,8$.

On trouve ainsi $t = 0,930$, à 0,001 près.

384. Traiter la question précédente d'une manière générale.

C'est la même question que dans l'Ex. 382, à partir de p_1 connu.

385. Un aréomètre de Farenheit (à volume constant) doit être chargé de 20^{gr} pour affleurer dans l'eau à 4°, de 50^{gr} pour affleurer dans un liquide dont le poids spécifique est 1,53, et de 35^{gr} pour affleurer dans un 3e liquide dont on cherche le poids spécifique. Trouver ce poids spécifique et le poids absolu de l'instrument.

RÉP. 1,265 et $36^g,604$.

Soit p^g le poids de l'instrument. Le volume d'eau déplacé pèse $(p + 20)^g$. Le même volume du 2e liquide pèse $(p + 50)^g$; *idem* du 3e liquide $(p + 35)^{gr}$. Le poids spécifique du 2e liquide est

$$\frac{p+50}{p+20} = 1,53 \; ; \qquad \textit{idem} \text{ du 3}^e \text{ liquide} \qquad \frac{p+35}{p+20} = x.$$

La 1re équation donne $50 - 20 \times 1,53 = p \times 0,53$; d'où $p = \dfrac{19,4}{0,53}$. On substitue cette valeur dans la 2e équation qui devient $\dfrac{19,4 + 35 \times 0,53}{19,4 + 20 \times 0,53} = x$. Le calcul donne $x = 1,265$, et $p = 36^g,604$.

386 Un aréomètre de Beaumé à échelle descendante, s'enfonce jusqu'à 0 dans l'eau pure, et jusqu'à 15 dans un liquide dont la densité est 1,1136. Jusqu'à quelle division s'enfoncera-t-il dans un liquide dont la densité est 1,25 ?

RÉP. jusqu'à 29,4.

Soit V^{cmc} le volume de l'instrument jusqu'à 0 ; ce volume d'eau pèse V^{g} ; soit aussi v le volume d'une division du tube. Le volume du 2e liquide déplacé est V — $15v$, et son poids est $(V - 15v)1,1136$; pour le 3e liquide, c'est $(V - xv)1,25$. Dans les 3 cas, le poids du liquide déplacé est égal au poids du corps flottant, c'est-à dire de l'aréomètre. Ces trois poids sont donc égaux.

D'où les équations $$(V - 15v)1,1136 = V. \quad (1)$$

$$(V - xv)1,25 = V. \quad (2)$$

De la 1re équation on déduit

$$V = (16,7040 : 0,1136)v.$$

On met cette valeur de V dans l'équation (2), et on trouve

$$x = 29,4 \text{ à } 0,01 \text{ près.}$$

387. Un aréomètre de Beaumé à échelle descendante marque 0 dans l'eau pure, 15 dans un liquide dont la densité est 1,1136, et 54 dans un liquide dont on veut connaître la densité. Trouver cette densité et le rapport entre le volume de la partie de l'instrument immergée dans l'eau pure et celui d'une division. Rép. 1,580 et 147.

Soit x la densité cherchée. En raisonnant comme dans l'Ex. 386, on trouve les trois poids égaux : V, $(V - 15v)1,1136$ et $(V - 54v)x$. D'où les équations : $(V - 15v)1,1136 = V$ qui donne $V = 147v$, puis $(V - 54v)x = V$ qui devient $(147v - 54v)x = 147v$;d'où $x = 147 : 93 = 1,580$ à 0,001 près. Le rapport demandé est $V : v = 147$.

388. L'aréomètre de Beaumé à échelle ascendante marque 10 dans l'eau pure, m dans un liquide dont le poids spécifique est p, et n dans un liquide dont on cherche le poids spécifique x. Trouver x.

Soient V le volume de l'instrument jusqu'à la 10e division, et v le volume d'une division. Les volumes des liquides déplacés sont : eau, V ; 2e liquide, $V + (m - 10)v$; 3e liquide, $V + (n - 10)v$. Les poids de ces liquides déplacés sont en gr., V, $[V + (m - 10)v]p$, et $[V + (n - 10)v]x$. Ces 3 poids égaux au poids de l'aréomètre sont égaux entre eux. Donc $[V + (m - 10)v]p = V$ (1) et $[V + (n - 10)v]x = V$. On tire de (1) $V = \frac{(m-10)pv}{1-p}$; puis on substitue cette valeur de V dans (2). On résout l'équation, et on obtient finalement $x = \frac{(m-10)p}{(m-n)p+n-10}$.

389. On refoule de l'air dans un récipient à l'aide d'une pompe foulante dont le corps a une capacité libre égale aux 2/9 de celle du récipient. La pression atmosphérique est $0^m,747$ de mercure, et après 6 coups de piston la tension de l'air du récipient est $1^m,743$. Quelle était cette tension avant le 1er coup de piston ?

Désignons par 1 la capacité du récipient, et par x la pression intérieure avant le 1er coup de piston. La quantité d'air qui avait ce volume 1 sous la pression x, occuperait, dans un récipient à parois extensibles, sous la pression 1, le volume x, et sous la pression de $0^m,747$ le volume $\frac{x}{0,747}$. En supposant l'air du récipient maintenu à cette pression qui est celle de l'air extérieur, le volume d'air introduit par chaque coup de piston étant $^2/_9$, le volume total à la pression de 0,747 serait, après le 6e coup de piston, $\frac{x}{0,747} + \frac{12}{9}$. Mais le volume réel de cet air est resté égal à 1, et la pression est finalement $1^m,743$; les volumes étant dans le rapport inverse des pressions, on a.

$$\left(\frac{x}{0,747} + \frac{12}{9}\right) : 1 = \frac{1,743}{0,747}.$$

C'est l'équation du problème. On en déduit $x = 0^m,744$.

390. Un tube exactement cylindrique plonge dans une cuve de mercure ; une certaine quantité d'air sec occupe au haut de ce tube a divisions, et le mercure soulevé b divisions. On enfonce le tube dans le mercure jusqu'à ce que l'air n'occupe plus que a' divisions ; le mercure soulevé occupe alors b' divisions. Trouver la pression atmosphérique au moment de l'expérience.

Soit x la pression atmosphérique et $d^{mèt.}$ la longueur d'une division du tube : 1° l'air intérieur occupant a divisions, fait équilibre à la pression $(x - bd)^{mèt.}$ de mercure ; 2° cet air, occupant a' divisions, fait équilibre à la pression $(x - b'd)^{mèt.}$. D'après un principe connu, $(x - bd)a = (x - b'd)a'$. C'est l'équation du problème ; on en déduit $x = \frac{(ab - a'b')d}{a - a'}$.

391. La longueur d'une barre métallique est l quand on la retire d'un bain dont la température est $t°$, et l' quand on la retire d'un autre bain dont la température est $t'°$. Trouver sa longueur à 0° et son coefficient de dilatation.

Appliquez au cas où $l = 8{,}40215712$; $l' = 8{,}403451392$; $t = 15$; $t' = 24$.

Soient l_0, l et l' les longueurs de la barre à 0°, $t°$, $t'°$, et k le coefficient cherché. On sait que $l = l_0(1 + kt)$; $l' = l_0(1 + kt')$. On déduit de là : $\frac{l}{l'} = \frac{1 + kt}{1 + kt'}$, puis $k = \frac{l' - l}{lt' - l't}$ (1). k étant connu, on déduit de la première égalité $l_0 = l : (1 + kt)$ (2).

Applications. On remplace l, l', t et t' par leurs valeurs données dans la formule (1), et on trouve $k = 0{,}00001712$. Connaissant k, on trouve, en appliquant la formule (2), $l_0 = 8^m{,}4$.

392. La longueur d'une barre métallique est l quand on la retire d'un bain dont la température est $t°$, et l' quand on la retire d'un 2e bain ; le coefficient de dilatation du métal est k. On demande sa longueur à 0° et la température du 2e bain ?

Application. $l = 12^m$; $l' = 12^m{,}001476$; $t = 15$; $k = 0{,}0000123$. Calculer l_0 et t'.

Soient l_0, l, l' les longueurs de la barre à 0°, $t°$, $t'°$, et k le coefficient de dilatation. On a encore les équations $l = l_0(1 + kt)$; $l' = l_0(1 + kt')$; les inconnues sont t' et l_0. On a d'abord $l_0 = \frac{l}{1 + kt}$ (1). l' étant connue, on déduit de la 2e équation

$$t' = \frac{l' - l_0}{kl_0}. \qquad (2)$$

Application. En appliquant ces formules au cas proposé, on trouve $l_0 = 11^m{,}89778$ et $t' = 25°$.

393. La densité d'un liquide est d à la température t, d' à la température t'. Quel est son coefficient de dilatation ?

Application. $d = \frac{1}{1{,}26575}$; $d' = \frac{1}{1{,}27625}$; $t = 12$; $t' = 30$. Trouver k.

Si 1 est le volume du liquide à 0°, les volumes v et v' à $t°$ et à $t'°$ sont $1+kt$ et $1+kt'$. Mais on sait que $\frac{d}{d'}=\frac{v'}{v}=\frac{1+kt'}{1+kt}$, ou $d(1+kt)=d'(1+kt')$. Donc $k=\frac{d-d'}{d't'-dt}$.

Application. En appliquant cette formule à la question proposée, on trouve $k=0{,}000464$.

394. La densité d'un métal est d à la température de $t°$; son coefficient de dilatation est k. A quelle température faut-il élever ce métal pour que sa densité diminue de 0,02 de sa valeur ?

En raisonnant d'abord comme dans l'Ex. 393, on trouve $d(1+kt)=d'(1+kt')$. Or dans le cas actuel $d'=0{,}98d$. L'équation du problème est donc ici $1+kt=0{,}98(1+kt')$, d'où on déduit $t'=\frac{0{,}02+kt}{0{,}98k}$.

395. A un cylindre de bois long de 1m,20, on fixe un cylindre de platine de même diamètre et d'une longueur telle que la base supérieure du cylindre de bois se trouve à 20cm du niveau de l'eau. Trouver la longueur du cylindre de platine sachant d'ailleurs que la densité du bois en question est 0,5 et celle du platine 21,5.

Soit x^{cm} la longueur cherchée; supposons la section du cylindre égale à 1cmq. La longueur de la partie immergée est $(x+100)^{cm}$ et le poids de l'eau déplacée $(x+100)^{g}$. Le poids du cylindre de bois est $(120\times0{,}5)^{g}=60^{g}$; le poids du platine est $x\times21{,}5$. Le poids du corps flottant est égal au poids de l'eau déplacée. $60+x\times21{,}5=x+100$. D'où $x=40:20{,}5=400:205=80:41=1^{cm},95=0^{m},0195$, à 0,0001 près.

396. Un alliage d'argent et de platine se tient en équilibre dans le mercure. Trouver le titre de cet alliage par rapport à l'argent, sachant que les poids spécifiques de l'argent, du mercure et du platine sont 10,5 ; 13,6, et 21.
Rép. 0,544.

Soit x le titre cherché. Considérons 1Kg de cet alliage ; il contient x^{Kg} d'argent et $(1-x)^{Kg}$ de platine. Les volumes partiels sont : $\frac{x}{10{,}5}$ et $\frac{1-x}{21}$, et celui du mercure déplacé $\frac{1}{13{,}6}$. Le dernier est la somme des deux premiers, $\frac{x}{10,5}+\frac{1-x}{21}=\frac{1}{13,6}$: C'est l'équation du problème. On en déduit $x = 0,544$ à 0,001 près.

397. Un vase contient du mercure et de l'eau superposée. Un alliage homogène de fer et de platine mis dans ce vase se trouve partie dans le mercure, partie dans l'eau ; la 1re partie est les 7/9 de la 2e. Trouver le titre de cet alliage par rapport au platine, sachant que les poids spécifiques du fer, du mercure et du platine sont 7 8 ; 13,6 et 21. Rép. 0,445.

Soit x le titre cherché. Considérons 1^{Kg} de cet alliage ; il contient x^{Kg} de platine et $(1-x)^{Kg}$ de fer. Les volumes partiels sont $\frac{x}{21}$ et $\frac{1-x}{7,8}$. Le volume du mercure déplacé est $\frac{7}{9}\left(\frac{x}{21}+\frac{1-x}{7,8}\right)$ pesant $\frac{7}{9}\cdot\left(\frac{x}{21}+\frac{1-x}{7,8}\right)\times 13,6$; le poids de l'eau déplacée est $\frac{2}{9}\left(\frac{x}{21}+\frac{1-x}{7,8}\right)$. Ces deux poids réunis équivalent au poids de l'alliage, c'est-à-dire à 1. L'équation du problème est donc

$$\left(\frac{x}{21}+\frac{1-x}{7,8}\right)\left(\frac{7\times 13,6}{9}+\frac{2}{9}\right)=1.$$

On résout cette équation, et on trouve $x = 0,445$ à 0,01 près.

398. Deux cubes ayant pour côtés 3^{cm} et 5^{cm} pèsent respectivement dans l'air sec sous la pression de $0^{m},76$, $26^{g},314$ et $26^{g},2597$. On les pose sur les plateaux d'une balance sous le récipient d'une machine pneumatique, et on raréfie l'air jusqu'à ce que le fléau soit bien horizontal. Quelle pression indique alors l'éprouvette ? Les deux pesées se font à la même température ; on sait qu'un litre d'air sec à la pression de $0^{m},76$ pèse $1^{g},293$ Rép. $0^{m},658$.

Soit x^{cm} la pression cherchée. $(3^{cm})^3 = (0^{dm},3)^3 = 0^{dmc},027$; $(3^{cm})^3$ d'air à la pression de 76^{cm} de mercure pèsent $1^{g},293\times 0,027$; sous la pression de 1^{cm}, $(1^{g},293\times 0,027) : 76$, et sous la pression de x^{cm}, $\frac{1^{g},293\times 0,027\times x}{76}$. On trouve de même pour $(5^{cm})^3$ d'air sec, sous la pression x, $\frac{1^{g},293\times 0,125\times x}{76}$.

Le 1er cube pèse dans le vide $26^g,314 + 1^g,293 \times 0,027$; le 2e, $26^g,2597 + 1^g,293 \times 0,125$. Sous le récipient, le 1er cube pèse $26^g,314 + 1^g,293 \times 0,027 - \dfrac{1^g,293 \times 0,027 \times x}{76}$; le 2e cube pèse $26^g,297 + 1^g,293 \times 0,125 - \dfrac{1^g,293 \times 0,125 \times x}{76}$. Ces deux poids sont égaux. On les égale, et on obtient l'équation du problème qui résolue donne : $x = 0^m,658$ à $0^m,001$ près.

399 Dans un vase de laiton qui pèse 30g à 10°, on met 400g d'eau à 10° et 40g de fer à 100°. La chaleur spécifique du laiton est 0,094 ; celle du fer 0,1137. Trouver la température finale commune au mélange et au vase. RÉP. 11°.

Soit $x°$ la température cherchée. Le vase gagne $30 \times 0,094(x - 10)$; l'eau, $400(x - 10)$. Le fer perd $40 \times (100 - x) \times 0,1137$. L'équation du problème est donc $(30 \times 0,094 + 400)(x - 10) = 40 \times (100 - x)0,1137$. On résout, et on trouve : $x = 11°$ à $0°,01$ près.

400. 45Kg d'eau à 28°,5 sont contenus dans un vase de cuivre pesant 2Kg,538. On y dissout 7Kg,250 de glace à 0°. Trouver la température finale du vase et du mélange, sachant que la chaleur spécifique du cuivre est 0,1, et que la chaleur latente de fusion de la glace est 80. RÉP 13°,51.

L'eau perd $45 \times (28,5 - x)$; le cuivre $2,538 \times 0,1 \times (28,5 - x)$. La glace emploie, pour arriver à la température $x°$, $7,25 \times (80 + x)$. L'équation du problème est donc $(28,5 - x)(45 + 0,2538) = 7,25(80 + x)$. En la résolvant, on trouve $x = 13°,51$.

401 Une baignoire de cuivre pesant 12Kg 45 contient 150 Kg d'eau à 10°,5. On y condense 3Kg,6415 de vapeur d'eau sous la pression de 0,76. Trouver la température finale de l'eau et du vase, sachant que la chaleur spécifique du cuivre est 0,1 de celle de l'eau, et que la chaleur latente de vaporisation de l'eau est 540. RÉP. 25°,3.

L'eau gagne $150(x - 10,5)$ calories ; le cuivre $0,1 \times 12,45(x - 10,5)$; total $151,245(x - 10,5)$. La vapeur perd $3,6415(540 + 100 - x)$. L'équation du problème est donc $151,245(x - 10,5) = 3,6415(640 - x)$. On la résout, et on trouve $x = 25°,3$.

402. Le volume d'une masse métallique est 5dmc,752, sa densité 8,24, la température 10°,5, son coefficient de dilatation linéaire $\dfrac{1}{1800}$. On élève la température à x° et il se trouve que le poids du volume qui excède alors le volume primitif est de 500ᵍ. Trouver x à 0,01 près. Rép. 17°.

Le coefficient de dilatation cubique est $\frac{1}{600}$.

Soit v_0 le volume de la masse à 0° et x le nombre de degrés cherché. Le volume actuel, c'est-à-dire à 10°,5

$$v_0\left(1+\frac{10,5}{600}\right)=5^{\text{dmc}},752\text{ ; d'où on déduit } v_0=5^{\text{dmc}},653.$$

A x°, le volume est $v_0\left(1+\frac{x}{600}\right)$; la différence de ces deux volumes, ou l'excédant en question, est $v_0\left(\frac{x-10,5}{600}\right)$.

La densité à x° est $8,24\times\left(1+\frac{10,5}{600}\right):\left(1+\frac{x}{600}\right)$. Le poids de ce volume excédant est donc :

$$5,653\times\frac{x-10,5}{600}\times 8,24\times\left(1+\frac{10,5}{600}\right):\left(1+\frac{x}{600}\right)=0,5.$$

(L'unité de volume étant le *dmc*, l'unité de poids est le Kg, et $500^{\text{g}}=0^{\text{Kg}},5$). On résout cette équation, et on trouve $x=17^\circ$ à 0°,01 près.

403. Un vase cylindrique en fer contient du mercure jusqu'à une hauteur de $3^{\text{dm}},2$, à la température de 0°. A quelle hauteur le mercure s'élèvera-t-il si on porte la température à 30°. Le coefficient de la dilatation absolue du mercure est $\frac{1}{5550}$ et le coefficient de la dilatation linéaire du fer est 0,0000123. Rép. 3^{dm},2149.

Soit x la nouvelle hauteur du cylindre de mercure, et B la base actuelle du cylindre. Le coefficient de dilatation superficielle du fer (relatif à la surface de la base du cylindre) est 0,0000246. Le volume du cylindre de mercure à 0° est $B\times 3,2$. A 30°, ce volume sera $B(1+0,0000246\times 30)\times x$. Or le volume de mercure, qui est v_0 à 0°, devient à 30°

$$v_0\left(1+\frac{30}{5550}\right)=v_0\times\frac{186}{185}.$$

Les équations du problème sont donc $v_0=B\times 3,2$, et

$v_0 \left(\frac{186}{185}\right) = B\,(1{,}000738) \times x$. On met la valeur de v_0 dans la 2e équation, puis on résout. $x = 3^{dm},2149$.

404. On fait passer 42Kg de vapeur d'eau à 120° dans une masse d'eau pesant 2800Kg dont la température est déjà 15°, ainsi que celle du vase de cuivre qui la contient et qui pèse 110Kg. La chaleur spécifique du cuivre étant 0,0939 et la chaleur latente de vaporisation de l'eau étant 540, trouver la température finale du mélange.

Soit $x°$ la température cherchée ; l'unité des nombres suivants est l'unité de chaleur (dite calorie). L'eau en passant de 10° à $x°$ gagne $2800\,(x-10)$; le cuivre $110 \times 0{,}0939\,(x-10)$. La vapeur en se liquéfiant à 100° abandonne 540×42 ; puis s'abaissant à $x°$, $(100-x) \times 42$; total $(640-x) \times 42$. La chaleur gagnée équivaut à la chaleur abandonnée ; l'équation du problème est donc $(x-15)\,(2800+110 \times 0{,}0939) = (640-x)42$. On résout cette équation, et on trouve $x = 24°,49$.

405. On plonge deux morceaux d'un même métal pesant p et p' dans deux masses d'eau pesant P et P', et dont les températures sont $t°$ et $t'°$. Les deux mélanges s'élèvent alors aux températures $t_1°$ et $t_1'°$. On demande la température initiale et la chaleur spécifique de ce métal.

Soient x et y le nombre de degrés et la chaleur spécifique cherchée. 1er *morceau de métal*. Ce morceau abandonne $yp(x-t_1)$. La masse d'eau gagne $P(t_1-t)$. On a donc $yp(x-t_1) = P(t_1-t)$ (1). 2e *morceau*. On trouve de même l'équation $yp'(x-t'_1) = P'(t'_1-t')$ (2). J'élimine y en divisant ces équations membre à membre ; ce qui donne $\frac{p(x-t_1)}{p'(x-t'_1)} = \frac{P(t_1-t)}{P'(t'_1-t')}$.

On déduit de cette équation : $x = \frac{P'pt_1(t'_1-t') - Pp't'_1(t_1-t)}{P'p(t'_1-t') - Pp'(t_1-t)}$.

Pour trouver y, on calcule d'abord $x-t_1$. On trouve en retranchant t_1 de la valeur précédente, puis réduisant au même dénominateur, et simplifiant : $x - t_1 = \frac{Pp'(t_1-t)(t_1-t'_1)}{P'p(t'_1-t')-Pp'(t_1-t)}$. Par suite $y = \frac{P(t_1-t)}{p(x-t_1)} = \frac{P'p(t'_1-t') - Pp'(t_1-t)}{pp'(t_1-t_1')}$.

406. La densité de l'acide carbonique sec par rapport à l'air est 1,53 ; le poids d'un litre d'air à 0° et sous la pression de $0^m,76$ de mercure est 1,3 ; le coefficient de dilatation du gaz est 0,00367. A quelle température 2^g de cet acide occuperont-ils un volume de $1025^{cmc}\frac{735}{1989}$ sous la pression de $0^m,80$.

RÉP. à 20°.

Soit x^o la température cherchée. A 0° sous la pression de $0^m,76$ de mercure, 1^l ou 1000^{dmc} d'acide carbonique pèsent $1^g,3 \times 1,53 = 1^g,989$. Autrement dit, à 0°, sous la pression de $0^m,76$, $1^g,989$ de cet acide ont un volume de 1000^{dmc}. 1^g a un volume de $\frac{1000}{1,989}$; un volume de $\frac{1000^{dmc} \times 76}{1,989}$ à la pression de $0^m,01$; un volume de $\frac{1000 \times 76}{1,989 \times 80}$ à la pression de $0^m,80$, et enfin un volume de $\frac{1000^{dmc} \times 76(1+0,00367x)}{1,989 \times 80}$ à la température de x^o. Enfin, le volume de 2^g d'acide carbonique à x^o sous la pression de $0^m,80$ est $\frac{2000^{dmc} \times 76 \times (1,00367x)}{1,989 \times 80}$. Mais ce volume doit être, d'après l'énoncé du problème, $1025^{dmc}\frac{735}{1989}$. On égale ces deux volumes, et on a l'équation du problème qui résolue donne $x = 20^o$.

407. Un ballon de verre est rempli à 0° par 3^{Kg} de mercure. On le chauffe à x^o, et il en sort $13^{gr} + \frac{3263}{3999}$ de mercure. Le coefficient de dilatation cubique du verre est $\frac{1}{38700}$; celui du mercure $\frac{1}{5550}$; le poids spécifique du mercure à 0° est 13,6. Trouver x. RÉP. $x = 30^o$.

Soit x^o la température cherchée. A 0°, un l. ou 1 dmc de mercure pèse $13^{Kg},6$; autrement dit à 0°, $13^{Kg},6$ de mercure ont un volume de 1^{dmc} ; 1^{Kg} a un volume de $1^{dmc} : 13,6$, et 3^{Kg} un volume de $\frac{3^{dmc}}{13,6}$; à x^o, ces 3^{Kg} ont un volume de $\frac{3^{dmc}}{13,6}\left(1+\frac{x^o}{5550}\right)$. Le ballon, rempli à 0° par les 3^{Kg} de mercure a alors une capacité de $3^{dmc} : 13,6$. A x^o, sa capacité devient $\frac{3^{dmc}}{13,6} \times \left(1+\frac{x}{38700}\right)$. Ce volume est inférieur à celui du mercure chauffé à x^o ; c'est pourquoi il sort un volume de mercure égal à la différence, c'est-à-dire égal à $\frac{3x^{\text{dmc}}}{13,6}\left(\frac{1}{5550}-\frac{1}{38700}\right)=\frac{3x^{\text{dmc}}\times 33150}{13,6\times 5550\times 38700}$.

A la température de x°, 1^{dmc} de mercure pèse $13^{\text{Kg}},6 : \left(1+\frac{x}{5550}\right)$ $=\frac{13,6\times 5550}{5550+x}$. J'aurai le poids de l'excédant précédent de mercure en multipliant son volume par ce dernier poids ; ce qui donne, toute réduction faite : $\frac{3x\times 3315^{\text{Kg}}}{3870\times(5550+x)}$. Mais d'après l'énoncé du problème, cet excédant de mercure pèse $13^{\text{g}}+{}^{3263}/_{3999}$ $=\frac{55250^{\text{g}}}{3999}=\frac{55^{\text{Kg}},550}{3999}$. On égale ces deux valeurs, et on obtient l'équation du problème qui résolue donne $x=30^\circ$.

Remarque. On simplifie la dernière équation en divisant d'une part $3x$ et 3315 chacun par 3 ; d'autre part, 3870 par 9 ; ce qui donne $x\times 1105$, et en bas, 430 ; puis $1105x$ et 55,25 par 1105, ce qui donne x et 0,05 ; et enfin en bas, 430 et 3999 par 43 ; ce qui donne 10 et 93 ; de sorte que l'équation simplifiée devient

$$93x=0,5(5550+x).$$

408. Le coefficient de dilatation cubique de l'air est 0,00367. On demande à quelle température il faut chauffer 1^{l} de ce gaz pris à 20° pour que son volume devienne $1^{\text{l}},05$, la pression restant la même pendant toute l'expérience.

Soient x° la température cherché, et v_0 le volume à 0° de la quantité d'air considérée. A 20°, le volume en $v_0\,(1+0,00367\times 20)=1^{\text{l}}$. à x°, $v_0\,(1+0,00367x)=1^{\text{l}},05$. On élimine v_0 en divisant la 2e équation par la 1re ; ce qui donne l'équation du problème : $1+0,00367x=1,05\,(1+0,00367\times 20)$. On résout cette équation, et on trouve $x^\circ=34^\circ\,{}^{229}/_{367}$.

409. Un récipient ayant une capacité de 10^{l} renferme de l'air à 3° sous la pression 0,76 de mercure ; le récipient est fermé par une soupape de 32^{cmq}, sur laquelle on met un poids de 25^{Kg}. On demande quel poids d'air il faudrait ajouter dans le récipient pour que la soupape se soulève. La densité de l'air est $\frac{1}{773}$; son coefficient de dilatation 0,00367, la densité du mercure 13,6. La pression atmosphérique s'exerce librement sur toutes les parties du récipient. R. $9^g,666$.

Supposons d'abord que l'opération se fasse à la température de 0°, et soit alors x^g le poids de l'air ajouté. La pression sur la soupape est par *cmc*, $25^{Kg} : 32 = 0^{Kg},78125 = 781^g,25$ plus la pression atmosphérique de $13^g,6 \times 76 = 1033^g,6$; total $1814^g,85$. A 0° et sous la pression de $0^m,76$ de mercure, l'air du récipient pèse $\frac{10^{Kg}}{773} = 12^g,93$ à $0^g,01$ près. Les poids d'air, avant et après l'addition d'air proposée, sont entre eux dans le même rapport que les pressions supportées. On a donc l'équation :

$$\frac{12,93 + x}{12,93} = \frac{1814,85}{1033,6}\,;\ \text{d'où}\quad \frac{x}{12,93} = \frac{781,25}{1033,6}.$$

On déduit de cette équation $x = 9^g,773$. Mais nous avons supposé l'air à 0°, tandis que la température est 3°. Le poids cherché est moindre ; c'est $9^g,773 : (1 + 0,00367 \times 3) = 9^g,666$.

410. A quelle température faut-il élever de l'acide carbonique sous la pression de $0^m,74$ pour qu'un litre de ce gaz pèse $1^g,80$. On sait que la densité de l'acide carbonique par rapport à l'air est 1,53, que son coefficient de dilatation est 0,00731, et qu'un litre d'air pèse $1^g,293$ à 0° et sous la pression de $0^m,76$.

Soit $x°$ la température cherchée. A 0° et sous la pression de $0^m,76$ de mercure, 1^l d'acide carbonique pèse, d'après l'énoncé, $1^g,293 \times 1,53 = 1^g,97829$. A la pression de $0^m,01$, il pèse $\frac{1^g,97829}{76}$. A la pression de $0^m,74$, il pèse $\frac{1^g,97829 \times 74}{76}$. Pour avoir le poids de cet air à $x°$, il faut diviser par le binome de dilatation qui est ici $1 + 0,00731x$; on divise. Mais le poids doit être alors $1^g,80$. L'équation du problème est donc $\frac{1,97829 \times 74}{76 \times (1 + 0,00731x)} = 1,80$. On résout cette équation, et on trouve $x = 9°,59$ à $0°,01$ près.

411. Deux barres métalliques, dont les longueurs à 15° sont 6^m et 10^m, se dilatent également ; le coefficient de dilatation de la 1re est 0,00001720 ; quel est le coefficient de dilatation de l'autre ?

Soient d'abord l_0 et l'_0 les longueurs des deux barres à 0°, k et k' les coefficients de dilatation ; $l_0(1+15k)=6$; $l'_0(1+15k')=10$. Les dilatations de 0° à 15° étant égales, $15kl_0 = 15k'l'_0$ ou $kl_0 = k'l'_0$. En prenant les valeurs de l_0 et de l'_0 dans les premières équations, et les mettant dans la dernière, on trouve : $\frac{6k}{1+15k} = \frac{10k'}{1+15k'}$, d'où $6k = k'(10+60k)$; mais $k = 0{,}00001720$. En remplaçant, on obtient $0{,}0001032 = k'(10.001032)$, d'où l'on déduit $k' = 0{,}00001032$ à 0,00000001 près.

412. Le poids d'un litre d'air à 0° et sous la pression de $0^m{,}76$ de mercure est $1^g{,}293$; la densité de la vapeur d'eau par rapport à l'air est 5/8. On demande sous quelle pression $17^{lit.}{,}8578$ d'air à 30° pèseront 20^g, l'état hygrométrique de l'air étant 3/4. La tension maxima de la vapeur d'eau à 30° est 0,0315 ; le coefficient de dilatation du gaz est 0,00367. RÉP. $0^m{,}739655$.

Soit x^{cm} la pression de l'air seul à 30°. A 0° et sous la pression de 76^{cm} de mercure, 1^l d'air pèse $1^g{,}293$; à 1^{cm} de pression, il pèse $1^g{,}293 : 76$; à la pression x, il pèse $1^g{,}293 \times x : 76$; à la pression x et à 30°, il pèse $\frac{1^g{,}293 \times x}{76 \times (1+0{,}00367 \times 30)} = \frac{1{,}293 \times x}{76 \times 1{,}1101}$. La tension maxima de la vapeur d'eau à 30° étant 0,0315 et l'état hygrométrique $^3/_4$, la pression de la vapeur d'eau est $0^m{,}0315 \times {}^3/_4 = 0^m{,}023625 = 2^{cm}{,}3625$. 1^l de vapeur d'eau à 0° et sous la pression de 76^{cm} de mercure pèse $1^g{,}293 \times {}^5/_8$; sous la pression de $2^{cm}{,}3625$ et à 30°, il pèse $\frac{1{,}293 \times 5 \times 2{,}3625}{8 \times 76 \times 1{,}1101}$. 1^l d'air et 1^l de vapeur d'eau mélangés pèsent la somme des deux poids que nous avons trouvés. Mais le volume du mélange est $17^l{,}8578$ et il pèse 20^g ; 1 litre pèse $20^g : 17{,}8578$.

En égalant les deux poids du mélange, on obtient l'équation

$$\frac{1{,}293 \cdot x}{76 \times 1{,}1101} + \frac{1{,}293 \times 2{,}3625 \times 5}{76 \times 1{,}1101 \times 8} = \frac{20}{17{,}8578},$$

d'où l'on déduit $x = 71^{cm}{,}603 = 0^m{,}71603$, à $0^m{,}00001$ près. En y ajoutant la tension de la vapeur d'eau $2^{cm}{,}3625$, on trouve pour la pression totale demandée $0^m{,}739655$.

PROBLÈMES ANCIENNEMENT PROPOSÉS DANS L'INTÉRIEUR DU COURS D'ALGÈBRE. IN-8°. (8e édition, nos 64 à 88).

AVIS. *Ces problèmes seront désormais placés avec les autres dans l'intérieur de l'Algèbre aux places indiquées par leurs numéros d'ordre* (*de* 413 *à* 425 *inclus.*) *; néanmoins ils ne seront pas encore à la place convenable. Les problèmes* 413, 414... 420 *devront être proposés parmi les problèmes du* 1er *degré à une inconnue. Les problèmes* 421, 422,... 425 *parmi les problèmes du* 1er *degré à* 2 *inconnues.*

413 L'aiguille des heures (H), l'aiguille des minutes (M), et l'aiguille des secondes (S) sont ensemble à midi. On propose de déterminer les heures des rencontres de ces aiguilles considérées deux à deux, de midi à minuit, et le nombre des rencontres On demande si elles se trouveront toutes les trois ensemble dans cet intervalle.

1° *Rencontres de* H *et de* M. (Faites une figure.) Soient R_1, et R_2, etc. les points de rencontre successifs, et $AR_1 = x$. De midi à la 1re rencontre, l'aiguille H fait le chemin $AR_1 = x$. Pendant ce temps, M, qui a pris l'avance, fait un tour du cadran ou 12^h plus le chemin AR_1 ; en tout $12 + x$. Mais dans le même temps donné quelconque, l'aiguille des *m* fait 12 fois autant de chemin que l'aiguille des *h* ; donc $12 + x = 12x$; d'où $12 = 11x$; et enfin $x = {}^{12}/_{11}$ d'*h*($12^h : 11$) $= 1^h 5^m \, {}^5/_{11}$. (1re *rencontre.*)

Entre la 1re rencontre et la 2e, H fait le chemin R_1R_2 que nous appellerons encore x. M fait un tour du cadran (12^h), plus le chemin R_1R_2 ; en tout $12^h + x$. On a donc encore l'équation $12^h + x = 12x$; d'où $x = {}^{12}/_{11}$ d.*h*. $= 1^h 5^m \, {}^5/_{11}$. En additionnant les deux intervalles, on trouve en tout $2^h 10^m \, {}^{10}/_{11}$; c'est l'heure de la 2e *rencontre.*

On trouve de même l'heure de la 3e *rencontre.*

Nombre des rencontres de M *et de* H, *de midi à minuit.* L'intervalle de deux de ces rencontres consécutives est constant et égal à ${}^{12}/_{11}$ d'*h*. Le nombre de ces intervalles contenus dans 12^h est le nombre de rencontres cherché ; or $12 : {}^{12}/_{11} = 11$.

2° *Rencontres de* M *et de* S. Soient $R'_1, R'_2, R'_3 \ldots$, les points de rencontre successifs, et $AR'_1 = y$. Nous prendrons ici la petite division du cadran pour unité. De midi à la 1re rencontre, M fait le chemin $AR'_1 = y$; pendant ce temps S, qui a d'abord pris l'avance, fait un tour du cadran ou 60^m, plus AR'_1 en tout $60^m + y$. L'aiguille des s va 60 fois plus vite que l'aiguille des m, puisque la 1re parcourt le cadran ou 60 divisions, tandis que la 2e parcourt 1 division; donc $60^m + y = 60y$. D'où $60^m = 59y$, puis $y = 60^m : 59 = 1^m\ {}^1/_{59}$.

On raisonne de même pour trouver l'intervalle des rencontres R'_1 et R'_2; on a de même $60^m + y = 60y$; d'où $y = 1^m + {}^1/_{59}$; la 2e rencontre a donc lieu à $2^m\ {}^2/_{59}$; la 3e à $3^m\ {}^3/_{59}$. Ainsi de suite.

Nombre des rencontres de M *et de* S *de midi à minuit.* L'intervalle de deux de ces rencontres est constant et égal à ${}^{60}/_{59}{}^m$. Le nombre de ces intervalles contenu dans 60^m est le nombre des rencontres qui ont lieu dans 1^h; $60 : {}^{60}/_{59} = 59$. De midi à 1^h, 59 rencontres. De 1^h à 2^h, 59 rencontres, etc. De midi à minuit, il y a donc 59×12 ou 708 rencontres.

3° *Rencontres de* S *et de* H. Soient R''_1, R''_2, R''_3..., les points de rencontre successifs, et $AR''_1 = z$. Nous prendrons pour unité la grande division du cadran ou 1^h. De midi à la 1re rencontre, l'aiguille H fait le chemin z. Pendant ce temps, l'aiguille S fait un tour de cadran ou 12^h, plus AR''_1, en tout $12^h + z$. Mais l'aiguille s qui va 60 fois plus vite que l'aiguille des m, marche 60×12 ou 720 fois plus vite que l'aiguille des h. Donc $12^h + z = 720z$; d'où $12^h = 719z$; puis $z = {}^{12}/_{719}{}^h = {}^{720}/_{719}{}^m = 1^m\ {}^1/_{719}$. On trouve aisément que la 2e rencontre a lieu après le même temps, c'est-à-dire après ${}^{12}/_{719}{}^h$ ou $1^m\ {}^1/_{719}$, c'est-à-dire à $2^m\ {}^2/_{719}$. Ainsi de suite.

Nombre des rencontres de S *et de* H. L'intervalle de deux rencontres consécutives est constant et égal à ${}^{12}/_{719}\,h$. Le nombre de ces intervalles contenu dans 12^h est le nombre de rencontres cherché; or $12 : {}^{12}/_{719} = 719$.

4° *Les trois aiguilles se trouvent-elles ensemble dans l'intervalle de midi à minuit?* RÉPONSE. Non; elles ne sont ensemble qu'à chaque midi ou minuit. En effet, soit r l'endroit de la 1re rencontre triple, à partir d'un midi. 11, 708 et 719 étant les nombres de rencontres, 1° de H et de M, 2° de M et de S, 3° de S et de H, qui ont lieu de midi à minuit, les intervalles de deux rencontres consécutives sont respectivement : 1° $^{12}/_{11}{}^{h}$, 2° $^{12}/_{708}{}^{h}$, 3° $^{12}/_{719}{}^{h}$. Or, le point r étant un point de rencontre, 1° de H et de M, 2° de M et de S, 3° de S et de H, le temps écoulé de midi à la triple rencontre doit être, 1° un nombre entier de fois $^{12}/_{11}$ d'h, $(^{12}/_{11} \times m)h$; 2° un nombre entier de fois $^{12}/_{708}{}^{h}$, $(^{12}/_{708} \times n)h$; enfin 3° un nombre entier de fois $^{12}/_{719}{}^{h}$, $(^{12}/_{719} \times p)h$, m, n et p étant des nombres entiers. On doit de plus avoir :

$$\frac{12}{11} \times m = \frac{12}{708} \times n = \frac{12}{719} \times p :$$

d'où on déduit $\frac{m}{n} = \frac{11}{708}$; de même $\frac{m}{p} = \frac{11}{719}$.

11 et 708 étant premiers entre eux, m et n doivent être des équi-multiples de 11 et de 708; la plus petite valeur de m est donc 11, et celle de n, 708. La dernière égalité conduit de même à $m = 11$, $p = 719$.

En donnant à m, n, p ces plus petites valeurs, on trouve que la 1re rencontre triple, à partir de midi, a lieu après $^{12}/_{11}{}^{h} \times 11 = 12^{h}$, ou $^{12}/_{708}{}^{h} \times 708 = 12^{h}$, ou $^{12}/_{719}{}^{h} \times 719 = 12^{h}$, c'est-à-dire à *minuit*.

En doublant m, n, p, on trouve une 2e rencontre triple à midi suivant. Ainsi de suite.

414. Un père a 42 ans; son fils en a 11. Dans combien de temps l'âge du père ne sera-t-il que le double de l'âge du fils? RÉP. Dans 20 ans.

Soit x le nombre d'années cherché. Dans x années, le père aura $(42 + x)$ années, le fils $11 + x$. On doit avoir $42 + x = (11 + x) \times 2 = 22 + 2x$; d'où $x = 42 - 22 = 20$. Dans 20 ans, le père aura 62 ans, et le fils 31.

415. Un père a trois fois l'âge de son fils, plus 5 ans; dans 14 ans il n'en aura plus que le double. On demande les deux âges? RÉP. 32 ans et 9 ans.

Soit x l'âge qu'aura le fils dans 14 ans; le père aura alors $2x$. L'âge actuel du père est de $2x-14$; l'âge du fils $x-14$. D'après l'énoncé, $2x-14=(x-14)\times 3+5=3x-37$. On déduit de là : $x=37-14=23$. Dans 14 ans, le fils aura 23 ans et le père 46. Le père a donc aujourd'hui 32 ans et le fils 9 ans.

416. Un kilogramme d'eau de mer contient 50 grammes de sel. Combien faut-il ajouter d'eau douce pour qu'un kilogramme du mélange ainsi formé ne contienne que 20 grammes de sel ? RÉP. $1^{Kg},5$.

Soit x le nombre de Kg cherché. Le mélange se compose de $(1+x)^{Kg}$, qui contiennent 50^g de sel. 1^{Kg} de ce mélange contient $\frac{50^g}{1+x}$. On doit avoir $\frac{50}{1+x}=20$. D'où on déduit $x=30:20 = 1^{Kg},5$. On ajoutera $1^{Kg},5$ d'eau douce. (*Vérifiez.*)

417. A quel endroit doivent se rencontrer les trains de Paris à Versailles (rive droite) ? On sait que le 1er fait 36 kilomètres à l'heure et le 2e, 33. La distance est de 23 kilomètres et le 2e train part 25 minutes avant le premier. RÉP. A $4^{km}\ {}^{19}/_{23}$ de Paris.

V R P

Soient $PR=x$; $VR=23-x$. Le 1er train fait 36^{Km} en 1^h ; 1^{Km} en $^1/_{36}$ d'h, et x^{Km} en $^x/_{36}$ d'h. On trouve de même que le 2e train fait $(23-x)^{Km}$ en $\frac{23-x}{33}\,h$. Le train 2e partant 25^m ou $^5/_{12}$ d'h avant le 1er, le 2e temps précédent surpasse le 1er de $^5/_{12}$ d'h. L'équation du problème est donc $\frac{23-x}{33}=\frac{x}{36}-\frac{5}{12}$. On résout cette équation et on trouve $x=19,174$. La rencontre aura lieu à $19^{Km},174$ de Paris.

418. Un train est parti de Paris à 8 heures pour Lille avec une vitesse moyenne de $42^{Km},2$ par heure ; à 8^h45^m on fait partir une locomotive qui doit atteindre ce train à 180^{Km} de Paris. Quelle vitesse faut-il imprimer à la locomotive ? RÉP. $51^{Km},003$.

$45^{min.}=\,^3/_4$ *d'h*. De 8^h à 8^h45^m, le train fait $42^{Km},2\times{}^3/_4 = 31^{Km},65$ qui constituent son avance sur la locomotive au moment du départ de celle-ci. La locomotive doit regagner ces $31^{Km},65$ pendant le temps employé par le train pour faire $180^{Km} - 31^{Km},65 = 148^{Km},35$, c'est-à-dire dans un n. d'h. $x=148,35 : 42,2$. Pour regagner $31^{Km},65$ dans x^h, la locomotive devra avoir un excès de vitesse sur le train égal à $31^{Km},65 : x = 31^{Km},65 \times 42,20 : 148,35 = 9^{Km},003$. La vitesse demandée est donc $42^{Km},20 + 9^{Km},003 = 51^{Km},003$.

419. Un particulier devait 3 billets à la même personne, savoir : 2832^f dans 3 mois, 2560^f dans neuf mois, 1650^f dans 16 mois. Il paye le tout en une seule fois et donne 6842^f ; l'intérêt de l'argent est de 5 p. 0/0. Combien de temps a-t-il attendu pour faire ce payement ? Rép. $1^m 14^j$.

Soit x années le temps cherché. L'intérêt de 2832^f pour 3 mois ou $^1/_4$ d'année est $2832 \times 0{,}05 \times ^1/_4 = 708 \times 0{,}05 = 35^f{,}40$; les 2832^f valaient donc le 1er jour des 3 mois $2796^f{,}60$. On trouve de même que les 2560^f payables dans 9 mois valaient le même jour 2464^f, et les 1650^f payables dans 16 mois, 1540^f. Total de la dette en ce jour, $6800^f{,}60$. L'intérêt de cette somme pour x années est $6800{,}60 \times 0{,}05 \times x.$

On a donc $6800{,}60 + 340{,}03 \times x = 6842.$

On déduit de là

$$x = 41{,}40 : 340{,}03 = 1^m 13^j{,}8 \text{ à } 0{,}1 \text{ près.}$$

420. Deux fontaines versent uniformément de l'eau dans le même bassin ; on demande combien de temps elles mettront, si elles coulent ensemble, à remplir le bassin supposé vide ? La 1re coulant seule remplirait le bassin en 7 heures, la 2e en 9 heures. Rép. $3^h\ ^{16}/_{63}$.

Désignons par x le nombre d'heures cherché, et par 1 la capacité du bassin. La 1re fontaine à elle seule remplit 1 en 7^h, et $^1/_7$ en 1^h ; la 2e, 1 en 9^h, et $^1/_9$ en 1^h. Les 2 fontaines coulant ensemble remplissent donc en 1^h, $^1/_7 + ^1/_9 = ^{16}/_{63}$, en x^h, $^{16}/_{63}x$. On a donc $^{16}/_{63}x = 1$; d'où $x = ^{63}/_{16} = 3^h\ ^{15}/_{16}$.

421. Cinq joueurs conviennent que le perdant doublera l'argent des quatre autres. Après cinq parties, il reste à chaque joueur 64 fr. On demande ce que chaque joueur avait en entrant au jeu, sachant que les joueurs ont perdu chacun une partie dans l'ordre indiqué précédemment ? Rép. le 1er avait 162^f ; le 2e, 82^f ; le 3e, 42^f ; le 4e, 22^f ; le 5e, 12^f.

On résout ce problème comme celui de l'Ex. 340, et on trouve par l'algèbre ou par l'arithmétique le résultat indiqué.

422. Un renard poursuivi par un lévrier a 60 sauts d'avance. Il fait 9 sauts pendant que le lévrier n'en fait que 6 ; mais 3 sauts du lévrier en font 7 du renard. Combien le lévrier doit-il faire de sauts pour atteindre le renard ? Rép. 72 sauts.

Ce problème se résout exactement comme celui de l'Ex. 274.

Soient S et s le saut du lévrier et le saut du renard, et x le nombre de sauts cherché. $3\,S = 7s$; $s = {}^{3}/_{7}\,S$. $60s = {}^{180}/_{7}\,S$ (Avance du renard.) Le lév. faisant 6 S, le ren. fait $9s$; le lév., S, le ren., ${}^{3}/_{2}\,s$; le lév., xS, le ren., ${}^{3}/_{2}xs$ valant ${}^{3}/_{2}x \times {}^{3}/_{7}\,S = {}^{9}/_{14}$ xS. Les x S du lévrier doivent valoir l'avance ${}^{180}/_{7}\,S$, plus ${}^{9}/_{14}\,x$S; d'où l'équation qui donne $x = 72$.

423. 36 kilogrammes d'étain perdent dans l'eau 5 kilogr. et 23 kilogr. de plomb 2 kilogr. Une composition de plomb et d'étain pesant 120 kilogr. perd dans l'eau 14 kilogr. ; combien y a-t-il de plomb et d'étain dans cette composition ?

Soient x et y les nombres de Kg cherchés. $x + y = 120$ (1). Le poids spécifique de l'étain est ${}^{36}/_{5}$, celui du plomb ${}^{23}/_{2}$, et celui de la composition ${}^{120}/_{14} = {}^{60}/_{7}$. Il n'y a qu'à appliquer la formule (2) de l'Ex. 370: ${}^{60}/_{7} = \dfrac{120 \times {}^{36}/_{5} \times {}^{23}/_{2}}{x \times {}^{23}/_{2} + y \times {}^{36}/_{5}}$. (2)

En résolvant les équations (1) et (2), on trouve

$$x = 68\ {}^{28}/_{43}, \quad y = 51\ {}^{15}/_{43}.$$

424. La pesanteur spécifique du fer en barre est 7,79; celle du zinc fondu 6,86; celle de l'anthracite 1,8. Combien faut-il unir de fer en barre et d'anthracite pour obtenir un alliage de 150 kilogr. ayant la pesanteur spécifique du zinc? Rép. 143Kg,889 de fer et 6Kg,111 d'anthracite.

Soient x et y les nombres de Kg cherchés. $x + y = 150$ (1). Il y a encore lieu d'appliquer la formule de l'Ex. (2) en y faisant $p_1 = 6{,}86$, $p = 7{,}79$; $p' = 1{,}8$; $P = x$; $P' = y$; on obtient ainsi l'équation, $6{,}86 = \dfrac{150 \times 7{,}79 \times 1{,}8}{x \times 1{,}8 + y \times 7{,}79}$ (2), On résout les équations (1) et (2), et on trouve: $x = 143{,}889$, et $y = 6{,}111$, à 1g près.

425. Hiéron, roi de Syracuse, avait remis à un orfèvre 10 livres d'or pour faire une couronne qu'il voulait offrir à Jupiter. Le travail étant achevé, la couronne se trouva du poids de 10 livres; mais le roi, soupçonnant la fraude, consulta Archimède. Celui-ci, sachant que l'or perd dans l'eau les 52 millièmes de son poids, et que l'argent y perd les 95 millièmes du sien, détermina le poids de la couronne plongée dans l'eau, et trouva qu'il était de 9liv,6 onces ; ce qui fit reconnaître la fraude. On demande combien il y avait de livres de chaque métal dans la couronne?

Soient x et y les nombres de livres cherchés. $x+y=10$ (1). P livres d'or perdent 0,052P dans l'eau ; le poids spécifique de l'or est P : 0,052 P $= {}^{1000}/_{52} = {}^{250}/_{13}$. Le poids spécifique de l'argent est de même ${}^{1000}/_{95} = {}^{200}/_{19}$. La couronne de 10 livres perd dans l'eau 10 onces $= {}^{5}/_{8}$ de livre ; son poids spécifique est $10 : {}^{5}/_{8} = {}^{80}/_{5} = 16$. Il y a donc lieu d'appliquer la formule (1) de l'Ex. 370 en y faisant $p_1 = 16$; $p = {}^{250}/_{13}$; $p' = {}^{200}/_{19}$; $P = x$; $P' = y$; $P + P' = 10$. Cette formule donne ici l'équation $16 = \dfrac{10 \times {}^{250}/_{13} \times {}^{200}/_{19}}{x \times {}^{200}/_{19} + y \times {}^{250}/_{13}}$. (2) On résout les équations (1) et (2), et on trouve $x = 7\,{}^{24}/_{43}$ et $y = 2\,{}^{19}/_{43}$.

CAS D'IMPOSSIBILITÉ OU D'INDÉTERMINATION DES ÉQUATIONS DU 1er DEGRÉ (après le n° 116 *bis*).

On mettra en évidence l'indétermination ou l'impossibilité de chaque équation ou de chaque système d'équations. On dira si la valeur de x, *de* y, *ou de* z, *etc., est fixe et déterminée, ou se présente sous la forme* $\frac{m}{0}$ *ou* $\frac{0}{0}$.

426. $\dfrac{13x-7}{15} - \dfrac{8x-9}{18} + \dfrac{59x+57}{180} = \dfrac{15x+7}{20}$.

Il y a indétermination. $x = \dfrac{0}{0}$. On chasse les dénominateurs, et on trouve

$$156x - 84 - 80x + 90 + 59x + 57 = 135x + 63,$$

qui se réduit à $135x + 63 = 135x + 63$, identité vérifiée, quel que soit x. $(135 - 135)x = 63 - 63$.

427. $\dfrac{7x-6}{9} - \dfrac{3x-8}{6} - \dfrac{3-43x}{72} = \dfrac{7x+5}{8}$. Rép. $x = \dfrac{0}{0}$.

Il y a indétermination. On chasse les dénominateurs ; on réduit le 1er membre, et on trouve $63x + 45 = 63x + 45$; $(63 - 63)x = 45 - 45$.

428. $\dfrac{3x}{4} - \dfrac{2x+3}{6} + \dfrac{5x}{24} = \dfrac{5x+2}{8}$. Rép. $x = \dfrac{m}{0}$.

Il y a impossibilité. En chassant les dénominateurs, on trouve $18x - 8x - 12 + 5x = 15x + 6$, qui se réduit à $15x - 12 = 15x + 6$. Équation impossible, quel que soit x.

$$(15 - 15)x = 18, \quad x = \frac{18}{0}.$$

429. $\frac{5x}{8} - \frac{7x - 4}{9} - \frac{233x - 27}{360} = \frac{7 - 4x}{5}$. Rép. $x = \frac{m}{0}$.

Il y a impossibilité. En chassant les dénominateurs, puis réduisant le 1er membre, on trouve : $167 - 288x = 504 - 288x$, équation impossible : $x = \frac{337}{0}$.

430. $\frac{3x - 2}{4} - \frac{5 - 6y}{6} = 2$; $3x + 4y = 15$.

Il y a impossibilité. En chassant les dénominateurs, et en réduisant, on trouve : $9x + 12y = 40$; $3x + 4y = 15$. Ces équations sont incompatibles, puisque $9x + 12y = (3x + 4y) \times 3$, tandis que 40 n'est pas égal à 15×3.

431. $\frac{3x - 2}{6} - \frac{7 - 3y}{15} = 3 - 2y$; $5x + 22y = 38$.

Il y a indétermination. En chassant les dénominateurs, puis réduisant, on obtient : $15x + 66y = 114$, avec $5x + 22y = 38$, équations qui rentrent l'une dans l'autre. (Multipliez la 2e par 3.) Nous n'avons réellement qu'une seule équation à deux inconnues.

432. $5x - 3y + 7z = 2$; $15x + 9y - 14z = 21$; $25x + 3y = 25$.

Il y a indétermination. En effet, si on élimine z entre la 1re équation et la 2e, on trouve $25x + 3y = 25$, précisément la 3e équation ; de sorte qu'il n'y a finalement qu'une équation entre x et y. La 3e équation proposée étant une conséquence des deux premières, nous n'avons réellement que deux équations distinctes à trois inconnues.

433. $8x - 7y + 4z = 24$; $5x - 9y + 6z = 1$; $29x - 30y + 18z = 72$.

Il y a impossibilité; les équations proposées sont incompatibles. En effet, en éliminant z, 1° entre (1) et (2), 2° entre (2) et (3), on trouve $14x - 3y = 61$ et $14x - 3y = 69$, équations incompatibles.

434. $8x - 5y + 3z - 4t = 1$; $10x + 20y - 12z + 5t = 6$;
$6x - 15y + 21z - 7t = 15$; $44x + 55y - 9z + 10t = 53$.

Il y a indétermination. Les coefficients de z dans les 3 dernières équations étant multiples de 3, on élimine facilement z entre la 1re équation et chacune des suivantes. On trouve ainsi le système $42x - 11t = 10$. $68x + 40y - 2t = 56$. $-50x + 20y + 21t = 8$. La seconde de ces 3 équations se réduit à $34x + 20y - t = 28$. En retranchant la dernière équation précédente de celle-ci, on trouve $84x - 22t = 20$, qui n'est autre chose que $42x - 11t = 10$ (doublée). On n'a donc finalement qu'une équation pour déterminer x et t. Les valeurs des inconnues sont donc *indéterminées*. Le système des équations proposées équivaut à un système composé de 3 équations à 4 inconnues qui seraient par ex. $8x - 5y + 3z - 4t = 1$;

$$34x + 20y - t = 28, \quad 42x - 11t = 0\ (*).$$

Remarque. Nous avons obtenu la 4e équation proposée en multipliant la 3e par (4), la 2e par (2), ajoutant les résultats, puis retranchant la 1re équation de la somme. La 4e équation est donc une simple conséquence des trois premières.

435. $5x - 2y + 4z - 2t = 5$; $7x + 9y - 8z - 10t = 2$;
$9x - 6y + 12z - 14t = 7$; $11x + 6y - 22t = 6$.

Il y a impossibilité. Les coefficients de y des 3 dernières équations étant des multiples de 3, j'élimine y entre la 1re équation et chacune des 3 dernières, et j'obtiens les 3 équations.

$$x - 4z 10t = 12. \quad 22x + 42 - 16t = 17. \quad 21x + 8z - 26t = 16.$$

J'élimine z entre la 1re équation et chacune des 2 autres, et je trouve : $23x - 6t = 19$ et $23x - 6t = 20$, *équations incompatibles*. Le système proposé équivaut donc à un système de

4 équations, dont une à 4 inconnues, une à 3, et deux à 2 inconnues, qui sont incompatibles ; c'est pourquoi il y a impossibilité.

436. $a^3x - a^4 + 6a^2 = (3a - 2)x + 8a - 3$; valeur de x pour $a = 1$.

$x = 0$. L'équation donne : $x = \frac{a^4 - 6a^2 + 8a - 3}{a^3 - 3a + 2}$.

Je fais $a = 1$, et je trouve : $x = \frac{0}{0}$. Les deux termes de la fraction sont divisibles par $a - 1$; je les divise, et je trouve : $x = \frac{a^3 + a^2 - 5a + 3}{a^2 + a - 2}$. Je fais de nouveau $a = 1$, et je trouve encore $x = \frac{0}{0}$. Les deux termes sont encore divisibles par $a - 1$; je les divise, et je trouve : $x = \frac{a^2 + 2a - 3}{a + 2}$. Je fais $a = 1$, et je trouve enfin : $x = \frac{0}{0} = 0$.

437. $a^2x - a^2 = (6 - a)x + 2 - 3a$; valeur de x pour $a = 2$.

$x = -\frac{1}{5}$. L'équation donne $x = \frac{a^2 - 3a + 2}{a^2 + a - 6}$.

Je fais $a = 2$, et je trouve : $x = \frac{0}{0}$. Je divise les deux termes par $a - 2$, et je trouve : $x = \frac{a - 1}{a + 3}$. Je fais $a = 2$, et je trouve : $x = -\frac{1}{5}$.

438. $(4a^3 - 19a)x - 3a + 2 = 2a^2 - (16a^2 + 5)x$; valeur de x pour $a = \frac{1}{2}$.

$x = \frac{9/2}{0}$. L'équation donne $x = \frac{2a^2 + 3a - 2}{4a^3 + 16a^2 - 19a + 5}$.

Je fais $a = 1/2$, et je trouve : $x = \frac{0}{0}$. Je divise les deux termes

de la fraction par $a - {}^1/_2$, et je trouve : $x = \dfrac{a + 4}{4a^2 + 18a - 10}$.
Je fais $a = {}^1/_2$, et je trouve $x = \dfrac{{}^9/_2}{0}$.

439. $(8a^3 + 10a^2)\,x - 8a^3 + 5a = (11a - 2)\,x + 2a^2 + 1$.
Valeurs de x, 1° pour $a = \dfrac{1}{2}$, 2° pour $a = \dfrac{1}{4}$.

1° Pour $a = {}^1/_2$, $x = \dfrac{3}{5}$. L'équation donne :

$$x = \frac{8a^3 + 2a^2 - 5a + 1}{8a^3 + 10a^2 - 11a + 2}. \qquad (1)$$

Je fais $a = {}^1/_2$, et je trouve : $x = \dfrac{0}{0}$. Je divise les deux termes de la fraction par $a - {}^1/_2$, et je trouve : $x = \dfrac{8a^2 + 6a - 2}{8a^2 + 14a - 4}$.
Je fais $a = {}^1/_2$, et je trouve : $x = \dfrac{3}{5}$.

2° Pour $a = {}^1/_4$, $x = \dfrac{5}{9}$. Je fais $a = {}^1/_4$ dans la valeur (1) de x, et je trouve : $x = \dfrac{0}{0}$. Je divise les deux termes par $x - {}^1/_4$, et je trouve : $x = \dfrac{8a^2 + 4a - 4}{8a^2 + 12a - 8}$. Je fais $a = {}^1/_4$, et je trouve : $-\dfrac{10}{4} : -\dfrac{18}{4} = \dfrac{5}{9}$.

440. $(8a^3 + 13a)\,x - 4a^3 + 13a^2 = (22a^2 + 2)x + 11a - 2$.
Valeurs de x, 1° pour $a = 1/4$, 2° pour $a = 2$.

Pour $a = {}^1/_4$, $x = {}^3/_2$. L'équation donne :

$$x = \frac{4a^3 - 13a^2 + 11a - 2}{8a^3 - 22a^2 + 13a - 2}. \qquad (2)$$

Je fais $a = \frac{1}{4}$, et je trouve : $x = \frac{0}{0}$. Je divise les deux termes de la fraction par $x - \frac{1}{4}$, et je trouve : $x = \frac{4a^2 - 12a + 8}{8a^2 - 20a + 8}$.
Je fais $a = \frac{1}{4}$, et je trouve $x = \frac{21}{4} : \frac{14}{4} = \frac{21}{14} = \frac{3}{2}$.

Pour $a = 2$, $x = \frac{1}{3}$. Je fais $a = 2$, dans la 2ᵉ valeur de x, et je trouve : $x = \frac{0}{0}$. Je divise les deux termes par $a - 2$, et je trouve : $x = \frac{4a - 4}{8a - 4} = \frac{a - 1}{2a - 1}$. Je fais $a = 2$, et je trouve : $x = \frac{1}{3}$.

441. $(45a^4 + 65a^2)x + 223a^2 - 92a = (93a^3 + 19a - 2)x + 75a^4 + 140a^3 - 12$. Valeurs de x, 1° pour $a = 2/5$, 2° pour $a = 1/3$.

1° *Pour* $a = \frac{2}{5}$, $x = 0$. L'équation donne :

$$x = \frac{75a^4 + 140a^3 - 223a^2 + 92a - 12}{45a^4 - 93a^3 + 65a^2 - 19a + 2}$$

Je fais $a = \frac{2}{5}$, et je trouve : $x = \frac{0}{0}$. Je divise les deux termes par $a - \frac{2}{5}$, et je trouve : $x = \frac{75a^3 + 170a^2 - 155a + 30}{45a^3 - 75a^2 + 35a - 5}$.

Je fais de nouveau $a = \frac{2}{5}$, et je trouve : $x = 0 : -\frac{3}{25} = 0$.

2° *Pour* $a = \frac{1}{3}, x = \infty$. Je fais $a = \frac{1}{3}$ dans la 1ʳᵉ valeur ci-dessus de x, et je trouve : $x = \frac{0}{0}$. Je divise par $a - \frac{1}{3}$, et je trouve : $x = \frac{75a^3 + 165a^2 - 168a + 36}{45a^3 - 78a^2 + 39a - 6}$. Je fais de nouveau $a = \frac{1}{3}$, et je trouve : $x = \frac{10}{9} : 0 = \infty$.

442. $(2a^5 + 31a^3 - 36a)x + 21a^4 - 74a^3 - 32a = (15a^4 - 4a^2 + 16)x + 2a^5 - 96a^2$. Valeurs de x, 1° pour $a = 2$; 2° pour $a = 4$; 3° pour $a = 1/2$.

1° *Pour* $a = 2$, $x = \frac{3}{8}$. L'équation donne :

$$x = \frac{2a^5 - 21a^4 + 74a^3 - 96a^2 + 32a}{2a^5 - 15a^4 + 31a^3 + 4a^2 - 36a - 16}.$$

Je fais $a=2$, et je trouve: $x=\frac{0}{0}$. Je divise les deux termes par $a-2$, et je trouve: $x=\frac{2a^4-17a^3+40a^2-16a}{2a^4-11a^3+9a^2+22a+8}$.

Je fais de nouveau $a=2$, et je trouve : $x={}^{12}/_{32}={}^{3}/_{8}$.

2° *Pour* $a=4$, $x=0$. Je fais $a=4$ dans la 1re valeur ci-dessus de x, et je trouve: $x=0:96=0$.

3° *Pour* $a={}^{1}/_{2}$, $x=0:-30=0$.

EXTRACTION DES RACINES CARRÉES DE MONOMES ET DE POLYNOMES.

443. 1° $\sqrt{54756a^{10}b^4c^2d^8}$; 2° $\sqrt{\left(42\frac{1}{4}\right)a^4b^8c^2x^6}$; 3° $\sqrt{\left(419\frac{13}{289}\right)a^8b^{10}c^4d^2}$.

$\sqrt{54756a^{10}b^4c^2d^8}=234a^5b^2cd^4$; $\sqrt{(42^1/_4)a^4b^8c^2x^6}={}^{13}/_2a^2b^4cx^3$;

$$\sqrt{419\frac{13}{289}a^8b^{10}c^4d^2}=\frac{348}{17}a^4b^5c^2d.$$

444. Principe. Un polynome P ordonné par rapport à une lettre x est le carré d'un autre polynome ordonné de même ; $p=(a+b+c+d)+(m+n+q...)$; on a trouvé la 1re partie $a+b+c+d$ de la racine p, et on a retranché de P le carré de cette partie. Démontrer que le 1er terme du reste est égal à $2a\times m$.

Posons $a+b+c+d=s$; $m+n+q+...=s'$; $p=s+s'$. p^2 ou $P=(s+s')^2=s^2+2ss'+s'^2$. $P-s^2=2ss'+s'^2=(2s+s')s'=(2a+2b+2c+...+m+n+...)(m+n+...)$.

Les polynomes entre parenthèses étant ordonnés de la même manière par rapport à x, le 1er terme de leur produit, c'est-à-dire du reste $P-s^2$ est $2a\times m$, comme il a été énoncé.

445. Trouver d'après le principe précédent et celui du n° 25 (Alg.), la règle pour extraire la racine carrée d'un polynome algébrique. Condition pour que la racine se compose exactement d'un nombre limité de termes ordonnés par rapport aux puissances positives ou négatives d'une même lettre x.

Soit $P=A+B+C+D+E.....$ le polynome proposé. Supposons la racine carrée $p=a+b+c+.....$ trouvée, et de plus entière et ordonnée comme P par rapport à x. $P=p^2=(a+b+c+.....)^2=(a+b+c...)(a+b+c...)$ Le 1er terme de P est égal au 1er terme de ce produit qui est $a \times a$ ou a^2; $A = a^2$; $a = \sqrt{A}$. Pour trouver a, on extrait donc la racine carrée de A.) On retranche a^2 ou A de P (on biffe A). D'après l'Ex. 444, le 1er terme B du reste $P - a^2$ est égal à $2a \times b$; $b = B : 2a$. Pour trouver b, on divise donc B par $2a$. Connaissant b, on achève de retrancher le carré de $(a+b)^2$. On multiplie $2a + b$ par b, et on retranche le produit terme à terme du 1er reste). Le 2e reste ainsi obtenu est $P - (a+b)^2$. D'après l'Ex. 444, le 1er terme de ce 2e reste est égal à $2a \times c$. Pour obtenir c on divise donc le 1er terme du 2e reste par $2a$.

On a déjà retranché $(a+b)^2$ de P. Pour avoir $P - (a+b+c)^2$, sachant que $(a+b+c)^2 = (a+b)^2 + 2(a+b)c + c^2$, on retranche du 2e reste $2(a+b) \times c + c^2 = (2a + 2b + c) \times c$. D'après l'Ex. 444, le 1er terme du reste $P - (a+b+c)^2$ est $2a \times d$. On divise donc par $2a$ le 1er terme de ce reste ordonné, et on obtient pour quotient le 4e terme d de la racine. Ainsi de suite, jusqu'à ce qu'on arrive au reste zéro, ou qu'on ne puisse plus diviser par $2a$ le 1er terme d'un reste ordonné.

On déduit aisément de ce raisonnement la règle demandée :

Règle. *On ordonne le polynome proposé* P *par rapport à* x. *On extrait la racine carrée de son* 1er *terme ; ce qui donne le* 1er *terme* a *de la racine cherchée. On biffe le* 1er *terme de* P, *et on divise son* 2e *terme par le double de* a ; *le quotient obtenu est le deuxième terme* b *de la racine. On écrit le double de* a *suivi de* b (2a + b), *et on multiplie le tout par* b, *en retranchant le produit terme à terme du* 1er *reste. On divise le* 1er *terme du nouveau reste par* 2a ; *le quotient est le* 3e *terme* c *de la racine cherchée ; on l'écrit à la suite de* a *et de* b. *On forme et on écrit* 2a + 2b + c ; *on multiplie cette somme par* c *lui-même, et on retranche le produit terme à terme du* 2e *reste. On divise le* 1er *terme du* 3e *reste par* 2a ; *le quotient est le* 4e *terme* d *de la racine. On multiplie* 2a + 2b + 2c + d *par* d, *etc. On continue ainsi jusqu'à ce qu'on ait zéro pour reste, ou que le* 1er *terme d'un reste ordonné ne soit plus divisible par le double de* a (2a).

Conditions demandées. *Il faut,* 1° *que le* 1er *terme du polynome proposé, puis le* 1er *terme de chacun des restes obtenus successivement d'après la règle, soient exactement divisibles par le double du* 1er *terme* a *de la racine* (2a); 2° *que l'on ne soit pas amené à écrire à la racine un terme dont l'exposant de* x *doublé surpasse le plus fort exposant de* x *dans le polynome proposé* P, *ou bien un terme dont le plus faible exposant de* x *doublé soit inférieur au plus faible exposant de* x *dans* P.

En effet, si la racine est telle qu'on la demande, tous ses termes doivent se trouver successivement par l'application de notre règle. (Voyez le raisonnement.) Or cette règle ne peut s'appliquer jusqu'au bout que si la 1re condition indiquée est constamment remplie. Secondement, il est clair que si la racine carrée de P est un polynome entier et terminé p, le plus fort exposant de x dans P est précisément le double du plus fort exposant de x dans p; de même pour les plus faibles exposants; d'où la 2e condition.

AVIS. On extraira la racine carrée de chacune des expressions suivantes.

446. $a^4-6a^3+13a^2-6a+4$. **447.** $16x^6-40x^5+x^4+78x^3-51x^2-36x+36$.

446. La $\sqrt{\ }$ est a^2-3a+2. 447. La $\sqrt{\ }$ est $4x^3-5x^2-3x+6$

Voici les calculs :

$$\begin{array}{l|l} a^4-6a^3+13a^2-12a+4 & a^2-3a+2 \\ \hline \quad +6a^2-9a^2 & 2a^2\quad -3a \\ \hline \qquad\quad +4a^2 & 2a^2\quad -6a+2 \\ \qquad\quad -4a^2+12a-4 & \\ \hline \end{array}$$

J'extrais la racine carrée du 1er terme a^4, ce qui donne a^2 que j'écris à la racine. Je biffe a^4. Je divise le 1er terme $-6a^3$ du reste par $2a^2$; j'obtiens ainsi le 2e terme $-3a$ de la racine. J'écris $-3a$ à la suite de $2a^2$; je multiplie par $-3a$, et je retranche le produit du 1er reste. Je divise le 1er terme $4a^2$, du nouveau reste par $2a$; je trouve ainsi le 3e terme 2 de la racine. J'écris à la suite de $2a^2$, $-6a+2$; je multiplie par 2, et je retranche le produit du 2e reste. Cela fait, il ne reste plus rien. La racine cherchée est exactement a^2-3a+2.

Nous mettons seulement le tableau de la 2e opération; le lecteur y suivra aisément l'application de la règle

$$
\begin{array}{r|l}
16x^6-40x^5+x^4+78x^3-51x^2-36x+36 & 4x^3-5x^2-3x+6 \\ \cline{2-2}
+40x^5-25x^4 \qquad\qquad\qquad\qquad\qquad & 8x^3 \quad -5x^2 \\
-24x^4\ldots \qquad\qquad\qquad\qquad & 8x^3 \quad -10x^2-3x \\ \cline{1-1}
+24x^4-30x^3-9x^2 \qquad\qquad\qquad & 8x^3 \quad -10x^2-6x+6 \\
+48x^3-60x^2 \qquad\qquad & \\
-48x^3+60x^2+36x-36 & \\ \cline{1-1}
0 \quad\quad 0 \quad\quad 0 \quad\quad 0 &
\end{array}
$$

448. $25a^8b^6-30a^7b^5-31a^6b^4+94a^5b^3-26a^4b^2-56a^3b+49a^2$.

La $\sqrt{}$ est $5a^4b^3-3a^3b^2-4a^2b+7a$.

449. $b^6-6ab^5+15a^2b^4-20a^3b^3+15a^4b^2-6a^5b+a^6$.

La $\sqrt{}$ est $b^3-3b^2a+3ba^2-a^3=(b-a)^3$.

450. $a^4+b^4+c^4+d^4-2a^2(b^2+d^2)+2b^2(d^2-c^2)-2c^2(d^2-a^2)$.

La $\sqrt{}$ est $a^2-b^2+c^2-d^2$.

451. $x^4-(4a+2)x^3+(4a^2+10a-3)x^2-(12a^2-2a-4)x+9a^2-12a+4$;

La $\sqrt{}$ est $x^2-(2a+1)x+3a-2$.

452. $\begin{array}{r|l|l|l|l} 4b^2 & a^4+8b^2 & a^3+24b^2 & a^2+20b^2 & a+25b^2 \\ -4bc & \quad\; -2c^2 & \qquad -18bc & \quad\; -\;2bc & \quad -30c \\ +\;c^2 & & \qquad +13c^2 & \quad\; +\;bc^2 & \quad +9c^2. \end{array}$

La $\sqrt{}$ est $\begin{array}{r|l|l} 2b & a^2+2b & a+5b \\ -c & \quad +c & \; -3c \end{array}$.

453. $x^4-(2a+2b)x^3+(3a^2-b^2+2ab)x^2-(2a^3+a^2b-ab^2-b^3)x$
$+a^4+b^4-2a^2b^2$.

La $\sqrt{}$ est $x^2-(a+b)x+a^2-b^2$.

454 $x^2+\dfrac{1}{x^2}-2\left(x-\dfrac{1}{x}\right)-1$. **455.** $x^4+x^3+\dfrac{x^2}{4}-4x-2+\dfrac{4}{x^2}$.

454. La $\sqrt{}$ est $x-\frac{1}{x}-1$. 455. La $\sqrt{}$ est $x^2+\frac{x}{2}-\frac{2}{x}$.

456. $$\frac{a^2}{x^2}+\frac{x^2}{a^2}-2\left(\frac{a}{a}-\frac{x}{a}\right)-1.$$

La $\sqrt{}$ est $\frac{a}{x}-\frac{x}{a}-1$.

CALCUL DES RADICAUX.

457. Avis. On appliquera les règles données dans le complément du Cours d'algèbre, n° 14 et suivants, aux radicaux et aux expressions algébriques qui suivent.

On effectuera autant que possible les opérations indiquées; chaque radical de la réponse devra être le plus simple possible. En général, l'expression finale devra toujours être réduite à sa plus simple expression; on aura donc soin d'appliquer à l'occasion la règle du n° 15, c'est-à-dire de faire l'addition algébrique des radicaux semblables donnés ou trouvés.

RADICAUX ET EXPRESSIONS ALGÉBRIQUES A SIMPLIFIER.

Exercices à faire d'après les n°s 11, 12, etc. du Complément d'algèbre.

458. $\sqrt{2268a^5b^4c^3x^6}$; $\sqrt{576a^4b^5c^3d^6}$; $\sqrt{1728a^5b^4c^3x^5}$.

Radicaux simplifiés. $18a^2b^2cx^3\cdot\sqrt{7ac}$; $24a^2b^2cd^3\sqrt{bc}$; $24a^2b^2cx^2\sqrt{3acx}$.

459. $\sqrt{\frac{432a^5b^4c^3}{845a^2bc}}$ **460.** $\sqrt{\frac{6300a^7b^6c^4d}{27216a^2b^3c^7d^3}}$ **461.** $\sqrt{\frac{25920a^5b^4c^3x^4}{11520a^3b^2x}}$.

On décompose chacun des nombres proposés en ses facteurs premiers. Ex.: $432=2^4\times3^3$; $845=5\times13^2$. On remplace chaque nombre par ses facteurs de cette manière: $\frac{2^43^3\times a^5b^4c^3}{5\times13^2a^2bc}$. On simplifie la fraction; ce qui donne: $\frac{2^43^3a^3b^3c^2}{5\times13^2}$. Puis on fait sortir le plus de facteurs possible du radical, en écrivant le résultat ainsi : $\frac{2^2.3abc}{13}\sqrt{\frac{3ab}{5}}$. Nous avons agi de même pour ces trois exercices, et *voici les radicaux simplifiés.*

Ex. 459 $\frac{12abc}{13}\sqrt{{}^3/_5 ab}$. Ex. 460 $\frac{5a^2b}{6cd}\sqrt{\frac{ab}{3c}}$.

Ex. 461. $3abcx\sqrt{\frac{acx}{2}}$.

462. $7a^2\sqrt{3b^2} - 3a\sqrt{12a^2b^2} + 17\sqrt{48} - 5\sqrt{75}$.

On simplifie chaque terme séparément, puis là où le radical devient le même, on applique les règles concernant les radicaux semblables.

$7a^2\sqrt{3b^2} = 7a^2b\sqrt{3}$; $3a\sqrt{12a^2b^2} = 6a^2b\sqrt{3}$; $17\sqrt{48} = 68\sqrt{3}$;
$5\sqrt{75} = 25\sqrt{3}$.

L'expression proposée simplifiée est donc $(a^2b - 43)\sqrt{3}$.

On opère de même dans les exercices suivants.

463. $13\sqrt{24} - 2\sqrt{216} - 2/3\sqrt{54} + \frac{3}{4}\sqrt{384}$.

$13\sqrt{24} = 26\sqrt{6}$; $2\sqrt{216} = 12\sqrt{6}$; ${}^2/_3\sqrt{54} = 2\sqrt{6}$; ${}^3/_4\sqrt{384} = 6\sqrt{6}$.

On remplace par ces valeurs, et on réduit les termes semblables.

L'expression proposée se réduit à $18\sqrt{6}$.

464. $13\sqrt{8} - 7\sqrt{18} + 5\sqrt{288} - 7\sqrt{32}$,

$13\sqrt{8} = 26\sqrt{2}$; $7\sqrt{18} = 21\sqrt{2}$; $5\sqrt{288} = 60\sqrt{2}$; $7\sqrt{32} = 28\sqrt{2}$.
On remplace et on réduit les termes semblables. L'expression simplifiée est $37\sqrt{2}$.

465. $$8\sqrt{27a^3b^4} - 5ab\sqrt{ab^2} + 8a^2b^2\sqrt{48a} - 2b^2\sqrt{98a^3}.$$

$8\sqrt{27a^3b^4} = 24ab^2\sqrt{3a}$; $5ab\sqrt{ab^2} = 5ab^2\sqrt{x}$; $8a^2b^2\sqrt{48a} = 32a^2b^2\sqrt{3a}$; $2b^2\sqrt{98a^3} = 14ab^2\sqrt{2a}$. L'expression simplifiée est $(24a^2b + 32a^2b^2)\sqrt{3a} - 5ab^2\sqrt{a} - 14ab^2\sqrt{2a}$. On pourrait mettre $\sqrt{a}$ en facteur commun.

466. $$\sqrt{302x^7} - 3\sqrt{80x^5} - \sqrt{405x^3} + 17\sqrt{20x}.$$

$\sqrt{320x^7} = 8x^3\sqrt{5x}$; $3\sqrt{80x^5} = 12x^2\sqrt{5x}$; $\sqrt{405x^3} = 9x\sqrt{5x}$; $17\sqrt{20x} = 34\sqrt{5x}$. L'expression simplifiée est $(8x^3 - 12x^2 - 9x + 34)\sqrt{5x}$.

467. $$12\sqrt{\frac{8}{9}} - \frac{3}{4}\sqrt{\frac{32}{81}} + \frac{5}{6}\sqrt{\frac{288}{625}}.$$

$$\sqrt{\frac{8}{9}} = \frac{2}{3}\sqrt{2};\quad \sqrt{\frac{32}{81}} = \frac{4}{9}\sqrt{2};\quad \sqrt{\frac{288}{625}} = \frac{12}{25}\sqrt{2}.$$

$$12 \times {}^2/_3 = 8;\quad {}^3/_4 \times \frac{4}{9} = {}^1/_3;\quad {}^5/_6 \times \frac{12}{25} = \frac{2}{5}.$$

$8 - {}^1/_3 + 2/5 = 8\,{}^1/_{15}$. L'expression simplifiée est $(8\,{}^1/_{15})\sqrt{2}$.

468. $$23\sqrt{108a^5b^7} - 7ab\sqrt{128a^3b^5} + 15a^2b^3\sqrt{338}.$$

L'expression simplifiée : $138a^2b^3\sqrt{3ab} - 56a^2b^3\sqrt{2ab} + 195a^2b^3\sqrt{2}$.

469. $$\frac{\sqrt{8a^5b}}{\sqrt{2b^3c}} + \frac{2a\sqrt{18a^3}}{b\sqrt{32c}} - \frac{7\sqrt{48a^3}}{3\sqrt{3b^2a^3}} - \frac{24a^2\sqrt{96ab^2}}{\sqrt{64b^3c}}.$$

On fait chaque division des deux radicaux indiquée, et on simplifie le quotient. L'expression simplifiée est.

$$\left(\frac{7a^2}{2b} - \frac{28a}{3bc}\right)\sqrt{\frac{a}{c}} - 24a^2\sqrt{\frac{3a}{2bc}}.$$

470. $\sqrt{20a^2c - 60abc + 45b^2c}$. **471.** $\sqrt{27a^4b^2c - 72a^3bc^3 + 48a^2c^5}$.

Ex. 470 $\sqrt{20a^2c - 60abc + 45b^2c} = \sqrt{5c(4a^2 - 12ab + 9b^2)} =$
$\sqrt{5c(2a - 3b)^2} = (2a - 3b)\sqrt{5c}$.

Ex. 471. $\sqrt{27a^4b^2c - 72a^3bc^3 + 48a^2c^5} =$
$\sqrt{3c(9a^4b^2 - 24a^3bc^2 + 16a^2c^4)} = \sqrt{3c(3a^2b - 4ac^2)^2} =$
$(3a^2b - 4ac^2)\sqrt{3c}$.

472. $\dfrac{\sqrt{a^4x - 2a^2x^3 + x^5}}{\sqrt{a^2b - 2abx + bx^2}}$ **473.** $\dfrac{\sqrt{a^4 - a^3x - a^2x^2 + ax^3}}{\sqrt{a^2 + 2ax + x^2}}$.

Ex. 472. *L'expression simplifiée est* $(a + x)\sqrt{\dfrac{x}{b}}$. $a^4x - 2a^2x^3 + x^5 = x(a^2 - x^2)^2$. $a^2b - 2abx + bx^2 = b(a - x)^2$. On fait sortir $(a^2 - x^2)^2$ et $(a - x)^2$ des radicaux ; on divise, et on simplifie le quotient.

Ex. 473. *L'expression simplifiée est* $(a - x)\sqrt{\dfrac{a}{a + x}}$. $a^4 - a^2x^2 - a^3x + ax^3 = a^2(a^2 - x^2) - ax(a^2 - x^2) = a(a - x)(a^2 - x^2) = a(a - x)^2(a + x)$. $a^2 + 2ax + x^2 = (a + x)^2$. On divise les radicaux l'un par l'autre ; on supprime le facteur $a + x$ commun aux deux termes, et l'on fait sortir $(a - x)^2$ du radical.

474. $\dfrac{(a-b)\sqrt{a^2 - b^2}}{(a+b)\sqrt{a^3 - 3a^2b + 3ab^2 - b^3}}$. **475.** $\dfrac{(a^3 - a)\sqrt{a^3 - 3a - 2}}{(a+1)\sqrt{a^4 - 4a^2 + 5a - 10}}$.

Ex. 474. *L'expression simplifiée est* $\dfrac{1}{\sqrt{a + b}}$. $a^2 - b^2 = (a - b)(a + b)$. $a^3 - 3a^2b + 3ab^2 - b^3 = (a - b)^3$. On divise les radicaux, puis on supprime en haut et en bas le facteur $(a - b)$. On fait sortir $(a - b)^2$ du radical ; on supprime en haut et en bas le facteur $a - b$, et il reste $\dfrac{\sqrt{a + b}}{a + b} = \dfrac{1}{\sqrt{(a + b)}}$.

Ex. 475. *L'expression simplifiée est* $(a^3 - a)\sqrt{\dfrac{1}{a^3 + 2a^2 + 5}}$.

On divise les radicaux, puis on cherche à simplifier la fraction placée sous le radical comme nous l'avons fait dans l'Ex. 130 et dans les suivants. $a = 2$ annule le numérateur, et aussi le dénominateur : les deux termes sont donc divisibles par $a - 2$. On divise et l'on trouve $a^3 - 3a - 2 = (a - 2)(a^2 + 2a + 1) = (a - 2)(a + 1)^2$, puis $a^4 - 4a^2 + 5a - 10 = (a - 2)(a^3 + 2a^2 + 5)$; on supprime le facteur $a - 2$ commun au numérateur et au dénominateur ; on fait sortir $(a + 1)^2$ du radical ; $a + 1$ sorti détruit $a + 1$ du dénominateur.

476. $3\sqrt{-4} + 5\sqrt{-25} - 8\sqrt{-9}$. **477.** $7\sqrt{-12} + 3\sqrt{-27} - 7\sqrt{-48}$.

Ex. 470. *L'expression simplifiée est* $7\sqrt{-1}$. $3\sqrt{-4} = 3\sqrt{-1 \times 4} = 3 \times 2\sqrt{-1} = 6\sqrt{-1}$; de même $5\sqrt{-25} = 25\sqrt{-1}$; $-8\sqrt{-9} = -24\sqrt{-1}$. On fait l'addition de ces radicaux semblables.

Ex. 477. *L'expression simplifiée est* $-5\sqrt{-3}$. $7\sqrt{-12} = 14\sqrt{-3}$; $3\sqrt{-27} = 9\sqrt{-3}$; $-7\sqrt{-48} = -28\sqrt{-3}$. On additionne ces trois radicaux semblables.

478. $(3 + \sqrt{45})(3 - \sqrt{5})$. **479.** $(4 - \sqrt{12} + \sqrt{3})(5 + \sqrt{3} - \sqrt{12})$.

Ex. 478. *Le produit simplifié est* $6\sqrt{5} - 6$.

Ex. 479. *Le produit effectué et simplifié est* $23 - 9\sqrt{3}$. $4 - \sqrt{12} + \sqrt{3} = 4 - 2\sqrt{3} + \sqrt{3} = 4 - \sqrt{3}$; $5 + \sqrt{3} - \sqrt{12} = 5 + \sqrt{3} - 2\sqrt{3} = 5 - \sqrt{3}$. $(4 - \sqrt{3})(5 - \sqrt{3}) = 23 - 9\sqrt{3}$.

480. $(4 - \sqrt{3a^3b^5} + 2\sqrt{3ab})(2 + 5\sqrt{3a^3b^5} - 4\sqrt{3ab})$.

$\sqrt{3a^3b^5} = ab^2\sqrt{3ab}$. On remplace, et on met $3ab$ en facteur commun ; puis on effectue la multiplication.

Produit : $8 - 15a^3b^5 + 42a^2b^3 - 24ab + 18ab^2 - 12)\sqrt{3ab}$.

481. $(\sqrt{a} + \sqrt{b} + \sqrt{c})(\sqrt{a} - \sqrt{b} - \sqrt{c})$. **482.** $(\sqrt{a} + \sqrt{b} - \sqrt{c} - \sqrt{d})^2$.

Ex. 481. $[\sqrt{a}+(\sqrt{b}+\sqrt{c})]\,[\sqrt{a}-(\sqrt{b}+\sqrt{c})]=a-b-c$
$-2\sqrt{bc}$.

Ex. 482. $(\sqrt{a}+\sqrt{b}-\sqrt{c}-\sqrt{d})^2=a+b+c+d+$
$2\,(\sqrt{ab}-\sqrt{ac}-\sqrt{ad}-\sqrt{bc}-\sqrt{bd}+\sqrt{cd})$.

483. $$\left(\sqrt{\frac{a}{b}}+\sqrt{\frac{c}{d}}\right)\times\left(\sqrt{\frac{b}{a}}-\sqrt{\frac{d}{c}}\right).$$

Produit $$\sqrt{\frac{bc}{ad}}-\sqrt{\frac{ad}{bc}}=\frac{bc-ad}{\sqrt{abcd}}.$$

484 $$\left(\sqrt{a+\sqrt{b}}+\sqrt{a-\sqrt{b}}\right)^2.$$

Ce carré est $2\,(a+\sqrt{a^2-b})$.

485. $(a+b\sqrt{-1})(a-b\sqrt{-1})$. **486.** $(x-a+b\sqrt{-1})\,(x-a-b\sqrt{-1})$.

$$(a+b\sqrt{-1})\,(a-b\sqrt{-1})=a^2+b^2.$$

$$(x-a+b\sqrt{-1})\,(x-a-b\sqrt{-1})=(x-a)^2+b^2.$$

487. $$(5+\sqrt{-3}+\sqrt{-7})\,(3-\sqrt{-3}-\sqrt{-7}).$$

Le produit est $25-2\sqrt{21}-2\,(\sqrt{-3}+\sqrt{-7})$.

488. $$(\sqrt{-3}+\sqrt{-4})\,(\sqrt{-3}-\sqrt{-7}).$$

Le produit est $3+2\sqrt{3}-\sqrt{21}-2\sqrt{7}$.

489 $\dfrac{\sqrt{72}+\sqrt{128}-5\sqrt{2}}{\sqrt{8}}$. **490** $\dfrac{16\sqrt{27}-10\sqrt{45}+12\sqrt{3}}{\sqrt{12}}$.

Ex. 489. $\sqrt{72}=\sqrt{2\times36}=6\sqrt{2}$; $\sqrt{128}=\sqrt{2\times64}=8\sqrt{2}$.
$\sqrt{8}=2\sqrt{2}$. *Le quotient est* $4\,{}^1/_2$.

Ex. 490. $16\sqrt{27} = 16 \times \sqrt{3 \times 9} = 48\sqrt{3}$; $10\sqrt{45} = 30\sqrt{5}$; $\sqrt{12} = 2\sqrt{3}$. *Le quotient est* $30 - 15\sqrt{5/3}$.

MULTIPLIER CHACUNE DES EXPRESSIONS SUIVANTES PAR UN FACTEUR TEL QUE LE PRODUIT SOIT RATIONNEL.

491. $a \pm \sqrt{b}$; $\sqrt{a} \pm \sqrt{b}$; $m\sqrt{a} \pm n\sqrt{b}$.

Il faut multiplier $a + \sqrt{b}$ par $a - \sqrt{b}$, et $a - \sqrt{b}$ par $a + \sqrt{b}$. $(a + \sqrt{b})(a - \sqrt{b}) = a^2 - b$. De même pour $m\sqrt{a} \pm n\sqrt{b}$). $(m\sqrt{a} + n\sqrt{b})(m\sqrt{a} - n\sqrt{b}) = am^2 - bn^2$.

492. $a + \sqrt{b} + \sqrt{c}$; $\sqrt{a} + \sqrt{b} + \sqrt{c}$ (quels que soient les signes).

1° On multiplie d'abord $a + \sqrt{b} + \sqrt{c}$ par $a - (\sqrt{b} + \sqrt{c})$; ce qui donne $a^2 - b - c - 2\sqrt{bc}$, puis ce produit par $a^2 - b - c + 2\sqrt{bc}$; ce qui donne $(a^2 - b - c)^2 - 4bc = a^4 + b^2 + c^2 - 2a^2b - 2a^2c - 2bc$.

On multiplie $\sqrt{a} + \sqrt{b} + \sqrt{c}$ par $\sqrt{a} - (\sqrt{b} + \sqrt{c})$; ce qui donne $a - b - c - 2\sqrt{bc}$; puis ce produit par $a - b - c + 2\sqrt{bc}$; ce qui donne $a^2 + b^2 + c^2 - 2ab - 2ac - 2bc$.

493. $a + \sqrt{b} + \sqrt{c} + \sqrt{d}$; $\sqrt{a} + \sqrt{b} + \sqrt{c} + \sqrt{d}$ (quels que soient les signes).

1° On multiplie $a + \sqrt{b} + \sqrt{c} + \sqrt{d}$ par $a + \sqrt{b} - (\sqrt{c} + \sqrt{d})$; ce qui donne $a + b - c - d + 2a\sqrt{b} - 2\sqrt{cd}$. On ramène cette expression au cas de l'Ex. 492 en posant $a + b - c - d = A$; $2a\sqrt{b} = 2\sqrt{a^2b} = 2\sqrt{B}$, et $2\sqrt{cd} = 2\sqrt{C}$, et l'on achève en conséquence.

2° On multiplie $\sqrt{a} + \sqrt{b} + (\sqrt{c} + \sqrt{d})$ par $\sqrt{a} + \sqrt{b} - (\sqrt{c} + \sqrt{d})$; ce qui donne $a + b - c - d + 2\sqrt{ab} - 2\sqrt{cd}$, et l'on est encore ramené au cas de l'Ex. 492. On achève en conséquence.

494. $\sqrt{a} + \sqrt[3]{b}$; $\sqrt{a} - \sqrt[3]{b}$. (Généralisez.)

Je pose $x = \sqrt{a}$ et $y = \sqrt[3]{b}$; $x^6 = a^3$; $y^6 = b^2$.

Or, $x^6 - y^6 = (x + y)(x^5 - yx^4 + y^2x^3 - y^3x^2 + y^4x - y^5)$; de même $x^6 - y^6 = (x - y)(x^5 + yx^4 + y^2x^3 + y^3x^2 + y^4x + y^5)$.

Il n'y a qu'à remplacer partout x par $\sqrt{a}$ et y par $\sqrt[3]{b}$, en observant les règles qui concernent les puissances des radicaux, 1° Dans le multiplicateur de $x + y$; 2° dans le multiplicateur de $x - y$ pour avoir les deux quantités qui satisfont, 1° à la 1re, 2° à la 2e question proposée. En effet, si on multiplie $\sqrt{a} + \sqrt[3]{b}$ par la 1re quantité ainsi trouvée, ou $\sqrt{a} - \sqrt[3]{b}$ par la 2e, on obtiendra pour produit $(\sqrt{a})^6 - (\sqrt[3]{b})^6 = a^3 - b^2$.

L'exposant 6 est le produit des exposants donnés 2 et 3; la méthode est donc facile à généraliser.

Applications. *Transformer chacune des expressions suivantes* (jusqu'à 511 inclus.) *de manière que le dénominateur soit rationnel.*

495. $\frac{7}{\sqrt{3}}$: $\frac{3 + \sqrt{2}}{3 - \sqrt{2}}$. **496.** $\frac{7 + \sqrt{12}}{4 - 2\sqrt{3}}$; $\frac{9 - \sqrt{48}}{7 + \sqrt{12}}$.

Ex. 495. $\frac{7}{\sqrt{3}} = \frac{7\sqrt{3}}{3}$; $\frac{3 + \sqrt{2}}{3 - \sqrt{2}} = \frac{(3 + \sqrt{2})^2}{9 - 2} = \frac{5 + 6\sqrt{2}}{7}$,

Ex. 496. $\frac{7 + 2\sqrt{12}}{4 - 2\sqrt{3}} = \frac{(7 + 4\sqrt{3})(4 + 2\sqrt{3})}{16 - 4 \times 3} = \frac{52 + 30\sqrt{3}}{4}$

$$\frac{9 - \sqrt{48}}{7 + \sqrt{12}} = \frac{(9 - 4\sqrt{3})(7 - 2\sqrt{3})}{49 - 12} = \frac{87 - 46\sqrt{3}}{37}.$$

497. $\frac{3 + \sqrt{2}}{5 - \sqrt{8} + \sqrt{18}}$. **498.** $\frac{7\sqrt{2} - 4\sqrt{3}}{\sqrt{3} + \sqrt{8} - \sqrt{2}}$.

Ex. 497. $$\frac{3 + \sqrt{2}}{5 - \sqrt{8} + \sqrt{18}} = \frac{3 + \sqrt{2}}{5 - 2\sqrt{2} + 3\sqrt{2}} = \frac{3 + \sqrt{2}}{5 + \sqrt{2}} =$$
$$\frac{(3 + \sqrt{2})(5 - \sqrt{2})}{25 - 2} = \frac{13 + 2\sqrt{2}}{23}.$$

Ex. 498. $$\frac{7\sqrt{2}-4\sqrt{3}}{\sqrt{3}+\sqrt{8}-\sqrt{2}}=\frac{7\sqrt{2}-4\sqrt{3}}{\sqrt{3}+2\sqrt{2}-\sqrt{2}}=\frac{7\sqrt{2}-4\sqrt{3}}{\sqrt{3}+\sqrt{2}}=$$
$$(7\sqrt{2}-4\sqrt{3})(\sqrt{3}-\sqrt{2})=11\sqrt{6}-26.$$

499. $\dfrac{8\sqrt{12}-7\sqrt{3}}{3\sqrt{2}-5\sqrt{3}+\sqrt{12}}$. **500.** $\dfrac{4}{\sqrt{3}+\sqrt{5}-\sqrt{2}}$.

Ex. 499. $$\frac{8\sqrt{12}-7\sqrt{3}}{3\sqrt{2}-5\sqrt{3}+\sqrt{12}}=\frac{16\sqrt{3}-7\sqrt{3}}{3\sqrt{2}-5\sqrt{3}+2\sqrt{3}}=$$
$$\frac{9\sqrt{3}}{3\sqrt{2}-3\sqrt{3}}=\frac{3\sqrt{3}}{\sqrt{2}-\sqrt{3}}=\frac{-3\sqrt{3}(\sqrt{2}+\sqrt{3})}{1}=-3\sqrt{6}-9.$$

Ex. 500. $$\frac{4}{\sqrt{3}+\sqrt{5}-\sqrt{2}}=\frac{4(\sqrt{3}+\sqrt{5}+\sqrt{2})}{6+2\sqrt{15}}=$$
$$\frac{(\sqrt{3}+\sqrt{5}+\sqrt{2})(\sqrt{15}-3)}{3}.$$

501. $\dfrac{3-\sqrt{5}}{\sqrt{20}-\sqrt{18}+\sqrt{27}}$. **502.** $\dfrac{8-\sqrt{10}}{5+\sqrt{10}-\sqrt{32}}$.

Ex. 501. $(\sqrt{20}+\sqrt{27}-\sqrt{18})(\sqrt{20}+\sqrt{27}+\sqrt{18})=29+2\sqrt{540}$. $(2\sqrt{540}+29)(2\sqrt{540}-29)=2160-841=1319$. L'expression convertie est

$$\frac{(3-\sqrt{5})(\sqrt{20}+\sqrt{27}+\sqrt{18})(2\sqrt{540}-29)}{1319}.$$

Ex. 502. $(5+\sqrt{10}-\sqrt{32})(5+\sqrt{10}+\sqrt{32})=3+10\sqrt{10}$. $(10\sqrt{10}+3)(10\sqrt{10}-3)=1000-9=991$. L'expression convertie est $\dfrac{(8-\sqrt{10})(5+\sqrt{10}+\sqrt{32})(10\sqrt{10}-3)}{991}$.

503 $\dfrac{15}{\sqrt{5}+3\sqrt{2}+7\sqrt{3}-\sqrt{6}}$. **504.** $\dfrac{\sqrt{a+x}+\sqrt{a-x}}{\sqrt{a+x}-\sqrt{a-x}}$.

Ex. 503. $[7\sqrt{3}-\sqrt{6}+(\sqrt{5}+3\sqrt{2})]\,[7\sqrt{3}-\sqrt{6}-(\sqrt{5}+3\sqrt{2})]=130-42\sqrt{2}-6\sqrt{10}$. $(130-42\sqrt{2}-6\sqrt{10})(130-42\sqrt{2}+6\sqrt{10})=20068-10920\sqrt{2}$. $(20068-10920\sqrt{2})(20068+10920\sqrt{2})=164231824$. L'expression convertie est

$$\frac{15\times(7\sqrt{3}-\sqrt{6}-\sqrt{5}-3\sqrt{2})(130-42\sqrt{2}+6\sqrt{10})(20068+10920\sqrt{2})}{164231824}.$$

Ex. 504. $(\sqrt{a+x}-\sqrt{a-x})(\sqrt{a+x}+\sqrt{a-x})=2x$. L'expression convertie est $\dfrac{(\sqrt{a+x}+\sqrt{a-x})^2}{2x}=\dfrac{a+\sqrt{a^2-x^2}}{x}$.

505. $\sqrt{ab}+\dfrac{ab}{a-\sqrt{ab}}$. **506.** $\sqrt{a-x}+\dfrac{x\sqrt{a}}{\sqrt{a^2-ax}}$.

Ex. 505. $\sqrt{ab}+\dfrac{ab}{a-\sqrt{ab}}=\dfrac{a\sqrt{ab}}{a-\sqrt{ab}}=\dfrac{a(a+\sqrt{ab})}{a-b}$.

Ex. 506. $\dfrac{x\sqrt{a}}{\sqrt{a^2-ax}}=\dfrac{x}{\sqrt{a-x}}$; $\sqrt{a-x}+\dfrac{x}{\sqrt{a-x}}=\dfrac{a}{\sqrt{a-x}}=\dfrac{a\sqrt{a-x}}{a-x}$.

507. $\dfrac{\sqrt{1+x}+\dfrac{1}{\sqrt{1-x}}}{1+\dfrac{1}{\sqrt{1-x^2}}}$. **508.** $\dfrac{\sqrt{a+b}+\sqrt{a^2-b^2}}{\sqrt{a+b}-\sqrt{a-b}}$.

Ex. 507. Expression simplifiée : $\sqrt{1+x}$.

Ex. 508. *Rép.* $\dfrac{(\sqrt{a+b}+\sqrt{a^2-b^2})(\sqrt{a+b}+\sqrt{a-b})}{2b}$.

509. $\dfrac{a^2+b^2}{a\pm b\sqrt{-1}}$; $\dfrac{a+b\sqrt{-1}}{a-b\sqrt{-1}}$.

Réponses : $a\mp b\sqrt{-1}$; $\dfrac{(a+b\sqrt{-1})^2}{a^2+b^2}$.

510. $\dfrac{x-a+b\sqrt{-1}}{x-a-b\sqrt{-1}}$. **511.** $\dfrac{3+\sqrt{-2}}{5-\sqrt{-3}}$.

Réponses : $\dfrac{(x-a+b\sqrt{-1})^2}{(x-a)^2+b^2}$; $\dfrac{(3+\sqrt{-2})(5+\sqrt{-3})}{8}$.

512. A et A′ désignant les aires de deux polygones réguliers de n et de $2n$ côtés inscrits dans un cercle, B et B′ les aires des polygones circonscrits semblables, on a vu en géométrie que $A'=\sqrt{A.B}$ et $B'=\dfrac{2AB}{A+A'}$. Démontrer que le rapport $\dfrac{B'-A'}{B-A}$, toujours moindre que $\dfrac{1}{4}$, a pour limite $\dfrac{1}{4}$ quand $B'-A'$ et $B-A$ tendent vers 0.

$$B'-A'=\frac{2AB}{A+\sqrt{AB}}-\sqrt{AB}=\frac{AB-A\sqrt{AB}}{A+\sqrt{AB}}=\frac{\sqrt{AB}(\sqrt{AB}-A)}{A+\sqrt{AB}}$$
$$=\frac{\sqrt{AB}\,(AB-A^2)}{(A+\sqrt{AB})^2}=\frac{A.\sqrt{AB}\,(B-A)}{(A+\sqrt{AB})^2}.$$

D'où $$\frac{B'-A'}{B-A}=\frac{A\sqrt{AB}}{(A+\sqrt{AB})^2}=\frac{A\sqrt{AB}}{A^2+AB+2A\sqrt{AB}}=$$

$\dfrac{\sqrt{AB}}{A+B+2\sqrt{AB}}<\dfrac{1}{4}$. Cette inégalité est vraie ; car elle revient à celle-ci : $A+B+2\sqrt{AB}>4\sqrt{AB}$, ou $A+B-2\sqrt{AB}>0$; c'est-à-dire $(\sqrt{B}-\sqrt{A})^2>0$; ce qui est évident.

Si A devient égal à B, $\sqrt{AB}=A$; $\dfrac{B'-A'}{B-A}=\dfrac{A\sqrt{AB}}{(A+\sqrt{AB})^2}=$ $\dfrac{A^2}{4A^2}=\dfrac{1}{4}$.

513. p et p' d'une part, P et P' de l'autre, désignant les périmètres des mêmes polygones inscrits et circonscrits de l'Ex. 512, on a vu en géométrie que

$$P' = \frac{2Pp}{P+p} \quad \text{et} \quad p' = \sqrt{pP'}.$$

Démontrer que $\frac{P'-p'}{P-p}$, est toujours moindre que $\frac{1}{4}$, et a pour limite 1/4 quand $P-p$ et $P'-p'$ tendent vers 0.

$P'-p' = \frac{2Pp}{P+p} - \sqrt{\frac{2Pp^2}{P+p}}$. Or $2Pp = \sqrt{2Pp^2} \times \sqrt{2P}$, et

$\sqrt{\frac{2Pp^2}{P+p}} = \frac{\sqrt{2Pp^2} \times \sqrt{P+p}}{P+p}$; donc $P'-p' = \frac{\sqrt{2Pp^2}(\sqrt{2P}-\sqrt{P+p})}{P+p}$

$= \frac{\sqrt{2Pp^2}\,(P-p)}{(P+p)(\sqrt{2P}+\sqrt{P+p})}$. D'où $\frac{P'-p'}{P-p} = \frac{\sqrt{2Pp^2}}{(P+p)(\sqrt{2P}+\sqrt{P+p})}$.(1)

Notre proposition sera démontrée si nous prouvons que cette dernière fraction est $< 1/4$ quand $p < P$ et $= 1/4$ si $p = P$. Pour cela, nous allons montrer que chacune des parties du dénominateur, $(P+p)\sqrt{2P}$, et $(P+p)\sqrt{P+p}$, est plus grande que 2 fois le numérateur $\sqrt{2Pp^2}$; total, le dénominateur > 4 fois le numérateur. En effet, on a d'abord : $(P+p\sqrt{2P} > 2\sqrt{2Pp^2} = 2p\sqrt{2P}$; car cela revient à $P+p > 2p$; ce qui est évident. Secondement $(P+p)\sqrt{P+p} > 2\sqrt{2Pp^2}$ revient à $\sqrt{(P+p)^3} > \sqrt{8Pp^2}$, ou $P^3 + p^3 + 3P^2p + 3Pp^2 > 8Pp^2$. Comme $3P^2p + 3Pp^2$ est $> 3Pp^2 + 3Pp^2$, il suffit de démontrer que $P^3 + p^3$ est $> 2Pp^2$, ce qui revient à $P^3 - Pp^2 > Pp^2 - p^3$, ou bien $P(P^2 - p^2) > p^2(P-p)$; ou bien en simplifiant, $P(P+p) > p^2$; ce qui est évident.

La fraction de l'égalité (1) ci-dessus est donc moindre que $1/4$; donc $P' - p' < 1/4\,(P-p)$.

Quand $P=p$, cette fraction revient à $P\sqrt{2P} : (2P \times 2\sqrt{2P}) = 1/4$.

514. R et r étant le rayon et l'apothème d'un polygone régulier inscrit, R' et r' le rayon et l'apothème du polygone isopérimètre d'un nombre de côtés double, on a vu en géométrie que $r' = \frac{R + r}{2}$ et $R' = \sqrt{Rr'}$. Démontrer que le rapport $\frac{R' - r'}{R - r}$, toujours moindre que $\frac{1}{4}$, tend vers cette limite quand $R' - r'$ et $R - r$ tendent vers 0.

$$R' - r' = \sqrt{\frac{R(R+r)}{2}} - \frac{R+r}{2} = \sqrt{\frac{R+r}{2}}\left(\sqrt{R} - \sqrt{\frac{R+r}{2}}\right)$$
$$= \sqrt{\frac{R+r}{2}} \times (R-r) : 2\left[(\sqrt{R}) + \sqrt{\frac{R+r}{2}}\right].$$

Donc $$\frac{R' - r'}{R - r} = \sqrt{\frac{R+r}{2}} : 2\left(\sqrt{R} + \sqrt{\frac{R+r}{2}}\right). \quad (1).$$

Or, ce dernier quotient est moindre que $^1/_4$, si $r < R$; car $$\sqrt{R} + \sqrt{\frac{R+r}{2}} > 2\sqrt{\frac{R+r}{2}}.$$

Quand $r = R$, le deuxième membre de la dernière égalité (1) est égal à $^1/_4$. Notre proposition est donc démontrée.

PRINCIPES A DÉMONTRER.

Avis. Dans les exercices suivants, de 515 à 519 inclus, a, b, c, d, désignent des quantités rationnelles et $\sqrt{a}, \sqrt{b}, \sqrt{c}, \sqrt{d}$ des quantités irrationnelles.

515. On ne peut pas avoir $\sqrt{a} = b + \sqrt{c}$, ni $\sqrt{a} = \sqrt{b} + \sqrt{c}$. (Démontrez.)

1° De $\sqrt{a} = b + \sqrt{c}$ résulterait $a = b^2 + c + 2b\sqrt{c}$, puis $a - b^2 - c = 2b\sqrt{c}$, égalité impossible puisqu'une quantité rationnelle ne peut pas être égale à une quantité irrationnelle.

2° De $\sqrt{a} = \sqrt{b} + \sqrt{c}$ résulterait $a = b + c + 2\sqrt{bc}$, puis $a - b - c = 2\sqrt{bc}$ (impossible).

516 Si $a+\sqrt{b}=c+\sqrt{d}$, $a=c$ et $\sqrt{b}=\sqrt{d}$. (Démontrez.)

Supposons que $a=c\pm c'$. En remplaçant, puis simplifiant, on aurait $\pm c'+\sqrt{b}=\sqrt{d}$, égalité impossible (Ex. 515). Donc a ne peut pas différer de c ; $a=c$ et $b=d$.

517. Dans quel cas le produit $\sqrt{a}\times\sqrt{b}$ est il rationnel ?

Pour que $\sqrt{a}\times\sqrt{b}$ soit égal à une quantité rationnelle c, ou $\sqrt{ab}=c$, il faut que $ab=c^2$, c'est-à-dire que le produit $a\times b$ soit un carré parfait. Pour cela, il faut et il suffit que a et b étant décomposés en facteurs premiers, chaque exposant impair d'un facteur premier de a ou de b puisse s'ajouter à l'exposant impair qu'a ce même facteur dans b ou dans a.

518. Si $\sqrt{a+\sqrt{b}}=\sqrt{c}+\sqrt{d}$, $\sqrt{a-\sqrt{b}}=\sqrt{c}-\sqrt{d}$. (Démontrez.)

Supposons $\sqrt{a+\sqrt{b}}=\sqrt{c}+\sqrt{d}$; alors $a+\sqrt{b}=c+d+2\sqrt{cd}$; d'où $a=c+d$, et $\sqrt{b}=2\sqrt{cd}$ (Ex. 516). De ces égalités on déduit par soustraction $a-\sqrt{b}=c+d-2\sqrt{cd}=(\sqrt{c}-\sqrt{d})^2$; d'où $\sqrt{a-\sqrt{b}}=\sqrt{c}-\sqrt{d}$.

519. Condition pour que $\sqrt{a\pm\sqrt{b}}$ puisse être remplacé par $\sqrt{x}+\sqrt{y}$, x et y étant des quantités rationnelles.

Posons $\sqrt{a+\sqrt{b}}=\sqrt{x}+\sqrt{y}$ (1); alors $\sqrt{a-\sqrt{b}}=\sqrt{x}-\sqrt{y}$ (2) (Ex. 518). De ces égalités résulte par multiplication : $\sqrt{a^2-b}=x-y$; d'où $(x-y)^2=a^2-b$. *a^2-b doit donc être un carré* ; $a^2-b=c^2$. Supposons cette condition remplie ; $x-y=c$. D'autre part, en élevant les deux membres de l'égalité (1) au carré, on obtient $a+\sqrt{b}=x+y+2\sqrt{xy}$; d'où $x+y=a$, et $\sqrt{b}=\sqrt{xy}$ (Ex. 516). Les égalités $x-y=c$, et $x+y=a$

donnent $x = {}^1/_2\,(a + c)$ et $y = {}^1/_2\,(a - c)$. La condition indiquée : $a^2 - b = un\ carré\ c^2$ est nécessaire et suffisante.

Finalement $\sqrt{a + \sqrt{b}} = \sqrt{\frac{a+c}{2}} + \sqrt{\frac{a-c}{2}}$.

De même $\sqrt{a - \sqrt{b}} = \sqrt{\frac{a+c}{2}} - \sqrt{\frac{a-c}{2}}$.

Il est évident que $-\sqrt{a + \sqrt{b}} = -\sqrt{\frac{a+c}{2}} - \sqrt{\frac{a-c}{2}}$,

et que $-\sqrt{a - \sqrt{b}} = -\sqrt{\frac{a+c}{2}} + \sqrt{\frac{a-c}{2}}$.

Ces égalités et les deux précédentes peuvent être réunies ainsi:

$$\pm\sqrt{a \pm \sqrt{b}} = \pm\sqrt{\frac{a+c}{2}} \pm \sqrt{\frac{a-c}{2}}$$

chaque signe supérieur ou inférieur du 1er membre correspondant avec le signe supérieur ou inférieur du 2e, et s'écrivant avec lui quand on sépare les 4 égalités dans les applications.

Applications. Transformez en deux radicaux séparés, de cette forme : $\sqrt{x} + \sqrt{y}$, d'après l'Ex. 519, chacune des expressions suivantes (depuis l'Ex. 520 jusqu'à l'Ex. 523.

520 $\pm\sqrt{3 \pm \sqrt{5}}$. **521.** $\pm\sqrt{17 \pm 2\sqrt{30}}$.

Ex. 520. $a = 3$, $b = 5$; $a^2 - b = 9 - 5 = 4$; $c^2 = 4$; $c = 2$. En appliquant les formules de l'Ex. 519, nous avons

$$a = \frac{3+2}{2} = \frac{5}{2};\ b = \frac{3-2}{2} = \frac{1}{2};\ \text{et} \pm\sqrt{3 \pm \sqrt{5}} = \pm\sqrt{\frac{5}{2}} \pm \sqrt{\frac{1}{2}}.$$

Ex. 521. $2\sqrt{30} = \sqrt{120}$; $a^2 - b = 17^2 - 120 = 289 - 120 = 169$; $c^2 = 169 = 13^2$; $c = 13$. Donc

$$x = \frac{17+13}{2} = 15\ ;\ y = \frac{17-13}{2} = 2\ ;\ \pm\sqrt{17 \pm 2\sqrt{30}} = \pm\sqrt{15} \pm \sqrt{2}.$$

522. $\pm\sqrt{19 \pm 8\sqrt{3}}$. **523** $\pm\sqrt{\frac{p}{2} \pm \sqrt{\frac{p^2}{4} - q}}$.

Ex. 522. $8\sqrt{3} = \sqrt{64 \times 3} = \sqrt{192}$; $a^2 - b = 19^2 - 192 = 169$. $169 = 13^2$; $c = 13$. $x = \frac{19+13}{2} = 16$; $y = \frac{19-13}{2} = 3$;

$$\sqrt{16} = 4 ; \quad \pm\sqrt{19 \pm 8\sqrt{3}} = \pm 4 \pm \sqrt{3}.$$

Ex. 523. $a = \frac{p}{2}$; $b = \frac{p^2}{4} - q$; $a^2 - b = q$. Pour que l'expression proposée puisse être remplacée par deux radicaux séparés, il faut donc que q soit un carré ; $q = c^2$. Alors

$$\pm\sqrt{\frac{p}{2} - \sqrt{\frac{p^2}{2} - q}} = \pm\frac{1}{2}\sqrt{p + 2c} \pm \frac{1}{2}\sqrt{p - 2c}.$$

ÉQUATIONS DU 2e DEGRÉ A RÉSOUDRE APRÈS LE N° 141.

524. $x^2 - 12x + 35 = 0$. $x^2 - 2x - 63 = 0$. $12x^2 - 11x - 15 = 0$.

Nous désignerons dans cet exercice et dans les suivants les racines cherchées par x' et x''.

1re *équation*. $x' = 7$, $x'' = 5$; 2e *id.* $x' = 9$; $x'' = -7$; 3e *id.* $x' = {}^5/_3$; $x'' = -\frac{3}{4}$.

525. $80x^2 + 6x - 35 = 0$. $100x^2 - 85x + 10,5 = 0$. $7x^2 - 8x + 40 = 0$.

1re *équation*. $x' = {}^5/_8$; $x'' = -{}^7/_{10}$. 2e *id.* $x' = 0,15$; $x'' = 0,7$. 3e *id.* x' et x'' imaginaires.

526. $\frac{5}{6}x^2 + \frac{3}{8}x + \frac{3}{4} = \frac{3}{5}x + 0,645$.

$$x' = 0,12; \quad x'' = 1,05.$$

527. $$\frac{3}{5}x^2 - \frac{7}{9}x + \frac{2}{3} = \frac{2}{3}x^2 - \frac{x}{6} + \frac{1}{9}.$$

$x' = {}^5/_6$; $x'' = -10$.

528. $$\frac{5}{9}x^2 - \frac{3}{4}x + \frac{23}{25} = \frac{3}{5}x^2 - \frac{5}{6}x + 0{,}926.$$

Équation finale : $40x^2 - 75x + 5{,}4 = 0$. $x' = {}^9/_5$; $x'' = {}^3/_{40}$.

529. $$3(x - 5)(x - 2) = 7(x - 7)(x - 6) + 40.$$

Équation finale : $2x^2 - 35x + 152 = 0$. $x' = 8$; $x'' = 9\,{}^1/_2$.

530. $$0{,}12x^2 + 0{,}3x + 1{,}25 = \frac{3}{4}x^2 - \frac{7}{25}x - \frac{219}{80}.$$

Équation finale : $252x^2 + 8x - 1595 = 0$. $x' = 2{,}5$; $x'' = -{}^{319}/_{126}$.

531. $$\frac{3}{5(x^2 - 1)} + \frac{1}{10(x + 1)} = \frac{23}{238}.$$

Équation finale : $115x^2 + 119x - 948 = 0$. $x' = 2{,}4$; $x'' = -{}^{79}/_{23}$.

532. $$\frac{x + 5}{x - 5} + \frac{x - 5}{x + 5} = \frac{10}{3}.$$

Équation finale : $x^2 = 100$. $x' = 10$; $x'' = -10$.

533. $$\frac{7}{x - 2} + \frac{8}{x - 5} = 3.$$

Équation finale : $x^2 - 12x + 27 = 0$. $x' = 9$; $x'' = 3$.

534. $$\frac{8}{x - 2} + 8x - 7 = \frac{5x}{3} + 33.$$

Équation finale : $19x^2 - 158x + 264$. $x' = 6$; $x'' = {}^{44}/_{19}$.

535. $$\frac{7}{5(x - 3)} - \frac{8}{3(x - 15)} = \frac{11}{4x - 25}.$$

Équation finale : $241x^2 - 2665x + 2550 = 0$. $x' = 10$; $x'' = {}^{255}/_{241}$.

536. $$\frac{8}{3x-5}+\frac{9}{5x-8}=\frac{20}{7x-25}.$$

Équation finale : $169x^2-1458x+1925=0.$ $x'=7$; $x''={}^{275}/_{169}$.

537. $$(x-3)(x-4)(x+5)=60.$$

Équation finale : $x^2-2x-23=0,$ $x'=1+\sqrt{24}$; $x''=1-\sqrt{24}.$

538. $$3(x-5)(2x-7)(8x-23)=(4x-9)(3x-13)(4x-19).$$

Équation finale : $x^2-22x+96=0.$ $x'=6$; $x''=16.$

539. $$\frac{x+5}{x+3}+\frac{x-5}{x-2}=\frac{2x-6}{x-2}.$$

Équation finale : $3x-10=2x-3$; $x=7.$ L'équation se réduit au 1er degré.

540. $$\frac{49x^2-16}{35x-20}=38x^2-8x+\frac{1466}{245}.$$

$9310x^2-2303x+1270=0.$ Les racines sont imaginaires

541. $x^2-2bx+b^2-a^2=0.$ **542.** $x^2-2ax+b^2=0.$

Ex. 541. $x'=a+b$; $x''=b-a$. Ex. 542. $x'=a+\sqrt{a^2-b^2}$; $x''=a-\sqrt{a^2-b^2}.$

543. $abx^2-(a^2+b^2)x+1=0.$ **544.** $abx^2-a^2x+b^2=b^2x^2-ab.$

Ex. 543. $x'=\frac{a}{b}$; $x''=\frac{b}{a}$. Ex. 544. $x'=\frac{a+b}{b}$; $x''=\frac{b}{a-b}$.

545. $$a^2x^2-(a+b)x-1=b^2x^2+(a-b)x-2.$$

$$x'=\frac{1}{a+b};\ x''=\frac{1}{a-b}.$$

546. $$(5a^2+b^2)(3x^2-4x+3)=(5b^2+a^2)(3x^2+4x+3).$$

Équation finale : $(a^2-b^2)x^2-2(a^2+b^2)x+a^2-b^2=0.$

$$x'=\frac{a+b}{a-b};\ x''=\frac{a-b}{a+b}.$$

547. $25a^2x^2 - (7a - 2b)x - 4 = 9b^2x^2 + (3a + 2b)x - 5.$

Équation finale : $(25a^2 - 9b^2)x^2 - 10ax^2 + 1 = 0.$

$$x' = \frac{1}{5a - 3b}; \quad x'' = \frac{1}{5a + 3b}.$$

548. $x^2 - 2a^2x + a^4 + b^4 = 2b^2(x + a^2).$

Équation finale : $x^2 - 2(a^2 + b^2)x + a^4 + b^4 - 2a^2b^2 = 0.$

$$x' = (a + b)^2; \quad x'' = (a - b)^2.$$

549. $(mx - n)(nx - m) = p^2.$

Équation finale : $mnx^2 - (m^2 + n^2)x + mn = p^2.$

$$x' = \frac{m^2 + n^2 \pm \sqrt{(m^2 - n^2) + 4mnp^2}}{2mn}.$$

550. $\frac{1}{x - a} + \frac{1}{x - b} + \frac{1}{x - c} = 0.$

Équation finale : $3x^2 - 2(a + b + c)x + ab + ac + bc = 0.$

$$x = {}^1/_3\left[(a + b + c) \pm \sqrt{a^2 + b^2 + c^2 - ab - ac - bc}\right].$$

551. $\frac{x + a}{x - a} + \frac{x + b}{x - b} + \frac{x + c}{x - c} = 3.$

Équation finale : $(a+b+c)x^2 - 2(ab+ac+bc)x + 3abc = 0.$

$$x = \frac{1}{a+b+c}\left[ab+ac+bc \pm \sqrt{a^2b^2+a^2c^2+b^2c^2-abc(a+b+c)}\right].$$

552. $\frac{a}{x - a} + \frac{c}{x - c} = \frac{2b}{x - b}.$

Équation finale : $(a + c - 2b)x^2 + (ab + bc - 2ac)x = 0.$

$$x' = 0\ ; \quad x'' = \frac{2ac - ab - bc}{a + c - 2b}.$$

553. $(x+a)(x-b)(2a-x)=(x-a)(x+b)(2b-x)$.

Équation finale : $2(a^2-b^2)x=2ab(a-b)$. $x=\frac{a-b}{ab}$.

L'équation se réduit au 1er degré.

ÉQUATIONS DANS LESQUELLES LE COEFFICIENT DE x^2 EST TRÈS-PETIT (avant le n° 160).

553 *bis*. Résoudre l'équation $0{,}0002x^2-2x+3=0$.

J'applique la méthode expliquée dans le cours in-8°, avant le n° 160. L'équation proposée peut s'écrire $x=1{,}5+0{,}0001x$ (1).

Première valeur approchée : $x_1=1{,}5$. Je mets cette valeur de x dans le 2e membre seulement de l'équation (1); j'effectue les calculs, et j'obtiens : 2e *valeur approchée :* $x_2=1{,}500225$. Je mets cette 2e valeur approchée dans le 2e membre de (1) et je trouve : 3e *valeur approchée :* $x_3=1{,}50022506750225$. Cette 2e correction ajoute à x_2 moins de 0,0000001. Cette valeur x_2 est donc déjà très-approchée, et on peut prendre simplement $x=1{,}500225$.

La somme des racines étant 2 : 0,0002 = 10000, la seconde racine a pour valeur approchée 10000 — 1,500225 = 9978,499775.

553 *ter*. Résoudre l'équation $0{,}00004x^2-8x+7=0$.

L'équation peut s'écrire $x={}^7/_8=0{,}875$. Je mets cette valeur de x dans le 2e membre seulement de l'équation (1) ; j'effectue les calculs, et je trouve $x_2=0{,}87500382125$. Une 2e correction ajoute à x_2 moins de 0,0000000001 ; on se contente donc de la 2e approximation, et *on prend* $x=0{,}87500382125$.

La somme des racines est 8 : 0,00004 = 200000. La 2e racine approchée est donc 199999,12499617875.

ÉQUATIONS QUI PEUVENT ÊTRE RAMENÉES A DES ÉQUATIONS DU 2e DEGRÉ OU ÊTRE RÉSOLUES A L'AIDE D'ÉQUATIONS DU 2e DEGRÉ (à résoudre après le n° 152).

AVIS IMPORTANT. Toutes les équations *suivantes* jusqu'à l'Ex. 608 inclus peuvent être résolues sans qu'on élève les deux membres au carré. On doit les résoudre ainsi pour plus de simplicité, et afin de ne pas introduire de racines étrangères.

554. $ax^{2n}+bx^n+c=0$ (n étant connu) ; $ax^n+\frac{b}{x^n}+c=0$.

1° $ax^{2n}+bx^n+c=0$. On pose $x^n=y$; l'équation devient $ay^2+by+c=0$. On résout cette dernière équation ; soient y' et y'' ses racines. Les racines de l'équation proposée sont $x'=\sqrt[n]{y'}$; $x''=\sqrt[n]{y''}$. On attribue à ces dernières racines toutes les valeurs positives ou négatives, ou bien imaginaires qu'elles peuvent avoir.

2° $ax^n+\frac{b}{x^n}+c=0$. On chasse le dénominateur ; ce qui donne $ax^{2n}+cx^n+b=0$, et on est ramené au cas précédent.

555. $$a\sqrt[n]{x}+\frac{b}{\sqrt[n]{x}}=c.$$

On pose $\sqrt[n]{x}=y$; l'équation proposée devient $ay+\frac{b}{y}+c=0$; d'où $ay^2+cy+b=0$. On résout cette équation ; soient y' et y'' les racines ; $x'=y'^n$; $x''=y''^n$.

Avis. En appliquant ce que nous venons d'indiquer d'une manière générale dans les Exercices suivants, nous désignerons la racine de l'équation auxiliaire du 2e degré, et les racines correspondantes de l'équation proposée comme nous venons de le faire.

556. $4x^4-9x^2+5=0$. **557.** $4x^4-5x^2+1=0$.

Ex. 556. On fait $x^2=y$, et on trouve : $y'={}^5/_4$; $y''=1$; d'où $x'=\pm{}^1/_2\sqrt{5}$; $x''=\pm 1$.

Ex. 557. On fait $x^2=y$, et on trouve : $y'=1$; $y''={}^1/_4$; d'où $x'=\pm 1$; $x''=\pm{}^1/_2$.

558. $36x^4-13x^2+1=0$. **559.** $50x^4-4{,}5x^2+0{,}1=0$.

Ex. 558. On fait $x^2=y$ et on trouve $y'={}^1/_4$; $y''={}^1/_9$. D'où $x'=\pm{}^1/_2$; $x''=\pm{}^1/_3$.

Ex. 559. Ayant fait $x^2=y$, on trouve $y'={}^5/_{100}$; $y''=0{,}04$. Par suite, $x'=\pm\sqrt{0{,}05}$; $x''=\pm 0{,}2$.

560. $x^4 - 1 = 0.$ **560 *bis*.** $x^4 + 1 = 0.$

Ex. 560. $x^4 - 1 = 0.$ $x^2 = \pm 1.$ $x' = \pm 1$; $x'' = \pm \sqrt{-1}.$

Ex. 560 *bis*. $x^4 + 1 = 0.$ $x^2 = \pm \sqrt{-1}$; $x = \pm \sqrt{\pm \sqrt{-1}}.$

On peut remplacer les radicaux superposés par des radicaux simples séparés (Ex. 519). Dans le cas actuel, $a^2 - b = 0 + 1 = 1$; $c = 1.$ $\frac{1}{2}(a + c) = \frac{2}{4}$; $\frac{1}{2}(a - c) = -\frac{1}{2} = -\frac{2}{4}.$ Par suite, $x = \pm \frac{1}{2}\sqrt{2} \pm \frac{1}{2}\sqrt{-2}.$

561. $7x^6 - 119x^3 = 1890$ Rép. $x = 3$; $x = -\sqrt[3]{10}.$

Posons $x^3 = y$; l'équation devient : $7y^2 - 119y = 1890.$ Je résous : $y' = 27$; $y'' = -10.$ $x' = \sqrt[3]{27} = 3.$ $x'' = -\sqrt[3]{10}.$ L'équation proposée a 4 autres racines imaginaires.

562. $3x + 5\sqrt{x} = 68.$ Rép. $x = 16.$ (*)

Je pose $\sqrt{x} = y$; l'équation devient $3y^2 + 5y = 68.$ $y' = 4$; $y'' = -\frac{17}{3}.$ $x = y^2$; $x' = 16$; $x'' = \frac{289}{9} = 32\ \frac{1}{9}.$

Avis important. Dans tous les exercices où y représente auxiliairement un radical plus ou moins simple, les élèves doivent vérifier les valeurs de x, en tenant compte du principe suivant :

Le signe — devant une valeur de y *annonce que les signes du radical représenté par* y *doivent être changés pour que l'équation proposée soit vérifiée par chaque valeur de* x *déduite de cette valeur négative de* y. Par exemple, la valeur $x'' = 32\ \frac{1}{9}$, déduite de $y'' = -\frac{17}{3}$, ne vérifie pas l'équation $3x + 5\sqrt{x} = 68$, mais bien l'équation $3x - 5\sqrt{x} = 68.$ Si ce changement de signe du radical n'est pas compatible avec les conditions du

(*) Nous n'indiquerons ainsi que les valeurs de x qui vérifient les équations proposées telles qu'elles sont avec leurs signes. Le lecteur fera bien de vérifier dans chaque exercice, conformément à *notre avis, toutes* les valeurs trouvées de x, en donnant au radical proposé le signe convenable.

problème mis en équation, cette valeur de x ne convient pas à la question proposée. On peut essayer d'interpréter cette valeur négative du radical.

La méthode que nous employons dans cet exercice et dans les quinze suivants, 562 à 577 inclus, est plus simple que la méthode ordinaire puisqu'elle dispense d'élever au carré, opération qui peut entraîner quelquefois d'assez longs calculs et produire des équations plus difficiles à résoudre. De plus, elle permet de distinguer sans peine les valeurs de x qui conviennent à la question proposée de celles qui ne conviennent pas.

563. $5x\sqrt{x} - 3\sqrt[4]{x^3} = 296.$ Rép. $x = 16.$

L'équation peut s'écrire ainsi : $5\sqrt{x^3} - 3\sqrt[4]{x^3} = 296.$

Posons $\sqrt[4]{x^3} = y$; $\sqrt{x^3} = y^2$; l'équation devient $5y^2 - 3y = 296$ $y' = 8$; $y'' = -7{,}4.$ $x'^3 = y'^4 = 8^4 = 64^2 = 4096$; $x' = \sqrt[3]{4096} = 16.$ $x''^3 = (-7{,}4)^4 = (7{,}4)^4$; $x'' = \sqrt[3]{(7{,}4)^4} = 7{,}4\sqrt[3]{7{,}4}.$ Les autres racines de l'équation proposée sont imaginaires.

La valeur $x'' = 7{,}4\sqrt[3]{7{,}4}$ ne vérifie pas l'équat. : $5\sqrt{x^3} - 3\sqrt[4]{x^3} = 296$; mais celle-ci : $5\sqrt{x^3} + 3\sqrt[4]{x^3} = 296.$

564. $5\sqrt{x} - \dfrac{7}{\sqrt{x}} = 34.$ Rép. $x = 49.$

En chassant le dénominateur, on trouve $5x - 34\sqrt{x} = 7.$ Posons $\sqrt{x} = y.$ L'équation devient $5y^2 - 34y = 7$; $y' = 7$; $y'' = -{}^1/_5.$ $x' = y'^2 = 49.$ $x'' = (y'')^2 = {}^1/_{25}.$

La racine $x'' = {}^1/_{25}$ ne vérifie pas l'équation $5x - 34\sqrt{x} = 7$; mais bien celle-ci : $5x + 34\sqrt{x} = 7.$

Le lecteur continuera à appliquer ainsi l'avis précédent en vérifiant effectivement chaque fois toutes les valeurs trouvées de x.

565. $13x + \dfrac{1107}{\sqrt{x}} = 2x^2\sqrt{x}.$ Rép. $x = 9.$

Chassons les dénominateurs $13x\sqrt{x} + 1107 = 2x^3.$

d'où $2x^3 - 13\sqrt{x^3} - 1107 = 0$. Posons $\sqrt{x^3} = y$; l'équation devient $2y^2 - 13y - 1107 = 0$. $y' = 27$; $y'' = -{}^{41}/_2$. $x'^3 = y'^2 = 729$; $x' = 9$. $x''^3 = y''^2 = {}^{1681}/_4$; $x'' = {}^1/_2 \sqrt[3]{3362}$.

566. $4\sqrt[3]{x} - \frac{20}{\sqrt[3]{x}} = 11$. Rép. $x = 64$.

Chassons les dénominateurs : $4(\sqrt[3]{x})^2 - 11\sqrt[3]{x} = 20$. Posons $\sqrt[3]{x} = y$; l'équation devient $4y^2 - 11y = 20$. $y' = 4$; $y'' = -{}^5/_4$. $x' = y'^3 = 64$; $x'' = y''^3 = -{}^{125}/_{64}$.

567. $3\sqrt{x} - 5\sqrt[4]{x} = 12$. Rép. $x = 81$.

Posons $\sqrt[4]{x} = y$; $\sqrt{x} = y^2$; l'équation devient : $3y^2 - 5y = 12$. $y' = 3$; $y'' = -{}^4/_3$. $x' = y'^4 = 81$; $x'' = y''^4 = {}^{256}/_{81}$.

568. $\sqrt{3x} - 4x + 99 = 0$. Rép. $x = 27$.

$4x$ peut se remplacer par $\frac{4}{3} . 3x$. Cela fait, si nous posons $\sqrt{3x} = y$, l'équation devient $y - {}^4/_3 y^2 + 99 = 0$; d'où $4y^2 - 3y - 297 = 0$. $y' = 9$; $y'' = -{}^{33}/_4$; $\sqrt{3x'} = y'$; $3x' = y'^2 = 81$; $x' = 27$. $3x'' = \frac{33^2}{16}$; d'où x''.

Avis. *Nous continuons à représenter auxiliairement le radical donné par* y ; *mais ce radical étant plus complexe, il est nécessaire pour éliminer* x *de préparer convenablement l'équation. Nous recommandons cette méthode à l'attention du lecteur.*

569. $3x + \sqrt{6x + 10} = 35$. Rép $x = 9$.

Si j'avais $6x + 10$ hors du radical, je pourrais poser $\sqrt{6x + 10} = y$, et obtenir aussitôt une équation à termes rationnels. Or il est facile d'amener $6x + 10$; je double les deux membres de l'équation, puis j'ajoute 10 ; je trouve ainsi $6x-10-2\sqrt{6x+10}=80$. Posons $\sqrt{6x+10}=y$. L'équation devient : $y^2+2y=80$. $y'=8$; $y''=-10$. $\sqrt{6x'+10}=8$; $6x'+10=64$; $x'=9$; $\sqrt{6x''+10}=-10$; $x''=15$.

Remarque. Comme on peut s'en assurer, la racine $x''=15$ déduite de $y''=-10$ ne vérifie pas l'équation $3x+\sqrt{6x+10}=35$, mais bien celle-ci : $3x-\sqrt{6x+10}=35$. Il faut donc continuer à tenir compte dans les exercices suivants de l'*Avis important* donné à la fin de l'Ex. 562.

570. $x-\sqrt{5x-15}=3$. Rép. $x=3$; $x=8$.

Écrivons d'abord $x-3-\sqrt{5x-15}=0$. Multiplions par 5 pour amener $5x-15$ hors du radical : $5x-15-5\sqrt{5x-15}=0$.

Posons $\sqrt{5x-15}=y$; l'équation devient $y^2-5y=0$.

$$y'=0\ ;\ y''=5.\qquad \sqrt{5x'-15}=0\ ;\ x'=3.$$

$$\sqrt{5x''-15}=5\ ;\qquad 5x''-15=25\ ;\qquad x''=8.$$

571 $2x+\sqrt{5x-4}=12$. Rép. $x=4$.

Pour amener $5x-4$ hors du radical, je multiplie les deux côtés par $^5/_2$, puis je retranche 4 ; $5x-4+{}^5/_2\sqrt{5x-4}=26$. Posons $\sqrt{5x-4}=y$; l'équation devient : $y^2+{}^5/_2y=26$. $y'=4$; $y''=-{}^{13}/_2$. $\sqrt{5x'-4}=4$; $5x'-4=16$; $x'=4$. On trouve de même : $x''={}^{37}/_4$.

572. $x^2+7x+\sqrt{x^2+7x+10}=100$.

J'ajoute 10 aux deux membres de l'équation, puis je pose $\sqrt{x^2+7x+10}=y$; l'équation devient : $y^2+y=110$. $y'=10$;

$y'' = -11$. Par suite $\sqrt{x'^2 + 7x' + 10} = 10$, ou $x'^2 + 7x' + 10 = 100$ et $x''^2 + 7x'' + 10 = (-11)^2 = 121$; équations ordinaires du 2e degré qu'on résout aisément.

573. $2x^2 - 15 = 4\left(\sqrt{x^2 + 12x - 20} - 6x\right)$.

L'équation revient à celle-ci : $2x^2 + 24x - 15 = 4\sqrt{x^2 + 12x - 20}$. $2x^2 + 24x$ étant le double de $x^2 + 12x$, j'ajoute au 1er membre actuel : $-40 + 40$, puis je pose $\sqrt{x^2 + 12x - 20} = y$; j'obtiens ainsi $2y^2 - 4y + 25 = 0$. Cette équation n'a pas de racines réelles. J'en conclus que l'équation proposée n'en a pas non plus ; car, d'après nos hypothèses, l'équation en x ne peut pas être vérifiée par des valeurs réelles de x sans que l'équation en y soit vérifiée par des valeurs réelles de y.

574. $3x^2 - 307 = 4\left(\sqrt{x^2 - 4x + 4} + 3x\right)$. Rép. $x = 13$; $x = -9$.

Cette équation revient à $3x^2 - 12x - 307 = 4\sqrt{x^2 - 4x + 4}$. Comme $3x^2 - 12$ est le triple de $x^2 - 4x$, j'ajoute au 1er membre $4 \times 3 - 4 \times 3$, puis je pose : $\sqrt{x^2 - 4x + 4} = y$; l'équation devient $3y^2 - 4y - 319 = 0$. $y' = 11$; $y'' = -{}^{29}/_3$.

$x^2 - 4x + 4$ est le carré de $x - 2$ ou de $2 - x$. Je puis prendre d'abord $\sqrt{(x-2)^2} = 11$; $x - 2 = 11$; $x = 13$; puis $\sqrt{(x-2)^2} = -{}^{29}/_3$; ou $x - 2 = -{}^{29}/_3$; $x = -{}^{23}/_3$. En second lieu, je puis poser $\sqrt{(2-x)^2} = 11$; $2 - x = 11$; d'où $x = 2 - 11 = -9$; puis $\sqrt{(2-x^2)} = -{}^{29}/_3$; d'où $2 - x = -{}^{29}/_3$; $x = 2 + {}^{29}/_3 = {}^{35}/_3$. De sorte que les valeurs de x qui correspondent au radical pris avec le signe donné (+ dans le second membre), ($y = +11$), sont $x = 13$ et $x = -9$, tandis que les valeurs de x qui correspondent au radical pris avec le signe — dans le 2e membre ($y = -{}^{29}/_3$) sont $x = -{}^{23}/_3$ et $x = {}^{35}/_3$. C'est ce que le lecteur peut vérifier et nous l'engageons à le faire.

Nous avons remarqué, après avoir employé y, que $x^2 - 4x + 4$ est un carré parfait ; nous pouvions le voir tout de suite et remplacer le radical, 1° par $x - 2$, 2° par $2 - x$; car il n'y a pas plus de raison de faire l'un que l'autre. Si on met $x-2$, l'équation proposée devient après réduction $3x^2-16x-299=0$ qui résolue a pour racine 13 et $-{}^{23}/_3$. Si on met $2-x$, l'équation devient $3x^2-8x-315=0$ dont les racines sont ${}^{35}/_3$ et $-{}^{27}/_3=-9$. Nous retrouvons les mêmes racines. Mais ici la vérification seule nous apprendrait quelles sont les valeurs de x qui conviennent quand le radical proposé a le signe + et celles qui conviennent quand il y a le signe — ; ce que nous avons vu tout de suite d'après les signes des racines de l'équation en y en employant la méthode particulière. C'est pourquoi nous avons persisté à appliquer cette méthode même après avoir vu que x^4-4x+4 est un carré.

575. $6x^2+15x-49=\sqrt{2x^2+5x+7}$. Rép. $x=2$; $x=-4,5$.

$6x^2+15x$ étant le triple de $2x^2+5x$, j'ajoute au 1er membre $+7\times3-7\times3$, et je pose $\sqrt{2x^2+5x+7}=y$; l'équation devient : $2y^2-y-70=0$. $y'=5$; $y''=-{}^{14}/_3$. Par suite, 1° $\sqrt{2x'^2+5x'+7}=5$; d'où $2x'^2+5x'+7=25$; $x'_1=2$; $x_2'=-{}^9/_2$. 2° $2x''^2+5x''+7={}^{196}/_9$; d'où $x''=\dfrac{-15\pm\sqrt{1289}}{12}$ (irrationnelles). $x''_1=1,731$; $x''_2=-4,231$, à 0,001 près.

576. $x^2-24=3\sqrt{x^2-2x+16}+2x$. Rép. $x=8$: $x=-6$.

Écrivons $x^2-2x-24=3\sqrt{x^2-2x+16}$. Ajoutons $+16-16$ au 1er membre et posons $\sqrt{x^2-2x+16}=y$; l'équation devient $y^2-3y-40=0$. $y'=8$; $y''=-5$. Par suite, 1° $x'^2-2x'+16=8^2=64$; $x'_1=8$; $x'_2=-6$.

2° $x''^2-2x''+16=(-5)^2=25$. $x''=1\pm\sqrt{10}=1\pm$ 3,162 à 0,001 près.

577. $x^2-\sqrt{2x^2-8x+12}=4x+6$. Rép $x=6$; $x=-2$.

$x^2-4x-6-\sqrt{2x^2-8x+12}=0$. J'ajoute $+6-6$ au 1er membre, et je pose $\sqrt{2x^2-8x+12}=y$; l'équation devient

$^1/_2 y^2 - y - 12 = 0$, ou $y^2 - 2y - 24 = 0$. $y' = 6$; $y'' = -4$. Par suite, $2x'^2 - 8x' + 12 = 36$; $x'^2 - 4x' = 12$; $x_1' = 6$; $x_2' = -2$. Puis $2x''^2 - 8x'' + 12 = 16$; $x''^2 - 4x'' = 2$; $x'' = 2 \pm \sqrt{6}$ (irrationnelles). $x''_1 = 4{,}449$: $x_2'' = -0{,}449$, à 0,001 près.

578 $(x+a)^3 - (x-a)^3 = 13a^2x + 87a^3$. Rép. $x = 5a$; $x = -{}^{17}/_6 a$.

$(x+a)^3 - (x-a)^3 = 6ax^2 + 2a^3 = 13a^2x + 87a^3$; d'où $6x^2 - 13\,ax = 85a^2$. $x = \dfrac{13a \pm \sqrt{(169+2040)a^2}}{12} = \dfrac{a(13 \pm 47)}{12}$; $x' = 5a$; $x'' = -{}^{17}/_6 a$.

579. $(x+a)^5 - (x-a)^5 = 992a^5$. Rép. $x = \pm 3a$.

Équation finale. $x^4 + 2a^2x^2 = 99a^4$; $x = \pm 3a$; deux autres racines imaginaires.

580. $\dfrac{x^3 - 4x}{x-2} + x - 1 = 39$. Rép. $x = 5$; $x = -8$.

On effectue la division indiquée par $x - 2$; l'équation finale est $x^2 + 3x = 40$. $x' = 5$; $x'' = -8$.

581. $\left(\dfrac{x}{x-1}\right)^2 + \left(\dfrac{x}{x+1}\right)^2 = \dfrac{45}{16}$. Rép. $x = \pm 3$; $x = \pm 0{,}62$.

Équation finale. $13x^4 - 122x^2 + 45 = 0$. $x^2 = \dfrac{61 \pm 56}{13}$; $x'^2 = \dfrac{117}{13} = 9$; $x' = \pm 3$. $x''^2 = \dfrac{5}{13}$; $x'' = \dfrac{\pm\sqrt{65}}{13}$. $x''_1 = 0{,}62$; $x''_2 = -0{,}62$, à 0,001 près.

582. $x^2 + \dfrac{1}{x^2} + 3\left(x + \dfrac{1}{x}\right) = 15{,}11$. *Racines* : 2,5 ; 0,4 ; — 5,725 ; 0,175.

$x^2 + \dfrac{1}{x^2} = \left(x + \dfrac{1}{x}\right)^2 - 2$. Je pose $x + \dfrac{1}{x} = y$; l'équation devient $y^2+3y-2=15,11$. $y'=2,9$; $y''=-5,9$. Pour trouver les valeurs de x, on pose $x'+\frac{1}{x'}=2,9$; $x''+\frac{1}{x''}=-{}^5/_9$. D'où $x'^2-2,9.x'+1=0$; $x''^2+5,9x''+1=0$. $x_1'=2,5$; $x'_2=0,4$. $x''=\frac{-{}^5/_9\pm\sqrt{(5,9)^2-4}}{2}$ (irrationnelles), $x''_1=-5,725$; $x''_2=-0,175$.

583. $$x^2+\frac{1}{x^2}-5\left(x-\frac{1}{x}\right)=4,75.$$

Je pose : $x-\frac{1}{x}=y$; $x^2+\frac{1}{x^2}=y^2+2$. L'équation devient $y^2-5y+2=4,75$; $y'={}^{11}/_2$; $y''=-{}^1/_2$. On met ces valeurs de y dans l'équation $x-\frac{1}{x}=y$; ce qui donne $x'^2-{}^{11}/_2x'-1=0$, et $x''^2+{}^1/_2x''-1=0$. On résout et on trouve $x'={}^1/_4(11\pm\sqrt{137})$; puis $x''=-{}^1/_4\pm{}^1/_4\sqrt{17}$. $\sqrt{137}=11,705$ et $\sqrt{17}=4,123$, à 0,001 près.

584. Expliquez en résolvant les deux équations suivantes la marche à suivre pour résoudre les équations de même forme.

$$Ax^4+Bx^3\pm Cx^2+Bx+A=0\ ;\quad Ax^4+Bx^3\pm Cx^2-Bx+A=0.$$

$Ax^4+Bx^3\pm Cx^2+Bx+A$. On rapproche les termes à coefficients égaux, et on écrit ainsi : $A(x^4+1)+B(x^3+x)\pm Cx^2=0$. On divise par x^2 ; ce qui donne $A\left(x^2+\frac{1}{x^2}\right)+B\left(x+\frac{1}{x}\right)\pm C=0$.

On pose $x+\frac{1}{x}=y$; d'où $x^2+\frac{1}{x^2}=y^2-2$. On substitue dans la dernière équation qui devient $Ay^2+By\pm C-2=0$. On résout cette équation ; soient y' et y'' les racines. On met ces valeurs de y dans l'équation $x+\frac{1}{x}=y$, c'est-à-dire qu'on résout les équations $x' + \frac{1}{x'} = y'$; $x'' - \frac{1}{x''} = y''$. On obtient ainsi 4 valeurs réelles ou imaginaires de x.

2° $Ax^4 + Bx^3 \pm Cx^2 - Bx + A = 0$. On écrit encore : $A(x^4+1) + B(x^3 - x) \pm Cx^2 = 0$. On divise par x^2 ; ce qui donne $A\left(x^2 + \frac{1}{x^2}\right) + B\left(x - \frac{1}{x}\right) \pm C = 0$. On pose $x - \frac{1}{x} = y$; d'où $x^2 + \frac{1}{x^2} = y^2 + 2$; puis on substitue ; ce qui donne $Ay^2 + By \pm C + 2 = 0$. On achève comme dans le 1er cas.

585. $20x^4 + 16x^3 - 125x^2 + 16x + 20 = 0$. *Racines.* $x_1 = 2$; $x^2 = {}^1/_2$; $x_3 = -0,34$; $x_4 = -2,96$.

L'équation peut s'écrire ainsi : $20(x^4+1) + 16(x^3+x) - 125x^2 = 0$.

Je divise par x^2 : $20\left(x^2 + \frac{1}{x^2}\right) + 16\left(x + \frac{1}{x}\right) - 125 = 0$.

Je pose $x + \frac{1}{x} = y$; d'où je déduis, en élevant au carré $x^2 + \frac{1}{x^2} = y^2 - 2$; puis je remplace $x + \frac{1}{x}$ et $x^2 + \frac{1}{x^2}$; ce qui donne $20y^2 + 16y - 165 = 0$. Je résous cette équation ; $y' = {}^5/_2$; $y'' = -3,3$. Ces valeurs étant mises successivement à la place de y dans l'équation $x + \frac{1}{x} = y$, ou $x^2 - xy + 1 = 0$, je trouve $x^2 - {}^5/_2\, x + 1 = 0$; $x^2 + 3,3.x + 1 = 0$. Ces équations ont pour *racines :* 1° $x_1 = 2$; $x_2 = {}^1/_2$; 2° $x_3 = -0,34$ à 0,01 près ; $x_4 = -2,96$ *idem.*

586. $9x^4 + 6x^3 - 18x^2 - 6x + 9 = 0$. *Racines.* $x_1 = 1$; $x_2 = -1$; $x_3 = 0,721$; $x_4 = -1,387$.

Je suis la même marche en posant d'abord $x - \frac{1}{x} = y$. L'équation finale en y est $9y^2 + 6y = 0$; $y' = 0$; $y'' = -{}^2/_3$.

Ces valeurs ayant été mises successivement dans $x - \frac{1}{x} = y$ ou $x^2 - yx - 1 = 0$, on trouve $x'_1 = 1$; $x_2' = -1$; $x''_1 = 0{,}721$ à 0,001 près ; $x''_2 = -1{,}387$ *idem*.

587. $20x^4 + 16x^3 - 40x^2 - 16x + 20 = 0$. *Racines.* $x_1 = 1$; $x_2 = -1$; $x_3 = 0{,}6774$; $x_4 = -1{,}4774$

Je suis la même marche. *Équation finale en* y : $20y^2 + 16y = 0$; $y' = 0$; $y'' = -{}^4/_5$. $x - \frac{1}{x} = y$; $x^2 - yx - 1 = 0$. On met les deux valeurs de y ; ce qui donne $x^2 - 1 = 0$; d'où $x = \pm 1$; et $x^2 + {}^4/_5 x - 1 = 0$.

$$x'' = -{}^2/_5 \pm \sqrt{\frac{4}{25} + 1} = \frac{-2 \pm \sqrt{29}}{5} ; \; x''_1 = 0{,}6774; \; x''_2 = -1{,}4774.$$

588. $28x^4 + 12x^3 - 57x^2 - 12x + 28 = 0$. *Racines.* $x = \frac{1 \pm \sqrt{785}}{28}$; $x = \frac{-1 \pm \sqrt{17}}{4}$.

Équation finale en y : $28y^2 + 12y - 1 = 0$. $y' = {}^1/_{14}$; $y'' = -{}^1/_2$ qui donnent $x' = \frac{1 \pm \sqrt{785}}{28}$; $x'' = \frac{-1 \pm \sqrt{17}}{4}$.

589. $x^3 + 1 = 0$.

Dans cet exercice et dans les suivants, on décompose le 1er membre en facteurs, et on s'appuie sur ce principe : *Pour qu'un produit soit nul, il faut et il suffit que l'un de ses facteurs soit nul.*

$x^3 + 1 = (x+1)(x^2 - x + 1) = 0$. Il suffit que l'on ait $x + 1 = 0$. d'où $x = -1$, ou $x^2 - x + 1 = 0$, qui donne $x = \frac{1 \pm \sqrt{-3}}{2}$.

590. $x^3 + x + 2 = 0$.

$x^3 + x + 2 = x^3 + 1 + x + 1 = (x+1)(x^2 - x + 2) = 0$. Il suffit que l'on ait $x+1=0$, d'où $x=-1$, ou $x^2-x+2=0$,

d'où $$x=\frac{1\pm\sqrt{-7}}{2}.$$

591. $$x^3+x+a^3+a=0.$$

$x^3+a^3+x+a=(x+a)(x^2-ax+a^2+1)=0$. Il suffit que l'on ait $x+a=0$, d'où $x=-a$, ou $x^2-ax+a^2+1=0$,

d'où $$x=\frac{a\pm\sqrt{-3a^2-4}}{2}.$$

592. $$ax^3+x+a+1=0.$$

$ax^3+x+a+1=a(x^3+1)+x+1=(x+1)[ax^2-ax+a+1]$ $=0$, qui équivaut à $x+1=0$, d'où $x=-1$ et $ax^2-ax+(a+1)$ $=0$, d'où $x=\dfrac{a\pm\sqrt{a^2-4a^2-4a}}{2a}={}^1/_2\left(1\pm\sqrt{-3-\dfrac{4}{a}}\right)$.

593. Résoudre complétement $x^6-1=0$.

$x^6-1=(x^3-1)(x^3+1)=0$, qui équivaut à $x^3+1=0$ et $x^3-1=0$. $(x^3+1)=(x+1)(x^2-x+1)=0$; *Racines :* $x=-1$ et $x={}^1/_2(1\pm\sqrt{-3})$. $x^3-1=(x-1)(x^2+x+1)$ $=0$. *Racines :* $x=1$ et $x={}^1/_2(-1\pm\sqrt{-3})$.

AVIS. Dans les quatre exercices suivants x est un nombre entier.

594. $2^{x+1}+4^x=80$. RÉP. $x=3$.

$2^{x+1}=2\times2^x$; $4^x=2^{2x}=(2^x)^2$. Posons $2^x=y$, et remplaçons ; l'équation devient $y^2+2y=80$. $y=-1\pm\sqrt{1+80}$ $=-1\pm9$. $-1+9=8$. y ou $2^x=8$; $x=3$. $y=-10$ donne $2^x=-10$ qui ne peut être vérifiée par aucune valeur entière de x.

595. $2^x + 4^x = 272.$ Rép. $x = 4.$

Posons $2^x = y$; $4^x = 2^{2x} = (2^x)^2$. L'équation devient $y^2 + y = 272$: d'où $y = \frac{-1 \pm \sqrt{1+1088}}{2} = \frac{-1 \pm \sqrt{1089}}{2} = \frac{-1 \pm 33}{2}$. $y' = 16$; $2^x = 16$; $x = 4$.

596. $2^{x+3} + 4^{x+1} = 320.$ Rép $x = 3.$

$2^{x+3} = 2^3 \times 2^x = 8.2^x$; $4^{x+1} = 4 \times 4^x = 4 \times 2^{2x} = 4(2^x)^2$. Posons $2^x = y$ et remplaçons ; l'équation devient $4y^2 + 8y = 320$, ou $y^2 + 2y = 80$. $y = -1 \pm \sqrt{1+80} = -1 \pm 9$. $y' = 8$. $2^x = 8$; $x = 3$.

597. $3^{x+2} + 9^{x+1} = 810.$ Rép. $x = 2.$

$3^{x+2} = 3^2 \times 3^x = 9.3^x$; $9^{x+1} = 9^x \times 9 = 3^{2x} \times 9$. Je remplace, et je divise par 9 ; l'équation devient $3^x + 3^{2x} = 90$. Je pose $3^x = y$; l'équation devient $y + y^2 = 90$. D'où

$$y = \frac{-1 \pm \sqrt{1+360}}{2} = \frac{-1 \pm \sqrt{361}}{2} = \frac{-1 \pm 19}{2}; \; y' = 9 ;$$
$$3^x = 9 ; \quad x = 2.$$

598. $x^3 - 2x + 1 = 0$. Résoudre sachant que cette équation a une racine entière. Rép. $x = 1$; $x = {}^1/_2\,(-1 \pm \sqrt{5})$.

La racine entière annoncée doit diviser le dernier terme 1 ; elle n'est donc autre que 1 ; en effet, $x = 1$ vérifie l'équation. Je divise le 1er membre par $x - 1$, et j'ai pour quotient $x^2 + x - 1$ que j'égale à 0; cette équation a pour racines $x = \frac{1}{2}(-1 \pm \sqrt{5})$.

599. $(x-5)(3x+8)(7x-9) = x(2x-1)(2x+1)$. Résoudre sachant que cette équation a une racine entière (Ex. 110). *Racines :* 6 ; 1,263 ; − 2,793.

AVIS *Pour cet exercice et pour les suivants,* 600, 601, 602, 603, 604, *voy. l'appendice au chapitre premier de notre algèbre* in-8°.

J'effectue les opérations ; l'équation finale est $17x^3 - 76x^2 -$

$216x + 360 = 0$. La valeur entière cherchée de x doit être un des diviseurs de 360 qui sont 1, 2, 3, 4, 5, 6, 8, etc. J'essaie la substitution de chacun de ces diviseurs à la place de x comme il a été expliqué (Ex. 18) jusqu'à ce que le résultat de la substitution soit 0. C'est 6 qui donne ce résultat ; $x = 6$ est une 1re racine. Je cherche le quotient du 1er membre par $x - 6$ (Ex. 99).

J'égale ce quotient à 0, et j'ai à résoudre l'équation $17x^2 + 26x - 60 = 0$, qui a pour racines $x = 1{,}263$ et $x = -2{,}793$, calculées à 0,001 près.

600. $480x^4 + 172x^3 - 663x^2 + 38x + 120 = 0$. Résoudre sachant que la somme de deux racines de cette équation est égale à $\frac{9}{40}$ et leur produit à $-\frac{1}{4}$; on peut trouver à l'aide d'une division ou sans faire de division les deux équations du 2e degré qui donnent les 4 racines. Employer les deux méthodes (Ex. 99, 99 *bis* et 73). *Racines.* $^5/_8$; $-{}^2/_5$; $^3/_4$; $-{}^1/_3$.

L'équation peut s'écrire ainsi : $x^4 + \frac{172}{480}x^3 - \frac{663}{480}x^2 + \frac{38}{480}x + \frac{120}{480} = 0$. Pour résoudre cette équation, il faut se rappeler que si x_1 est une racine de l'équation proposée, le 1er membre de cette équation est divisible par $(x - x_1)$; il est égal à $(x - x_1)(x^3 + \ldots)$.

D'après le principe énoncé dans l'Ex. 589, on obtient les racines cherchées en posant les équations $x - x_1 = 0$, et $x^3 + \ldots = 0$. Soit $x = x_2$ une racine de la dernière; son 1er membre est divisible par $x - x_2$; on a $x^3 + \ldots\ldots = (x - x_2)(x^2 + \ldots\ldots)$; par suite, le 1er membre de la proposée est lui-même égal à $(x - x_1)(x - x_2)(x^2 + \ldots\ldots)$. On aura donc les racines cherchées en posant $x - x_1 = 0, x - x_2 = 0$, et $x^2 + \ldots = 0$. Soit $x = x_3$ une racine de la dernière ; son 1er membre est divisible par $x - x_3$, et on a $x^2 + \ldots = (x - x_3)(x - x_4)$; d'où il résulte que le 1er membre de la proposée est égal à $(x - x_1)(x - x_2)(x - x_3)(x - x_4)$, les racines étant x_1, x_2, x_3, x_4. Cela étant, on en conclut, d'après ce qui a été expliqué dans l'Ex. 73, que la somme des 4 racines est égale à $\frac{172}{480}$, et leur produit à $\frac{120}{480} = \frac{1}{4}$. Nous pouvons maintenant achever de deux manières.

1re Solution. Soient x_1 et x_2 les deux racines dont la somme et le produit sont ${}^9/_{40}$ et $-{}^1/_4$; x_1 et x_2 sont les racines de l'équation du 2e degré $x^2 - {}^9/_{40}x - {}^1/_4 = 0$. Je résous, et je trouve $x_1 = {}^5/_8$; $x_2 = -{}^2/_5$. ${}^5/_8$ et $-{}^2/_5$ étant deux racines de l'équation du 4e degré proposée, le 1er membre de celle-ci est divisible par le produit $(x - {}^5/_8)(x + {}^2/_5) = x^2 - {}^9/_{40}x - \frac{10}{40}$, et aussi par $40x^2 - 9x - 10$. J'effectue cette division et je trouve $12x^2 + 7x - 12 = 0$. Le premier membre de l'équation proposée étant égal à $(40x^2 - 9x - 10)(12x^2 + 7x - 12)$, les racines de cette équation s'obtiennent en posant $40x^2 - 9x - 10 = 0$ et $12x^2 + 7x - 12 = 0$. Celle-ci donne les deux dernières racines qui sont : $x_3 = {}^3/_4$; $x_4 = -{}^4/_3$.

2e Solution. Puisque le produit de deux racines de la proposée est $-{}^1/_4$, et le produit des quatre racines ${}^{120}/_{480} = {}^1/_4$, le produit des deux autres racines est $-{}^1/_4 : {}^1/_4 = -1$. La somme des deux premières racines étant ${}^9/_{40}$ et la somme des quatre $-{}^{172}/_{480}$, la somme des deux dernières est $-{}^{172}/_{480} - {}^9/_{40} = -{}^{280}/_{480} = -{}^7/_{12}$. Par suite, les deux dernières racines cherchées sont les racines de l'équation du 2e degré $x^2 + {}^7/_{12}x - 1 = 0$ qui équivaut à $12x^2 + 7x - 12 = 0$. Il n'y a donc qu'à résoudre les deux équations

$$40x^2 - 9x - 10 = 0 \quad \text{et} \quad 12x^2 + 7x - 12 = 0,$$

comme nous l'avons déjà fait.

601. $x^5 - 11x^4 - 7x^3 + 323x^2 - 186x - 2520 = 0$. Résoudre cette équation sachant qu'elle a pour racines trois nombres entiers consécutifs dont la somme des carrés est 110. *Racines.* 5, 6, 7, -4, et -3.

Soient $y - 1$, y et $y + 1$, les trois nombres entiers consécutifs en question.

La somme de leurs carrés $3y^2 + 2 = 110$; par suite $3y^2 = 108$, et $y^2 = 36$; $y = 6$. $y - 1 = 5$; $y + 1 = 7$. Les trois nombres 5, 6 et 7 sont les trois racines spécialement indiquées de l'équation proposée. Le 1er membre de cette équation est donc divisible par le produit effectué $(x - 5)(x - 6)(x - 7)$ (Ex. 99 *bis* et 600). On peut effectuer la division ; le quotient sera du 2e degré. En égalant ce quotient à 0, puis résolvant l'équation, on obtient les deux dernières racines de l'équation proposée.

Mais il est plus simple d'opérer comme il suit : D'après ce qui a été expliqué dans l'Ex. précédent, le produit des deux racines à trouver x_4 et x_5 est $2520 : 5 \times 6 \times 7 = 2520 : 210 = 12$; leur somme est $11 - 18 = -7$. x_4 et x_5 sont donc les racines de l'équation $x^2 + 7x + 12 = 0$. On résout cette équation qui donne $x_4 = -4$; $x_5 = -3$.

602. $x^5 - 24x^4 + 163x^3 - 48x^2 - 1676x - 1440$. Résoudre cette équation sachant qu'elle a pour racines trois nombres entiers consécutifs dont le produit est 720. *Racines.* 8 ; 9, et 10 ; — 1 ; — 2

Soient $x - 1$, x, et $x - 1$ les trois nombres consécutifs indiqués. Leur produit $x^3 - x = 720$. Le nombre entier x est une racine de cette équation ; x est donc un diviseur de 720. Il nous faut essayer la substitution des diviseurs de 720 qui sont, 1, 2, 3, 4, 5, 6, 8, 10, 12, etc. Mais on abrége en remarquant que, d'après l'équation même : $x^3 - x = 720$, le cube du nombre cherché doit surpasser 720. On commence donc à 9, qui est précisément le nombre cherché ; car $9^3 = 729$ et $9^3 - 9 = 720$.

$x = 9$ donne $x - 1 = 8$ et $x + 1 = 10$. L'équation proposée a donc pour racines 8, 9 et 10. Le produit de ces racines étant 720, et leur somme 27, le produit des deux autres racines à trouver, x_4 et x_5, est $1440 : 720 = 2$, et leur somme $24 - 27 = -3$. On trouvera donc ces deux racines en résolvant l'équation $x^2 + 3x + 2 = 0$. $x_4 = -1$; $x_5 = -2$.

603. $32x^3 - 260x^2 + 17x + 120 = 0$. Cette équation a deux racines dont le produit est -5. *Racines* $^3/_4$, 8 et $-{^5/_8}$.

L'équation peut s'écrire ainsi : $x^3 - \frac{260}{32}x^2 + \frac{17}{32}x + \frac{120}{32} = 0$.

Le produit de deux des racines étant -5 et le produit des trois $-{^{120}/_{32}}$, la 3e racine est égale à $+{^{24}/_{32}} = {^3/_4}$. La somme des trois racines étant $^{260}/_{32}$ et l'une $^3/_4$, la somme des deux autres est $^{260}/_{32} - {^{24}/_{32}} = {^{236}/_{32}} = {^{59}/_8}$. Les deux racines en question sont donc aussi les racines de l'équation du 2e degré $x^2 - {^{59}/_8}x - 5 = 0$. $x_1 = 8$; $x_2 = -{^5/_8}$; $x_3 = {^3/_4}$. Telles sont les racines cherchées.

604. $6x^4 - 35x^3 - 78x^2 + 215x - 84 = 0$. Résoudre, sachant que cette équation a deux racines dont le produit est — 4 et deux autres dont la somme est 7 1/2 ; former les deux équations du 2e degré qui donnent les 4 racines (Ex. 73). *Racines.* — 3 ; $^4/_3$; 7 et $^1/_2$.

L'équation peut s'écrire ainsi : $x^4 - \frac{35}{6}x^3 - \frac{78}{6}x^2 + \frac{215}{6}x - 14 = 0$. Soient x_1, x_2, x_3, x_4, les 4 racines cherchées et soient, d'après l'hypothèse, $x_1x_2 = -4$ et $x_3 + x_4 = 7\,^1/_2$. D'après ce qui a été expliqué dans les Ex. 600 et 73, $x_3x_4 = -14 : -4 = +\,^7/_2$ et $x_1 + x_2 = {^{35}/_6} - {^{15}/_2} = -\,^{10}/_6$. De sorte que x_1 et x_2 sont les racines de l'équation $x^2 + {^{10}/_6}x - 4 = 0$ ou $6x^2 + 10x - 24 = 0$; de même x_3 et x_4 sont les racines de $x^2 - {^{15}/_2}x + {^7/_2}$ ou $2x^2 - 15x + 7 = 0$. Il n'y a qu'à résoudre ces deux équations du 2e degré. On trouve ainsi : $x_1 = -3$; $x_2 = {^4/_3}$; $x_3 = 7$; $x_4 = {^1/_2}$.

605. $\frac{x^2(x^2 + a^2)(x^2 - a^2)}{(x^3 + a^3)(x^3 - a^3)} = \frac{90}{91}$. *Racines.* $3a$; $-3a$; $\pm a\sqrt{-10}$.

$(x^3 + a^3)(x^3 - a^3) = x^6 - a^6$ qui est divisible par $x^2 - a^2$; le quotient est $x^4 + a^2x^2 + a^4$. En faisant cette simplification, puis chassant le dénominateur et simplifiant encore, on trouve l'équation finale : $x^4 + a^2x^2 - 90a^4 = 0$, qui résolue donne $x^2 = 9a^2$ et $x^2 = -10a^2$. D'où les racines réelles $x_1 = 3a$ et $x_2 = -3a$, et les racines imaginaires $\pm a\sqrt{-10}$.

606. $\frac{a^2 + x^2}{x + a} + \frac{a^2 - x^2}{a - x} = \frac{14a}{3}$. *Racines.* $2a$; $-2a$.

En effectuant la division de $a^2 - x^2$ par $a - x$, puis chassant les dénominateurs et simplifiant, on trouve finalement : $3x^2 - 4ax - 4a^2 = 0$. Les racines sont $x_1 = 2a$ et $x_2 = -\frac{2a}{3}$.

607. $\frac{(a - x)(b + x)}{x + c} = \frac{(a + x)(b - x)}{x - c}$.

En chassant les dénominateurs, on trouve : $(x - a)(x + b)(x - c) = (x + a)(x - b)(x + c)$. En effectuant, on arrive à l'équation finale : $(a + c - b)x^2 = abc$; $x = \pm\sqrt{\frac{abc}{a + c - b}}$.

608. $\frac{x^2 - a^2}{x^2 + a^2} + \frac{x^2 + a^2}{x^2 - a^2} = \frac{316}{157}$. *Racines* $\pm a\sqrt{\pm\sqrt{315}}$

En chassant les dénominateurs, on trouve : $157(2x^4 + 2a^4) = 316(x^4 - a^4)$, et en réduisant $x^4 = 315a^4$, d'où $x^2 = \pm a^2\sqrt{315}$.

On vérifiera les racines trouvées dans les Exercices suivants jusqu'à 617 inclus.

609. $\sqrt{x+5} + \sqrt{2x+8} = 7$. Rép. $x = 4$ (*).

J'élève les deux membres au carré, et j'isole le radical restant : $2\sqrt{(x+5)(2x+8)} = 36 - 3x$. J'élève de nouveau au carré, et j'effectue les opérations : $8x^2 + 72x + 160 = 1296 - 216x + 9x^2$; d'où $x^2 - 288x + 1136 = 0$. Cette équation résolue donne $x' = 4$; $x'' = 284$.

Vérification : Pour $x = 4$, on a $\sqrt{4+5} + \sqrt{8+8} = 7$. Pour $x = 284$, les radicaux prennent les valeurs $\sqrt{289} = 17$ et $\sqrt{576} = 24$, dont la différence est précisément 7 ; c'est-à-dire que $x = 284$ est racine de l'équation $\sqrt{2x+8} - \sqrt{x+5} = 7$.

Remarque. La solution $x = 4$ est la seule bonne, si les radicaux doivent avoir les signes donnés dans notre énoncé.

Chacun des radicaux peut avoir le signe + ou le signe — indifféremment, sans que rien change dans les calculs effectués successivement, ni dans l'équation finale ; de là la solution étrangère. On trouve les racines de chacune des 4 équations $\pm\sqrt{x+5} \pm \sqrt{2x+8} = 7$.

Cette remarque s'applique aux exercices analogues qui suivent.

610. $\sqrt{28+2x} = \sqrt{21+x} + 1$. Rép. $x = 4$.

J'élève les deux membres au carré et je réduis : $6 + x = 2\sqrt{21+x}$. J'élève encore au carré, et je réduis.

(*) Nous ne donnons encore ici comme réponse que la valeur de x qui vérifie l'équation proposée telle qu'elle est. Nous vérifions néanmoins toutes les valeurs trouvées en indiquant les équations dont elles sont les racines.

J'arrive à l'équation finale $x^2 - 8x - 48 = 0$ qui donne :

$$x' = 4 \; ; \; x'' = -12.$$

Vérification : Pour $x = 4$, on a $\sqrt{28+8} = \sqrt{21+4} + 1$, ou $6 = 5 + 1$. Pour $x = -12$, $\sqrt{28+2x} = 2$, et $\sqrt{21+x} = 3$; $-2 = -3 + 1$; de sorte que la 2e valeur de x, vérifie l'équation $-\sqrt{28+2x} = -\sqrt{21+x} + 1$.

611. $\sqrt{2x+7} + \sqrt{5x-29} = 3\sqrt{x}$. RÉP. $x = 9$.

J'élève au carré, je transpose, et je divise par 2 : $x + 11 = \sqrt{(2x+7)(5x-29)}$. J'élève de nouveau au carré : $x^2 + 22x + 121 = 10x^2 - 23x - 203$; d'où l'équation finale : $9x^2 - 45x - 324 = 0$; d'où en divisant par 9, $x^2 - 5x - 36 = 0$ qui donne $x' = 9$; $x'' = -4$.

Vérification : Pour $x = 9$, on a $\sqrt{18+7} + \sqrt{45-29} = 3\sqrt{9}$ ou $5 + 4 = 9$. Pour $x = -4$, les radicaux deviennent $\sqrt{-1}$, $7\sqrt{-1}$ et $6\sqrt{-1}$; or on a $-\sqrt{-1} + 7\sqrt{-1} = 6\sqrt{-1}$. $x = -4$ est donc une solution algébrique de l'équation $-\sqrt{2x+7} + \sqrt{5x-29} = 3\sqrt{x}$.

612. $\sqrt{7x-13} - \sqrt{3x-19} = \sqrt{5x-27}$. RÉP. $x = 9$.

J'élève au carré, je transpose, et je réduis : $5x - 5 = 2\sqrt{(7x-13)(3x-19)}$. J'élève encore au carré : $25x^2 - 50x + 25 = 84x^2 - 688x + 988$. *Équation finale :* $59x^2 - 638x + 963 = 0$. $x' = 9$; $x'' = \frac{107}{59}$.

Vérification : Pour $x = 9$, on a $\sqrt{50} - \sqrt{8} = \sqrt{18}$ ou $5\sqrt{2} - 2\sqrt{2} = 3\sqrt{2}$. Pour $x = {}^{107}/_{59}$, les radicaux deviennent : $\sqrt{\frac{-18}{59}}$, $\sqrt{\frac{-800}{59}}$ et $\sqrt{\frac{-1058}{59}}$.

ou $\frac{3\sqrt{-2}}{\sqrt{59}}$, $\frac{20\sqrt{-2}}{\sqrt{59}}$, et $\frac{23\sqrt{-2}}{59}$; ce qui fait voir que $x = {}^{107}/_{59}$ est une racine de l'équation :

$$\sqrt{7x - 13} + \sqrt{3x - 19} = \sqrt{5x - 27}.$$

613. $\sqrt{7x+1} - \sqrt{3x+1} = \sqrt{2x-6}$. Rép. $x = 5$.

J'élève au carré, je transpose et je réduis : $4x + 4 = \sqrt{(7x+1)(3x+1)}$. J'élève encore au carré ; je transpose et je réduis : $5x^2 - 22x - 15 = 0$. $x' = 5$; $x'' = -{}^3/_5$.

Vérification : Pour $x = 5$, on a $\sqrt{36} - \sqrt{16} = \sqrt{4}$; ce qui est exact. Pour $x = -{}^3/_5$, les radicaux deviennent :

$$\sqrt{\frac{-16}{5}},\quad \sqrt{\frac{-4}{5}} \quad \text{et} \quad \sqrt{\frac{-36}{5}}, \text{ ou } \frac{4\sqrt{-1}}{\sqrt{5}},\ \frac{2\sqrt{-1}}{\sqrt{5}}$$

et $\frac{6\sqrt{-1}}{\sqrt{5}}$; ce qui montre que $x = -{}^3/_5$ est une solution de l'équation $\sqrt{7x+1} + \sqrt{3x+1} = \sqrt{2x-6}$.

614. $\sqrt{3x-5} - \sqrt{2x-5} = 1$. Rép. $x = 7$; $x = 3$.

J'élève au carré, je transpose et je réduis : $5x - 11 = 2\sqrt{(3x-5)(2x-5)}$. J'élève encore au carré, je transpose et je réduis : $x^2 - 10x + 21 = 0$. $x' = 7$; $x'' = 3$. *Vérification.* Pour $x = 7$, l'équation proposée devient $\sqrt{16} - \sqrt{9} = 1$; ce qui est exact. Pour $x = 3$, l'équation donne encore $\sqrt{4} - \sqrt{1} = 1$; ce qui est exact. Les *deux* valeurs de x vérifient donc cette fois l'équation proposée elle-même.

615. $\sqrt{a+x} + \sqrt{a-x} = \sqrt{a}$.

J'élève au carré, je transpose et je réduis : $2\sqrt{a^2 - x^2} = -a$. Ce qui annonce déjà que l'équation telle qu'elle est ne peut pas être vérifiée par des valeurs réelles de a et de x. Le 2e radical doit avoir le signe —. Je continue néanmoins ; j'élève au carré et je trouve : $4a^2 - 4x^2 = a^2$; d'où $x^2 = {}^3/_4 a^2$, puis $x = \pm a\sqrt{{}^3/_4}$. En substituant l'*une ou l'autre* valeur dans l'équation proposée, je trouve $\sqrt{a}\sqrt{1+\sqrt{{}^3/_4}} + \sqrt{a}\sqrt{1-\sqrt{{}^3/_4}} = \sqrt{a}$. Pour vérifier cette égalité, j'élève ses deux membres au carré. Je trouve ainsi : $a \times (1 + 1 + 1) = a$; ce qui n'est pas exact. Tandis que si l'on donne le signe — au 2e radical, on trouve $a(1 + 1 - 1) = a$; ce qui est exact. L'équation qui a les racines trouvées est donc $\sqrt{a+x} - \sqrt{a-x} = \sqrt{a}$.

616. $$\frac{\sqrt{a+x}}{\sqrt{a}+\sqrt{a+x}} = \frac{\sqrt{a-x}}{\sqrt{a}-\sqrt{a-x}}.$$

Je chasse les dénominateurs et je trouve : $\sqrt{a^2+ax} - \sqrt{a^2-ax} = 2\sqrt{a^2-x^2}$. J'élève au carré ; je transpose et je réduis : $a^2 - 2x^2 = -\sqrt{a^4 - a^2x^2}$. J'élève de nouveau au carré, je transpose et je réduis : $4x^4 - 3a^2x^2 = 0$; $x = 0$; $x = \pm a\sqrt{{}^3/_4}$.

Vérification : $x = 0$ ne vérifie l'équation proposée que si le signe intermédiaire est le même dans les deux dénominateurs. Pour vérifier $x = a\sqrt{{}^3/_4}$, je substitue cette valeur dans l'équation sans dénominateur : $\sqrt{a^2+ax} - \sqrt{a^2-ax} = 2\sqrt{a^2-x^2}$, qui équivaut à l'équation proposée telle qu'elle est. Cette substitution faite, on trouve en divisant par a, $\sqrt{1+\sqrt{{}^3/_4}} - \sqrt{1-\sqrt{{}^3/_4}} = 1$.

Cette égalité est vraie ; car en élevant au carré, on trouve $1 + \sqrt{{}^3/_4} + 1 - \sqrt{{}^3/_4} - 2\sqrt{1 - {}^3/_4} = 1$, ou $2 - 1 = 1$. Enfin, la racine $x = -a\sqrt{{}^3/_4}$ vérifie cette équation : $\sqrt{a^2+ax} - \sqrt{a^2-ax} = -2\sqrt{a^2-x^2}$.

617. $\sqrt{x^2 - 3ax + a^2} + \sqrt{x^2 + 3ax + a^2} = a(\sqrt{29} + \sqrt{5})$. Rép. $x = \pm 4a$.

J'élève au carré, je transpose, et je réduis : $-x^2 + a^2(16 + \sqrt{145})$

$= \sqrt{x^4 - 7a^2x^2 + a^4}$. J'élève encore au carré, je transpose et je réduis : $400a^4 + 32a^4\sqrt{145} = a^2x^2(25 + 2\sqrt{145})$; d'où $x^2 = \dfrac{a^2(400 + 32\sqrt{145})}{25 + 2\sqrt{145}} = 16a^2$; d'où $x = \pm 4a$.

Vérification. Pour $x = 4a$, l'équation proposée donne : $\sqrt{5a^2} + \sqrt{29a^2} = a(\sqrt{29} + \sqrt{5})$; ce qui est exact. Pour $x = -4a$, on trouve $\sqrt{5a^2} + \sqrt{29a^2} = a(\sqrt{29} + \sqrt{5})$; ce qui est encore exact.

618. $(a + b)\sqrt{a^2 + b^2 + x^2} - (a - b)\sqrt{a^2 + b^2 - x^2} = a^2 + b^2.$

En élevant au carré, je trouve d'abord :

$$(a + b)^2(a^2 + b^2 + x^2) + (a - b)^2(a^2 + b^2 - x^2) - 2(a^2 - b^2)\sqrt{(a^2 + b^2)^2 - x^4} = (a^2 + b^2)^2.$$

En considérant $a^2 + b^2$ (sans séparer a^2 et b^2), et faisant bien attention aux produits semblables des deux premiers termes, je trouve aisément l'équation réduite : $(a^2 + b^2)^2 + 4abx^2 = 2\sqrt{(a^2 - b^2)}\sqrt{(a^2 + b^2)^2 - x^4}$; d'où $(a^2 + b^2)^4 + 8abx^2(a^2 + b^2)^2 + 16a^2b^2x^4 = 4(a^2 - b^2)^2[(a^2 + b^2)^2 - x^4]$. Je remarque que $[16a^2b^2 + 4(a^2 - b)^2]x^4 = 4(a^2 + b^2)^2x^4$. De sorte que l'on peut, après avoir remplacé d'après cela, diviser les 2 membres par $(a^2 + b^2)^2$. Je divise, et je trouve l'équation : $4x^4 + 8abx^2 = 3a^4 + 3b^4 - 10a^2b^2$, qui donne : $x^2 = -ab \pm {}^1/_2\sqrt{3a^4 + 3b^4 - 6a^2b^2} = -ab \pm {}^1/_2(a^2 - b^2)\sqrt{3}$. (*Vérifiez.*)

ÉQUATIONS A PLUSIEURS INCONNUES SE RÉSOLVANT AU MOYEN D'ÉQUATIONS DU 2e DEGRÉ A UNE INCONNUE.

619. $\begin{aligned} x + y &= a \\ xy &= b \end{aligned}$ $\quad \begin{aligned} x + y &= 15 \\ xy &= 54. \end{aligned}$ Rép $x = 9$; $y = 6$.

$x + y = a$; $xy = b$. Ces équations sont résolues et discutées dans notre algèbre. Nous y renvoyons le lecteur.

$x + y = 15$; $xy = 54$. x et y sont les racines de l'équation : $X^2 - 15X + 54 = 0$. $x = 9$; $y = 6$.

620. $\begin{matrix} x-y=a \\ xy=b \end{matrix}$ $\quad \begin{matrix} x-y=5. \\ xy=84. \end{matrix}$ RÉP. $y=7$; $x=12$; $y=-12$. $x=-7$.

$x=a+y$; $y(a+y)$ ou $y^2+ay=b$. $y=\frac{1}{2}(-a\pm\sqrt{a^2+4b})$. $x=\frac{1}{2}(a\pm\sqrt{a^2+4b})$. Les valeurs de x et y sont toujours réelles si b est positif.

Application proposée. $y=\frac{1}{2}(-5\pm\sqrt{25+336})=\frac{1}{2}(-5\pm19)$; $y'=7$; $y''=-12$; $x'=12$; $x''=-7$.

621. $\begin{matrix} x^2y+yx^2=210. \\ \dfrac{1}{x}+\dfrac{1}{y}=\dfrac{10}{21}. \end{matrix}$ RÉP. $x=7$; $7=3$.

La 1re équation peut s'écrire : $xy(x+y)=210$, et la 2e $\dfrac{x+y}{xy}=\dfrac{10}{21}$. En multipliant membre à membre, on trouve $(x+y)^2=100$; $x+y=10$. En mettant cette valeur dans la 2e équation, on trouve $xy=21$. x et y sont les racines de $X^2-10X+21=0$; $x=7$; $y=3$.

622. $\begin{matrix} x^2y-y^2x=30. \\ \dfrac{1}{y}-\dfrac{1}{x}=\dfrac{2}{15}. \end{matrix}$ RÉP. 1° $x=5$, $y=3$; 2° $x=-3$, $y=-5$.

Les équations proposées reviennent à celles-ci: $xy(x-y)=30$; $\dfrac{x-y}{xy}=\frac{2}{15}$. D'où, en multipliant, on déduit : $(x-y)^2=4$; puis $x-y=2$. En mettant cette valeur dans la 2e équation, on trouve $xy=15$. $x=y+2$; $(y+2)y$ ou $y^2+2y=15$. $y=-1\pm\sqrt{16}$; $y'=3$; $x'=5$; puis $y''=-5$; et par suite $x''=-3$. (2 *solutions*.)

623. $\begin{matrix} x+y=9. \\ \dfrac{1}{x}+\dfrac{1}{y}=\dfrac{1}{2}. \end{matrix}$ RÉP $x=6$; $y=3$.

La 2e équation peut s'écrire $\dfrac{x+y}{xy}=\dfrac{1}{2}$. En y remplaçant $x+y$

par 9, on trouve $xy = 18$. Par suite x et y sont les racines de $X^2 - 9X + 18 = 0$. $x = 6$; $y = 3$.

624. $x^2 \pm y^2 = a^2$; $x \pm y = b$. Distinguez et résolvez les quatre systèmes d'équations. (Discussion.)

$x^2 + y^2 = a^2$; $x + y = b$. J'élève la 2e équation au carré, et je remplace $x^2 + y^2$ par a^2 ; $a^2 + 2xy = b^2$; d'où $xy = \frac{1}{2}(b^2 - a^2)$. x et y sont les racines de $X^2 - bX + \frac{1}{2}(b^2 - a^2) = 0$. $x = \frac{1}{2}(b + \sqrt{2a^2 - b^2})$; $y = \frac{1}{2}(b - \sqrt{2a^2 - b^2})$.

Discussion. Pour que les valeurs de x et y soient réelles, il faut et il suffit que b^2 ne soit pas moindre que $2a^2$. b étant positif, x et y seront positifs, si on a $b > \sqrt{2a^2 - b^2}$, ou $2b^2 > 2a^2$ ou $b > a$. En effet, si x et y sont positifs, $(x + y)^2 > x^2 + y^2$.

$x^2 + y^2 = a^2$; $x - y = b$. $x = b + y$; $x^2 + y^2 = 2y^2 + 2by + b^2 = a^2$. $y = \dfrac{-b \pm \sqrt{2a^2 - b^2}}{2}$; $x = \dfrac{b \pm \sqrt{2a^2 - b^2}}{2}$. Les signes du radical se correspondent. Ces formules se discutent comme la précédente.

$x^2 - y^2 = a^2$; $x + y = b$. Je divise les deux équations membre à membre, et je trouve : $x - y = \dfrac{a^2}{b}$. Par suite,

$$x = \frac{1}{2}\left(b + \frac{a^2}{b}\right) = \left(\frac{a^2 + b^2}{2b}\right); \qquad y = \left(\frac{b^2 - a^2}{2b}\right).$$

$x^2 - y^2 = a$; $x - y = b$. Je divise et je trouve :

$$x + y = \frac{a^2}{b}; \quad \text{d'où} \quad x = \frac{1}{2}\left(\frac{a^2 + b^2}{b}\right), \quad \text{et} \quad y = \frac{1}{2}\left(\frac{a^2 - b^2}{b}\right).$$

625. $x^2 + y^2 = 208$. $x + y = 20$. **626.** $x^2 + y^2 = 25/144$. $x - y = 1/12$. **627.** $x^2 + y^2 = 145/144$. $xy = 1/2$.

Ex. 625. $(x + y)^2 = x^2 + y^2 + 2xy = 400$; $208 + 2xy = 400$; $xy = 96$; x et y sont les racines de $X^2 - 20X + 96 = 0$.

Rép. $x = 12$; $y = 8$.

Ex. 626. $(x-y)^2$ ou $x^2+y^2-2xy=\frac{1}{144}$; $\frac{25}{144}-2xy=\frac{1}{144}$; $xy={}^1/_{12}$. $x={}^1/_{12}+y$: ${}^1/_{12}y+y^2={}^1/_{12}$. On déduit de cette équation $y=-\frac{1}{24}\pm\frac{7}{24}$.

D'où $y'={}^1/_4$; $y''=-{}^1/_3$; par suite $x'={}^1/_3$; $x''=-{}^1/_4$ (2 *solutions*).

Ex. 627. Je double la 2e équation, et j'additionne : x^2+y^2+2xy ou $(x+y)^2=\frac{145}{144}+1=\frac{289}{144}$; d'où $x+y=\pm{}^{17}/_{12}$.

En soustrayant, on trouve x^2+y^2-2xy ou $(x-y)^2={}^1/_{144}$; d'où $x-y=\pm{}^1/_{12}$. Connaissant $x+y$ et $x-y$, on trouve aisément en considérant les diverses combinaisons des signes :

1re *solution.* $x={}^9/_{12}$ ou ${}^3/_4$; $y={}^8/_{12}$ ou ${}^2/_3$. 2e *solution.* $x=-{}^3/_4$; $y=-{}^2/_3$.

628 $\frac{1}{x^2}+\frac{1}{y^2}=25/4$. $x^2+y^2=25/36$. Rép. $x={}^2/_3$; $y={}^1/_2$.

La 1re équation revient à celle ci $\frac{x^2+y^2}{x^2y^2}=\frac{25}{4}$. Divisons la 2e équation par celle-ci : $x^2y^2={}^4/_{36}$; $xy={}^2/_6={}^1/_3$. Par suite $x^2+y^2+2xy={}^{25}/_{36}+{}^2/_3={}^{49}/_{36}$; $x+y={}^7/_6$. $x^2+y^2-2xy={}^{25}/_{36}-{}^2/_3={}^1/_{36}$; $x-y={}^1/_6$. $x={}^2/_3$; $y={}^1/_2$.

629. $xy=4$. $5x+3y=19$. Rép. 1° $x=3$; $y={}^4/_3$. 2° $x=0{,}8$; $y=5$.

De la 2e équation, on déduit $y=\frac{19-5x}{3}$. En substituant dans la 1re, puis chassant le dénominateur, on trouve :

$5x^2-19x+12=0$. $x={}^1/_{10}(19\pm\sqrt{19^2-20\times12})$; $x'=3$; par suite $y'={}^4/_3$. Puis $x''=0{,}8$; par suite $y''=5$

630. $\sqrt{x} + \sqrt{y} = 11.$ Rép. $x = 64$; $y = 9$
$x + y = 73.$

En élevant au carré les 2 membres de la 1re équation, on trouve : $x + y + 2\sqrt{xy} = 121$; d'où $73 + 2\sqrt{xy} = 121$; $2\sqrt{xy} = 48$; $\sqrt{xy} = 24$; $xy = 576$. x et y sont les racines de $X^2 - 73X + 576 = 0$. $x = 64$; $y = 9$. Nous considérons les radicaux avec les signes donnés.

631. $x + y = 1{,}9.$ Rép. $x = 0{,}4$; $y = 1{,}5$. 2e solution :
$2x^2 + 3y^2 = 7{,}07.$
$x = 1{,}88$; $y = 0{,}02$.

$y = 1{,}9 - x$; $2x^2 + 3(1{,}9 - x)^2 = 707$. En résolvant cette équation, on trouve : $x' = 0{,}4$; d'où $y' = 1{,}5$. Puis $x'' = 1{,}88$; d'où $y'' = 0{,}02$ (*2 solutions*).

$5x - 7y = 1.$
632. $\frac{1}{x} + \frac{1}{y} = \frac{31}{6}.$ Rép. 1° $x = 3/5$, $y = 2/7$. 2° $x = 2/31$; $y = -3/31$.

La 1re équation donne $y = \frac{5x - 1}{7}$. En substituant cette valeur dans la 2e, on trouve, après avoir chassé le dénominateur : $155x^2 - 103x + 6 = 0$; d'où on déduit : 1° $x' = 3/5$, puis $y' = 2/7$, et en second lieu : $x'' = 2/31$; $y'' = -\frac{3}{31}$ (*2 solutions*).

633. $0{,}7x + 0{,}75y = 8{,}1.$ $3{,}2x - 4 = 3x^2 - 0{,}75y^2 + 26{,}6.$
Rép. $x = 3$; $y = 8$; 2° $x = -711/88$; $y = 1614/88$.

Je déduis la valeur de y de la 1re équation, et je la substitue dans la 2e ; je fais les calculs et les réductions.

Équation finale : $176x^2 + 894x - 4266 = 0$. $x = \frac{-447 \pm 975}{176}$; $x' = 3$; $x'' = -\frac{711}{88}$. Je mets ces valeurs dans la 1re équation proposée, et je trouve $y' = 8$, $y'' = \frac{1614}{88}$.

634. $x^2 + 2xy = 1$. $48x^2 - 16y^2 = 3$ *Rép.* $x = \pm 1/2$; $y = \pm 3/4$.

Je déduis de la 1re équation la valeur de y, et je substitue cette valeur dans la 2e. Je trouve ainsi l'*équation finale* : $44x^4+5x^2-4 = 0$, qui donne $x^2 = \frac{-5 \pm 27}{88}$; $x'^2 = \frac{1}{4}$; $x''^2 = \frac{-32}{88} = -\frac{4}{11}$. Par suite $x'_1 = \frac{1}{2}$; $x_2' = -1/2$. Je substitue $x'^2 = \frac{1}{4}$ dans la 2e équation proposée, et je trouve : $12 - 16y'^2 = 3$; d'où $16y'^2 = 9$. $y'^2 = \frac{9}{16}$; $y'_1 = \frac{3}{4}$; $y'_2 = -3/4$ $x''^2 = -\frac{4}{11}$ donnant des valeurs imaginaires de x, je laisse de côté cette valeur de x^2. Pour associer les valeurs de x et de y, je remarque que x^2 étant égal à $1/4$, le terme $2xy$ de la 1re équation doit être positif ; x et y doivent donc être de même signe. On prendra donc ensemble x'_1 et y'_1 ; puis x'_2 et y'_2.

Autre méthode. *Les équations proposées sont homogènes par rapport aux inconnues et du même degré d'homogénéité. On résout très simplement les équations ce ce genre en prenant pour inconnue auxiliaire le rapport des deux inconnues, celui de* y *à* x, *par exemple*. Nous recommandons cette méthode à l'attention du lecteur.

Je pose $\frac{y}{x} = z$, ou $y = zx$, et je substitue cette valeur de y dans les deux équations en mettant tout de suite x^2 en facteur commun, ce qui donne : $x^2(1+2z) = 1$; $x^2(48-16z^2) = 3$. Je divise ces équations membre à membre, et je chasse les dénominateurs ;

$$48 - 16z^2 = 3 + 6z \; ; \qquad \text{d'où} \qquad 16z^2 + 6z - 45 = 0 \; ;$$

$$z = \frac{-3 \pm \sqrt{9 + 16 \times 45}}{16} = \frac{-3 \pm 27}{16} ; \qquad z' = \frac{24}{16} = \frac{3}{2} ;$$

$z'' = -15/8$. Je substitue la 1re valeur z' dans l'équation $x^2(1 + 2z) = 1$, et je trouve $x'^2 = 1/4$; d'où $x' = \pm 1/2$. Par suite $y' = 3/2 z' = \pm 3/4$. Le rapport z' de y' à x'' étant positif, x' et y' doivent être de même signe $x'_1 = 1/2$, $y'_1 = 3/4$, ou $x'_2 = -\,^1/_2,\ y'_2 = -\,^3/_4$. Je substitue de même la 2e valeur $z' = -\,^{15}/_8$ dans l'équation $x^2(1+2z)=1$, et je trouve $x''^2 = -\,^4/_{11}$; ce qui donne les valeurs imaginaires de x déjà trouvées autrement.

Pour s'exercer et pour comparer, les élèves feront bien d'appliquer les deux méthodes successivement, mais en posant d'abord $y = zx$. Ils feront bien aussi de vérifier les diverses solutions trouvées, même les valeurs imaginaires. C'est un travail souvent indispensable, et c'est toujours un exercice très-utile. *Par la 2e méthode* ($y = zx$), *on distingue très-aisément les valeurs correspondantes de* x *et de* y.

635. $5x^2 - 3xy + 4y^2 = 100.\quad 2xy + 3x^2 = 57.$ Rép. $x = \pm 3$; $y = \pm 5$; et $x = \pm 19\sqrt{^2/_{37}}$; $y = \mp\,^3/_4\sqrt{^2/_{37}}$.

Je pose $y = zx$, et je substitue en mettant tout de suite x^2 en facteur commun : $x^2(5-3z+4z^2)=100$; $x^2(2z+3)=57$. Je divise membre à membre, et je chasse les dénominateurs : $285 - 171z + 228z^2 = 200z + 300$; $228z^2 - 371z - 15 = 0$;

$$\text{d'où } z = \frac{371 \pm 389}{456}.\quad z' = \frac{760}{456} = \frac{5}{3};\quad z'' = \frac{-18}{456} = -\frac{3}{76}.$$

Je substitue la 1re valeur de z dans la 2e équation : $x^2(2z+3)=57$, qui donne $x^2 = 9$; d'où $x' = \pm 3$. Par suite $y' = \,^5/_3\,x' = \pm 5$. Le rapport z' étant positif, x et y doivent être de même signe. On prendra donc $x'_1 = 3$ et $y'_1 = 5$; puis $x'_2 = -3$; $y'_2 = -5$.

Je substitue $z'' = -\dfrac{3}{76}$ dans $x^2(3+2z) = 57$, et je trouve :

$$x''^2 \times 222 = 57 \times 76 \;;\quad \text{ou}\quad x''^2 \times 37 = 19 \times 38 = 19^2 \times 2.$$

$$x'' = \pm 19\sqrt{\frac{2}{37}};\quad \text{d'où } y'' = z''x'' = \mp\frac{3}{4}\sqrt{\frac{2}{37}}.$$

Comme le rapport z'' est négatif, on associe les valeurs de signes contraires de x'' et de y'' (*vérifiez*).

636. $20y^2 - 24xy + 12x^2 = 84.\quad 4y^2 - 4x^2 = 20.$

Je pose $y = zx$, et je substitue dans les 2 équations ; je divise membre à membre, puis je chasse les dénominateurs. Je trouve ainsi : $25z^2 - 30z + 15 = 21z^2 - 21$ d'où $4z^2 - 30z + 36 = 0$; $z = \frac{15 \pm 9}{4}$. $z' = 6$; $z'' = {}^3/_2$. Je mets la valeur z' dans l'équation $x^2(z^2 - 1) = 5$, et je trouve $x^2 = 5 : 35 = {}^1/_7$. Par suite :

$$y^2 = {}^1/_7 \times 36 = {}^{36}/_7. \quad \text{D'où } x' = \pm\sqrt{{}^1/_7}\,;\ y' = \pm\sqrt{{}^{36}/_7}.$$

Le rapport z' étant positif, on prendra x' et y' de même signe. Je substitue de même $z'' = {}^3/_2$, et j'ai $x''^2({}^9/_4 - 1) = 5$; $x''^2 = 4$; $x'' = \pm 2$; d'où $y'' = \pm 3$. Comme le rapport z'' est positif, on doit prendre x et y de même signe.

637. $xy = 36.$ $4x^2 - 5y^2 = 244.$

Je pose $y = zx$ et je substitue ; ce qui donne : $zx^2 = 36$; $x^2(4 - 5z^2) = 244$. Je divise membre à membre, etc., et je trouve : $36 - 45z^2 = 61z$; d'où $45z^2 + 61z - 36 = 0$; d'où $z = \frac{-61 \pm 101}{90}$;

$z' = \frac{40}{90} = \frac{4}{9}$. $z'' = \frac{-162}{90} = \frac{-18}{10} = -\frac{9}{5}$. Je subsitue $z' = {}^4/_9$ dans l'équation $zx^2 = 36$, et je trouve $x'^2 = 9^2$; $x' = \pm 9$. Par suite $y' = \pm 4$. On prendra x' et y' de même signe. En second lieu, je mets $z = -\frac{9}{5}$ dans $zx^2 = 36$; je trouve : $x''^2 = -180 : 9 = -20$. Les valeurs de x'' sont imaginaires ; je les néglige.

638 $x^2 + xy + 4y^2 = 4.$ $3x^2 - 2xy + 5y^2 = 6,5.$

Je pose $y = zx$ et je substitue ; ce qui donne : $x^2(1 + z + 4z^2) = 4$; $x^2(3 - 2z + 5z^2) = 6,5$. Je divise membre à membre, et je trouve en chassant les dénominateurs : $6,5 + 6,5z + 26z^2 = 12 - 8z + 20z^2$; d'où $6z^2 + 1,5z - 5,5 = 0$; d'où $z = \frac{-14,5 \pm 18,5}{12}$;

$z' = \frac{4}{12} = \frac{1}{3}$; $z'' = -\frac{33}{12} = -\frac{11}{4}$. Je substitue la 1re valeur $z' = {}^1/_3$ dans l'équation $x^2(1 + z + 4z^2) = 4$, et je trouve :

$x'^2(1 + {}^1/_3 + {}^4/_9) = 4$; $x'^2 \times {}^{16}/_9 = 4$; $x'^2 = {}^9/_4$. $x' = \mp {}^3/_2$; par suite $y' = {}^1/_3 x' = \pm {}^1/_2$. z' étant positif, on prend x' et y' de même signe. En second lieu, je substitue $z'' = -{}^{11}/_4$, et je trouve : $x''^2\left(1 - {}^{11}/_4 + \frac{121}{4}\right) = 4$; $x''^2 = {}^{16}/_{114}$; $x'' = \pm 4\sqrt{{}^1/_{114}}$

d'où $y'' = -{}^{11}/_4 x'' = \mp 11\sqrt{\frac{1}{114}}$. On prendra x'' et y'' avec des signes contraires.

639. $x^2 - 2xy + 2y^2 = 0{,}3125.$ $2x^2 + 5xy = 3.$

$0{,}3125 = {}^5/_{16}$. Je pose $y = zx$, et je substitue : $x^2(1 - 2z + 2z^2) = {}^5/_{16}$; $x^2(2 + 5z) = 3$. Je divise membre à membre, et je chasse les dénominateurs :

$$48 - 96z + 96z^2 = 10 + 25z \text{ ; d'où } 96z^2 - 121z + 38 = 0.$$

$$z = \frac{121 \pm 7}{192} \text{ ; } \quad z' = \frac{128}{192} = {}^2/_3 \text{ ; } \quad z'' = \frac{114}{192} = \frac{19}{32}.$$

Je substitue la 1re valeur $z' = {}^2/_3$ dans $x^2(2 + 5z) = 3$, et je trouve $x'^2 = \frac{9}{16}$ $x' = \pm {}^3/_4$; $y' = {}^2/_3 x' = \pm {}^1/_2$. Comme le rapport z' est positif, on prend y' et z' de même signe. En second lieu, je substitue $z'' = {}^{19}/_{32}$ et j'ai

$$x''^2 = \frac{96}{159} = \frac{32}{53} = \frac{16 \times 2}{53} \text{ ; } \quad x'' = \pm 4\sqrt{\frac{2}{53}} \text{ ; }$$

par suite $y'' = {}^{19}/_{32}\, x'' = \pm \frac{19}{8}\sqrt{\frac{2}{53}}$. Le rapport z'' étant positif, on associera les valeurs de même signe de x'' et de y''.

REMARQUE. La même méthode ($y = zx$) s'applique quand une seule des équations proposées est homogène par rapport à x et à y, le 2e membre étant 0, que la 2e équation soit homogène ou non. (Voyez les Ex. 654, 655 et 749.)

640. $x^3 - y^3 = 39(x - y)$. $x^3 + y^3 = 19(x + y)$.

Sachant que $x^3 - y^3$ est divisible par $x - y$ et $x^3 + y^3$ par $x + y$, je divise en conséquence les deux membres de chaque équation, et je trouve $x^2 + xy + y^2 = 39$; $x^2 - xy + y^2 = 19$.
J'additionne membre à membre : $2x^2 + 2y^2 = 58$; d'où $x^2 + y^2 = 29$. Je soustrais de même : $2xy = 20$; d'où $xy = 10$. Par suite $x^2 + y^2 + 2xy$ ou $(x + y)^2 = 49$; d'où $x + y = \pm 7$. De même $x^2 + y^2 - 2xy$ ou $(x - y)^2 = 9$; $x - y = \pm 3$. Prenons $x + y = 7$; $x - y = 3$; on déduit de là $x = 5$ et $y = 2$. Si on prend $x + y = 7$ et $x - y = -3$, c'est comme si on prenait $y - x = 3$; on ne fait que changer x en y, ce qui ne donne pas de nouvelle solution. Prenons $x + y = -7$ et $x - y = 3$. On déduit de là $2x = -4$ et $x = -2$; $2y = -10$; $y = -5$. Le système $x + y = -7$; $x - y = -3$ donne ces mêmes valeurs en ordre inverse.

641. $x^3 + y^3 = \frac{35}{216}$. $x^2 + y^2 - xy = \frac{7}{36}$. Rép. $x = \frac{1}{2}$; $y = \frac{1}{3}$.

Sachant que $x^3 + y^3 = (x + y)(x^2 - xy + y^2)$, je divise les deux équations proposées membre à membre, et je trouve $x + y = \frac{5}{6}$; d'où $x^2 + y^2 + 2xy = \frac{25}{36}$. Je retranche la 2e équation proposée, et je trouve :

$$3xy = \frac{18}{36}; \qquad xy = \frac{1}{6}.$$

x et y sont donc les racines de l'équation :

$$X^2 - \frac{5}{6}X + \frac{1}{6} = 0 ; \qquad x = \frac{1}{2}; \qquad y = \frac{1}{3}.$$

642. $x^3 - y^3 = \frac{217}{1728}$. $x^2 + xy + y^2 = \frac{217}{144}$.

Sachant que $x^3 - y^3 = (x - y)(x^2 + xy + y^2)$, je divise les deux équations proposées membre à membre ; ce qui donne : $x - y = {}^1/_{12}$. J'élève au carré et je trouve $x^2 + y^2 - 2xy = {}^1/_{144}$.

Je retranche de la 2e équation proposée et j'ai : $3xy = {}^{216}/_{144}$; d'où $xy = {}^{72}/_{144} = {}^1/_2$; $x = {}^1/_{12} + y$; donc $y^2 + {}^1/_{12}\,y = {}^1/_2$;

$$y = -{}^1/_{24} \pm \sqrt{\frac{1}{24^2} + \frac{1}{2}}. \quad y = \frac{-1 \pm 17}{24} ; \; y' = {}^{16}/_{24} = {}^2/_3 ;$$

$y'' = -{}^{18}/_{24} = -{}^3/_4$. Par suite $x' = {}^1/_{12} + {}^2/_3 = {}^9/_{12} = {}^3/_4$; $x'' = {}^1/_{12} - {}^3/_4 = -{}^8/_{12} = -{}^2/_3$.

643. $3x^2 + 5xy - 4x - 4 = 0. \qquad 3xy + 2x - 3 = 0.$

Je remarque qu'en éliminant xy entre les équations proposées, j'aurai une équation du 2e degré en x seulement ; j'élimine donc xy, et je trouve : $24x^2 - 22x + 3 = 0$. Je résous, et je trouve : $x' = {}^3/_4$; $x'' = {}^1/_6$. Je substitue ces valeurs dans la 2e équation proposée, et je trouve : $y' = {}^6/_9 = {}^2/_3$; $y'' = {}^{16}/_3$. (*Vérifiez.*)

644. $x + y + \sqrt{xy} = 21. \qquad x^2 + y^2 + xy = 189.$

J'élève la 1re équation au carré, et je retranche la 2e : $2xy + 2(x+y)\sqrt{xy} = 252$. D'où $2xy + 2(21 - \sqrt{xy})\sqrt{xy} = 252$; $42\sqrt{xy} = 252$, $\sqrt{xy} = 6$. $xy = 36$. En remplaçant $\sqrt{xy}$ par 6 dans la 1re équation, on trouve $x + y = 15$. Connaissant xy et $x + y$, on trouve aisément $x = 12$; $y = 3$.

645. $x^2 + y^2 + xy = 7(x + y). \qquad x^2 + y^2 - xy = 9(x - y).$

Je multiplie ces équations en croix et je trouve : $9(x^3 - y^3) = 7(x^3 + y^3)$; d'où $2x^3 = 16y^3$; $x^3 = 8y^3$; $x = 2y$. Je substitue dans la 1re équation : $4y^2 + y^2 + 2y^2 = 21y$; ou $7y^2 = 21y$; d'où $y' = 0$; $y'' = 3$. Par suite $x' = 0$; $x'' = 6$.

646. $x + y = 10 \qquad x^3 + y^3 - x^2 - y^2 - 5xy = 20$[illegible].

J'élève la 1re équation au cube : $x^3 + y^3 + 3x^2y + 3y^2x = 1000$;

ou $x^3 + y^3 + 3xy(x + y) = 1000$; ou bien encore $x^3 + y^3 + 30xy = 1000$. $x^3 + y^3 = 1000 - 30xy$. Je mets cette valeur de $x^3 + y^3$ dans la 2e équation, et j'ai $1000 - x^2 - y^2 - 35xy = 207$; d'où $x^2 + y^2 + 35xy = 793$. Mais $x^2 + y^2 = (x + y)^2 - 2xy = 100 - 2xy$. Donc $100 - 2xy + 35xy = 793$; $100 + 33xy = 793$. $xy = 693 : 33 = 21$. Connaissant $x + y$ et xy, on trouve aisément $x = 7$, $y = 3$.

647. $xy(x - y) = 30$ $x^3 - y^3 = 98$.

Sachant que $x^3 - y^3 = (x - y)(x^2 + y^2 + xy)$, je divise la 2e équation proposée par la 1re, et je trouve $\dfrac{x^2 + y^2 + xy}{xy} = \dfrac{98}{30}$; d'où $x^2 + y^2 = {}^{68}/_{30}\, xy$. $(x - y)^2 = x^2 + y^2 - 2xy = {}^{8}/_{30}\, xy$. Or $(x - y)^2 \times x^2y^2 = 900$. Donc $\dfrac{8}{30} x^3y^3 = 900$. $x^3y^3 = \dfrac{900 \times 30}{8} = \dfrac{30^3}{2^3}$. $xy = {}^{30}/_{2} = 15$. Par suite, $x - y = 2$. On déduit de là facilement $x = 5$, $y = 3$; et $x = -3$; $y = -5$.

648. $x^6 + y^6 = 15689$. $x^2 + y^2 = 29$.

Je divise la 1re équation par la 2e : $x^4 - x^2y^2 + y^4 = 541$. J'élève la 2e équation au carré : $x^4 + 2x^2y^2 + y^4 = 841$. Je soustrais l'une de l'autre ces deux dernières équations: $3x^2y^2 = 300$; $x^2y^2 = 100$; $xy = \pm 10$. Prenons $xy = 10$. En combinant cette équation avec $x^2 + y^2 = 29$, on trouve $(x+y)^2 = 49$ et $(x-y)^2 = 9$; ou $x + y = \pm 7$ et $x - y = \pm 3$, on achève comme dans l'Ex. 640.

649. $64x^6 - 64y^6 = 46655$. $4x^2 - 4y^2 = 35$.

$64x^6$ est le cube de $4x^2$ et $64y^6$ le cube de $4y^2$. Je pose un instant: $4x^2 = x'$ et $4y^2 = y'$. J'ai ainsi $x'^3 - y'^3 = 46655$; $x' - y' = 35$. Je divise membre à membre: $x'^2 + x'y' + y'^2 = 1333$. J'élève au carré $x' - y' = 35$; $x'^2 + y'^2 - 2x'y' = 35^2 = 1225$. Je retranche de l'équation précédente, et je trouve :

$$3x'y' = 1333 - 1225 = 108 \, ; \qquad x'y' = 36.$$

$(x'+y')^2=(x'-y')^2+4x'y'=35^2+144=1225+144=1369.$ $x'+y'=\sqrt{1369}=37.$ De $x'-y'=35$, et $x'+y'=37$, on déduit $x'=36$; $y'=1$. C'est-à-dire $4x^2=36$ et $4y^2=1$; $x^2=9$ et $x=\pm 3$. $y^2=\dfrac{1}{4}$; $y=\pm {}^1/_2$

x et y pouvant être changés en $-x$ et $-y$ sans que l'équation proposée soit modifiée, on peut prendre indifféremment $x=3$ et $y={}^1/_2$; ou $x=3$ et $y=-\dfrac{1}{2}$. De même $x=-3$ et $y=-{}^1/_2$, ou $x=-3$ et $y={}^1/_2$.

650. $15(x+y)=8xy.$ $x+y+x^2+y^2=42.$

La 2e équation peut s'écrire : $x+y+(x+y)^2-2xy=42$ mais d'après la 1re équation $xy={}^{15}/_8\,(x+y)$; nous avons donc $x+y+(x+y)^2-{}^{15}/_4\,(x+y)=42$, ou $(x+y)^2-{}^{11}/_4\,(x+y)=42$. Posons $(x+y)=z$ et remplaçons. On trouve ainsi : $z^2-{}^{11}/_4 z=42$; d'où on déduit : z ou $x+y=8$, et $x+y=-\dfrac{42}{8}$. Prenons $x+y=8$. Cette valeur étant mise dans la 1re équation proposée, j'en déduis $xy=15$, d'où $x=5$; $y=3$.

En prenant $x+y=-\dfrac{42}{8}$; d'où $xy=-\dfrac{15\times 42}{64}$, on trouve deux autres valeurs de x et de y qui sont de signes contraires ; ces valeurs sont incommensurables.

651. $x^3y+y^3x=290.$ $x^2+y^2=29.$

La 1re équation peut s'écrire $xy(x^2+y^2)=290$. Or $x^2+y^2=29$; donc $xy=10$ ou $2xy=20$. Par suite x^2+y^2+2xy ou $(x+y)^2=49$, $x+y=\pm 7$, puis x^2+y^2-2xy ou $(x-y)^2=9$; $x-y=\pm 3$. On achève comme dans l'Ex. 640.

652. $x+y=xy,$ $x+y+x^2+y^2=6.$

La 2e équation peut s'écrire $(x+y)+(x+y)^2-2xy=6$, ou

bien d'après la 1re équation : $x+y+(x+y)^2-2(x+y)=6$; d'où $(x+y)^2-(x+y)=6$; $x+y={}^1/_2\pm\sqrt{\frac{1}{4}+6}={}^1/_2(1\pm5)$. Prenons $x+y={}^1/_2\,(1+5)=3$; alors $xy=3$, x et y sont les racines de l'équation $x^2-3x+3=0$. $x=\frac{3}{2}\pm\sqrt{\frac{9}{4}-3}$. Ces valeurs sont *imaginaires*. Prenons $x+y=-2$; $xy=-2$. Alors x et y sont les racines de l'équateur $X^2+2X-2=0$ $X=-1\pm\sqrt{3}$.

Rép. $x=-1+\sqrt{3}$; $y=-1-\sqrt{3}$. (*Vérifiez.*)

653. $\sqrt{x}+\sqrt{y}=\frac{5}{6}\sqrt{xy}$; $x+y=13$.

J'élève la 1re équation au carré : $x+y+2\sqrt{xy}=\frac{25}{36}xy$; ce qui revient d'après la 2e équation à $13+2\sqrt{xy}=\frac{25}{36}xy$. Posons $\sqrt{xy}=z$: cette équation devient ${}^{25}/_{36}z^2-2z-13=0$, ou $25z^2-72z-468=0$; d'où $z=\frac{36\pm\sqrt{36^2+468\times25}}{25}=\frac{36\pm114}{25}$; $z'=\frac{150}{25}=6$; $z''=-\frac{78}{25}$. 1° $\sqrt{xy}=6$; $xy=36$, avec $x+y=13$. De ces 2 dernières équations, on déduit $x=9$; $y=4$. Puis $\sqrt{x}=\pm3$; $\sqrt{y}=\pm2$. En posant $\sqrt{xy}=-\frac{78}{25}$; on trouve pour x et y des valeurs réelles, mais irrationnelles.

En prenant $\sqrt{xy}=6$, il faut prendre $\sqrt{x}$ et $\sqrt{y}$ de même signe, et prendre le signe + d'après la 1re équation. Si l'on prend $\sqrt{xy}=-{}^{78}/_{25}$, $\sqrt{x}$ et $\sqrt{y}$ seront de signes contraires.

654. $5y^2-8xy-48x^2=0$. $9y^2-31xy+12x^2-5y+4x=0$.

La 1re équation étant homogène par rapport à y et à x, et le

2e membre étant 0, je pose $y=zx$; je remplace et je divise tout de suite par x^2. On trouve ainsi : $5z^2 - 8z - 48 = 0$. Je résous : $z' = 4$, $z'' = -{}^{12}/_5$. Je prends d'abord $z' = 4$, ou $y = 4x$, et je substitue dans la 2e équation proposée qui devient après réduction : $32x^2 - 16x = 0$, $x'_1 = 0$; $x'_2 = {}^1/_2$. Par suite $y'_1 = 0$; $y_2' = 2$. La valeur $z'' = -{}^{12}/_5$ donne $x_1'' = 0$; $x_2'' = -{}^{25}/_{216}$; puis $y_1'' = 0$; $y_2'' = {}^5/_{18}$.

655. $7y^2 - {}^{17}/_2 xy - 12x^2 - 5y + 53x = 0$. $3y^2 - 35xy + 4x^2 - 15y + 159x = 0$.

$-15y + 159x$ étant égal à $(-5y + 53x) \times 3$, j'élimine ces deux termes en multipliant la 1re équation proposée par 3, puis la retranchant de la 2e ; je trouve ainsi : $18y^2 + {}^{19}/_2 xy - 40x^2 = 0$, équation homogène par rapport à x et à y. Je pose donc $y = zx$; je remplace et je divise par x^2 ; $18z^2 + {}^{19}/_2\, z - 40 = 0$. Je résous : $z' = {}^5/_4$; $z'' = -{}^{16}/_9$. Je prends d'abord $z' = {}^5/_4$; ou $y = {}^5/_4 x$, et je mets cette valeur dans la 2e équation qui devient $187x^2 - 748x = 0$; d'où $x_1' = 0$; $x_2' = 4$. Puis $y'_1 = 0$; $y_2' = 5$. Je prends ensuite $z'' = -{}^{16}/_9$ ou $y = -{}^{16}/_9 x$, et je trouve $x_1'' = 0$; $x_2'' = -{}^{5013}/_{2054}$; $y_1'' = 0$; $y_2'' = {}^{8912}/_{2054}$.

AVIS L'Ex. 656 est le même que l'Ex. 650.

657. $5x + 3y = 105$; $\frac{4}{x} + \frac{10}{y} = 1$.

Je chasse les dénominateurs de la 2e équation : $4y + 10x = xy$. Je prends la valeur de y en x dans la 1re équation, et je la substitue dans celle-ci ; ce qui donne : $5x^2 - 95x + 420 = 0$, ou $x^2 - 19x + 84 = 0$. Je résous : $x' = 12$; $x'' = 7$. Par suite : $y' = 15$; $y'' = {}^{70}/_3$.

658. $x^3 + x^2y = 33$. $5x^2 - 3x^2y = 27$.

Pour éliminer y, je multiplie la 1re équation par 3, puis j'additionne les deux équations ; je trouve ainsi : $3x^3 + 5x^2 = 126$. Cette équation étant du 3e degré, je ne puis trouver que ses racines entières, si elle en a. J'essaye donc les valeurs entières possibles de x, qui sont les diviseurs de 126, savoir : 1, 2, 3, 6,... d'après l'Ex. 18. $x=3$ réussit. Je divise $3x^2+5x^2-126$ par $x-3$, et j'ai pour quotient : $3x^2+14x+14$ que j'égale à 0. Je résous cette équation : $3x^2+14x+14=0$; $x=-7+\sqrt{49-126}$ (valeurs imaginaires). La seule racine convenable est donc $x=3$. Je mets $x=3$ dans la 1re équation et je trouve $y={}^2/_3$.

659. $x^4+y^4=272.$ $x+y=6.$ Rép. : $x=4$; $y=2$.

J'élève les 2 membres de la 2e équation à la 4e puissance, et je remplace tout de suite x^4+y^4 par 272 ; je trouve ainsi : $272+4x^3y+6x^2y^2+4xy^3=1296$. Mais $4x^3y+4y^3x=4xy(x^2+y^2)$ $=4xy[(x+y)^2-2xy]=4xy(36-2xy)=144xy-8x^2y^2$. Je substitue, puis je simplifie, et je trouve $x^2y^2-72xy+512=0$. D'où $xy=36\pm\sqrt{36^2-512}=36\pm28$; ou $xy=64$ et $xy=8$. $xy=64$ et $x+y=6$ donnent des valeurs imaginaires de x et de y. $xy=8$ et $x+y=6$ donnent $x=4$, $y=2$.

Avis important. Nous appelons l'attention sérieuse du lecteur sur la marche suivie dans cet exercice. Connaissant $x+y$, il était de notre intérêt de trouver xy ; nous nous sommes donc attachés à mettre en évidence $x+y$ et xy. Nous avons au fur et à mesure remplacé $x+y$ par 6, et nous sommes parvenus à l'équation $x^2y^2-72xy-512=0$, équation du 2e degré, si on prend xy pour inconnue. On peut, si on veut poser $xy=z$; ce qui donne $z^2-72z-512=0$; d'où z. Avec un peu d'habitude du calcul, on peut se dispenser de poser $xy=z$, et résoudre immédiatement par rapport à (xy). C'est ce que nous avons fait, et ce que nous ferons habituellement dans les exercices suivants. On peut donner aux élèves l'un et l'autre conseil. Nous suivons une marche analogue dans les Ex. 660 et suivants.

660. $x^4-y^4=240.$ $x^2-y^2=12$ Rép. $x=\pm4$; $y=\pm2$.

Je divise ces équations membre à membre : $x^2+y^2=20$.

J'additionne cette équation et la 2e proposée : $2x^2 = 32$; $x^2 = 16$; $x = \pm 4$. $x^2 = 16$ donne $y^2 = 16 - 12 = 4$; $y = \pm 2$.

661. $x + \sqrt{x^2 + y^2} = 9.$ $5x + 3y = 29.$

Je transpose x de la 1re équation, et j'élève les 2 membres au carré : $x^2 + y^2 = 81 - 18x + x^2$; ou $y^2 = 81 - 18x$. Je prends la valeur de x dans la 2e équation proposée, et je la substitue dans cette dernière ; je trouve ainsi après réduction : $5y^2 - 54y + 117 = 0$, qui donne $y' = 3$, $y'' = {}^{39}/_{5}$. Je mets ces valeurs dans la 2e équation, et je trouve $x' = 4$; $x'' = {}^{28}/_{25}$.

662. $x + y + 2\sqrt{xy} = 25.$ $x^2 + y^2 + 4xy = 241.$

J'élève au carré les deux membres de la 1re équation, et je soustrais la 2e ; il vient $2xy + 4(x + y)\sqrt{xy} = 384$. Mais $x + y = 25 - 2\sqrt{xy}$; l'équation précédente équivaut donc à $2xy + 4(25 - 2\sqrt{yx})\sqrt{xy} = 384$, ou $2xy + 100\sqrt{xy} - 8xy = 384$; d'où en simplifiant : $3xy - 50\sqrt{xy} + 192 = 0$, équation du 2e degré, si on prend $\sqrt{xy}$ pour inconnue. Je puis donc poser $\sqrt{xy} = z$, ou résoudre immédiatement, en prenant $\sqrt{xy}$ pour inconnue. On trouve aussi z ou $\sqrt{xy} = \dfrac{25 \pm \sqrt{625 - 576}}{3} = \dfrac{25 \pm 7}{3}$, ou $\sqrt{x'y'} = 6$; $\sqrt{x''y''} = {}^{32}/_{3}$. $\sqrt{x'y'}$ étant connue, la 1re équation donne $x' + y' = 25 - 2\sqrt{x'y'} = 13$. $x' + y' = 13$, et $\sqrt{x'y'} = 6$ ou $x'y' = 36$, donnent $x' = 9$, $y' = 4$. $\sqrt{x''y''} = {}^{32}/_{3}$ donne des valeurs imaginaires de x'' et de y''.

663. $xy(x^2 + y^2) = 3560.$ $x + y = 13.$

J'élève au carré les deux membres de la 2e équation : $x^2 + y^2 + 2xy = 169$; d'où $x^2 + y^2 = 169 - 2xy$. Je substitue dans la 1re équation qui devient : $xy(169 - 2xy) = 3560$ ou $2x^2y^2 -$

$169xy + 3560 = 0$; d'où $xy = \frac{169 \pm \sqrt{169^2 - 8 \times 3560}}{4} = \frac{169 \pm 9}{4}$; $x'y' = \frac{160}{4} = 40$; $x''y'' = \frac{178}{4}$. $x' + y' = 13$ et $x'y' = 40$ donnent $x' = 8$, $y' = 5$. $x''y'' = {}^{178}/_4$ et $x'' + y'' = 13$ donnent des valeurs imaginaires de x'' et de y''.

664. $x - y + x^2 - y^2 = 60.$ $x + y + x^2 + y^2 = 120.$

J'additionne ces équations membre à membre : $2x + 2x^2 = 180$; $x + x^2 = 90$. $x = \frac{-1 \pm \sqrt{1 + 360}}{2} = \frac{-1 \pm 19}{2}$. $x' = 9$; $x'' = -10$.

En remplaçant $x + x^2 = 90$ dans la 2e équation, je trouve $y + y^2 = 30$. $y = \frac{-1 \pm \sqrt{1 + 120}}{2} = \frac{-1 \pm 11}{2}$. $y' = 5$; $y'' = -6$. Comme les équations proposées sont formées des équations $x + x^2 = 90$, $y + y^2 = 30$, soustraites l'une de l'autre, puis additionnées de même, les valeurs de x et de y trouvées peuvent former les 4 systèmes de valeurs $x = 9$, $y = 5$; $x = 9$, $y = -6$; $x = -10$, $y = 5$; $x = -10$, $y = -6$.

665. $x + y + x^2 + y^2 = a.$ $m(x^2 + y^2) + nxy = b.$

Je multiplie la 1re équation par m et j'en retranche la 2e. On trouve ainsi : $m(x + y) - nxy = ma - b$; d'où $m(x+y) = ma - b + nxy$. Puis $m^2(x^2 + y^2) + 2m^2xy = (ma - b + nxy)^2$ (k). Mais $m^2(x^2+y^2) = mb - mnxy$ d'après la 2e équation proposée. Je substitue dans l'équation (k), et je trouve : $mb + (m^2 - 2mn)xy = (ma - b)^2 + 2(ma - b)xy + n^2x^2y^2$, équation du 2e degré si on prend xy pour inconnue. Connaissant a, b, m et n, on peut trouver xy ; connaissant xy, on déduit $x^2 + y^2$ de la 2e équation proposée, puis $x + y$ de la 1re. Connaissant $x + y$ et xy, on trouve aisément x et y. Nous ne cherchons pas les valeurs générales de x et de y ; ce serait trop long. Les équations proposées et l'équation finale ci-dessus en xy suffisent pour la résolution complète des équations proposées dans chaque cas particulier.

Application. Appliquer par ex. au cas où $a = 18$, $b = 121$, $m = 7$ et $n = 5$. Rép. : $x = 3$; $y = 2$.

666. $x + y = 15.$ $\frac{\sqrt{x}}{\sqrt{y}} + \frac{\sqrt{y}}{\sqrt{x}} = \frac{5}{2}.$

Je chasse les dénominateurs de la 2e équation, et je trouve : $2(x + y) = 5\sqrt{xy}$; je remplace $x + y$ par 15 ; $30 = 5\sqrt{xy}$; $\sqrt{xy} = 6$; $xy = 36$. $x + y = 15$ et $xy = 36$ donnent $x = 12$, $y = 3$.

667. $\sqrt{4y^3x} + 3\sqrt{yx^3} = 252.$ $3\sqrt{\frac{x}{y}} + 2\sqrt{\frac{y}{x}} = \frac{12}{\sqrt{xy}} + 5.$

La 1re équation peut s'écrire : $\sqrt{xy}\sqrt{4y^2} + \sqrt{xy}\sqrt{9x^2} = 252$ ou $\sqrt{xy}\,(2y + 3x) = 252$. En chassant les dénominateurs de la 2e, on trouve : $3x + 2y = 12 + 5\sqrt{xy}$. La 1re équation transformée donne : $2y + 3x = \frac{252}{\sqrt{xy}}$; je substitue cette valeur dans la 2e, et je chasse les dénominateurs. Je trouve ainsi finalement : $5xy + 12\sqrt{xy} = 252$, équation du 2e degré, si on prend $\sqrt{xy}$ pour inconnue. Elle donne :

$$\sqrt{xy} = \frac{-6 \pm \sqrt{36 + 5 \times 252}}{5} = \frac{-6 \pm 36}{5};$$

$\sqrt{x'y'} = 6$; $x'y' = 36$; $\sqrt{x''y''} = -{}^{42}/_{5}$. $x''y'' = ({}^{42}/_{5})^2$.

J'adopte la 1re valeur $\sqrt{xy} = 6$, et je la substitue dans $3x + 2y = 12 + 5\sqrt{xy}$; j'ai ainsi $3x + 2y = 42$; d'où $x = {}^1/_3(42 - 2y)$. Je substitue cette valeur dans $xy = 36$; et je trouve après réduction : $y^2 - 21y + 54 = 0$ qui donne $y' = 18$; $y'' = 3$. Je mets successivement $y' = 18$ et $y'' = 3$ dans $3x + 2y = 42$, et je trouve $x' = 2$; $x'' = 12$. $\sqrt{xy} = -{}^{42}/_{5}$ et $x = {}^{174}/_{25}$ donne de même deux autres solutions composées de valeurs réelles mais incommensurables de x et de y, qu'on trouve aisément en suivant la même marche.

668. $x^5 - y^5 = 2882.$ $x - y = 2.$

J'élève à la 5e puissance les 2 membres de la 2e équation, et je remplace $x^5 - y^5$ par 2882. Je trouve ainsi $2882 - 5x^4y + 10x^3y^2 - 10x^2y^3 + 5x^4y = 32$. Cette équation équivaut à celle-ci : $2850 - 5xy(x^3 - y^3) + 10x^2y^2(x - y) = 0$ (n). Mais $x - y = 2$ et $x^3 - y^3 = (x - y)(x^2 + xy + y^2) = (x - y)[(x - y)^2 + 3xy)] = 2(4 + 3xy)$. En remplaçant $x - y$ et $x^3 - y^3$ dans l'équation (n), je trouve : $2850 - 10xy(4 + 3xy) + 20x^2y^2 = 0$, d'où $285 - 4xy - 3x^2y^2 + 2x^2y^2 = 0$, et enfin $x^2y^2 + 4xy - 285 = 0$; d'où $xy = -2 \pm \sqrt{4 + 285} = -2 \pm 17$; $x'y' = 15$; $x''y'' = -19$. $x'y' = 15$ et $x' - y' = 2$ donnent deux solutions : $y = 3$, $x = 5$; et $y = -5$; $x = -3$. $x - y = 2$ et $xy = -19$ donnent des valeurs imaginaires de x et de y.

Remarque. Nous appelons l'attention du lecteur sur la méthode suivie, déjà employée et signalée dans l'Ex. 659.

669. $x^5 + y^5 = 1056.$ $x - y = 6.$

J'élève à la 5e puissance les deux membres de la 2e équation, et je remplace tout de suite $x^5 + y^5$ par 1056. Je trouve ainsi :

$$1056 + 5x^4y + 10x^3y^2 + 10x^2y^3 + 5xy^4 = 7776,$$

ou $$5xy(x^3 + y^3) + 10x^2y^2(x + y) = 6720 \quad (n).$$

Mais $x + y = 6$, et $x^3 + y^3 = (x + y)(x^2 - xy + y^2) = (x + y)[(x + y)^2 - 3xy] = 6[(36 - 3xy)]$.

Je remplace dans l'équation (n), $x^3 + y^3$ et $x + y$ par ces valeurs, et je trouve après réductions $x^2y^2 - 36xy + 224 = 0$, qui donne $xy = 18 \pm \sqrt{18^2 - 224} = 18 \pm 10$; $x'y' = 8$; $x''y'' = 28$.

$xy = 8$ et $x + y = 6$, donnent $x = 4$, $y = 2$. $xy = 28$ et $x + y = 6$ donnent des valeurs imaginaires de x et de y.

670. $x^3 + y^3 = 9xy + 1.$ $x^2 - xy + y^2 = 7.$

$(x^3 + y^3) = (x^2 - y^2 - xy)(x + y) = 7(x + y)$. Donc $9xy + 1 = 7(x + y)$;

d'où $(x+y)=\frac{9xy+1}{7}$. Mais $x^2+y^2-xy=(x+y)^2-3xy$.

Donc $$\frac{(9xy+1)^2}{7^2}-3xy=7.$$

L'inconnue de cette équation est xy, et l'équation est du 2e degré. En la développant on trouve $81x^2y^2+18xy+1-147xy=343$, et en simplifiant $81x^2y^2-129xy=342$, qui donne

$$xy=\frac{129\pm 357}{162}; \qquad x'y'=3; \qquad x''y''=-\frac{38}{27}.$$

Je mets $xy=3$ dans l'équation $(x+y)^2-3xy=7$ et je trouve $(x+y)^2=16$; $x+y=\pm 4$. $x+y=4$ et $xy=3$ donnent $x=3$, $y=1$. $x+y=-4$ et $yx=3$ donnent $x=-3$ et $y=-1$.

$x''y''=-{}^{38}/_{27}$ donne $x''+y''=\pm{}^5/_3$, puis des valeurs réelles incommensurables de x et de y que nous laissons à calculer.

671. $x^2+y^2+xy=49$. $\qquad x^3-y^3=8xy-22$.

$$8xy-22=x^3-y^3=(x^2+y^2+xy)(x-y)=49(x-y).$$

$(x-y)=\frac{8xy-22}{49}$; d'un autre côté $x^2+y^2+xy=(x-y)^2+3xy$; d'où $(x-y)^2=49-3xy$. Par suite, $\frac{(8xy-22)^2}{49^2}=49-3xy$, équation du 2e degré si on prend xy pour inconnue. En développant, puis réduisant, on trouve $64x^2y^2+6851xy-117165=0$, d'où on déduit $xy=\frac{-6851\pm 8771}{128}$; $x'y'=15$ et $x''y''=-\frac{15622}{128}$. On remplace xy par 15 dans l'équation $(x-y)^2=49-3xy$; d'où $(x-y)^2=4$; $x-y=\pm 2$. $x-y=2$ et $xy=15$ donnent $(x+y)^2=64$; $x+y=8$; par suite $x=5$ et $y=3$.

Si on prenait $x-y=-2$, on trouverait $x=3$, $y=5$.

$xy=-{}^{15622}/_{128}$ donne des valeurs réelles mais incommensurables de x et de y qu'on trouve de la même manière.

672. $\sqrt{x+y}+\sqrt{x-y}=\sqrt{a}$. $\sqrt{x^2+y^2}+\sqrt{x^2-y^2}=b$.

J'élève au carré les deux membres de la 1re équation : $2x+2\sqrt{x^2-y^2}=a$; d'où $4(x^2-y^2)=a^2-4ax+4x^2$; puis $y^2=ax-\frac{1}{4}a^2$.

La 2e équation donne de même $2x^2+2\sqrt{x^4-y^4}=b^2$; $2\sqrt{x^4-y^4}=b^2-2x^2$; $4x^4-4y^4=b^4-4b^2x^2+4x^4$, et $4y^4=4b^2x^2-b^4$.

Mais $4y^4=\dfrac{16a^2x^2-8a^3x+a^4}{4}$. En remplaçant dans l'équation précédente, et chassant le dénominateur, puis ordonnant, on trouve $16(a^2-b^2)x^2-8a^3x+a^4-4b^4=0$; d'où $x=\dfrac{4a^3\pm 4b(2b^2-a^2)}{a^2-b^2}$. Comme $y^2=ax-\frac{1}{4}a^2$, nous avons des formules suffisantes pour trouver x et y dans chaque cas particulier.

673. $x^4+y^4=\dfrac{17x^2y^2}{4}$; $x+y=9$. Rép. : $x=3$, $y=6$; 2° $x=18$; $y=-9$.

J'élève la 2e équation à la 4e puissance : $x^4+y^4+4x^3y+6x^2y^2+4y^3x=6561$, ou $x^4+y^4+4xy(x^2+y^2)+6x^2y^2=6561$. Mais $x^2+y^2=(x+y)^2-2xy=81-2xy$. Je remplace x^4+y^4 par sa valeur de la 1re équation et $x+y$ par 9, et je trouve : $\dfrac{17x^2y^2}{4}+324xy-8x^2y^2+6x^2y^2=6561$, et après réduction : $9x^2y^2+1296xy=26244$; puis $x^2y^2+144xy=2916$; d'où enfin : $xy=-72\pm 90$: $x'y'=18$; $x''y''=-162$. $x'y'=18$ et $x'+y'=9$ donnent $x'=3$, $y'=6$.

$x''y''=-162$ et $x''+y''=9$ donnent $x''=18$; $y''=-9$.

674. $\dfrac{3}{x}+\dfrac{5}{y}+\dfrac{4}{z}=42$. $\dfrac{6}{x}+\dfrac{10}{z}=38$ $15x+10y=7$.

Je cherche les valeurs de x et de y en z pour les substituer dans la 3e équation. La 2e équation donne $\dfrac{6}{x}=\dfrac{38z-10}{z}$; d'où

$x = \frac{6z}{38z - 10} = \frac{3z}{19z - 5}$. Pour avoir y, j'élimine x entre la 1re et la 2e équation. Je double la 1re, et je remplace la 2e équation du résultat ; je trouve ainsi $\frac{10}{y} - \frac{2}{z} = 46$; d'où $y = \frac{10z}{46z + 2} = \frac{5z}{23z + 1}$. Je remplace y et x par leurs valeurs dans la 3e équation qui devient : $\frac{45z}{19z - 5} - \frac{50z}{23z + 1} = 7$. Je chasse les dénominateurs et je réduis. *Équation finale :* $1074z^2 - 467z = 35$, qui donne : $z = \frac{467 \pm 607}{2148}$; $z' = \frac{1}{2}$; $z'' = -{}^{35}/_{537}$. Je substitue $z = {}^1/_2$ dans les équations à 2 inconnues précédentes, et je trouve $y = {}^1/_5$; $x = {}^1/_3$. En remplaçant z par $-{}^{35}/_{537}$ dans les mêmes équations on obtient une 2e solution.

675. $3x^2 - 2y^2 = 43.$ $5x + 3z = 34.$ $4y - 5z = 1.$

$x = \frac{34 - 3z}{5}$; $y = \frac{1 + 5z}{4}$. Je mets ces valeurs dans la première équation, je chasse les dénominateurs, je développe et je réduis. *Équation finale :* $818z^2 + 10292z = 38238$.

$$z = \frac{-5146 \pm 7600}{818}; \quad z' = 3 ; \quad z'' = -\frac{12746}{818}.$$

Je substitue $z = 3$ dans ces deux dernières équations proposées, et je trouve $x = 5$; $y = 4$, Nous laissons à calculer les valeurs de x et de y qui correspondent à la 2e valeur de z.

676. $x^2 + y^2 = z^2.$ $x + y + z = 84.$ $xy = 588.$

La 2e équation donne $x + y = 84 - z$. J'élève au carré : $x^2 + y^2 + 2xy = 7056 - 168z + z^2$. Je remplace $x^2 + y^2$ par z^2, et $2xy$ par 1176, et je trouve $1176 = 7056 - 168z$; d'où $z = 35$. Par suite, $x + y = 49$ et $xy = 588$ donnent $x = 21$, $y = 28$.

677. $x+y+z=12.\quad x^2+y^2+z^2=50.\quad xy+xz-yz=7.$

J'élève la 1re équation au carré : $x^2+y^2+z^2+2xy+2xz+2yz=144$. Mais $x^2+y^2+z^2=50$, et $2xy+2xz+2yz=2xy+2xz-2yz+4yz=14+4yz$. Je remplace et je trouve : $50+14+4yz=144$; d'où $4yz=80$, et $yz=20$. La 1re équation donne $y+z=12-x$, et la 3e $x(y+z)=7+yz=27$. Par suite : $x(12-x)=27$; d'où $x^2-12x+27=0$. $x=6\pm\sqrt{36-27}$, ou $x=6\pm3$. $x'=3$; $x''=9$. Je considère $x=3$, et je substitue dans la 1re équation proposée ; $y+z=12-3=9$. $y+z=9$ et $yz=20$ donnent $y=4$, $z=5$.

La valeur $x=9$, employée de la même manière, donne des valeurs imaginaires de y et de z.

678. $x^2+y^2+z^2=14.\quad x+y-z=4.\quad \frac{1}{z}-\frac{1}{y}-\frac{1}{x}=1/6.$

Je chasse le dénominateur de la 3e équation ; ce qui donne : $xy-xz-yz=\frac{1}{6}xyz$. J'élève au carré les deux membres de la 2e ; je remplace $x^2+y^2+z^2$ par 14, puis $2xy-2yz-2xz$ par $\frac{1}{3}xyz$.

Je trouve ainsi : $14+\frac{1}{3}xyz=16$; d'où $xyz=6$; puis $xy=\frac{6}{z}$. D'ailleurs $x+y=4+z$. D'un autre côté, l'équation : $xy-yz-xz=\frac{1}{6}xyz$ peut s'écrire $xy-(x+y)z=1$. Je remplace dans cette équation xy et $x+y$ par leurs valeurs précédentes en z, et je chasse le dénominateur ; je trouve ainsi : $z^3+4z^2+z-6=0$. Cette équation étant du 3e degré, je ne puis trouver que des racines entières, si elle en a. J'essaye donc les diviseurs du dernier terme, à commencer par $z=1$ $z=1$ vérifie l'équation: Je divise z^3+4z^2+z-6 par $z-1$, et je trouve $z^2+5z+6=0$ qui a pour racine $z=-2$, $z=-3$. Je cherche les valeurs de xy correspondant à ces trois valeurs de z, 1° de $z=1$ on déduit $xy=6$; $x+y=4+1=5$. D'où $x=3$; $y=2$. 2° De $z=-2$, on déduit $xy=6:-2=-3$. $x+y=4-2=2$. Puis $x=3$; $y=-1$.

Enfin 3° $z=-3$ donne $xy=6:-3=-2$; $x+y=4-3=1$. D'où $x=2$, $y=-1$.

Le système des équations proposées admet donc 3 solutions.

679. $\frac{x}{3}=\frac{y}{5}=\frac{z}{2}$. $3xy-5xz+4x-2y+z^2=0$.

$x={}^3/_2z$; $y={}^5/_2z$. Je substitue dans la 3e équation, je chasse les dénominateurs et je réduis ; je trouve ainsi : $19z^2+4z=0$; d'où $z'=0$ et $z''=-\frac{4}{19}$. $z=0$ donne $y=0$, $z=0$. Puis $z=-\frac{4}{19}$ donne $x=-{}^6/_{19}$, $y=-{}^{10}/_{19}$. (*Vérifiez.*)

680. $3x+5y=1+3z$. $5x^2-3xy-4y=6x+5-5xz$.
$7xy-3xz+2z^2-7y^2=z^2-3x-2y-9$.

La 1re équation donne $z={}^1/_3(3x+5y-1)$. Je substitue cette valeur de z dans les deux autres équations, ce qui donne tous calculs faits : $30x^2+16xy-12y-23x-15=0$, et $18x^2+38y^2+38xy-30x-8y-28=0$. Je déduis de la 1re de ces équations $y=\frac{-30x^2+23x+15}{16x-12}$, et je substitue cette valeur dans la 2e. Je trouve ainsi une équation complète du 4e degré en x, dont je cherche les racines entières ; $x=1$ vérifie cette équation. Je mets cette valeur dans la valeur précédente de y; je trouve $y=2$. Je mets enfin $x=1$, $y=2$ dans la 1re équation proposée, et je trouve $13=1+3z$; d'où $z=4$. $x=1$, $y=2$, $z=4$ composent donc une des solutions du système des équations proposées.

681. $x^2+y^2+z^2=35$. $2y^2+3x+14=7xz$. $x(z-1)=4$.

Je déduis de la dernière équation : $xz=4+x$ et je mets cette valeur dans la 2e qui devient $2y^2+3x+14=28+7x$, puis simplifiée $y^2=2x+7$. D'ailleurs $z^2=\frac{(4+x)^2}{x^2}$. Je remplace y^2 et z^2 par leurs valeurs en x dans la 1re équation ; je chasse le dénominateur, et je réduis. Je trouve ainsi : $x^4+2x^3-27x^2+8x+16=0$, équation complète du 4e degré. Je ne puis chercher que les racines entières s'il y en a. J'essaye donc les diviseurs du dernier terme : 1, 2, 4, etc. La substitution de $x=1$ réussit. Je divise le 1er membre par $x - 1$, et je pose l'équation $x^3 + 3x^2 - 24x - 16 = 0$. J'essaye encore les diviseurs de 16 ; $x = 4$ réussit. Je divise le 1er membre par $x - 4$; ce qui donne $x^2 + 7x + 4 = 0$. Je résous cette équation : $x = -7 \pm \frac{\sqrt{49-16}}{2}$, ces valeurs sont irrationnelles.

Je cherche les valeurs de z et de y pour $x = 1$. On a d'abord $z - 1 = 4 : x = 4$; $z = 5$. Ensuite $1 + 25 + y^2 = 34$; $y = \pm 3$. Secondement $x = 4$, donne $z - 1 = 4 : 4 = 1$; $z = 2$. Puis $16 + 4 + y^2 = 35$; $y = \pm \sqrt{15}$.

Nous laissons à trouver les valeurs de y et de z correspondant aux valeurs irrationnelles de x ; on peut les calculer par approximation.

682. $x^2 + y^2 + z^2 + t^2 = 50.$ $x + t = 7.$ $y + z = 5.$ $yz = tx.$

J'élève au carré les équations (2) et (3), j'ajoute les résultats, et je remplace immédiatement $x^2 + y^2 + z^2 + t^2$ par 50, et $2tx$ par $2yz$. Je trouve ainsi $50 + 4yz = 49 + 25 = 74$, d'où $4yz = 24$, et $yz = 6$; $yz = 6$ et $y + z = 5$ donnent $y = 2, z = 3$. $tx = yz = 6$ et $x + t = 7$ donnent $x = 1$, $t = 6$.

683 $x^2 + y^2 + z^2 = a.$ $x + y + z = b.$ $xy = cz.$

J'élève au carré les deux membres de l'équation (2) ; je remplace $x^2 + y^2 + z^2$ par a, et $2xy$ par $2cz$; je trouve ainsi $a^2 + 2cz + 2(x + y)z = b^2$. Je remplace $x + y$ par $b - z$, et j'ai $a^2 + 2cz + 2(b - z)z = b^2$ ou $2z^2 - 2(b + c)z + b^2 - a^2 = 0$;

d'où $$z = \frac{b + c \pm \sqrt{(b + c)^2 - 2(b^2 - a^2)}}{2} =$$

$$\frac{b + c \pm \sqrt{2a^2 + c^2 - b^2 + 2bc}}{2}.$$

D'ailleurs $xy = cz$ et $x + y = b - z$. Nous avons donc les formules pour trouver aisément z, x, y, étant donnés a, b, c.

684. $x+y+z=a$. $x^2+y^2+z^2=b$. $2xy=z(x+y)$.

$x+y=a-z$; $2xy=z(x+y)=az-z^2$; $x^2+y^2+2xy=(a-z)^2$. $x^2+y^2=b-z^2$. Donc $b-z^2+az-z^2=a^2-2az+z^2$; d'où $3z^2-3az+a^2-b=0$ ou $z^2-az+{}^1/_3(a^2-b)=0$; puis $z={}^1/_2(a\pm\sqrt{{}^4/_3b-{}^1/_3a^2})$. D'après notre dernière équation, $az-z^2={}^1/_3(a^2-b)$; or $2xy=az-z^2$; donc $xy={}^1/_6(a^2-b)$ d'ailleurs $x+y=a-z$. Nous avons donc des formules pour trouver facilement z, x et y connaissant a et b.

685. $x^3+y^3+z^3=a^3$. $x^2+y^2+z^2=a^2$. $x+y+z=a$.

J'élève la 3e équation au carré, et j'ai égard à la 2e équation ; je trouve ainsi : $xy+xz+yz=0$; d'où $xy=-z(x+y)$. J'élève au cube la 3e équation ainsi écrite : $z+(x+y)=a$, et j'ai égard à la 1re équation ; je trouve ainsi : $3z^2(x+y)+3z(x+y)^2+3xy(x+y)=0$. Je remplace xy par $-z(x+y$ dans la dernière équation qui se réduit alors à $3z^2(x+y)=0$. Cette dernière équation exige que $z=0$ ou bien $x+y=0$. Si on prend $z=0$ comme $xy=-z(x+y)$, on aura aussi x ou $y=0$. Deux des inconnues doivent donc être égales à 0 ; supposons que ce soit y et z ; alors la dernière équation proposée donne $x=a$. Or $z=0$, $y=0$, $x=a$ vérifient aussi les deux premières équations. C'est donc la seule solution du système d'équations proposé.

686. $x^2+y^2=axyz$. $x^2+z^2=bxyz$. $y^2+z^2=cxyz$.

J'additionne les 3 équations. Je trouve ainsi : $x^2+y^2+z^2={}^1/_2(a+b+c)xyz$. Je retranche successivement chaque équation proposée de cette dernière ; je trouve ainsi : $z^2={}^1/_2(b+c-a)xyz$ ou $z={}^1/_2(b+c-a)xy$; puis $y={}^1/_2(a+c-b)xz$; puis $x={}^1/_2(b+a-c)yz$. Je multiplie ces trois dernières équations, deux à deux. Je trouve d'abord : $zy={}^1/_4[c^2-(a-b)^2]x^2yz$; d'où $1={}^1/_4[c^2-(a-b)^2]x^2$; d'où $x=\dfrac{\pm 2}{\sqrt{c^2-(a-b)^2}}$. On trouve de la même manière :

$$y=\frac{\pm 2}{\sqrt{b^2-(a-c)^2}}\,; \qquad z=\frac{\pm 2}{\sqrt{a^2-(b-c)^2}}.$$

687. $x^2+y^2-z^2-t^2=36$. $x+y+z+t=18$. $y^2=xz$. $yz=tx$.

La 2ᵉ équation donne $x+z=18-y-t$, puis $x^2+z^2+2xz=18^2+y^2+t^2-36(y+t)+2ty$; ce qui revient, d'après les 2 dernières équations, à $x^2+z^2+2y^2=18^2+y^2+t^2-36(y+t)+2z^2$. Par suite $x^2+y^2-z^2-t^2=18^2-36(y+t)$ ou d'après la 1ʳᵉ équation proposée, $36=18^2-36(y+t)$. Divisons par 18 ; $2=18-2(y+t)$; d'où $y+t=8$. Par suite la deuxième équation donne : $x+z=10$. Mais d'après les deux dernières équations, $\frac{y}{x}=\frac{z}{y}$ et $\frac{y}{x}=\frac{t}{z}$; donc $\frac{y}{x}=\frac{z}{y}=\frac{t}{z}$.
D'où $\frac{y+t}{x+z}=\frac{y}{x}$, ou $\frac{y}{x}=\frac{8}{10}=\frac{4}{5}$. Donc les 4 nombres cherchés, x, y, z, t forment une progression géométrique dont la raison est $\frac{4}{5}$; leurs valeurs sont x, $\frac{4}{5}x$, $\frac{16}{25}x$, et $\frac{64}{125}x$. Leur somme est 18 ; on a donc, après avoir chassé les dénominateurs, $x(125+100+80+64)=18\times125$; $369x=18\times125$; $41x=250$. $x={}^{250}/_{41}$; $y={}^{4}/_{5}x={}^{200}/_{41}$; $z={}^{4}/_{5}y={}^{160}/_{41}$; $t={}^{4}/_{5}z={}^{128}/_{41}$.

EXERCICES SUR LES PROPRIÉTÉS DES COEFFICIENTS ET DES RACINES DE L'ÉQUATION DU 2ᵉ DEGRÉ.

688. Dites ou écrivez la somme, le produit et la différence des racines de chacune des équations proposées dans l'Ex. 524.

Les trois sommes demandées sont 12, 2, et ${}^{11}/_{12}$. Les trois produits sont 35, -63 et $-{}^{15}/_{12}$ ou $-{}^{5}/_{4}$. Les trois différences sont $2\sqrt{36-35}=2$; $2\sqrt{1+63}=16$; $\frac{2\sqrt{11^2+4\times12\times15}}{24}=\frac{\sqrt{841}}{12}=\frac{29}{12}$.

689. Dites ou écrivez la somme, le produit et la différence des racines de chacune des équations proposées dans l'Ex. 525.

Les trois sommes demandées sont $-{}^{3}/_{40}$; ${}^{85}/_{100}$; ${}^{8}/_{7}$. Les trois produits demandés sont $-{}^{35}/_{80}=-{}^{7}/_{16}$; 0,105 ; ${}^{40}/_{7}$.

Les trois différences $\frac{2\sqrt{9+35\times 80}}{80} = \frac{106}{80}$; $\frac{2\sqrt{85^2 - 400 \times 10,5}}{200}$ $= \frac{\sqrt{3025}}{100} = 0,55$; $\frac{2\sqrt{4 - 80 \times 7}}{7}$ (imaginaire).

690. Décomposez en facteurs du 1er degré en x le 1er membre de chaque équation de l'Ex. 524.

1re *Équation*. Les racines étant 7 et 5, le produit est $(x-7)(x-5)$. 2e *Équation* : $(x-9)(x+7)$; 3e *Équation* : $(x - {}^5/_3)(x + {}^3/_4)$.

690 *bis*. Décomposez en facteurs du 1er degré en x, chacun des trinômes suivants : 1° $x^2 - 7x + 10$; 2° $x^2 + 7x + 6$; 3° $x^2 + 13x + 22$.

1° Je résous l'équation : $x^2 - 7x + 10 = 0$; $x' = 5$; $x'' = 2$; le produit demandé est donc $(x-5)(x-2)$; 2° Je résous l'équation : $x^2 + 7x + 6 = 0$; $x' = -6$; $x'' = -1$; le produit demandé est donc $(x+6)(x+1)$; 3° Je résous l'équation : $x^2 + 13x + 22 = 0$; $x' = -11$; $x'' = -2$; le produit demandé est donc $(x+11)(x+2)$.

691. Décomposez ainsi en la somme de deux carrés : $[(x+m)^2 + n^2]$,
1° $x^2 + 3x + 7$; 2° $x^2 + 13x + 57$.

1° J'ajoute et je retranche le carré de ${}^3/_2 = {}^9/_4$, et j'ai :
$x^2 + 3x + {}^9/_4 + 7 - {}^9/_4 = (x + {}^3/_2)^2 + {}^{19}/_4 = (x + {}^3/_2)^2 + ({}^1/_2\sqrt{19})^2$.
2° J'ajoute et je retranche le carré de ${}^{13}/_2 = {}^{169}/_4$; je trouve ainsi $x^2 + 13x + ({}^{13}/_2)^2 + 57 - {}^{169}/_4 = (x + {}^{13}/_2)^2 + {}^{59}/_4 = (x + {}^{13}/_2)^2 + ({}^1/_2\sqrt{59})^2$.

692. Formez l'équation du 2e degré qui a pour racines 3/4 et 2/3.
— Id. $3 - \sqrt{5}$ et $3 + \sqrt{5}$. Id. $3 + 4\sqrt{-1}$ et $3 - 4\sqrt{-1}$.

Les équations demandées peuvent être formées de deux manières (Voyez l'*Algèbre*).

1re Manière. 1re *Équation* : ${}^3/_4 + {}^2/_3 = {}^{17}/_{12}$; ${}^3/_4 \times {}^2/_3 = {}^6/_{12}$. L'équation demandée est donc $x^2 - {}^{17}/_{12}x + {}^6/_{12} = 0$, ou $12x^2 -$

$17x + 6 = 0$. 2e *Équation* : Somme des racines 6 ; produit $9 - 5 = 4$; équation $x^2 - 6x + 4 = 0$. 3e *Équation* : Somme des racines 6 ; produit 25 ; *équation:* $x^2 - 6x + 25 = 0$.

2e Manière. 1re *Équation:* Les racines de l'équation demandées étant $^3/_4$ et $^2/_3$, le premier membre est le produit des deux facteurs, $(x - ^3/_4)$ et $x - ^2/_3$; $(x - ^3/_4)\times(x - ^2/_3) = x^2 - ^{17}/_{12}x + ^6/_{12}$; de là la 1re équation ci-dessus. 2e *équation :* Le 1er membre est le produit des facteurs $(x - 3 + \sqrt{5})(x - 3 - \sqrt{5}) = [(x-3)^2 - 5]$ $= x^2 - 6x + 4$; d'où la 2e équation ci-dessus. 3e *équation :* Le 1er membre de l'équation demandée est $(x - 3 - 4\sqrt{-1})(x - 3 + 4\sqrt{-1}) = [(x-3)^2 - (4\sqrt{-1})^2] = x^3 - 6x + 9 + 16 = x^2 - 6x + 25$; d'où la 3e équation ci-dessus.

693. Lorsqu'en égalant à zéro le trinome $ax^2 + bx + c$, on trouve des racines imaginaires, ce trinome conserve pour toutes les valeurs réelles, positives ou négatives de x, le signe de son premier terme.

$$ax^2 + bx + c = a\left(x^2 + \frac{b}{a}x + \frac{c}{a}\right) = a\left[\left(x + \frac{b}{2a}\right)^2 + \frac{c}{a} - \frac{b^2}{4a^2}\right]$$

$= a\left[\left(x + \frac{b}{2a}\right)^2 + \frac{4ac - b^2}{4a^2}\right]$. Or, si les racines de $ax^2 + bx + c = 0$ sont imaginaires, c'est que $b^2 - 4ac$ est négatif ; par suite $4ac - b^2$ est positif, et peut être considéré comme le carré d'une certaine quantité réelle m ; soit donc $4ac - b^2 = m^2$. Cela étant $ax^2 + bx + c = a\left[\left(x + \frac{b}{2a}\right)^2 + \frac{m^2}{4a^2}\right]$. Le facteur entre parenthèses, somme de 2 carrés, prend une valeur positive pour toutes les valeurs réelles positives ou négatives données à x. Le produit de ce facteur par a conserve donc le signe de a pour toutes ces valeurs réelles de x.

694. Si l'équation $ax^2 + bx + c = 0$ a une racine imaginaire de la forme $m + n\sqrt{-1}$, elle en a nécessairement une autre de la forme $m - n\sqrt{-1}$.

Les racines de l'équation proposée sont $x' = -\frac{b}{2a} + \frac{\sqrt{b^2 - 4ac}}{2a}$

et $x''=-\frac{b}{2a}-\frac{\sqrt{b^2-4ac}}{2a}$. Si l'une des racines, la 1re par exemple, est imaginaire, c'est que b^2-4ac est négatif ; $b^2-4ac=-k^2$.

Par suite $x'=-\frac{b}{2a}+\frac{k}{2a}\sqrt{-1}$, et $x''=-\frac{b}{2a}-\frac{k}{2a}\sqrt{-1}$.

L'une de ces racines est par hypothèse égale à $m+n\sqrt{-1}$. Supposons que ce soit la 1re. $m+n\sqrt{-1}=-\frac{b}{2a}+\frac{k}{2a}\sqrt{-1}$.

Cette égalité donne $m+\frac{b}{2a}=\left(\frac{k}{2a}-n\right)\sqrt{-1}$. Or une quantité réelle ne peut être égale à une quantité imaginaire ; la dernière égalité ne peut donc exister que si $m+\frac{b}{2a}=0$, et $\frac{k}{2a}-n=0$; c'est-à-dire si $m=-\frac{b}{2a}$ et $n=\frac{k}{2a}$. Cela étant, $x''=-\frac{b}{2a}-\frac{k}{2a}\sqrt{-1}=m-n\sqrt{-1}$.

AVIS IMPORTANT. Dans chacune des questions suivantes x' *et* x'' *désignent les racines de l'équation* $x^2+px+q=0$.

695. Exprimez en fonction des coefficients de l'équation $x^2+px+q=0$, chacune des sommes : $x'^2+x''^2$, $x'^3+x''^3$, $x'^4+x''^4$; etc. Donnez une formule pour calculer simplement toutes ces sommes. Appliquez au cas de $p=-5$, $q=6$.

On sait que $x'+x''=+p$, $x'x''=q$, $x'^2+x''^2=(x'+x'')^2-2x'x''=p^2-2q$.

Connaissant $x'+x''$ et $x'^2+x''^2$, on calcule aisément toutes les autres sommes demandées à l'aide de cette formule :

$$x'^{n+1}+x''^{n+1}=-p(x'^n+x''^n)-q(x'^{n-1}+x''^{n-1}). \qquad (k)$$

Démonstration. $(x'^n+x''^n)(x'+x'')=x'^{n+1}+x''^{n+1}+x''x'^n+x'x''^n=x'^{n+1}+x''^{n+1}+x'x''(x'^{n-1}+x''^{n-1})$. Je remplace $x'+x''$ par $-p$, et $x'x''$ par q ; puis je dégage $x'^{n+1}+x''^{n+1}$; je trouve ainsi la formule (k).

Pour trouver $x'^3 + x''^3$, je fais $n = 2$ dans la formule (k), et je trouve :

$$x'^3+x''^3=-p(x'^2+x''^2)-q(x'+x'')=-p^3-2pq+pq=-p^3+3pq.$$

Pour trouver $x'^4 + x''^4$, je fais $n = 3$; $x'^4 + x''^4 = p^4 - 4p^2q + 2q^2$. Ainsi de suite.

Application. $p = -5$, $q = 6$. L'équation est alors $x^2 - 5x + 6 = 0$; je la résous : $x' = 3$; $x'' = 2$.

Appliquons les formules trouvées :
$x'^2+x''^2=(-5)^2-6\times2=25-12=13$. En effet, $3^2+2^2=13$.
$x'^3+x''^3=(-5)^3+3\times5\times6=125-90=35$. En effet $3^3+2^3=35$.
$x'^4+x''^4=(-5)^4-4(-5)^2\times6+2(6)^2=625-600+72=97$. En effet, $3^4+2^4=97$. Ainsi de suite.

696. Exprimez en fonction des coefficients p et q, $\frac{1}{x'}+\frac{1}{x''}$, $\frac{1}{x'^2}+\frac{1}{x''^2}$, $\frac{1}{x'^3}+\frac{1}{x''^3}$, etc. (Donnez une formule pour calculer simplement toutes ces sommes.) Appliquez au cas de $p = -5/6$, $q = 1/6$.

$$\frac{1}{x'}+\frac{1}{x''}=\frac{x'+x''}{x'x''}=\frac{-p}{q}.\quad \frac{1}{x'^2}+\frac{1}{x''^2}=\frac{x'^2+x''^2}{x'^2x''^2}=\frac{p^2-2q}{q^2}\ (\text{Ex.}695).$$

Ainsi de suite ; on continue à se servir des valeurs connues de $x'^3 + x''^3$, $x'^4 + x''^4$, etc.

Formule :

$$\frac{1}{x'^{n+1}}+\frac{1}{x''^{n+1}}=\frac{x'^{n+1}+x''^{n+1}}{x'^{n+1}x''^{n+1}}=\frac{-p(x'^n+x''^n)-q(x'^{n-1}+x''^{n-1})}{q^{n+1}}$$

Application. On applique comme nous l'avons fait à la fin de l'Ex. 695.

697. Expliquez de même $x'^2 - x''^2$, $x'^3 - x''^3$, $x'^4 - x''^4$, $\frac{x'}{x''} \pm \frac{x''}{x'}$.

On sait que $x'-x''=2\sqrt{1/4p^2-q}$. Posons pour simplifier cette différence $x'-x''=d$. $x'^2-x''^2=(x'+x'')(x'-x'')=-pd$. Connaissant $x'-x''$ et $x'^2-x''^2$, on calcule aisément les autres différences $x'^3-x''^3$, $x'^4-x''^4$. etc..., à l'aide ce cette formule:

$$x'^{n+1}-x''^{n+1}=-p(x'^n-x''^n)-q(x'^{n-1}-x''^{n-1}) \qquad (k')$$

Démonstration. $(x'^n-x''^n)(x'+x'')=x'^{n+1}-x''^{n+1}+x''x'^n-x'x''^n=x'^{n+1}-x''^{n+1}+x'x''(x'^{n-1}-x''^{n-1})$. Je remplace $x'+x''$ par $-p$, $x'x''$ par q, et je dégage $x'^{n+1}-x''^{n+1}$; je trouve ainsi la formule (k'). En faisant successivement dans cette formule $n=2$, $n=3$, etc., on trouve $x'^3-x''^3=d(p^2-q)$; $x'^4-x''^4=d(-p^3+2pq)$. Ainsi de suite.

Application. Considérons l'équation x^2-5x+6, qui donne $x'=3$, $x''=2$, $p=-5$, $q=6$; d'où $x'-x''$ ou $d=1$. $x'^2-x''^2=-(=5)\times 1=5$. En effet, $3^2-2^2=5$. $x'^3-x''^3=1[(-5)^2-6]=25-6=19$. En effet, $3^3-2^3=27-8=19$. $x'^4-x''^4=1\ [-(-5)^3+2(-5)\times 6]=125-60=65$. En effet, $3^4-2^4=81-16=65$. Etc.

$$\frac{x'}{x''}\pm\frac{x''}{x'}=\frac{x'^2\pm x''^2}{x'x''}. \qquad \frac{x'^2}{x''^2}\pm\frac{x''^2}{x'^2}=\frac{x'^4\pm x''^4}{x'^2x''^2}, \text{ etc.}$$

On obtient les sommes ou les différences demandées en remplaçant $x'^2\pm x''^2$, $x'^4\pm x''^4$, $x'x''$, $x'^2x''^2$, etc., par leurs valeurs trouvées dans les Ex. 695 et 696.

698. Formez l'équation qui a pour racines $\frac{1}{x'}$ et $\frac{1}{x''}$.

L'équation demandée est $\left(x-\frac{1}{x'}\right)\left(x-\frac{1}{x''}\right)=0$; elle est du 2e degré. La somme de ses racines est $\frac{1}{x'}+\frac{1}{x''}=\frac{x'+x''}{x'x''}=\frac{-p}{q}$; leur produit est $\frac{1}{x'x''}=\frac{1}{q}$. Cette équation est donc

$$x^2+\frac{p}{q}x+\frac{1}{q}=0, \quad \text{ou bien} \quad qx^2+px+1=0.$$

On obtient cette équation en changeant simplement x en $\frac{1}{a}$ dans l'équation proposée.

699. Formez l'équation qui a pour racines $x' + 2$ et $x'' + 2$.

L'équation demandée est $[x - (x' + 2)]\,[x - (x'' + 2)] = 0$; elle est du 2e degré. La somme de ses racines $x' + 2 + x'' + 2 = x' + x'' + 4 = -p + 4$; leur produit $(x' + 2)\,(x'' + 2) = x'x'' + 2(x' + x'') + 4 = q - 2p + 4$. L'équation demandée est donc : $x^2 + (4 - p)x + q - 2p + 4 = 0.$

On obtient cette équation en changeant simplement x en $x - 2$ dans la proposée.

700. Quelle relation doit exister entre p et q pour que x' soit double de x''.

Quand $x' = 2x''$, $x' + x''$ ou $-p = 3x''$; d'où $x'' = -{}^1/_3 p$; de même $x'x''$ ou $q = x'' \times 2x'' = 2x''^2$; d'où $x'' = \pm \sqrt{{}^1/_2 q}$; les deux égalités $x'' = {}^1/_3 p$, et $x'' = \pm \sqrt{{}^1/_2 q}$ devant exister en même temps, on doit avoir ${}^1/_3 p = \pm \sqrt{{}^1/_2 q}$ ou ${}^1/_9 p^2 = {}^1/_2 q$, ou enfin $2p^2 = 9q$.

Application. Supposons $q = 2$; $2p^2 = 18$ et $p = 3$. L'équation est dans ce cas : $x^2 - 3x + 2 = 0$. Ses racines sont : $x' = 2$; $x'' = 1$. x' est bien égale à $2x''$.

701. Quelle relation doit exister entre p et q pour que $x'' : x' = m$.

$x'' = mx'$; dans ce cas $x'' + x'$ ou $-p = x'(m+1)$; d'où $x' = \frac{-p}{m+1}$; $x'x''$ ou $q = mx'^2$; d'où $x' = \pm \sqrt{\frac{q}{m}}$. On doit donc avoir : $\frac{-p}{m+1} = \pm \sqrt{\frac{q}{m}}$; d'où $mp^2 = (m + 1)^2 q$.

Application. Supposons $m = 3$ et $q = 12$. La formule donne: $3p^2 = 4^2 \times 12$; $p^2 = 4^2 \times 4$; $p = 4 \times 2 = 8$. L'équation est alors :

$x^2-8x+12=0$; les racines sont $x'=6$; $x''=2$; on a bien $x'=3x''$.

702. Quelle relation doit exister entre p et q pour que $5x'-3x''=3$.

On a les deux équations $5x'-3x''=3$, et $x'+x''=p$.
Je les résous, et je trouve : $x'=\frac{3-3p}{8}$ et $x''=\frac{-5p-3}{8}$.
Je multiplie, et j'ai $x'x''$ ou $q=\frac{(3-3p)\times(-5p-3)}{64}$;
d'où $64q=15p^2-6p-9$; c'est la relation demandée.

703. Quelle relation doit exister entre p et q pour que $x'^2+x''^2=m$.
704. — pour que $x'^2-x''^2=m$.

Ex. 703. $x'^2+x''^2=m$. Mais $x'^2+x''^2=(x'+x'')^2-2x'x''=p^2-2q$; on doit donc avoir : $p^2-2q=m$.
Ex. 704. $x'^2-x''^2=m$. Mais $x'^2-x''^2=(x'+x'')(x'-x'')=-2p\sqrt{{}^1/_4p^2-q}$. On doit donc avoir : $-2p\sqrt{{}^1/_4p^2-q}=m$, ou bien $p^4-4p^2q=m^2$.

705. Quelle relation doit exister entre p et q pour que $x'^3+x''^3=m$.
706. — pour que $x'^3-x''^3=m$.

Ex. 705. $x'^3+x''^3=m$. $x'^3+x''^3=(x'+x'')^3-3x''x'^2-3x'x''^2=(x'+x'')^3-3x'x''(x'+x'')=-p^3+3pq$. On doit donc avoir : $3pq-p^3=m$.
Ex. 706. $x'^3-x''^3=m$. $x'^3-x''^3=(x'-x'')(x'^2+x''^2+x'x'')=(x'-x'')[(x'+x'')^2-x'x'']=2\sqrt{{}^1/_4p^4-q}\times(p^2-q)$, la relation demandée est donc $2(p^2-q)\sqrt{{}^1/_4p^2-q}=m$.

AVIS. On vérifiera la valeur trouvée dans chaque exercice suivant.

707. $x^2-5x+q=0$. Déterminez q de manière que l'une des racines soit $3\ {}^1/_2$.

$x'+x''=5$; l'une des racines x' étant $3\ {}^1/_2$, l'autre $x''=1\ {}^1/_2$. Le produit : $x'x''={}^7/_2\times{}^3/_2={}^{21}/_4$. L'équation demandée est donc

$x^2 - 5x + {}^{21}/_4 = 0$. Je résous : $x = {}^1/_2 (5 \pm 2)$; l'une des racines est bien ${}^7/_2$.

708. $x^2 - 5x + q = 0$. Déterminez q de manière que $5x' - 3x'' = 3$.

$5x' - 3x'' = 3$; $x' + x'' = 5$; j'élimine x'', et je trouve $8x' = 18$; $x' = {}^{18}/_8 = {}^9/_4$; par suite $x'' = 5 - x' = 5 - {}^9/_4 = {}^{11}/_4$. Puis $x'x''$ ou $q = {}^9/_4 \times {}^{11}/_4 = {}^{99}/_{16}$. L'équation demandée est donc $x^2 - 5x + {}^{99}/_{16} = 0$. *Vérification.* $5x' - 3x'' = {}^{45}/_4 - {}^{33}/_4 = 3$.

709. $x^2 - 5x + q = 0$. Déterminez q de manière que $x'' = 4x'$.

$x'' = 4x'$; $x' + x'' = 5$; $5x' = 5$; $x' = 1$; $x'' = 4$. $x'x''$ ou $q = 4$. L'équation demandée est donc $x^2 - 5x + 4 = 0$.

710. $x^2 - 5x + q = 0$. Déterminez q de manière que $x'^2 + x''^2 = 17$.

$x'^2 + x''^2 = 17$; $x' + x'' = 5$; par suite $(x' + x'')^2$ ou $25 = 17 + 2x'x''$; $x'x''$ ou $q = 4$. L'équation demandée est encore $x^2 - 5x + 4 = 0$. *Vérification.* $x' = 4$; $x'' = 1$; $4^2 + 1^2 = 17$.

711. $x^2 - 5x + q = 0$. Déterminez q de manière que $x''^2 - x'^2 = 15$.

$x'^2 - x''^2 = 15$; $x' + x'' = 5$; $x' - x'' = 3$; d'où $x' = 4$; $x'' = 1$; $x'x''$ ou $q = 4$. L'équation demandée est $x^2 - 5x + 4 = 0$.

712. $x^2 - 4ax + a^2 = 0$. Déterminez a de manière que $x' - x'' = 2\sqrt{3}$.

$x' - x'' = 2\sqrt{3}$; $x' + x'' = 4a$; $x' = 2a + \sqrt{3}$; $x'' = 2a - \sqrt{3}$. Mais $x'x'' = a^2$; donc $a^2 = (2a + \sqrt{3})(2a - \sqrt{3}) = 4a^2 - 3$; $3 = 3a^2$. $a^2 = 1$, $a = \pm 1$. L'équation demandée est donc $x^2 \pm 4x + 1 = 0$. *Vérification.* $x' = \pm 2 + \sqrt{3}$; $x'' = \pm 2 - \sqrt{3}$; $x' - x'' = 2\sqrt{3}$.

713. $x^2 - 4ax + a^2 = 0$. Déterminez a de manière que $x'^2 + x''^2 = 56$.

Je résous l'équation : $x^2 - 4ax + a^2 = 0$. $x' = a(2 + \sqrt{3})$; $x'' = a(2 - \sqrt{3})$; mais $x'^2 + x''^2 = 56$; donc $a^2(4 + 3 + 4\sqrt{3}$

$+4+3-4\sqrt{3})=56$; $a^2\times 14=56$; $a^2=4$; $a=\pm 2$.
L'équation demandée est $x^2\pm 8x+4=0$.

714. $x^2-4ax+a^2=0$. Déterminez a de manière que $x'^3+x''^3=192$.

Je résous $x^2-4ax+a^2$. $x'=a(2+\sqrt{3})$; $x''=a(2-\sqrt{3})$.
Je forme les cubes et j'ajoute : $x'^3+x''^3=a^3(16+36)=52a^3=192$; $a^3=192/52=48/13$; $a=\sqrt[3]{48/13}$. L'équation demandée est $x^2-4\sqrt[3]{48/13}\,x+\sqrt[3]{(48/13)^2}=0$. (Vérifiez.)

715. $x^2-4ax+a^2=0$. Déterminez a de manière que $5x'+7x''=72-\sqrt{108}$

Je résous $x^2-4ax+a^2=0$; $x'=a(2+\sqrt{3})$; $x''=a(2-\sqrt{3})$.
Je substitue dans l'équation donnée $5x'+7x''=72-\sqrt{108}=72-6\sqrt{3}$. Je trouve : $a(24-2\sqrt{3})=72-6\sqrt{3}$. D'où $a=3$. L'équat. demandée est donc $x^2-12x+9=0$. (*Vérifiez.*)

On peut prendre $x'=a(2-\sqrt{3})$, et $x''=a(2+\sqrt{3})$. Dans ce cas, on trouve en substituant $a(24+2\sqrt{3})=72-6\sqrt{3}$; d'où

$$a=\frac{72-6\sqrt{3}}{24+2\sqrt{3}}=\frac{(72-6\sqrt{3})(24-2\sqrt{3})}{564}=\frac{147-24\sqrt{3}}{47}.$$

On met cette valeur de a dans l'équation $x^2-4ax+a^2$, et on obtient une équation moins simple, mais répondant néanmoins à la question.

716. $x^2-px+6=0$. Déterminez p de manière que $x'=24x''$.

$x'=24x''$; par suite $x'+x''=-p=25x''$; $x''=-1/25\,p$.
D'ailleurs, $x'x''=24x''^2=6$; $x''^2=1/4$; $x''=\pm 1/2$, $1/25\,p=\pm 1/2$; $p=\pm 25/2$. L'équation demandée est donc $x^2\pm 25/2\,x+6=0$. *Vérification.* 1° J'adopte le signe — et je résous : $x'=25/4+23/4=48/4=12$; $x''=25/4-23/4=2/4=1/2$; $x'=24x''$.
2° J'adopte le signe $+$; $x'=-25/4-23/4=-48/4=-12$; $x''=-25/4+23/4=-2/4=-1/2$; $x'=24x''$.

717. $x^2 - px + 6 = 0$. Déterminez p de manière que $x'^2 + x''^2 = 24$.

$x'^2 + x''^2 = 24$; $x'x'' = 6$. $(x' + x'')^2$ ou $p^2 = x'^2 + x''^2 + 2x'x'' = 24 + 12 = 36$; $p = \pm 6$. L'équation demandée est donc $x^2 \pm 6x + 6 = 0$. On vérifie comme dans l'Ex. précédent.

718. $x^2 + px + 6 = 0$. Déterminez p de manière que $5x'' - 4x' = 7$.

$5x'' - 4x' = 7$. $x' + x'' = -p$. J'élimine x' entre ces deux équations; ce qui donne $9x'' = 7 - 4p$; $x'' = {}^1/_9(7 - 4p)$. Puis $x' = -p - x'' = {}^1/_9(-5p - 7)$. Donc $x'x'' = 6 = {}^1/_{81}(20p^2 - 7p - 49)$; d'où $20p^2 - 7p - 535 = 0$. Je résous : $p = \frac{7 \pm 207}{40}$; $p' = \frac{214}{40} = 5{,}35$; $p'' = \frac{-200}{40} = -5$. L'équation demandée est donc $x^2 - 5x + 6 = 0$, ou $x^2 + 5{,}35x + 6 = 0$.

719. $x^2 - px + 6 = 0$: Déterminez p de manière que $x'^2 - x''^2 = 35$.

$x'^2 - x''^2 = 35$; $x' + x'' = p$; je divise : $x' - x'' = \frac{35}{p}$. D'où $x' = \frac{p^2 + 35}{2p}$; $x'' = \frac{p^2 - 35}{2p}$; d'où $x'x''$ ou $6 = \frac{p^4 - 35^2}{4p^2}$; $24p^2 = p^4 - 35^2$; $p^4 - 24p^2 - 35^2 = 0$. $p^2 = 12 \pm \sqrt{12^2 + 35^2} = 12 \pm 37$. Je ne puis prendre que le signe $+$; $p^2 = 49$; d'où $p = \pm 7$. L'équation demandée est donc $x^2 \pm 7x + 6 = 0$. (Vérifiez.) Les racines sont 6 et 1 ou -6 et -1.

720. Condition pour que $x^2 + px + q = 0$ et $x^2 + p'x + q' = 0$ aient une racine commune.

Soit x' la racine commune. Par hypothèse, on doit avoir $x'^2 + px' + q = 0$ et $x'^2 + p'x' + q' = 0$; d'où, par soustraction, $x'(p - p') + q - q' = 0$; puis $x' = \frac{q' - q}{p - p'}$. Cette valeur de x' devant vérifier l'une ou l'autre équation proposée, on doit avoir

$$\left(\frac{q'-q}{p-p'}\right)^2+\frac{p(q'-q)}{p-p'}+q=0, \text{ ou bien } \left(\frac{q'-q}{p-p'}\right)^2+\frac{p'(q'-q)}{p-p'}+q'=0.$$

La condition demandée est que p, p', q, q' vérifient l'une *ou* l'autre de ces égalités à volonté. Cette condition est unique; ces deux égalités sont les mêmes ; car $\frac{p(q'-q)}{p-p'}+q=\frac{p'(q'-q)}{p-p'}+q'$.

En effet, cette égalité équivaut à celle-ci : $\frac{(p-p')(q'-q)}{p-p'}$ $=q'-q$, qui est évidente.

721. Condition pour que $ax^2+bx+c=0$ et $a'x^2+b'x+c'$ aient une racine commune.

On suit la même marche que dans l'Ex. 720. Soit x' la racine commune. Les équations proposées équivalent à celles-ci :

$$\left(x^2+\frac{b}{a}x+\frac{c}{a}\right)=0 ; \qquad \left(x^2+\frac{b'}{a'}x+\frac{c'}{a'}\right)=0.$$

On doit avoir :

$$\frac{b}{a}x'+\frac{c}{a}=\frac{b'}{a'}x'+\frac{c'}{a'} ; \text{ d'où } x'=\left(\frac{c'}{a'}-\frac{c}{a}\right):\frac{b}{a}-\frac{b'}{a'}=\frac{ac'-ca'}{ba'-ab'}.$$

Cette valeur de x devant vérifier l'une ou l'autre des équations proposées, la condition demandée est que a, a', b, b', c, c' vérifient ensemble l'équation $\left(\frac{ac'-ca'}{ba'-ab'}\right)^2+\frac{b(ac'-ca')}{ab'-ba'}+c$ $=0$. En substituant dans l'autre équation, on retrouverait la même condition.

QUESTIONS QUI SE RÉSOLVENT AU MOYEN D'ÉQUATIONS DU 2e DEGRÉ

(*Exercices indiqués après le n° 158.*)

AVIS. On discutera complètement chaque problème quand il y aura lieu, et on interprétera les solutions négatives. Les professeurs peuvent proposer à priori les questions modifiées d'après cette interprétation.

722. La somme de deux nombres impairs consécutifs, plus la somme de leurs carrés, plus la différence de leurs cubes égale 304. Quels sont ces nombres?

Soient $2x-1$ et $2x+1$ les 2 nombres cherchés. Somme des nombres : $4x$; somme des carrés : $8x^2+2$; différence de leurs cubes : $24x^2+2$. Total : $32x^2+4x+4=304$;

$$32x^2+4x=300\,; \qquad 8x^2+x=75.$$

$$x=\frac{-1\pm\sqrt{1+4\times 8\times 75}}{16}=\frac{-1\pm\sqrt{2401}}{16}=\frac{-1\pm 49}{16}.$$

$x'=3$; $x''=-{}^{25}/_{8}$. Nous ne pouvons prendre que $x=3$. $2x-1=5$; $2x+1=7$. Vérification : $5+7+25+49+343-125=304$.

723. Un marchand vend une pièce de toile pour 60 fr., et une autre qui contient 8 mètres de plus pour 70 fr. S'il avait vendu la 1re pièce au prix de la seconde et *vice versâ*, il aurait vendu le tout 134 fr. ; combien a-t-il vendu le mètre de chaque étoffe ? Rép.: Il a vendu 20^{m} et 28^{m} aux prix de 3^{f} et de $2^{f},50$ le mètre.

Soient x et $x+8$ les nombres de mètres cherchés. Le prix du mètre de la 1re étoffe est $\frac{60}{x}$; id. de la 2e, $\frac{70}{x+8}$. Les x mètres vendus au 2e prix auraient produit, $\frac{70x}{x+8}$; les $x+8$ mètres vendus au 1er prix, $\frac{60(x+8)}{x}$; l'équation du problème est donc $\frac{70x}{x+8}+\frac{60(x+8)}{x}=134$. Je chasse les dénominateurs, et je fais les réductions possibles. *Équation finale :* $x^2+28x=960$; d'où $x'=20$; $x''=-48$. $x=20$ donnent $x+8=28$; $60^{f}:x=3^{f}$ et $70^{f}:x+8=2^{f},50$. Le marchand a vendu 20^{m} et 28^{m} au prix de 3^{f} et de $2^{f},50$ le mètre.

Solution négative. Pour interpréter la solution négative, je change x en $-x$ dans la 1re équation du problème, et je trouve $\frac{-70x}{8-x}+\frac{60(8-x)}{-x}=134$, ou bien $\frac{70x}{x-8}+\frac{60(x-8)}{x}=134$. Cette équation, qui est vérifiée par $x=48$, est l'équation du problème modifié en ceci seulement que la 2e pièce contient 8^{m} *de moins* que la 1re, au lieu de contenir 8^m *de plus*. Dans ce 2e cas, les nombres de mètres sont 48^m et 40^m vendus aux prix de $1^f,25$ et $1^f,75$.

724. Un nombre N est le produit de 3 nombres impairs consécutifs ; on le divise successivement par chacun d'eux, et on additionne les quotients ; la somme est 239. Trouver N.

Soient $2x-1$, $2x+1$, $2x+3$ les 3 nombres cherchés ; $N=(2x-1)(2x+1)(2x+3)$. La somme des trois quotients indiqués $(2x+1)(2x+3)+(2x-1)(2x+3)+(2x-1)(2x+1)=239$. J'effectue les calculs, et je fais l'addition algébrique : $12x^2+12x-1=239$; $12x^2+12x=240$; $x^2+x=20$; $x={}^1/_2(-1\pm 9)$; $x'=4$; $x''=-5$. Nous prendrons $x=4$. Les trois nombres demandés sont donc 7, 9 et 11.

Vérification: $9\times 11+7\times 11+7\times 9$ ou $99+77+63=239$.

Solution négative. Je change x en $-x$ dans l'équation du problème qui devient : $(1-2x)(3-2x)+(-2x-1)(3-2x)+(-2x-1)(1-2x)=239$. On peut changer le signe des 2 facteurs de chaque terme sans changer les termes ; cette égalité revient donc à celle-ci : $(2x-1)(2x-3)+(2x+1)(2x-3)+(2x+1)(2x-1)=239$. Cette équation est vérifiée par $x=5$. En adoptant cette solution, on trouve que les nombres demandés sont : $2x-3=7$; $2x-1=9$ et $2x+1=11$. Ainsi $x=5$ donne la même réponse que $x=3$, à condition qu'on désigne les nombres demandés par $2x-3$, $2x-1$ et $2x+1$, au lieu de les désigner par $2x-1$, $2x+1$ et $2x+3$. Or l'un peut se faire comme l'autre, et il est remarquable que l'algèbre nous montre à *posteriori* que ces deux désignations sont équivalentes.

725. Plusieurs personnes dînent à frais communs. S'il y avait eu 3 personnes de plus et qu'on eût payé $^1/_2$ fr. de plus par personne, la dépense eût été de 60 fr.; s'il y avait eu au contraire 3 personnes de moins, et qu'on eût payé $0^f,50$ de moins par personne la dépense eût été de 27 fr. Trouver le nombre de personnes et l'argent dépensé.

Soient x le nombre de personnes et y la dépense par tête. D'après l'énoncé, 1re *hypothèse*, $(x+3)(y+{}^1/_2)=60$, 2e *hypo-*

thèse, $(x-3)(y-{}^1/_2)=27$. D'où $\frac{60}{x+3}=y+{}^1/_2$, et $\frac{27}{x-3}=y-{}^1/_2$; puis, par soustraction, $\frac{60}{x+3}-\frac{27}{x-3}=1$. Je chasse les dénominateurs, et je réduis : $x^2-33x+52=0$. Je résous : $x'=21$; $x''=12$. Pour $x=21$, je trouve $y=2$. Pour $x=12$, je trouve $y=3,50$. Je conclus de là que le problème a deux solutions. RÉP. 21 *personnes ont dîné à* 2^f *par tête*; ou bien 12 *personnes ont dîné à* $3^f,50$ *par tête*. (Vérifiez.)

726. Partager 16 en deux parties telles que si on additionne leurs cubes, leurs carrés, et leur différence on ait pour somme 1204.

Soient x et $16-x$ les deux nombres cherchés. Somme de leurs cubes : $16^3-3\times16^2\times x+3\times16x^2$; somme de leurs carrés ; $16^2-2\times16x+2x^2$; différence $(16-x)-x=16-2x$. Total (opérations effectuées) : $4368-802x+50x^2=1204$. *Équation finale.* $50x^2-802x+3164=0$. Je résous $x'=9,04$; $x''=7$. Par suite, $16-x'=6,96$; $16-x''=9$. D'après cela, la question proposée aurait deux solutions ; les nombres cherchés seraient 9,04 et 6,96, ou bien 7 et 9.

Vérification. Je trouve, tous calculs effectués, $(9,04)^3+(6,96)^3+(9,04)^2+(6,96^2)+9,04-6,96=1208,16$. Puis $7^3+9^3+7^2+9^2+9-7=1204$. 7 et 9 satisfont à la question proposée ; mais 9,04 et 6,96 n'y satisfont pas entièrement. Cependant 9,04 est aussi bien que 7 une racine de l'équation finale ; qu'est-ce que cela signifie ? En y réfléchissant bien, on voit que cela tient à la différence : $(16-x)-x$. Pour $x=9,04$, $(16-x)=6,96$, et $(16-x)-x=9,04-6,96=-2,08$. Par conséquent, l'égalité vérifiée est ici $(9,04)^3+(6,96)^3+(9,04)^2+(6,96)^2-(9,04-6,96)=1204$. Cette égalité est en effet exacte. Au lieu d'ajouter à la somme des cubes et des carrés la différence des deux nombres 6,96 et 9,04, il faut en retrancher cette différence. 9,04 et 6,96 satisfont à cette question :

Partager 16 en deux parties telles que si on additionne leurs cubes, leurs carrés, puis qu'on retranche leur différence on ait pour reste 1204.

Pour $x=7$, $16-x=9$, $(16-x)-x=9-7=2$. Cette différence est positive et on a bien $7^3+9^3+7^2+9^2+2=1204$.

Autre remarque. Quand on met le problème en équation, il n'y a pas plus de raison pour prendre pour différence $(16-x)-x=16-2x$ que $x-(16-x)=2x-16$. Cependant, si on écrit $2x-16$, on n'a pas la même équation finale qu'en mettant $16-2x$, comme nous l'avons fait. En mettant $2x-16$, on trouve l'équation finale $4336-798x+50x^2=1204$, ou simplement $50x^2-798x+3132=0$ qui résolue, donne : $x'=9$; $x''=6,96$; par suite : $16-x'=7$; $16-x''=9,04$. On trouve non pas les mêmes racines, mais finalement les mêmes solutions : 1° 9 et 7 satisfaisant à la question proposée ; 2° 6,96 et 9,04 satisfaisant à la question proposée modifiée comme nous l'avons expliqué.

L'algèbre est ici comme toujours conséquente avec elle-même. En effet, la différence à ajouter est ici $x-(16-x)$. Pour $x=9$, $16-x=7$; la *différence* : $x-(16-x)=9-7=2$ (*positive* à ajouter). Pour $x=6,96$, $16-x=9,04$; $x-(16-x)=6,96-9,04=-2,08$ (*négative à soustraire*). Les conclusions sont donc toujours les mêmes. On déduirait la 2e équation finale de la 1re en changeant x en $16-x$.

Nous avons traité complètement cette question parce que toute simple qu'elle est, elle est de nature à montrer aux élèves la convenance et l'utilité de ce qui leur a été dit relativement à la signification et à l'usage en algèbre des signes + et —.

727. Des hommes et des femmes au nombre de 32 travaillent dans une fabrique. Un homme gagne 2 fr. par jour de plus qu'une femme, et néanmoins tous les hommes réunis gagnent 60 fr. par jour et les femmes autant. Trouver le nombre des hommes.

Soit x le nombre des hommes ; le nombre des femmes est $32-x$. Un homme gagne par jour $\frac{60}{x}$ et une femme $\frac{60}{32-x}$; l'équation du problème est donc $\frac{60}{x}-\frac{60}{32-x}=2$. *Équation finale* : $x^2-92x+960=0$. Je résous : $x'=80$; $x''=12$; par suite $32-x'=-48$; $32-x''=20$. Rép. 12 hommes gagnant chacun 5f par jour et 20 femmes gagnant 3f.

Valeur négative de $32 - x$ (*nombre des femmes*). Posons $32 - x = y$, d'où $x = 32 - y$. Mettons ces valeurs dans la 1re équation obtenue : $\frac{60}{32-y} - \frac{60}{y} = 2$. Cette équation est vérifiée par $y = -48$; changeons y en $-y$; elle devient $\frac{60}{32+y} + \frac{60}{y} = 2$. Cette équation qui est vérifiée par $y = 48$, (y étant le nombre des femmes et $32 + y$ le nombre des hommes), sert à résoudre la question proposée ainsi modifiée :

Des hommes et des femmes travaillent dans une fabrique ; le nombre des hommes surpasse de 32 celui des femmes ; un homme et une femme gagnent ensemble 2[f] par jour ; enfin tous les hommes réunis gagnent 60 fr. par jour, et les femmes autant. Trouver le nombre des femmes. RÉP. 80 *hommes gagnant chacun* 0[f],75 *par jour et* 48 *femmes gagnant* 1[f],25.

728. Quel est le nombre qui, ajouté à sa racine carrée, donne pour somme 600?

Soit x le nombre cherché : $x + \sqrt{x} = 600$. Je pose $\sqrt{x} = y$; $x = y^2$. L'équation devient : $y^2 + y = 600$. D'où $y = \frac{1}{2}(-1 \pm \sqrt{2401}) = \frac{1}{2}(-1 \pm 49)$; $y' = 24$; $y'' = -25$. D'où $x' = 576$; $x'' = 625$. 576 est le nombre demandé ; $\sqrt{576} = 24$, et $576 + \sqrt{576} = 600$.

Valeur négative de y. Je change y en $-y$ dans l'équation du problème ; elle devient : $y^2 - y = 600$, qui correspond à $x - \sqrt{x} = 600$. Cette équation qui est en effet vérifiée par $x = 625$ est l'équation de ce problème :

Quel est le nombre qui, diminué de sa racine carrée, donne pour reste 600 ?

729. Deux ouvriers reçoivent l'un 135[f],20, et l'autre 64[f],80. Le 1er a travaillé 6 jours de plus que le 2[e] ; si chacun d'eux avait travaillé le nombre de jours qu'a travaillé l'autre, ils auraient reçu la même somme. On demande le nombre des journées de travail et le prix de la journée de chaque ouvrier.

Soient $x + 6$ et x les nombres de jours de travail du 1er et du 2e ouvrier. Le 1er ouvrier a gagné en réalité $\frac{135,20}{x+6}$ par jour, le 2e, $\frac{64,80}{x}$. Si le 1er avait travaillé pendant x jours, il aurait gagné en tout : $\frac{135^f,20 \times x}{x+6}$; si le 2e avait travaillé pendant $x+6$ jours, il aurait gagné en tout : $\frac{64^f,80 \times (x+6)}{x}$. D'après l'énoncé, ces deux gains sont égaux : $\frac{135,20 \times x}{x+6} = \frac{64,80 \times (x+6)}{x}$; d'où, $\frac{x^2}{(x+6)^2} = \frac{648}{1352} = \frac{81}{169}$; puis $\frac{x}{x+6} = \pm \frac{9}{13}$. J'adopte le signe $+$; $13x = 9x + 54$, et enfin $x = 13\,^1/_2$. $x + 6 = 19\,^1/_2$.

Rép. Le 1er ouvrier a travaillé pendant 19 jours $^1/_2$; le 2e pendant 13 jours $^1/_2$; le 1er a gagné $6^f,93\,^1/_3$ par jour, le 2e $4^f,80$.

Vérification. 13 jours $^1/_2$ à $6^f,93\,^1/_3$ font $93^f,60$; 19 jours $^1/_2$ à $4^f,80$ font également $93^f,60$.

Solution négative. Quand on prend $\frac{x}{x+6} = -\frac{9}{13}$, on trouve $x = -2\,^5/_{11}$. Pour interpréter cette valeur négative, je change x en $-x$ dans l'équation du problème, et je trouve : $\frac{135,20 \times -x}{6-x} = \frac{64,80 \times (6-x)}{-x}$ ou $\frac{135,20 \times x}{6-x} = \frac{64,80 \times (6-x)}{x}$. Cette équation, qui est vérifiée par $x = 2\,^5/_{11}$ est l'équation du problème proposé modifié simplement ainsi : Au lieu de :

Le 1er a travaillé 6 jours de plus que le 2e, *mettez* : En ajoutant les nombres de journées de travail, on trouve pour somme 6.

730. Former une proportion géométrique continue dont le 1er terme soit 12 et la somme des termes 27. Rép. $12 : 6 = 6 : 3$; ou bien $12 : -30 = -30 : 75$.

Soit $12 : y = y : z$ la proportion cherchée. Les équations du problème sont : $y^2 = 12z$; $2y + z + 12 = 27$. On en déduit : $2y + z = 15$. $24y + 12z = 180$; $y^2 + 24y = 180$. Je résous : $y = -12 \pm 18$; $y' = 6$; $y'' = -30$. $y = 6$ donne $z = 3$. La proportion est $12 : 6 = 6 : 3$. Pour $y = -30$, $z = 75$, et la proportion est $12 : -30 = -30 : 75$.

731. Deux ouvriers reçoivent l'un 100 fr. et l'autre 36 fr. Le 1er a travaillé 8 jours de plus que le 2[e]. Si le 1er avait travaillé 11 jours de moins et le 2[e], 3 jours de plus, ils auraient reçu tous deux la même somme. On demande le nombre de jours de travail et la paye journalière de chaque ouvrier. RÉP. 20[j] et 12[j] ; 5[f] et 3[f].

Soient $x+8$ et x les nombres de jours de travail du 1er et du 2[e] ouvrier. Le 1er a gagné $\frac{100^f}{x+8}$ par jour, et le 2[e], $\frac{36^f}{x}$. D'après l'hypothèse, le gain du 1er pour $(x+8)-11=(x-3)$ jours, égale le gain du 2[e] pour $(x+3)$ jours ; $\frac{100(x-3)}{x+8}=\frac{36(x+3)}{x}$. On déduit de là : $8x^2-87x-108=0$. Je résous $x'=12$; $x''=-\frac{18}{16}=-{}^9/_8$. $x+8=20$; 20 et 12 sont les nombres de jours demandés. $100^f:20=5^f$, et $36^f:12=3^f$, sont les salaires journaliers.

VALEUR NÉGATIVE, $x=-{}^9/_8$. Pour interpréter cette solution négative, il suffit de changer x en $-x$ dans la 1re équation du problème ; ce qui donne : $\frac{100(x+3)}{8-x}=\frac{36(3-x)}{x}$. Cette équation qui est vérifiée par $x={}^9/_8=1\,{}^1/_8$, est l'équation de ce problème :

Deux ouvriers reçoivent l'un 100[f] et l'autre 36[f]. En ajoutant les journées de travail, on a pour somme 8. Si le premier avait travaillé 3 jours de plus que le second n'a travaillé, et le second 5 jours de moins que le premier, ils auraient tous deux reçu la même somme. On demande le nombre de jours de travail et la paye journalière de chaque ouvrier ? RÉP. $6^j\,{}^7/_8$ et $1^j\,{}^1/_8$; payes journalières : $14^f\,{}^6/_{11}$ et 32[f]. (*Vérifiez.*)

732. Partager 195 en trois parties formant une proportion géométrique continue, et telles que la 3[e] surpasse la 1re de 120. RÉP. $15:45=45:135$, ou bien $125:-175=-175:245$.

Soient x, y, z les 3 nombres demandés. Les équations du problème sont : $x+y+z=195$; $y^2=xz$, et $z=120+x$. On en déduit successivement : $y^2=120x+x^2$ $y=195-x-z=195-x-120-x=75-2x$. Par suite y^2 ou $120x+x^2=(75-2x)^2=75^2-300x+4x^2$. Je fais les calculs, et je réduis : $x^2-140x+1875=0$. Je résous : $x=70\pm 55$; $x'=125$; $x''=15$.

Pour $x = 15$, $z = 135$, et $y = 195 - 15 - 135 = 45$. La proportion est : $15 : 45 = 45 : 135$. Pour $x = 125$, $z = 245$ et $y = 195 - 125 - 245 = -175$. La proportion est alors : $125 : -175 = -175 : 245$. Ces deux proportions sont exactes, et leurs termes satisfont aux conditions de la question proposée; cette question a donc *deux solutions*.

733. Un marchand vend une pièce d'étoffe 96 fr.; il gagne autant pour 100 que l'étoffe lui a coûté de francs ; combien la pièce lui a-t-elle coûté? RÉP. 60f.

Soit x^f le prix cherché. Le bénéfice est $96 - x$. D'après l'énoncé, $96 - x =$ les $\frac{x}{100}$ de $x^f = \frac{x^2}{100}$; c'est l'équation du problème. Je chasse le dénominateur : $x^2 + 100x - 9600 = 0$. Je résous : $x = -50 \pm 110$; $x' = 60$; $x'' = -160$. Le marchand a acheté cette étoffe 60^f et il a gagné les 0,60 de $60 = 36^f$; $60 + 36 = 96$.

Valeur négative : Changeons x en $-x$ dans l'équation du problème : elle devient $96 + x = \frac{x^2}{100}$. Cette équation qui est vérifiée par $x = 160$, est l'équation de ce problème :

Un marchand vend une pièce d'étoffe avec 96 fr. de bénéfice ; il la revend ainsi autant p. 0/0 de son prix d'achat qu'il y a de francs dans ce prix d'achat. Combien l'a-t-il payée ? RÉP. 160f.

734. Le produit de 3 nombres qui forment une progression géométrique continue est 13824 et leur somme est 126. Trouver ces nombres. RÉP. 6 : 24 = 24 : 96.

Soient x, y, z les nombres cherchés. $xyz = 13824$; $x + y + z = 126$; $y^2 = xz$. La 1re équation donne : $x^2y^2z^2 = (13824)^2$. Je remplace x^2z^2 par y^4 ; $y^6 = (13824)^2$; $y^3 = \pm 13824$. $y = \pm \sqrt[3]{13824} = \pm 24$. Je prends $y = 24$; $xz = 24^2 = 576$, et $x + z = 126 - 24 = 102$. x et z sont donc les racines de $X^2 - 102X + 576 = 0$. $x = 6$; $z = 96$. La proportion demandée est $24 : 6 = 96 : 24$. $6 + 24 + 96 = 126$.

Considérons $y = -24$; $zx = 24^2 = 576$; $x + z = 126 - y = 126 + 24 = 150$. x et z sont les racines de $X^2 - 150X + 576 = 0$; $X = 75 \pm \sqrt{5625 - 576}$. Ces valeurs de z et de x sont réelles mais incommensurables ; elles donnent cependant une 2e solution algébrique de la question.

735. Un cultivateur achète un certain nombre de moutons pour 360 fr. ; il en perd trois par maladie et vend les autres 5 fr. de plus par tête qu'ils ne lui ont coûté. Il gagne ainsi 15 fr. sur son marché ; combien a-t-il acheté de moutons ? R. 18.

Soit x le nombre des moutons. Le prix d'achat d'un mouton est $\frac{360^f}{x}$ et le prix de vente $\frac{360^f}{x} + 5^f = \frac{360+5x}{x}$. Le marchand ayant revendu $x-3$ moutons pour $360^f + 15^f$, on a l'équation : $\frac{(360+5x)(x-3)}{x} = 375$. *Équation finale :* $x^2 - 6x - 216 = 0$. Je résous : $x = 3 \pm 15$; $x' = 18$; $x'' = -12$. $x = 18$ satisfait à la question proposée. RÉP. 18 moutons.

Vérifions : Le marchand a acheté 18 moutons pour 360^f, c'est-à-dire à 20^f la pièce ; il en perd 3, et vend les 15 autres 25^f pièce, en tout 375^f ; il gagne bien 15^f.

Valeur négative : $x = -12$. Je change x en $-x$ dans l'équation du problème : $\frac{(360-5x)(-x-3)}{-x} = 375$, ou $\frac{(360-5x)(x+3)}{x} = 375$.

Cette équation, vérifiée par $x = 12$, est l'équation de ce problème :

Un cultivateur achète des moutons pour 375^f ; il revend ce troupeau augmenté de 3 agneaux nouveaux-nés à 5^f de moins par tête qu'il ne lui a coûté. Il gagne ainsi 15^f sur son marché. Combien a-t-il acheté de moutons ?

736. Partager 552 en 3 parties dont les racines carrées soient proportionnelles à 7, 5 et 8. RÉP. 196, 100 et 256.

Les racines carrées des parties demandées devant être proportionnelles à 7, 5 et 8, ces parties elles-mêmes doivent être proportionnelles à 49, 25 et 64, et peuvent être représentées par $49x^2$, $25x^2$ et $64x^2$. Total : $138x^2 = 552$; d'où $x^2 = \frac{552}{138} = 4$. Les parties demandées sont donc 196, 100 et 256. Leurs racines carrées, 14, 10 et 16 sont bien proportionnelles à 7, 5 et 8, et leur somme $196 + 100 + 256 = 552$.

737 Un particulier, ayant acheté un objet qui bientôt ne lui convient plus, le revend 21 fr. Il perd ainsi autant pour 100 que l'objet lui a coûté. Combien perd-il ?

Soit x le prix d'achat. La perte est $\frac{x}{100}$ de x, ou $\frac{x^2}{100}$. Prix de vente : $x - \frac{x^2}{100} = 21$; d'où $x^2 - 100x + 2100 = 0$. Je résous : $x = 50 \pm \sqrt{2500 - 2100} = 50 \pm 20$. $x' = 70$; $x'' = 30$.

70f et 30f satisfont également à la question proposée. On peut dire que l'objet a été acheté 70f et vendu 21f ; car la perte qui est alors de 49f, vaut précisément les 0,70 de 70f.

On peut dire que l'objet a été acheté 30f, et vendu 21f ; car la perte, qui est alors de 9f, est bien égale aux 0,30 de 30f.

738. Un nombre N qui a 48 diviseurs a pour facteurs premiers deux nombres entiers consécutifs dont les exposants sont tels que la différence de leurs carrés est 24; le plus petit facteur a le plus petit exposant Trouver N. $N = 2^5 \times 3^7 = 69984$.

Les facteurs premiers en question sont 2 et 3 qui sont les seuls nombres premiers consécutifs. $N = 2^x 3^y$ $y^2 - x^2 = 24$. Le nombre des diviseurs : $(y+1)(x+1) = 48$. D'où $y = \frac{48}{x+1} - 1$, puis, $\frac{48^2}{(x+1)^2} - \frac{96}{x+1} + 1 - x^2 = 24$. On déduit de là : *Équation finale* : $x^4 + 2x^3 + 24x^2 + 142x = 2185$. La valeur cherchée de x, racine entière de cette équation, doit être un des diviseurs de 2185. Le plus petit de ces diviseurs est 5 ; cherchons, d'après l'Ex. 18, la valeur du 1er membre pour $x = 5$; cette valeur est précisément 2185 ; l'exposant cherché de 2 est donc 5.

$y + 1 = 48 : (x + 1) = 48 : 6 = 8$; $y = 7$. $N = 2^5 \times 3^7 = 69984$. La question n'a pas d'autre solution ; toute valeur de x plus grande que 5 rend le 1er membre de notre équation finale plus grand que 2185.

739. Un amateur achète un tableau qu'il prend pour un original Détrompé, il le revend 54 fr. ; le taux pour 100 de la perte qu'il subit est la sixième partie du nombre de francs du prix d'achat. Quel est le prix d'achat ?-Rép. 1re *solution*. 540f ; 2e *solution* 60f.

Soit x le prix cherché. La perte est $\frac{x}{6}$ *centièmes* de $x = \frac{x^2}{600}$. Le prix de vente est donc $x - \frac{x^2}{600} = 54$; d'où $x^2 - 600x + 32400 = 0$. $x = 300 \pm 240$. $x' = 540$; $x'' = 60$. Ces valeurs de x donnent deux solutions de la question proposée.

Ou bien l'amateur a acheté ce tableau 540f et l'a revendu 54f, dixième de 540f ; il a perdu ainsi les 0,9 ou les 0,90 de 540 ; or 90 est bien le sixième de 540.

Ou bien l'amateur a acheté ce tableau 60f et l'a revendu 54f, perdant 6f ; or 6 est 0,1 ou 0,10 de 60 et 10 est le sixième de 60. Les conditions proposées sont remplies par ces deux valeurs de x ; mais la 1re doit être préférée comme plus conforme que la 2e à la première phrase de l'énoncé.

740. Calculer deux nombres tels que leur produit plus leur somme = 31, et que la somme de leurs carrés moins leur somme = 48 ? Rép. 7 et 3.

Soient x et y les deux nombres demandés : $xy+x+y=31$, (1); $x^2+y^2-(x+y)=48$ (2). On a : $xy = 31-(x+y)$, et $x^2+y^2=(x+y)^2-2xy=(x+y)^2-62+2(x+y)$. Je substitue cette valeur de x^2+y^2 dans (2), je réduis, et je trouve : $(x+y)^2+(x+y)=48+62=110$. Je résous : $x+y=\frac{1}{2}(-1\pm\sqrt{1+440})=\frac{1}{2}(-1\pm 21)$. $x+y=10$ (1re valeur). $xy=31-10=21$. Par suite $x=7$, $y=3$.

$x+y=-11$ (2e valeur) donnerait $xy=31+11=42$, puis x et y imaginaires. Il n'y a qu'une solution.

741. On a acheté des pêches à un prix tel que si on en avait eu deux de plus pour 1f,20, on aurait payé la douzaine 10 centimes de moins. Combien a-t-on payé la douzaine ? Rép. 90 centimes.

Soit x le nombre de pêches valant au prix réel 120centimes. Le prix réel d'une pêche est $\frac{120}{x}$; le prix d'une douzaine : $\frac{1440}{x}$. Si on avait eu $x+2$ pêches pour 120 cent., 1 pêche aurait coûté $\frac{120}{x+2}$ et la douzaine $\frac{1440}{x+2}$. D'après l'énoncé, $\frac{1440}{x+2} = \frac{1440}{x} - 10$. Je chasse les dénominateurs, et je réduis : $288 = x^2+2x$. Je résous : $x=-1\pm\sqrt{289}=-1\pm 17$. $x'=16$;

$x'' = -18$. Prenons $x = 16$. 16 pêches ayant coûté 120 centimes, 1 pêche a coûté $7^c\,{}^1/_2$, et 12 pêches, 90 centimes. Si on avait eu $(16 + 2)$ ou 18 pêches pour 120 centimes, 6 pêches auraient coûté 40 centimes, et 12 pêches 80 centimes, c'est-à-dire 10 centimes de moins. La question proposée est donc résolue ; le prix demandé est 90 centimes.

Valeur négative : $x = -18$. Changeons x en $-x$ dans l'équation du problème ; elle devient

$$\frac{1440}{-x} - 10 = \frac{1440}{2-x}; \quad \text{ou} \quad \frac{1440}{x-2} = \frac{1440}{x} + 10.$$

$x = 18$ vérifie cette équation, qui est l'équation du problème proposé ainsi modifié :

On a acheté des pêches à un prix tel que si on en avait eu deux de moins pour $1^f,20$, on aurait payé la douzaine 10 centimes de plus. Combien a-t-on payé la douzaine? RÉP. 80 centimes.

742. Quelle est la base du système de numération dans lequel 190 (système décimal) s'écrit ainsi : 276. RÉP. 8.

Soit x la base cherchée. L'équation du problème est : $2x^2 + 7x + 6 = 190$ ou simplement $2x^2 + 7x = 184$. $x = {}^1/_4 (-7 \pm \sqrt{49 + 8 \times 184}) = {}^1/_4 (-7 \pm 39)$. $x' = 8$; $x'' = -{}^{46}/_4$. La base cherchée est 8. x'' valeur négative et fractionnaire doit être rejetée dans une question de ce genre.

743. Une cuisinière est chargée d'acheter pour 60 centimes de poires. Elle en achète en effet pour 60 centimes ; mais elle en mange 4, et il arrive alors que sa maîtresse paie la douzaine de poires 6 centimes de plus que le prix véritable. Combien a-t-elle acheté de poires ? RÉP. 24.

Soit x le nombre cherché. La cuisinière a acheté une poire $\frac{60^c}{x}$, ou $\frac{720^c}{x}$ la douzaine ; la maîtresse a payé la poire $\frac{60^c}{x-4}$, ou $\frac{720^c}{x-4}$ la douzaine. D'après l'énoncé, $\frac{720}{x-4} = \frac{720}{x} + 6$. Je chasse les dénominateurs et je réduis : $2880 = 6x^2 - 24x$. D'où $x^2 - 4x - 480 = 0$. $x = 2 \pm \sqrt{4 + 480} = 2 \pm 22$. $x' = 24$; $x'' = -20$. $x = 24$ répond à la question proposée. La cuisinière a acheté 24 poires pour 60 c. ou 12 poires pour 30 c. La maîtresse a eu 20 poires pour 60 c., 1 pour 3 c., 12 pour 36 c.; ce qui est bien conforme à l'énoncé.

Valeur négative. $x = -20$. Je change x en $-x$ et j'ai $\frac{720}{-x-4} = \frac{720}{-x} + 6$ ou $\frac{720}{x+4} = \frac{720}{x} - 6$. Cette nouvelle équation correspond à la question ainsi modifiée :

Une cuisinière a acheté un certain nombre de poires pour 60 centimes; si elle en avait eu 4 de plus pour le même prix, la douzaine de poires lui aurait coûté 6 centimes de moins. Combien a-t-elle acheté de poires? RÉP. 20.

744. Quelle est la base du système de numération dans lequel 16516 (système 8) s'écrit ainsi 30605 ? RÉP. 7.

16516 (système 8) $= 8^4 + 6 \times 8^3 + 5 \times 8^2 + 8 + 6 = 7502$. Soit x la base cherchée; l'équation du problème est: $3x^4 + 6x^2 + 5 = 7502$; d'où $3x^4 + 6x^2 = 7497$, puis $x^4 + 2x^2 = 2499$.

Je résous : $x^2 = -1 \pm \sqrt{2500} = -1 \pm 50$ $x'^2 = 49$; $x''^2 = -51$. $x'^2 = 49$ donne $x' = 7$. La base demandée est 7.

$x''^2 = -51$ donne des valeurs imaginaires de x.

745. Un particulier loue un certain nombre d'hectares de terre pour 840 fr. Il en cultive 7 lui-même et loue le reste à 10 fr. de plus par hectare qu'il n'a loué lui-même ; le sous-locataire paye 840 fr. On demande le nombre des hectares sous-loués. RÉP. 21.

Soit x le nombre cherché. Le particulier qui a loué $(x+7)^{\text{hectares}}$ pour 840 fr., paye par hectare $\frac{840^f}{x+7}$; le sous-locataire paye $\frac{840^f}{x}$ par hectare. D'après l'énoncé, $\frac{840}{x} = \frac{840}{x+7} + 10$. Je chasse les dénominateurs, et je simplifie : $588 = x^2 + 7x$. Je résous : $x = \frac{1}{2}(-7 \pm \sqrt{49 + 588 \times 4})$ $x = \frac{1}{2}(-7 \pm 49)$.

$x' = 21$; $x'' = -28$. RÉPONSE. 21 hectares. *Vérification.* Le particulier a sous-loué 21 hectares pour 840^f, c'est-à-dire à

40f l'hectare, après avoir loué lui-même 28 hectares pour 840f, ou 30f l'hectare. Il a sous-loué à 10f de plus par hectare.

Valeur négative : $x = -28$. Je change x en $-x$ dans l'équation du problème qui devient : $\frac{840}{-x} = \frac{840}{-x+7} + 10$; d'où $\frac{840}{x-7} = \frac{840}{x} + 10$. Cette équation est celle du problème proposé tel qu'il est, si x désigne le nombre des hectares *loués* au lieu de désigner le nombre des hectares *sous-loués*.

746. La différence de deux nombres ainsi écrits dans un certain système de numération : 656 et 355, est 131 (système 9). Quelle est la base du système inconnu ? RÉP. 6.

131 (système 9) $= 9^2 + 3 \times 9 + 1 = 109$; soit x la base cherchée. D'après l'énoncé, $6x^2 + 5x + 6 - (3x^2 + 5x + 5) = 109$; d'où $3x^2 + 1 = 109$; $3x^2 = 108$; $x^2 = 36$; $x = 6$. La base demandée est 6. (*Vérifiez.*)

747. Un robinet coulant seul met 3 heures de moins qu'un autre à remplir un bassin ; les deux robinets coulant ensemble remplissent le bassin en 3^h36^m. Combien faut-il de temps à chaque robinet coulant seul pour remplir le bassin ? RÉP. 6^h et 9^h.

Soient $x-3$ et x les nombres d'heures demandés (1er robinet; 2e id.), et 1 la capacité du bassin : $3^h36^m = 3^h,6$. Le 1er robinet remplit 1 en $(x-3)^h$, $\frac{1}{x-3}$ en 1^h, et $\frac{3,6}{x-3}$ en $3^h,6$. Le 2e robinet remplit 1 en x^h, $\frac{1}{x}$ en 1^h, et $\frac{3,6}{x}$ en $3^h,6$. Mais les 2 robinets coulant ensemble remplissent le bassin ou 1 en $3^h,6$; on a donc l'équation : $\frac{3,6}{x-3} + \frac{3,6}{x} = 1$.
D'où $(3,6 + 3,6)x - 10,8 = x^2 - 3x$. $x^2 - 10,2x + 10,8 = 0$. Je résous : $x = 5,1 \pm 3,9$. $x' = 9^h$; $x'' = 1^h,2$ ou 1^h12^m.
$x = 9$, et $x - 3 = 6$ sont les nombres d'heures demandés.
Le 1er robinet coulant seul remplit le bassin entier ou 1 en $(9-3)^h$ ou 6^h, $\frac{1}{6}$ en 1^h, et $\frac{3,6}{6} = 0,6$ en 3^h36^m. Le 2e qui remplit seul le

bassin en 9^h, remplit $\frac{1}{9}$ en 1^h et $\frac{3,6}{9}=0,4$ en $3^h,6=3^h36^m$. En $3^h,6$, ils remplissent à eux deux $0,6+0,4=1$.

VALEUR NÉGATIVE. $x=1^h,2$ est bien une valeur positive; mais $x-3$, 2e nombre d'heures est *négatif*. Il faut donc remplacer dans l'équation proposée $x-3$ par $3-x$; mais, pour ne pas troubler l'égalité, il faut écrire : $\frac{-3,6}{3-x}+\frac{3,6}{x}=1$, ou $\frac{3,6}{x}-\frac{3,6}{3-x}=1$. Cette équation est l'équation du problème ainsi modifié :

Un robinet coulant seul met un certain nombre d'heures à remplir un bassin qu'un 2e vide en 3^h moins ce 1er nombre d'heures. Les deux robinets étant ouverts ensemble, le bassin se remplit en 3^h36^m; combien faut-il d'heures au 1er robinet coulant seul pour remplir le bassin ?

748. La différence de deux nombres est 7 ; celle de leurs cubes est 1267. Quels sont ces nombres ? RÉP. 11 et 4.

Soient x et y les deux nombres cherchés. $x-y=7$; $x^3-y^3=1267$. Je divise : $x^2+xy+y^2=181$; $(x-y)^2+3xy=181$. $49+3xy=181$; $3xy=132$; $xy=44$; $(x-y)^2+4xy$ ou $(x+y)^2=225$; $x+y=15$. Par suite, $x=11$; $y=4$.

749. Un bassin est alimenté par deux robinets. On ouvre le premier pendant les 2/3 du temps qu'il faudrait au 2e pour remplir seul le bassin ; on ouvre ensuite le 2e robinet qui achève de remplir le bassin. Si on avait ouvert tout d'abord les deux robinets ensemble, ils auraient mis $1^h55^m30^s$ de moins à remplir le bassin, et le premier robinet eût versé les 5/8 de ce qu'a réellement versé le 2e. Combien de temps met chaque robinet coulant seul à remplir le bassin ? RÉP. 5^h et 3^h.

Soient x le n. d'heures employé par le 1er robinet, coulant seul, pour remplir le bassin, et y le n. d'h. employé de même par le second robinet ; désignons par 1 la capacité du bassin. En 1 heure le 1er robinet remplit seul $\frac{1}{x}$, le 2e robinet *idem*, $\frac{1}{y}$; à eux deux : $\frac{1}{x}+\frac{1}{y}=\frac{x+y}{xy}$. Les deux robinets remplissant ensemble $\frac{x+y}{xy}$ en 1 h, mettent, pour remplir le bassin tout entier, ou 1, autant d'heures qu'il y a de fois $\frac{x+y}{xy}$ dans 1, c'est-à-dire $1 : \frac{x+y}{xy} = \frac{xy}{x+y}$.

Pendant ces $\frac{xy^{h}}{x+y}$, le 1er robinet qui verse $\frac{1}{x}$ en 1^{h}, verse $\frac{xy}{x+y}$ fois $\frac{1}{x} = \frac{y}{x+y}$; le 2e verse $\frac{x}{x+y}$.

On ouvre d'abord le 1er robinet pendant $\frac{2}{3}y$ heures ; il remplit pendant ce temps $\frac{1}{x} \times \frac{2}{3}y = \frac{2}{3}\frac{y}{x}$; il reste à remplir $1 - \frac{2}{3}\frac{y}{x}$. On ouvre alors le 2e robinet qui, remplissant 1 en y^{h}, remplit ce reste dans $y^{h} \times \left(1 - \frac{2}{3}\frac{y}{x}\right) = y - \frac{2}{3}\frac{y^2}{x}$. Les deux robinets ont ainsi employé à remplir le bassin $\frac{2}{3}y + y - \frac{2}{3}\frac{y^2}{x}$. Ce temps surpasse de $1^{h}\,55^{m}\,{}^{1}/_{2} = 1^{h}\,{}^{111}/_{2}{}^{m} = 1^{h}\,{}^{111}/_{120} = 1^{h},925$, le temps qu'il faut aux deux robinets coulant ensemble depuis le commencement jusqu'à la fin pour remplir le bassin, temps que nous avons trouvé égal à $\frac{xy}{x+y}$. Nous avons donc l'équation : ${}^{2}/_{3}y + y - \frac{2}{3}\frac{y^2}{x}$, ou $\frac{5y}{3} - \frac{2}{3}\frac{y^2}{x} = \frac{xy}{x+y} + 1,925$. (1).

Si les deux robinets avaient été ouverts ensemble dès le commencement, le 1er robinet, qui aurait versé comme nous l'avons vu, $\frac{y}{x+y}$, aurait versé les ${}^{5}/_{8}$ de ce qu'a réellement versé le 2e ; mais le 2e a réellement versé : $1 - \frac{2}{3}\frac{y}{x} = \frac{3x-2y}{3x}$. La 2e équation du problème est donc : $\frac{y}{x+y} = \frac{5}{8} \cdot \frac{3x-2y}{3x}$ (2). Il nous faut résoudre les équations (1) et (2). Je chasse les dénominateurs de l'équation (2), et j'effectue les calculs. $24xy = 5(3x-2y)(x+y)$; $15x^2 + 5xy - 10y^2 = 24xy$. $19xy + 10y^2 -$

$15x^2 = 0$. Je pose $y = zx$ (Ex. 659). $10z^2 + 19z - 15 = 0$. Je résous : $z = {}^1/_{20}(-19 \pm 31)$; $z' = {}^3/_5$; $z'' = -{}^{50}/_{20} = -{}^5/_2$. Je prends $z = {}^3/_5$, et je substitue $y = {}^3/_5 x$ dans l'équation (1). Je trouve ainsi, après tous calculs et réductions : $30x^2 - {}^{144}/_{25}x^2 - 15x^2 = 46{,}2 \times x$, ou $15x^2 - 5{,}76x^2 = 46{,}2.x$; d'où $9{,}24.x = 46{,}2$; d'où enfin $x = 5$. Puis, $y = {}^3/_5 x = 3$.

Vérification. On ouvre le robinet pendant les $^2/_3$ de 3^h, c'est-à-dire pendant 2^h; le 1er robinet remplit pendant ce temps les $^2/_5$ du bassin ; on ouvre alors le 2e robinet qui remplit le reste, c'est-à-dire les $^3/_5$ du bassin, dans les $^3/_5$ de 3^h, c'est-à-dire dans $^9/_5$ d'^{h} = 1^h48^m ; total, 3^h48^m. Si on avait ouvert les deux robinets ensemble depuis le commencement, ils auraient rempli le bassin en un nombre d'heures égal à $1 : \left(\frac{1}{5} + \frac{1}{3}\right) = \frac{15}{8} = 1^h52^m30^s$. Or $3^h48 - 1^h52^m30^s = 1^h55^m30^s$. D'un autre côté le 1er robinet qui remplit $^1/_5$ du bassin dans 1^h, aurait rempli $^1/_5 \times {}^{15}/_8 = {}^3/_8$ dans $^{15}/_8$ d'heure ; or $^3/_8$ est bien égal aux $^5/_8$ de $^3/_5$, c'est-à-dire aux $^5/_8$ de ce qu'a réellement versé le 2e robinet.

Solution négative. $z = -{}^5/_2$; $y = -{}^5/_2 x$. Nous laissons au lecteur à employer et à interpréter cette solution négative. (747.)

750. En divisant un nombre N de deux chiffres par le produit de ses chiffres on a pour quotient 3, et en lui ajoutant 18 on a pour somme le nombre renversé. Trouver N. Rép. : N = 24.

Soient x et y les deux chiffres cherchés ; le nombre $N = 10y + x$. Les équations du problème sont : $\frac{10y + x}{xy} = 3$, et $10y + x + 18 = 10x + y$, La 2e équation donne $9x - 9y = 18$; d'où $x - y = 2$; $x = y + 2$. Je substitue cette valeur dans la 1re, et je trouve après réduction : $3y^2 - 5y - 2 = 0$; je résous $y' = 2$; $y' = -{}^1/_3$. La valeur $y = 2$ convient seule ; $x = 2y = 4$; $N = 24$. *Vérification.* $24 : 4 \times 2 = 3$, et $24 + 18 = 42$ (24 renversé).

751. Deux fermiers ont vendu ensemble du blé pour 1350 fr. Le 1er en a vendu 5 hectolitres de plus que le 2e ; si chacun avait vendu autant d'hectolitres qu'en a vendu l'autre, le 1er aurait reçu 540 fr. et le 2e, 840 fr. Combien chaque fermier a-t-il vendu d'hectolitres et à quel prix ?

Soient x le n. des hectolitres vendus par le 1er fermier, $x-5$ *id*. par le 2e. Le 1er aurait reçu 540f pour $(x-5)$ hectolitres ; il a donc vendu son blé $\frac{540}{x-5}$ fr. l'hectolitre, et $\frac{540x}{x-5}$ les x hectolitres. Le 2e aurait reçu 840f pour x hectolitres ; il a donc vendu son blé $\frac{840}{x}$ fr. l'hectol., et $\frac{840(x-5)}{x}$ les $(x-5)$ hectol. Ils ont donc vendu à eux deux pour $\frac{540x}{x-5}+\frac{840(x-5)}{x}=1350$; telle est l'équation du problème. Je chasse les dénominateurs, et je réduis: $x^2-55x+700=0$. Je résous: $x'=35$; $x''=20$. Par suite $x'-5=30$; $x''-5=15$.

RÉP. : Le problème a deux solutions : le 1er fermier a vendu 20 hectolitres à 36f l'hectolitre, et le 2e, 15 hectolitres à 42f l'hectolitre ($36\times 20+42\times 15=720+630=1350$). *Ou bien*, le 1er fermier a vendu 35 hectolitres à 18f l'hectolitre; et le 2e 30 hectol. à 28f l'hectol , ($18\times 35+24\times 30=630+720=1350$).

752. Dans un nombre N de 3 chiffres, le chiffre des centaines est moyen proportionnel entre les deux autres ; le chiffre des dizaines est le 6e de la somme des deux autres chiffres, et enfin en ajoutant 396 à ce nombre, on a pour somme le n. renversé. Trouver N. RÉP. : N = 428.

Soient x, y, z les 3 chiffres du nombre. $N=100x+10y+z$. $x^2=yz$. $y=\frac{1}{6}(x+z)$. $100x+10y+z+396=100z+10y+x$; d'où $99z-99x=396$; $z-x=4$; $z=x+4$. Par suite, $y=\frac{1}{6}(2x+4)$. Je substitue les valeurs de z et de y dans $x^2=yz$, et je chasse le dénominateur. $6x^2=(x+4)(2x+4)=2x^2+12x+16$; d'où $x^2-3x-4=0$. $x=\frac{1}{2}(3\pm\sqrt{9+16})=\frac{1}{2}(3\pm 5)$; $x'=4$; $x''=-1$. La valeur $x=4$ convient seule. $x=4$ donne $z=8$ et $y=\frac{1}{6}(4+8)=2$. Par suite $N=428$.

Vérification. $4^2=2\times 8$; $2=\frac{1}{6}(4+8)$ et $428+396=824$.

753. Des canotiers descendent la Seine l'espace de 5 kilomètres puis reviennent au point de départ en $1^h 6^m 40^s$. La Seine ayant un courant de $2^{Km},4$ à l'heure, on demande le chemin que feraient par heure sur un lac tranquille ces canotiers ramant avec la même force. RÉP. $9^{Km},6$.

Soient x le nombre de kilom. que feraient par *h*. les canotiers sur un lac tranquille. En descendant la Seine, aidés par le courant du fleuve, ils font par heure $(x+2,4)^{Km}$; en remontant, contrariés par ce courant, ils ne font par heure que $(x-2,4)^{Km}$. Dans la descente, ils mettent donc pour faire 5 kilom., $\frac{5}{x+2,4}$ heures; en remontant, ils mettent $\frac{5}{x-2,4}$. ($1^h 6^m \, {}^2/_3{}^m = 1^h \, {}^{20}/_3{}^m = 1^h + {}^{20}/_{180}{}^h = {}^{10}/_9{}^h$. L'équation du problème est donc: $\frac{5}{x+2,4}+\frac{5}{x-2,4}=\frac{10}{9}$. Je chasse les dénominateurs, et je réduis : $18x = 2(x^2 - 5,76)$; d'où $x^2 - 9x - 5,76 = 0$. Je résous : $x' = 9,6$; $x'' = -0,6$. $x = 9,6$ convient seul. Les canotiers feraient par *h*. sur un lac tranquille : $9^{Km},6$. (*Vérifiez.*)

Solution négative. $x = -0,6$. Je change x en $-x$ dans l'équation du problème qui devient : $\frac{5}{-x+2,4}+\frac{5}{-x-2,4}=\frac{10}{9}$ ou $\frac{5}{2,4-x}-\frac{5}{2,4+x}=\frac{10}{9}$.

Cette équation, qui est vérifiée par $x = 0,6$, est l'équation du problème ainsi modifié :

Des canotiers descendent la Seine l'espace de 5 kilom.; puis essayent de revenir au point de départ en ramant contre le courant. Mais le courant qui est de $2^{Km},4$ à l'heure l'emporte, et ils continuent à descendre malgré leurs efforts. Ils mettent ainsi à descendre 5 nouveaux kilomètres $1^h 6^m 40^s$ de plus qu'ils n'en ont mis d'abord à descendre les 5 premiers kilom. On demande le chemin que feraient par heure, sur un lac tranquille, ces canotiers ramant avec la même force ? RÉP. $0^{Km},6$.

754. La somme de deux nombres ainsi écrits : 50304, et 235, dans un système de numération inconnu, s'écrit ainsi : 15037, dans le système 8. Trouver la base du 1er système. RÉP. 6.

Soit x la base cherchée. Les deux premiers nombres valent : $5x^4 + 3x^2 + 4$ et $2x^2 + 3x + 5$; total $5x^4 + 5x^2 + 3x + 9$, et le

3e nombre : $8^4+8^3\times5+8\times3+9=6687$ (Ex. 18). L'équation du problème est donc, addition et réduction faites : $5x^4+5x^2+3x=6678$. La base cherchée, nombre entier, doit diviser 6678 ; les diviseurs de 6678 sont 1, 2, 3, 6, etc. Je dois chercher par la méthode de l'Ex. 18, la valeur que prend le 1er membre pour $x=1$ ou $x=2$, ou $x=3$, ou $x=6$, etc. 1, 2, 3 sont évidemment des valeurs trop petites ; j'essaye $x=6$. Pour $x=6$, le 1er membre vaut précisément 6678. 6 est donc la base cherchée. Il n'y a pas d'autre solution ; car toute valeur de x plus grande que 6 rend le 1er membre plus grand que 6678.

755. Un marchand fait usage d'une balance fausse pour peser du thé quand il l'achète, puis quand il le vend ; il gagne ainsi 24 pour 0/0 de plus que s'il employait une balance exacte. S'il changeait seulement de plateau pour l'achat et pour la vente, il ne perdrait ni ne gagnerait sur son prix d'achat. Trouver le gain qu'il ferait pour 0/0 s'il faisait usage d'une balance exacte dans les deux circonstances. Rép. 20 p. 0/0.

Si les choses se passent comme il est énoncé, c'est que le marchand fait mettre le thé dans un plateau P de la balance quand il achète, et le met dans l'autre plateau P′ quand il vend. Soient p le poids indiqué en *Kg* d'une quantité quelconque de thé qu'il *achète*, et p' le poids indiqué quand il pèse le *même* thé *pour le vendre ;* soient encore a^f le prix d'achat du kilog. de thé et x le taux pour 100 du bénéfice qu'il s'attribue ostensiblement et légitimement ; le prix de vente ostensible du kilog. est donc $a+\frac{ax}{100}$. Il a acheté la quantité de thé en question pa^f, et devrait la vendre $p\left(a+\frac{ax}{100}\right)$; mais il est censé vendre p' kilog., et par suite fait payer à l'acheteur $p'\left(a+\frac{ax}{100}\right)$; il fait donc un bénéfice illégitime égal à $p'\left(a+\frac{ax}{100}\right)-p\left(a+\frac{ax}{100}\right)$. Ce bénéfice illégitime est, d'après l'énoncé, égal aux 0,24 de son prix d'achat, c'est-à-dire à $pa\times0{,}24$. Nous avons donc d'abord l'équation : $p'\left(a+\frac{ax}{100}\right)-p\left(a+\frac{ax}{100}\right)=pa\times\frac{24}{100}$, ou en simplifiant et en ordonnant

$$p'\left(1+\frac{x}{100}\right)=p\left(1+\frac{x+24}{100}\right) \qquad (1).$$

Si le marchand avait employé les plateaux P et P' d'une manière *contraire*, il aurait acheté ostensiblement p' *Kg* pour $p'a^f$ et vendu p *Kg* pour $p\left(a+\frac{ax}{100}\right)$. Mais alors il n'aurait ni perdu, ni gagné ; c'est-à-dire que ces deux prix sont égaux : $p\left(a+\frac{ax}{100}\right)=p'a$ ou simplement $p\left(1+\frac{x}{100}\right)=p'$ (2).

Je remplace p' par cette valeur dans l'équation (1), et je supprime le facteur commun p ; il vient $\left(1+\frac{x}{100}\right)^2=1+\frac{x+24}{100}$; d'où $\frac{x}{100}+\frac{x^2}{10000}=\frac{24}{100}$; puis $x^2+100x=2400$. Je résous : $x=-50\pm\sqrt{4900}=-50\pm70$. $x'=20$; $x''=-120$. Le taux cherché est 20 pour 100.

En changeant x en $-x$ dans les équations proposées, puis remplaçant x par 120, on obtient un résultat qui ne peut être interprété d'une manière réellement pratique.

756. Le produit de deux nombres ainsi écrits : 504 et 308, dans un système de numération inconnu, s'écrit ainsi : 107800 dans le système 9. Trouver la base du 1er système. Rép. 8.

Soit x la base cherchée. Les deux premiers nombres sont, $5x^2+4$ et $3x^2+8$, et le 3e, $9^5+7\times9^3+8\times9^2=64800$. Pour plus de simplicité, je pose $x^2=y$; l'équation du problème est alors : $(5y+4)(3y+8)=64800$, ou $15y^2+52y+32=64800$, ou $15y^2+52y=64768$. Je résous. La racine positive est 64 ; y ou $x^2=64$ donne $x=8$. La base cherchée est 8. La valeur négative de y donnerait des valeurs imaginaires de x.

757. Le nombre de kreutzers d'Autriche valant $5^f,16$, surpasse de 77 le nombre de silbergros de Prusse valant la même somme ; on sait de plus que 15 silbergros valent $0^{fr},08$ de plus que 40 kreutzers. On demande les valeurs en francs et centimes du kreutzer et du silbergros. Rép. $0^f,043$ et $0^f,12$.

Soient x et y les nombres de kreutzers et de silbergros qui valent également $5^f,16$. La 1re équation du problème est $x=y+77$. La valeur d'un kreutzer en *centimes* est $\frac{516}{x}$; celle d'un silbergros, $\frac{516}{y}$. 15 silbergros valant 40 kreutzers + 8 centimes, $\frac{516 \times 15}{y} = \frac{516 \times 40}{x} + 8$. Je chasse les dénominateurs et j'effectue les opérations : $7740x = 20640y + 8xy$. Je substitue dans cette équation la valeur $y + 77$ de x, et je trouve : $7740y + 7740 \times 77 = 20640y + 8y^2 + 616$. Je réduis, et je divise tous les termes par 4. *Équation finale* : $2y^2 + 3379y = 1935 \times 77$. Je résous : $y = \frac{1}{4}(-3379 \pm 3551)$; $y' = \frac{172}{4} = 43$. $y = 43$ donne $x = 120$. Rép. 5f,16 valent 43 silbergros, ou 120 kreutzers. Le silbergros vaut donc 5f,16 : 43 = 0f,12 ; le kreutzer vaut 5f,16 : 120 = 0f,043.

La racine positive y' convient seule.

758. Former une proportion continue par quotient, connaissant la somme a des trois termes différents et la somme c de leurs carrés. Appliquez au cas où $a = 38$, $c = 532$.

Soient x, y, z les 3 termes cherchés. Les équations du problème sont $x + y + z = a$; $x^2 + y^2 + z^2 = c$; et $y^2 = xz$. La 1re donne : $x + z = a - y$; puis $x^2 + z^2 + 2xz = a^2 - 2ay + y^2$. Je remplace $x^2 + z^2$ par $c - y^2$ et $2xz$ par $2y^2$, puis je simplifie ; il vient : $c = a^2 - 2ay$; d'où $y = \frac{a^2 - c}{2a}$. Connaissant y, on connaît $x + z = a - y$, et $xz = y^2$, et par suite x et z.

Application. $a = 38$; $c = 532$; $y = \frac{38^2 - 532}{2 \times 38} = 12$.

$y = 12$ donne $xz = 144$, et $x + z = 38 - 12 = 26$; on déduit de là $x = 18$ et $z = 8$. La proportion est $18 : 12 = 12 : 8$.

759. Deux trains T et T' partent en même temps des extrémités A et B d'un chemin de fer. Le 1er train arrive en B 3h45m, et le 2e en A 9h36m après leur rencontre. On demande le temps que chacun a mis pour parcourir la ligne entière. Rép. 9h45m et 15h36m.

A — m — C — n — B Soient $AC = m$, $CB = n$, $AB = m + n$. Les trains T et T' parcourent l'un le chemin m, l'autre le chemin n dans le même temps t. Le train T parcourt d'ailleurs le chemin CB ou n dans $3^h45^m = 3^h\,^3/_4 = 3^h,75$; il parcourt donc 1 dans $\frac{3^h,75}{n}$, et m dans $\frac{3^h,75 \times m}{n}$; donc $t = \frac{3,75 \times m}{n}$.

Le train T', qui parcourt m dans $9^h,6$, parcourt 1 dans $\frac{9^h,6}{m}$, et n dans $\frac{9^h,6 \times n}{m}$; donc $t = \frac{9^h,6 \times n}{m}$. Égalons les deux valeurs de t : $\frac{3,75 \times m}{n} = \frac{9,6 \times n}{m}$; donc $\frac{m^2}{n^2} = \frac{9,6}{3,75} = \frac{960}{375} = \frac{320}{125} = \frac{64}{25}$. $\frac{m}{n} = \frac{8}{5}$. $t = \frac{3,75 \times m}{n} = \frac{3,75 \times 8}{5} = 6$.

$t = 6^h$. Le train T a donc parcouru AC en 6^h, puis CB en $3^h 45^m$; total, AB en $9^h 45^m$. Le train T' a parcouru d'abord BC en 6^h, puis CA en $9^h 36^m$; total, BA en $15^h 36^m$. $9^h 45^m$ et $15^h 36^m$ sont donc les nombres d'heures demandés.

760. Calculer les termes d'une proportion par quotient, sachant : 1° que le 1er surpasse le 2e de 4 ; 2° que le 3e surpasse le 4e de 3, et 3° que la somme des carrés des 4 termes est 62,5. RÉP. $6 : 2 = 4,5 : 1,5$ ou $-2 : -6 = -1,5 : -4,5$.

Soient $x+4$, x, $y+3$, y, les 4 termes cherchés. D'abord $(x+4) \times y = x(y+3)$; ou bien $xy + 4y = xy + 3x$; d'où $4y = 3x$; puis $y = {}^3/_4 x$. Les 4 termes de la proportion sont donc $x+4$; x ; ${}^3/_4 x + 3$; ${}^3/_4 x$. J'écris les uns sous les autres les carrés de ces 4 termes, et je les additionne. La somme de ces carrés : $2x^2 + {}^9/_8 x^2 + {}^{50}/_4 x + 25 = 62,5$. Je chasse les dénominateurs, et je réduis : $25x^2 + 100x = 300$; d'où $x^2 + 4x = 12$. Je résous : $x' = 2$; $x'' = -6$. Je prends $x = 2$; $x + 4 = 6$; $y = {}^3/_2$; $y + 3 = 4{}^1/_2$ ou 4,5. 1re *solution* : $6 : 2 = 4,5 : 1,5$. Je prends $x = -6$; $x + 4 = -2$; $y = {}^3/_4 x = -4,5$; $y + 3 = -1{}^1/_5$. 2° *solution* : $-2 : -6 = -1,5 : -4,5$.

761. Deux trains parcourent en 12 heures l'un une certaine distance inconnue, l'autre 114 kilom. de plus ; on sait que le 2e train met 45 min de moins que le 1er pour parcourir $142^{Km},5$. Trouver d'après cela la 1re distance et la vitesse moyenne de chaque train. RÉP. 456^{Km} ; 1re vitesse 38^{Km} ; 2^e $47^{Km},5$.

Soit x^{Km} la distance cherchée. Les deux trains parcourant x^{Km} et $(x+114)^{Km}$ en 12^h, leurs vitesses par h. sont $\frac{x}{12}$ et $\frac{x+114}{12}$.

Pour parcourir $142^{Km},5$, le 1er met un nombre d'heures égal à $142,5 : \frac{x}{12} = \frac{142,5 \times 12}{x}$, et le 2ᵉ, $\frac{142,5 \times 12}{x+114}$. Ces deux temps diffèrent de $^3/_4$ d'h. : $\frac{142,5 \times 12}{x+114} = \frac{142,5 \times 12}{x} - \frac{3}{4}$; c'est l'équation du problème. Je divise tous les termes par 3, je chasse les dénominateurs, et je simplifie. *Équation finale* : $x^2 + 114x = 259920$. Je résous : $x = -57 \pm 513$; $x' = 456$; $x'' = -570$. Je prends $x = 456$; $x + 114 = 570$. La distance cherchée est 456 kilom. ; les vitesses demandées sont $456^{Km} : 12 = 38^{Km}$ et $570^{Km} : 12 = 47^{Km},5$.

Valeur négative. Je change x en $-x$ dans l'équation du problème, qui devient : $\frac{142,5 \times 12}{-x+114} = \frac{142,5 \times 12}{-x} - \frac{3}{4}$, ou $\frac{142,5 \times 12}{x-114} = \frac{142,5 \times 12}{x} + \frac{3}{4}$. Cette équation vérifiée par $x = 570$ est l'équation du problème proposé modifié ainsi au commencement :

Deux trains parcourent en 12^h, l'un une certaine distance inconnue, l'autre 114^{Km} de *moins*. On sait que le 2ᵉ met $15^{min.}$ de *plus* que le 1er pour, etc. RÉP. 570^{Km} ; 1re vitesse $47^{Km},6$; 2ᵉ id. 38^{Km}.

762. Former une proportion géométrique continue, connaissant la somme a des trois termes différents et la somme C de leurs cubes. Appliquez au cas de $a = 14$ et $C = 584$. RÉP. $8 : 4 = 4 : 2$.

Soient x, y et z les trois termes en question. $x + y + z = a$ (1) $x^3 + y^3 + z^3 = C$ (2) ; $y^2 = xz$ (3). On déduit de ces équations : $x + z = a - y$; $x^3 + y^3 + z^3 + 3xz(x + z) = a^3 - 3a^2y + 3ay^2$, ou $C + 3y^2(a - y) = a^3 - 3a^2y + 3ay^2$; d'où $3y^3 - 3a^2y + a^3 - C = 0$ (k), équation du 3ᵉ degré qu'on ne peut résoudre d'après ce que nous savons que dans le cas où elle a au moins une racine entière. Connaissant y, on connaît $x + z$ et xz.

Application. $a = 14$; $C = 584$; $3a^2 = 588$; $a^3 = 2744$. En mettant ces valeurs dans l'équation (k), on a : $3y^3 - 588y^2 + 2160 = 0$, ou $y^3 - 196y + 720 = 0$. Il faut essayer, d'après l'Ex. 18, les diviseurs de 720 qui sont 1, 2, 3, 4, 5, 6, etc.

$y = 4$ vérifie l'équation. Je divise le 1er membre par $y - 4$, et j'ai $y^2 + 4y - 180 = 0$. Je résous : $y = -2 \pm \sqrt{4 + 180}$; ces valeurs de y sont incommensurables.

$y=4$ donne $x+z=10$ et $xz=16$; d'où $x=8$, $z=2$. La proportion demandée est donc $8:4=4:2$. (*Vérifiez.*)

763. Deux trains T et T′ partis à la même heure de deux stations S et S′ distantes de 60 kilomètres et circulant dans le même sens, se rencontrent en un point C. On sait que leurs vitesses moyennes sont telles que T aurait mis 2^h40^m pour parcourir la distance S′C, et T′ six heures pour parcourir SC. Trouver les distances SC, S′C et les vitesses moyennes RÉP. : SC $=180^{Km}$; S′C $=120^{Km}$; vitesses : 45^{Km} et 30^{Km} par heure.

S ——— S′ ——— C

Soient $S'C=x$; $SC=x+60$. Le train T, parcourant S′C ou x dans $2^h\,40^m=2^h\,{}^2/_3$ ou ${}^8/_3$ d'h., parcourt 1 dans $\dfrac{8}{3x}$, et $SC=x+60$ dans $\dfrac{8(x+60)}{3x}$. Le train T′, parcourant SC ou $x+60$ dans 6^h, parcourt 1 en $\dfrac{6^h}{x+60}$, et $S'C=x$ dans $\dfrac{6^h\times x}{x+60}$.

Les deux trains mettent le même temps pour faire le 1er le chemin SC, le 2e le chemin S′C; donc $\dfrac{8(x+60)}{3x}=\dfrac{6x}{x+60}$; c'est l'équation du problème. On en déduit $8(x+60)^2=18x^2$; ou $4(x+60)^2=9x^2$. J'extrais la racine carrée : $2(x+60)=3x$ d'où $x=120$.

$S'C=120$; $SC=120+60=180$. Les vitesses demandées sont $120^{Km}:{}^8/_3=45^{Km}$, et $180^{Km}:6=30^{Km}$.

764. Former une proportion continue par quotient, connaissant la somme a des 3 termes et la différence b des extrêmes Appliquez au cas où $a=195$ et $b=120$. RÉP. 1re *solution* $135:45=45:15$. 2e *idem*. $245:-175=-175:125$.

Soient x, y, z les trois termes cherchés. $x+y+z=a$; $x-z=b$; et $y^2=xz$. Par suite $x+z=a-y$; $x={}^1/_2(a-y+b)$; $z={}^1/_2(a-y-b)$; xz ou $y^2={}^1/_4(y^2-2ay+a^2-b^2)$; d'où $3y^2+2ay-(a^2-b^2)=0$. On déduit de cette équation la valeur de y, puis de y les valeurs de x et de z.

APPLICATION : $a=195$; $b=120$. L'équation finale en y est ici : $3y^2+390y-23625=0$. Je résous : $y'=45$; $y''=-175$.

1re *solution :* $y=45$. $x={}^1/_2(195-45+120)=135$; $z={}^1/_2(195-45-120)=15$. La proportion demandée est : $135:45=45:15$. (Vérifiez.)

2e solution : $y = -175$; $x = \frac{1}{2}(195 + 175 + 120) = 245$; $z = \frac{1}{2}(195 + 175 - 120) = 125$. La proportion est dans ce cas $245 : -175 = -175 : 125$. (Vérifiez.)

765 Deux trains T et T′ partis des extrémités A et B d'un chemin de fer se rencontrent en un point C de la ligne ; T a fait alors 112 kilom. de plus que T′. Leurs vitesses sont telles que T′ continuant son chemin parcourt la distance CB en $4^h\ 1/2$ et T′ la distance CA en $12^h\ 1/2$. Trouver les distances AC, CB, et la vitesse moyenne de chaque train. Rép. $AC = 280^{Km}$; $CB = 168$; *1re vitesse*, $37^{Km}\ 1/3$; *2e id* $22^{Km}\ 2/5$.

A C B Soient $AC + CB$ ou $AB = 2x$; $AC - CB = 112$; par suite $AC = x + 56$ et $CB = x - 56$. Le train T, parcourant CB ou $x - 56$ en $4^h\frac{1}{2} = \frac{9}{2}^h$, parcourt 1 en $\frac{9^h}{2(x-56)}$, et AC ou $x + 56$ en $\frac{9(x+56)}{2(x-56)}$. De même le train T′, parcourant CA ou $x + 56$ en $12^h\frac{1}{2}$ ou $\frac{25}{2}^h$, parcourt 1 en $\frac{25^h}{2(x+56)}$, et BC ou $x - 56$ en $\frac{25^h(x-56)}{2(x-56)}$. Mais les deux trains mettent le même temps pour aller, le 1er de A en C, le 2e de B en C ; donc $\frac{9(x+56)}{2(x-56)} = \frac{25(x-56)}{2(x+56)}$; d'où $9(x+56)^2 = 25(x-56)^2$. J'extrais la racine carrée de part et d'autre : $3(x+56) = 5(x-56)$; d'où $2x = 8 \times 56$; $x = 56 \times 4 = 224$.

$AC = x + 56 = 280$; $CB = x - 56 = 168$. D'après l'énoncé, la vitesse du 1er train est $168^{Km} : \frac{9}{2} = 37^{Km}\ \frac{1}{3}$: la vitesse du 2e train est $280^{Km} : \frac{25}{2} = 560^{Km} : 25 = 22^{Km}\ \frac{2}{5}$.

766. Former une proportion par quotient, connaissant la somme a des extrêmes, la somme b des moyens, et la somme c des carrés des 4 termes. Appliquez au cas où $a = 17$, $b = 23$, $c = 578$.

Soit $x : y = z : t$ la proportion cherchée. $x + t = a$; $y + z = b$; $xt = yz$; $x^2 + y^2 + z^2 + t^2 = c$. J'élève au carré les 2 premières équations, et j'additionne : $x^2 + y^2 + z^2 + t^2 + 2xt + 2yz = a^2 + b^2$; ou $c + 4xt = a^2 + b^2$; xt ou $yz = \frac{1}{4}(a^2 + b^2 - c)$. Connaissant xt et $x + t$, yz et $y + z$, on calcule aisément x, y, z, t.

Application : $x + t = 17$; $y + z = 23$; $x^2 + y^2 + z^2 + t^2 = 578$. xt ou $yz = \frac{1}{4}(17^2 + 23^2 - 578) = 60$. De $xt = 60$ et

$x + t = 17$, on déduit $x = 12$; $t = 5$. De $yz = 60$ et $y + z = 23$, on déduit $y = 20$, $z = 3$. La proportion demandée est $12 : 20 = 3 : 5$. (Vérifiez les diverses conditions.)

767. Un particulier place 12000 fr. à un certain taux ; au bout d'un an, l'occasion se présentant, il retire ce capital et ses intérêts, place le tout à 1 p. 0/0 de plus, et se trouve avoir ainsi un revenu de 756 fr. Trouver le 1er taux.

Soit x le taux demandé. 12000 au taux x rapportent $\frac{12000x}{100}$; le capital et les intérêts valent : $12000\left(1+\frac{x}{100}\right)$ qui, placés au taux $x+1$, rapportent $12000\left(1+\frac{x}{100}\right)\left(\frac{x+1}{100}\right) = 756$; c'est l'équation du problème. *Équation finale :* $x^2 + 101\,x = 530$; $x' = 5$; $x' = -106$. Le taux cherché est 5 p. 0/0. (*Vérifiez.*)

Solution négative. Je change x en $-x$ dans l'équation du problème qui devient $12000\left(1-\frac{x}{100}\right)\left(\frac{1-x}{100}\right) = 756$; ou $12000\left(\frac{x}{100}-1\right)\left(\frac{x-1}{100}\right) = 756$. Cette équation qui est vérifiée par $x = 106$ est l'équation du problème suivant :

Un particulier place 12000 fr. à un certain taux. Un an après il les retire et place les intérêts seulement à 1 p. 0/0 de moins ; ce qui lui donne un revenu de 756 fr. Trouver ce taux. Rép. 106 p. 0/0.

768. Former une proportion par quotient, connaissant la somme a des extrêmes, la somme b des moyens, et la somme C des cubes des quatre termes. Appliquez au cas où $a = 6{,}8$; $b = 5{,}2$; $C = 282{,}24$. Rép. $6 : 4 = 1{,}2 : 0{,}8$.

Soit $x : y = z : t$ la proportion cherchée. $x + t = a$; $y + z = b$; $x^3 + y^3 + z^3 + t^3 = C$; $xt = yz$. J'élève au cube les deux premières équations, et j'additionne : $x^3 + t^3 + y^3 + z^3 + 3xt(x+t) + 3yz(y+z) = a^3 + b^3$; d'où $C + 3xt\,(x + t + y + z) = a^3 + b^3$, ou $C + 3(a+b)xt = a^3 + b^3$, et enfin $xt = yz = \frac{a^3 + b^3 - C}{3(a+b)}$. Connaissant xt et $x + t$, yz et $y + z$ on calcule aisément x, t, y, z.

Application. On trouve $x = 6$; $y = 4$; $z = 1{,}2$ et $t = 0{,}8$. La proportion demandée est donc $6 : 4 = 1{,}2 : 0{,}8$. (*Vérifiez.*)

769. Un rentier a fait deux parts d'un capital de 84000 fr. et les a placées à deux taux différents de manière qu'elles produisent toutes deux le même revenu. La 1re partie placée au 2e taux rapporterait 2880 fr., et la 2e au 1er taux rapporterait 1620 fr. Trouver les deux parties et les deux taux. RÉP. 48000f et 36000 fr. ; $4\,^1/_2$ et 6.

Soient x et y les taux cherchés, c et c' les capitaux. Le capital c au taux y rapporte $\frac{cy}{100} = 2880$; donc $c = \frac{288000}{y}$. De même $\frac{c'x}{100} = 1620$; donc $c' = \frac{162000}{x}$. Mais $c + c' = 84000$. Donc $\frac{162000}{x} + \frac{288000}{y} = 84000$, d'où en simplifiant :

$$13{,}5y + 24x = 7xy. \qquad (1)$$

D'un autre côté, le capital c au taux x rapporte $\frac{cx}{100} = \frac{2880x}{y}$; le capital c' au taux y rapporte $\frac{c'y}{100} = \frac{1620y}{x}$. Ces deux rentes sont égales : $\frac{2880x}{y} = \frac{1620y}{x}$; d'où $\frac{x^2}{y^2} = \frac{1620}{2880} = \frac{9}{16}$; $\frac{x}{y} = \frac{3}{4}$; $x = {}^3/_4 y$. Je mets cette valeur de x dans l'équat. (1), qui devient $13{,}5y + 18y = {}^{21}/_4 y^2$; d'où $126y = 21y^2$; $y = 0$; $y = 6$; $x = 4{,}5$. Les taux cherchés sont $4\,^1/_2$ et 6. L'une des sommes placées est $288000^f : 6 = 48000^f$; l'autre 36000 fr. (Vérifiez).

770. Former une proportion par quotient, connaissant le produit a des extrêmes, la somme b des 4 termes, et la somme c de leurs carrés. Appliquez au cas où $a = 6$; $b = 18$; $c = 162{,}50$.

Soit $x : y = z : t$ la proportion cherchée. $xt = yz = a$; $x + y + t + z = b$; $x^2 + y^2 + z^2 + t^2 = c$. J'élève au carré la 2e égalité donnée, et je remplace $x^2 + y^2 + z^2 + t^2$ par c. Je trouve ainsi : $c + 2xt + 2yz + 2(x + t)(y + z) = b^2$. Mais $2yz = 2xt = 2a$. Donc $(x + t)(y + z) = {}^1/_2\,(b^2 - 4a - c)$; on connaît donc $(x + t)(y + z)$. On connaît d'ailleurs la somme $(x + t) + (y + z) = b$; $x + t$ et $y + z$ sont donc les racines de l'équation $X^2 - bX + {}^1/_2\,(b^2 - 4a - c) = 0$; on résout cette équation.

Cela fait, on connaît $x+t$ et xt ; $y+z$ et yz. On calcule aisément x et t, y et z.

Application. $a=6$; $b=18$; $c=162,50$. 1° $b^2-4a-c=324-24-162,50=137,50$; $(x+t)(y+z)={}^1/_2\times137,50=68,75$; d'ailleurs $(x+t)+(y+z)=18$; les deux sommes $x+t$ et $y+z$ sont donc les racines de l'équat. $X^2-18X+68,75=0$.
Je résous : $x+t=9+3,5=12,5$; $y+z=5,5$. $x+t=12,5$ et $xt=6$ donnent $x=12$; $t=0,5$. $y+z=5,5$ et $yz=6$ donnent $y=4$ et $z=1,5$. La proportion cherchée est donc $12:4=1,5:0,5$. (*Vérifiez toutes les conditions.*)

771. Un particulier a prêté 15000 fr. à un certain taux. Trois mois 18 jours après, le débiteur, qui est libre de rembourser, trouvant de l'argent à 1 p. 0/0 de moins, dit qu'il ne gardera celui qu'il a qu'à ce taux inférieur. Le créancier accepte, donne le 1er billet et reçoit un 2e billet de 15524f,50 payable dans 4 mois. Trouver le taux. Rép. 6. p. 100.

Soit x le taux cherché. $3^m18^j=108^j={}^{108}/_{360}$ ou 0,3 d'année ; 4 mois sont ${}^1/_3$ d'année. 1^f et son intérêt pour 3 mois 18^j, au taux x valent, $1+\frac{0,3x}{100}$; cette valeur placée ensuite pendant 4 mois, au taux $x-1$, devient $\left(1+\frac{0,3x}{100}\right)\left(1+\frac{1}{3}\frac{x-1}{100}\right)$.
Par suite, les 15000^f valent à la fin des 4 derniers mois :
$$15000^f\left(1+\frac{0,3x}{100}\right)\left(1+\frac{1}{3}\frac{x-1}{100}\right)=15524^f,50.$$
De cette équation on déduit, après tous calculs et réductions : $3x^2+1897x=11490$. Je résous, et je trouve : $x={}^1/_6(-1897\pm1933)$; $x'=6$. La racine négative n'a pas ici d'application pratique. Le taux cherché est 6 pour 0/0. (*Vérifiez*).

772. Former une proportion par quotient, connaissant le produit a des extrêmes, la somme b des 4 termes et la somme C de leurs cubes. Appliquez au cas où $a=63$; $b=34,5$; $C=3907,125$. Rép. $4,5:9=7:14$.

Soit $x:y=z:t$ la proportion cherchée. Les équations du problème sont : $xt=yz=a$; $x+y+z+t=b$ et $x^3+y^3+z^3+t^3=C$. J'écris la 1re somme ainsi : $(x+t)+(y+z)$ et j'élève au cube :

$(x+t)^3+(y+z)^3+3(x+t)(y+z)(x+t+y+z)=x^3+t^3+3xt(x+t)+y^3+z^3+3yz(y+z)+3(x+t)(y+z)(x+t+y+z)=b^3$. Je remplace $xt=yz$ par a, $x+t+y+z$ par b, et $x^3+y^3+z^3+t^3$ par C. Cela fait, l'égalité précédente devient : $C+3ab+3a(x+t)(x+z)=b^3$; d'où $(x+t)(y+z)=\frac{b^3-3ab-C}{3a}$ (1). Connaissant le produit $(x+t)(y+z)$ et la somme $(x+t)+(y+z)=a$, on détermine aisément $x+t$ et $y+z$. Connaissant $x+t$ et $xt=a$, puis $x+z$ et $yz=a$, on trouve de même x, t, y et z.

APPLICATION. $a=63$; $b=34{,}5$; $C=3907{,}125$. Appliquons la formule (1) qui précède. $b^3=41063{,}625$; $3ab+C=10427{,}625$; $3a=103{,}5$. $(x+t)(y+z)=296$. Par suite $x+t$ et $y+z$ sont les racines de l'équation : $X^2-34{,}5X+296=0$; $x+t=\frac{1}{2}(34{,}5+2{,}5)=18{,}5$; $y+z=\frac{1}{2}(34{,}5-2{,}5)=16$. Connaissant $x+t=18{,}5$ et $xt=63$, on trouve aisément $x=4{,}5$; $t=14$. De même $y=9$, $z=7$. La proportion demandée est : $4{,}5:9=7:14$.

773. On partage 1200 fr. en parties proportionnelles aux carrés de trois nombres pairs consécutifs. La part moyenne est 384f ; quelles sont les deux autres ? RÉP. 216 et 600.

Soient $2x-2$, $2x$, et $2x+2$ les 3 nombres pairs consécutifs ; leurs carrés sont $4x^2-4x+4$, $4x^2$, et $4x^2+4x+4$. Les parties cherchées proportionnelles à ces carrés peuvent être représentées par $(4x^2-4x+4)y$, $4x^2y$, et $(4x^2+4x+4)y$. On doit avoir : $4x^2y=384$. Par suite $y=384:4x^2=96:x^2$. Je remplace y par cette valeur dans les 3 parties ci-dessus, puis j'additionne ces parties, et j'écris que leur somme est 1200. On trouve ainsi : $(12x^2+8)96:x^2=1200$; puis en chassant le dénominateur x^2, $(12x^2+8)96=1200x^2$; d'où $48x^2=8\times96$; puis $x^2=16$ et $x=4$. Par suite $y=96:x^2=96:16=6$. Les nombres proportionnels $2x-2$, $2x$, et $2x+2$ sont donc 6, 8 et 10 ; leurs carrés sont 36, 64 et 100, et les parties désignées par $(2x-2)^2y$, etc., sont 36×6, 64×6 et 100×6 ou 216, 384 et 600.

774. Former une proportion par quotient connaissant la différence a des extrêmes, la différence b des moyens et la somme c des carrés des 4 termes. Appliquez au cas où $a=0{,}4$; $b=13{,}6$; $c=338{,}72$. RÉP. $6:16=2{,}4:6{,}4$.

Soit $x:y=z:t$ la proportion cherchée. Équations du problème ;

$xt = yz$, $x - t = a$, $y - z = b$, et $x^2 + y^2 + z^2 + t^2 = c$. J'élève les 2 premières équations au carré, et j'additionne : $x^2 + y^2 + z^2 + t^2 - 2xt - 2yz = a^2 + b^2$; ou $c - 4xt = a^2 + b^2$; d'où $xt = \frac{1}{4}(c - a^2 - b^2)$. Par suite $(x + t)^2 = (x - t)^2 + 4xt = c - b^2$; $(y + z)^2 = (y - z)^2 + 4yz = c - a^2$.

Connaissant $x + t$ et $x - t$, $y + z$ et $y - z$, on trouve aisément x, t, y, z.

Application. $a = 0{,}4$; $b = 13{,}6$; $c = 338{,}72$. J'applique la formule (1) $c - a^2 - b^2 = 153{,}60$; $xt = yz = 38{,}40$; $(x + t)^2 = 153{,}76$; $x + t = 12{,}4$; $(y + z)^2 = 338{,}56$; $y + z = 18{,}4$. D'ailleurs $x - t = 0{,}4$, et $y - z = 13{,}6$. On déduit de là : $x = 6$; $t = 6{,}4$. De même $y = 16$; $z = 2{,}4$. La proportion demandée est $6 : 16 = 2{,}4 : 6{,}4$.

775. Deux marchands ont retiré d'une association qu'ils ont faite 3000f mise et bénéfice. La mise du 1er est 600f ; le gain du 2e est de 800f ; on demande le gain du 1er et la mise du 2e. Rép. 400f et 1200f.

Soient x le gain du 1er et y la mise du 2e. On a d'abord : $600 + x + y + 800 = 3000$; d'où $x + y = 1600$. Les mises étant proportionnelles aux bénéfices, on a $600 : x = y : 800$; ou $xy = 480000$; x et y sont donc les racines de l'équation $X^2 - 1600X + 480000 = 0$. Je résous : $x = 400$; $y = 1200$. Les deux mises sont : 600f et 1200f ; les bénéfices 400f et 800f.

776. Former une proportion par quotient connaissant la somme a des 4 termes, la somme c de leurs carrés et la somme C de leurs cubes. Appliquez au cas de $a = 9{,}6$; $c = 35{,}36$; $C = 153{,}216$. Rép. $3 : 0{,}6 = 5 : 1$.

Soit $x : y = z : t$ la proportion cherchée. Équations du problème :

$$xt = yz \; ; \; x + t + y + z = a \; ; \; x^2 + y^2 + z^2 + t^2 = c \; ; \; x^3 + y^3 + z^3 + t^3 = C.$$

J'écris la 2e somme ainsi : $(x + t) + (y + z)$; je l'élève au carré, puis au cube, et je réduis, d'après les équations proposées :

$$(x+t)^2 + (y+z)^2 + 2(x+t)(y+z) = c + 4xt + 2(x+t)(y+z) = a^2. \quad (1)$$

$$(x + t)^3 + (y + z)^3 + 3(y + t)(y + z)\,[(x + t) + (y + z)] = C + 3axt + 3a(x + t)\,(x + z) = a^3. \quad (2)$$

J'élimine $(x+t)(y+z)$ entre ces deux équations. Pour cela, je multiplie la 1re par $3a$ et la 2e par 2, et je retranche ; on trouve ainsi : $3ac-2C+6axt=a^3$; d'où $xt=\frac{a^3-3ac+2C}{6a}$ (3).

Connaissant xt, on déduit $(x+t)(y+z)$ de l'équation (1). Connaissant le produit $(x+t)(y+z)$, et la somme $(x+t)+(y+z)$, on trouve aisément $x+t$ et $y+z$. On connaît d'ailleurs $xt=yz$; on peut calculer x, t, y et z.

APPLICATION. $a=9,6$; $c=35,36$; $C=153,216$. On applique la formule (3), et on trouve : $xt=yz=3$. On met cette valeur de xt dans l'équation (1) et on trouve $(x+t)(y+z)=22,40$. $x+t$ et $y+z$ sont les racines de $X^2-9,6X-22,40=0$; $x+t=4$; $y+z=5,6$. x et t sont les racines de $X_1^2-4X_1+3=0$; $x=3$, $t=1$. Enfin y et z sont les racines de $X^2_2-5,6X_2+3=0$; $y=0,6$, $z=5$. La proportion demandée est : $3:0,6=5:1$.

777. Trois marchands ont fait une association. Le 1er a mis 5000f de moins que le 2e et 5000 de plus que le 3e. S'ils n'eussent mis chacun qu'autant de francs qu'ils ont mis de fois 1000f, la mise du 2e multipliée par celle du 3e donnerait un produit égal à 75. Quelle est la mise de chacun ? RÉP. 10000f, 15000f et 5000f.

Soient x, $x+5000$ et $x-5000$ les trois mises cherchées. Soient un instant $x'\times 1000$ et $y'\times 1000$ les deux dernières mises. Par hypothèse $x'y'=75$; donc $x'\times1000\times y'\times1000=75000000$; le produit des deux dernières mises elles-mêmes : $(x+5000)(x-5000)$ est donc égal à 75000000 ; $x^2-25000000=75000000$; $x^2=100000000$; d'où $x=10000$. $x+5000=15000$; $x-5000=5000$. Les mises demandées sont 10000, 15000 et 5000. (*Vérifiez.*)

778. Former une proportion par quotient, connaissant le produit a des extrêmes, la somme b des 4 termes et la différence c entre la somme des carrés des extrêmes et la somme des carrés des moyens. Appliquez au cas où $a=24$; $b=22,4$; $c=53,76$.

Soit $x:y=z:t$ la proportion cherchée. *Équations du problème :* $xt=yz=a$; $x+y+z+t=b$; $x^2+t^2-y^2-z^2=c$.

On déduit de là : $x+t=b-y-z$; j'élève au carré : $x^2+t^2+2xt=b^2+y^2+z^2+2yz-2b(y+z)$; d'où x^2+t^2

$-y^2-z^2=b^2-2b(y+z)$, ou $c=b^2-2b(y+z)$. On déduit de cette équation : $y+z=(b^2-c):2b$. Par suite $x+t=(b^2+c):2b$. Connaissant $x+t$ et xt, $y+z$ et yz, on calcule aisément x, t, y et z.

APPLICATION. $a=24$; $b=22,4$; $c=53,76$. $y+z=(b^2-c):2b=10$; $x+t=12,4$. D'ailleurs $xt=yz=24$; on trouve de même $x=10$; $t=2,4$; $y=6$; $z=4$. Proportion, $10:6=4:2,4$.

779. Un capitaliste veut placer une somme de 80000f et une somme de 50000f, à des taux différents. S'il les place à intérêts simples il en retirera 12000f en deux ans; mais s'il les place à intérêts composés, il en retirera 280f de plus. Trouver les taux. RÉP. 5 et 4 p. 0/0.

Soient x' et y' les intérêts de 1f par an aux deux taux cherchés. 1er PLACEMENT. *Intérêts simples*. Pour 2 ans la somme des intérêts $80000x'\times2+50000y'\times2=12000$; d'où $40x'+25y'=3$ (1). 2e PLACEMENT. *Intérêts composés*. $80000(1+x')^2+50000(1+y')^2=80000+50000+12000+280=142280$; ou $8000(1+x')^2+5000(1+y')^2=14228$ (2). Pour simplifier, j'introduis $1+x'$ et $1+y'$ dans l'équation (1), en l'écrivant ainsi : $40(1+x')+25(1+y')=3+40+25=68$; puis je pose $1+x'=x$; $1+y'=y$. Les deux équations deviennent alors $40x+25y=68$ et $8000x^2+5000y^2=14288$. Je déduis de la 1re équation la valeur de y en x, et je la substitue dans la 2e. Cette substitution faite, on trouve après réduction : $26x^2-54,4x+28,455=0$. Je résous : $x=\frac{27,2\pm0,1}{26}$; $x=1,05$. Par suite $x'=x-1=0,05$. $x'=0,05$ donne, d'après l'équat. (1), $y'=0,04$. Comme x' et y' sont les intérêts de 1f, les taux cherchés sont 5 et 4 p. 0/0.

La 2e valeur ci-dessus de x, $\frac{27,1}{26}$, donne d'autres valeurs de x et de y qui satisfont également à la question, mais qui sont un peu moins simples.

780. Former une proportion par quotient, connaissant le produit a des extrêmes, la somme c des carrés des 4 termes et la différence b entre la somme des extrêmes et la somme des moyens. Appliquez au cas de $a=120$; $c=725$ et $b=3$.

Soit $x:y=z:t$ la proportion cherchée. *Équations du problème:*

$xt = yz = a$; $x + t - y - z = b$; $x^2 + t^2 + y^2 + z^2 = c$. J'élève la 2ᵉ équation au carré, et je remplace $x^2+y^2+z^2+t^2$ par c et $xt = yz$ par a. On trouve ainsi $c + 4a - 2(x+t)(y+z) = b^2$; d'où $(x + t)(y + z) = \frac{1}{2}(c + 4a - b^2)$ (1). Posons un instant $(x + t) = S$, et $y + z = S'$; on connaît SS' et $S - S' = b$. Or $(S+S')^2 = (S - S')^2 + 4SS' = b^2 + 2(c + 4a - b^2)$ (2). Connaissant $S + S'$ et $S - S'$, on calcule aisément S et S', c'est-à-dire $x + t$, et $y + z$. Connaissant $x + t$ et xt, $y + z$ et yz, on calcule de même x, t, y et z.

APPLICATION. $a = 120$; $c = 725$; $b = 3$. La formule (1) donne $(x + t)(y + z) = 578$. La formule (2) donne $(S + S')^2 = 2401$; puis $S + S' = 49$. D'ailleurs $S - S' = 3$; donc S ou $x + t = 26$; S' ou $y + z = 23$. D'ailleurs $xt = yz = 120$. On déduit de là $x = 20$, $t = 6$; puis $y = 15$, $z = 8$. *Proportion cherchée :* $20 : 15 = 8 : 6$.

781. Deux négociants ont entrepris une affaire avec une mise totale de 1000ᶠ ; l'argent du 1ᵉʳ est resté 5 mois dans l'entreprise ; celui du second 2 mois. Chacun a reçu à la fin 900ᶠ pour mise et bénéfice ; on demande la mise et le bénéfice particuliers de chacun ?

Soit x la mise du premier ; celle du 2ᵉ est $1000 - x$. Chacun ayant reçu à la fin 900ᶠ en tout, les mises et les bénéfices réunis valent 1800ᶠ ; le bénéfice total est donc 800ᶠ. Il faut partager ce bénéfice en parties proportionnelles aux produits des mises par le temps, c'est-à-dire à $5x$ et à $(1000 - x) \times 2$. On a $\frac{b}{b'} = \frac{5x}{2000 - 2x}$; $\frac{b}{b + b'}$ ou $\frac{b}{800} = \frac{5x}{2000 + 3x}$; d'où $b = \frac{4000x}{2000 + 3x}$.

D'ailleurs, $b + x = 900$; donc $\frac{4000x}{2000 + 3x} + x = 900$ (k). *Équation finale :* $x^2 + 1100x = 60000$. Je résous : $x = -550 \pm \sqrt{550^2 + 60000} = -550 \pm 950$. $x' = 400$; $x'' = -1500$. Je prends $x = 400$. *Première mise* : 400ᶠ, 2ᵉ *mise* 600ᶠ. 1ᵉʳ *bénéfice* (900ᶠ — 400) = 500ᶠ. 2ᵉ *bénéfice* : 300ᶠ. Ces bénéfices sont bien proportionnels à $5x$ et à $2000 - 2x$, c'est-à-dire à 2000ᶠ et 1200ᶠ.

Valeur négative : $x = -1500$. Pour interpréter cette solution négative, je change x en $-x$ dans l'équation (k) qui devient : $\frac{-4000x}{2000-3x} - x = 900$, laquelle équivaut à celle-ci : $\frac{4000x}{3x-2000} - x = 900$ (k'). Cette équation est vérifiée par $x = 1500$. Pour modifier l'énoncé du problème proposé de manière à ce que la mise en équation conduise finalement à cette équation (k'), il faut faire subir en *reculant pas à pas*, aux équations précédentes des modifications telles que les nouvelles équations conduisent à l'équation finale (k'). Ces nouvelles équations doivent être : $b - x = 900$; $b = \frac{4000x}{3x-2000}$; $b - b' = 800$; $\frac{b}{b-b'}$ ou $\frac{b}{800} = \frac{5x}{3x-2000}$; $\frac{b}{b'} = \frac{5x}{2000+2x}$; ce qui exige que les mises soient x et $x + 1000$. D'après ces équations, $x = 1500$ est la solution du problème suivant :

Deux négociants associés ont mis l'un une certaine somme, l'autre 1000f de plus. L'argent du premier est resté 5 mois dans l'entreprise ; celui du second, 2 mois. Le bénéfice du premier surpasse sa mise de 900 fr. et le bénéfice du second de 800 fr. On demande la mise et le bénéfice de chacun ?

Rép. Le premier a mis 1500 fr. et gagné 2400 fr. ; le second a mis 2500 fr. et gagné 1600 fr.

782. x, y, z, t formant une proportion par quotient sont tels que $y + z - x - t = a$; $y^2 + z^2 - x^2 - t^2 = c$; $y^3 + z^3 - x^3 - t^3 = C$. Trouver x, y, z et t. Appliquez au cas où $a = 3$; $c = 165$; $C = 5301$.

Je déduis de la 1re équation : $y + z = a + x + t$. J'élève au carré, et je biffe $2xt$ et $2yz$ égaux : $y^2 + z^2 = a^2 + x^2 + t^2 + 2a(x+t)$; d'où $a^2 + 2a(x+t) = y^2 + z^2 - x^2 - t^2 = c$; puis $x + t = \frac{c - a^2}{2a}$; $y + z = a + \frac{c-a^2}{2a} = \frac{c+a^2}{2a}$.

Désignons un instant ces deux sommes connues ($x+t$ et $y+z$) par s et s'. J'élève au cube : $x^3 + t^3 + 3xt(x+t) = s^3$. $(y+z)^3 = y^3 + z^3 + 3yz(y+z) = s'^3$. Je soustrais : $y^3 + z^3 - x^3 - t^3 + 3yz\,(y + z - x - t) = s'^3 - s^3$. En remplaçant par les valeurs données, je trouve $C + 3yz \times a = s'^3 - s^3$; d'où

$yz = xt = \dfrac{s'^3 - s^3 - C}{3a}$. Comme s et s' sont connues, on peut calculer $yz = xt$. Connaissant yz et $y+z$, xt et $x+t$, on calcule aisément y, z, x et t.

APPLICATION. $a=3$; $c=165$; $C=5301$. $s'=(165+9):6=29$; $s=(165-9):6=26$. $s'^3=24389$; $s^3=17576$; $s'^3-s^3-C=1512$; $yz=xt=1512:9=168$. $y+z=29$ et $yz=168$ donnent : $y=21$, $z=8$. $x+t=26$, et $xt=168$ donnent : $x=14$; $t=12$. La proportion cherchée est $14:21=8:12$.

783. Deux ouvriers ont un ouvrage à faire. Si chacun d'eux en faisait la moitié, il leur faudrait en tout 25 heures de travail pour le terminer ; mais s'ils travaillent ensemble, l'ouvrage sera fait en 12 heures ; combien d'heures chacun emploierait-il à faire l'ouvrage entier s'il travaillait seul ? RÉP. 20^h et 30^h.

Soient x et y les nombres d'heures cherchées. Pour faire la moitié de l'ouvrage, le 1er ouvrier met $\frac{1}{2}x^h$, le 2e $\frac{1}{2}y^h$; d'après l'énoncé, $\frac{1}{2}x+\frac{1}{2}y=25$; d'où $x+y=50$ (*). En travaillant ensemble, ils font l'ouvrage entier ou 1 dans 12^h. Or le 1er qui fait seul cet ouvrage 1 dans x^h fait $\dfrac{1}{x}$ dans 1^h, et $\dfrac{12}{x}$ dans 12^h; le 2e fait de même $\dfrac{12}{y}$ dans 12^h. En travaillant ensemble, ils font donc en 12^h, $\dfrac{12}{x}+\dfrac{12}{y}=1$; ou, d'après l'éq. (1), $\dfrac{12}{x}+\dfrac{12}{50-x}=1$.

Équation finale. $x^2-50x+600=0$; $x=25\pm5$; $x'=30$; $x''=20$; mais $x+y=50$ en même temps que $x'+x''=50$; donc $x=x'=30$, et $y=x''=20$.

784. Former une progression par quotient de 4 termes connaissant la somme a des 4 termes et la différence c entre la somme des carrés des deux premiers termes et la somme des carrés des deux derniers. Appliquez au cas où $a=67{,}5$; $c=1518{,}75$. RÉP. $36:18:9:4{,}5$.

Progression demandée : $x:y:z:t$. Équations du problème : $x+y+z+t=a$; $x^2+y^2-z^2-t^2=c$; $xt=yz$; $y^2=xz$ et $z^2=yt$. Je déduis de la 1re équation : $x+z=a-(y+t)$, et j'élève au carré : $x^2+z^2+2xz=a^2+y^2+t^2+2yt-2a(y+t)$. Je remplace $2xz$ par $2y^2$, et $2yt$ par $2z^2$; je transpose tous les carrés dans le 1er membre, et je trouve : $x^2+y^2-z^2-t^2=a^2-2a(y+t)$; ou $c=a^2-2a(y+t)$; d'où $y+t=\frac{a^2-c}{2a}$; puis $x+z=a-(y+t)=\frac{a^2+c}{2a}$. Désignons, pour simplifier, ces deux sommes connues par s et s'. $(y+t=s;\ x+z=s')$. Par définition $\frac{y}{x}=\frac{z}{y}=\frac{t}{z}$; donc $\frac{y+t}{x+z}=\frac{y}{x}$ ou $\frac{s}{s'}=\frac{y}{x}$. Par suite, la raison de la progression est $\frac{s}{s'}$. Les 4 termes sont donc $x, \frac{s}{s'}x, \left(\frac{s}{s'}\right)^2 x$ et $\left(\frac{s}{s'}\right)^3 x$. La somme $x\left[1+\frac{s}{s'}+\left(\frac{s}{s'}\right)^2+\left(\frac{s}{s'}\right)^2\right]=a$. Cette équation donne x, puis les trois autres termes.

APPLICATION. $a=67{,}5$; $c=1518{,}75$. $a^2=4556{,}25$; $a^2-c=3037{,}50$. $y+t$ ou $s'=3037{,}50:135=22{,}5$; par suite $x+z$ ou $s=67{,}5-22{,}5=45$. $s:s'=22{,}5:45=\frac{1}{2}$.

Les 4 termes sont : x, $\frac{1}{2}x$, $\frac{1}{4}x$, $\frac{1}{8}x$. Total : $\frac{15}{8}x=67{,}5$; $x=540:15=36$. Progression trouvée : 36 : 18 : 9 : 4,5.

785. Un billet de 4200[f] est payable le 17 décembre 1864. Le porteur, qui peut l'escompter à un certain taux, trouve le 4 septembre l'occasion de placer son argent à un taux plus fort de 1 ½ p. 0/0. Il fait les deux opérations successivement, et se fait ainsi un revenu de 248[f],724. Trouver le taux en question.

Soit x le taux cherché. Du 4 septembre au 17 décembre : 104 jours. On place 4200[f] — l'escompte, ou $4200\left(1-\frac{104x}{36000}\right)$ au taux : $x+1{,}5$; le revenu $4200\left(1-\frac{104x}{36000}\right)\left(\frac{x+1{,}5}{100}\right)=248{,}724$. Je simplifie : $42\frac{(4500-13x)(x+1{,}5)}{4500}=248{,}724$. Je simplifie encore. Je dis : Si 248,724 était divisible par 42 (par 6 et par 7), la simplification serait grande ; j'essaye la division ; elle réussit (*). $(4500-13x)(x+1,5)=5,922\times 4500$. *Équation finale* : $13x^2-4480,5x+19899=0$. Je résous : $x=\dfrac{4480,5\pm 4363,5}{26}$. Je prends la plus petite valeur $x=117:26$ $=4,5$. La 2e valeur est évidemment étrangère à la question.

786. La somme de deux nombres multipliée par la somme de leurs carrés donne pour produit 1484 ; leur différence multipliée par la différence de leurs carrés donne pour produit 224. Quels sont ces nombres ?

Soient x et y les nombres cherchés. Les équations du problème sont $(x^2+y^2)(x+y)=1484$; $(x^2-y^2)(x-y)=224$. Je divise membre à membre, et je simplifie : $\dfrac{x^2+y^2}{(x-y)^2}=\dfrac{1484}{224}=\dfrac{53}{8}$.

Je pose $y=zx$; je remplace, et je divise par x^2 ; $\dfrac{1+z^2}{(1-z)^2}=\dfrac{53}{8}$.

Équation finale : $45z^2-106z+45=0$. Je résous : $z={}^1/_{45}$ $(53\pm\sqrt{53^2-45^2})={}^1/_{45}\,(53\pm 28)$; $z'={}^9/_5$; $z''={}^5/_9$. Je prends d'abord $z={}^5/_9$, et je substitue $y={}^5/_9x$ dans la 2e équation : ${}^{224}/_{729}x^3=224$, $x^3=729$; $x=9$; puis $y={}^5/_9\,x=5$.

La 2e valeur $z={}^9/_5$ donne $x=5$, $y=9$, c'est-à-dire les mêmes valeurs en ordre inverse ; cela tient à ce que les équations proposées ne changent pas quand on y change y en x et x en y.

787. Un spéculateur achète pour 24000f d'obligations de 500f qui perdent x pour 0/0 de leur valeur nominale. Plus tard, ces obligations faisant x p. 0/0 de prime, il en garde 20 et vend les autres 15600f. Trouver le nombre des obligations achetées et le prix de chacune.

x^f pour 100f, c'est $5x^f$ pour 500f. Les obligations en question ont été achetées au cours de $(500-5x)^f$; pour 24000f on en a eu $\dfrac{24000}{500-5x}$. Plus tard on en a vendu 20 de moins au cours de $(500+5x)^f$ pour 15600f ; donc $\left(\dfrac{24000}{500-5x}-20\right)(500+5x)=$

(*) Nous recommandons cette manière d'agir. Quand un diviseur est évident d'un côté, il faut essayer la division de l'autre.

15600 ; c'est l'équation du problème. *Équation finale* : $x^2+396x-1600=0$. Je résous $x'=4$; $x''=-400$. Le taux cherché est 4 p. 0/0. 4 p. 0/0 c'est 20 pour 500. *Prix d'achat* $500-20=480$; *nombre des obligations achetées* : $24000:480=50$. *Nombre des obligations vendues* : 30 ; 30 obligations à 520f font bien 15600f.

Solution négative : $x=-400$. Je change x en $-x$ dans l'équation du problème qui devient : $\left(\frac{24000}{500+5x}-20\right)(500-5x)=15600$. Pour $x=400$, les deux premiers facteurs du 1er membre sont évidemment négatifs ; pratiquement, l'équation doit donc s'écrire ainsi : $\left(20-\frac{24000}{500+5x}\right)(5x-500)=15600$. Cette équation correspond au problème suivant :

Un spéculateur possesseur de 20 obligations dont la valeur nominale est 500 fr., en vend une partie pour 24000 fr. au moment où elles font prime de x p. 100 de leur valeur nominale, et le reste pour 15600 fr. quand elles valent 1000 fr. de moins que la 1ère fois. Trouver x. ($5x-500=500+5x-1000$.)

788. Un nombre N de 3 chiffres est égal à 73 fois le chiffre des dizaines ; celui-ci est égal à la somme des deux autres diminuée de 1. On sait de plus que le produit du chiffre des dizaines par celui des centaines est égal à 2 fois $^1/_2$ le carré du chiffre des unités. Trouver N

Soient x, y, z les chiffres cherchés. *Équations du problème* : $100x+10y+z=73y$, ou $100x+z=63y$. $y=x+z-1$; $xy={}^5/_2z^2$. Je déduis des deux premières équations les valeurs de x et de y en z. $x=\frac{62z-63}{37}$; $y=\frac{99z-100}{37}$. Je substitue ces valeurs dans la 3e équation proposée ; j'effectue les opérations, et je réduis. *Équation finale* : $5431z^2-24874z+12600=0$. Je résous : $z=\frac{12437\pm9287}{5431}$. $z'=4$; z'' fractionnaire ne convient pas. $z=4$ donne $xy=40$ et $y-x=z-1=3$. Connaissant xy et $y-x$, on trouve aisément : $y=8$, $x=5$. Par suite $N=584$. (Vérifiez les conditions du problème.)

789. Un particulier achète pour 72900f d'obligations d'un chemin de fer rapportant 15f d'intérêt annuel ; l'année suivante il en achète d'autres au même cours pour 21600f Au bout de 2 ans, il cède toutes ces obligations au prix coûtant, joint à leur prix 450f et les intérêts qu'il a économisés, et achète avec le tout d'autres obligations rapportant également 15f de rente au cours de 250f. Il se fait ainsi 6255f de rente ; on demande le nombre et le prix des premières obligations.

Ce problème est simplement arithmétique ; on le résout en commençant par la fin de l'énoncé. Chaque obligation rapportant 15 fr., pour avoir 6255 fr. de rente le particulier en a acheté 6255 : 15 = 417. 417 obligations au cours de 250 fr. ont coûté 104250 fr. Je retranche les 450 fr. ; le reste, 103800 fr. se compose du prix d'achat des premières obligations qui est 72900f + 21600f = 94500 fr., et des intérêts produits. Ces intérêts valent donc 103800f — 94500f = 9300 fr. Ces intérêts ont été touchés à raison de 15 fr. par obligation ; je divise 9300 par 15 ; le quotient est 620 ; le particulier a touché 620 fois 15 fr. d'intérêt de cette manière : chacune des obligations achetées pour 72900 fr. a rapporté 2 fois 15 fr. d'intérêt, et chacune des obligations achetées pour 21600 fr. a rapporté 15 fr. seulement.

Les mêmes intérêts auraient été rapportés dans un an seulement, à 15 fr. par obligation, par des obligations achetées pour 2 fois 72900 fr. ou 145800 fr. et pour 21600 fr. ; total 167400 fr. Dans cette hypothèse. Le particulier aurait acheté 620 obligations pour 167400 fr., c'est-à-dire au cours de 167400 : 620 = 270 fr. Comme il n'a acheté en réalité des obligations que pour 72900. fr. et pour 21600, je divise ces deux nombres par 270, et j'ai simplement cette réponse : *Le particulier a acheté pour la première fois* 270 *obligations, et plus tard* 80 *obligations au cours de* 270 *fr.*

790. Former une proportion géométrique continue connaissant la somme a des 3 termes différents, et l'excès b de la somme des carrés des extrêmes sur le carré du moyen. Appliquez au cas de $a = 42$; $b = 468$.

Proportion demandée : $x : y = y : z$. Équations du problème : $x + y + z = a$. $x^2 + z^2 - y^2 = b$; $y^2 = xz$. La 2e équation peut s'écrire : $(x + z)^2 - 2xz - y^2 = b$, ou $(x + z^2) - 3y^2 = b$. Mais $x + z = a - y$. On a donc l'équation : $(a - y)^2 - 3y^2 = b$; d'où $y^2 + ay - {}^1/_2(a^2 - b) = 0$. On déduit de cette équation la valeur de y. Connaissant y, on connaît $xz = y^2$ et $x + z = a - y$; on calcule aisément x et z.

Application. $a = 42$, $b = 468$; $a^2 - b = 1296$. L'équation en y est donc ici : $y^2 + 42y - 648 = 0$. Je résous : $y' = 12$; $y'' = -54$. Je prends $y = 12$; $xz = 144$; $x + z = 42 - 12 = 30$. On déduit de là $x = 24$; $z = 6$. *Proportion demandée :* $24 : 12 = 12 : 6$. (Vérifiez les conditions.)

La valeur négative de y donne des valeurs imaginaires de x et de z.

791. On a escompté le même jour à 5 p. 0/0 deux billets dont les valeurs nominales se montent ensemble à 7520^f. Le premier a donné lieu à un escompte de 20^f ; le second, payable 10 jours plus tôt, a donné lieu à un escompte de 21^f. On demande les valeurs nominales et les échéances.

Soient x la valeur nominale du 1er billet et y le nombre des jours qui précèdent l'échéance. Le 2e billet est de $7520^f - x$ payables dans $(y - 10)$ jours. Le taux de l'escompte étant connu, nous pouvons nous servir de la formule $E = \frac{a \times n}{D}$ (méthode du commerce). Le diviseur correspondant à 5 p. $^0/_0$ est 7200.

Pour le 1er billet, $E = 20$; $a = x$; $n = y$; pour le 2e, $E = 21$; $a = 7520 - x$, $n = y - 10$. Nous avons donc les deux équations : $\frac{xy}{7200} = 20$, ou $xy = 144000$, et $\frac{(7520 - x)(y - 10)}{7200} = 21$. D'où $7520y - 75200 - xy + 10x = 151200$. Je remplace xy par 144000, et je réduis ; $752y + x = 37040$. $x = 37040 - 752y$.

Je mets cette valeur dans $xy = 144000$, et je trouve $752y^2 - 37040y + 144000 = 0$. Je résous cette équation, et je trouve $y = 45$. Par suite, $x = 144000 : 45 = 3200$. Le 1er billet est de 3200^f payables dans 45 jours. $7520 - 3200 = 4320$. Le 2e billet est de 4320^f payables dans 35 jours. (Vérifiez les conditions du problème.)

792. Former un progression par quotient de quatre termes connaissant la somme a des extrêmes et la somme b des moyens Appliquez au cas de $a = 378$ et $b = 90$.

Soient x le 1er terme et z la raison de la progression demandée. Les 4 termes valent : x, zx, z^2x, z^3x. Équations du problème : $x + z^3x = a$; $zx + z^2x = b$, ou bien $x(1 + z^3) = a$; $zx(1 + z) = b$. Je divise membre à membre, et je simplifie : $\frac{1+z^3}{z(1+z)} = \frac{a}{b}$. Mais $(1+z^3) : (1+z) = 1 - z + z^2$; je remplace, et je chasse les dénominateurs ; je trouve ainsi : $b - bz + bz^2 = az$; ou $bz^2 - (a+b)z + b = 0$. Cette équation donne la valeur de z. On déduit ensuite x de l'équation $zx(1 + z) = b$.

Application. $a = 378$; $b = 90$. L'équation qui donne z est ici : $90z^2 - 468z + 90 = 0$. Je résous : $z' = 5$; $z'' = {}^1/_5$. $z = 5$ donne $5x \times (1 + 5) = 90$; $30x = 90$; $x = 3$. Progression demandée : 3 : 15 : 75 : 375. $z = {}^1/_5$ donne ${}^1/_5(1 + {}^1/_5) = 90$ ou ${}^6/_{25}x = 90$; $x = 90 \times 25 : 6 = 15 \times 25 = 375$. La progression demandée est : 375 : 75 : 15 : 3. C'est la même progression qui peut s'écrire de deux manières.

793. L'escompte d'un billet de 2460f est 67f,65. Si l'échéance était rapprochée de 55 jours et le taux augmenté de 1 1/2 pour 0/0, l'escompte resterait le même. Trouver le taux et l'échéance.

Soient x le taux cherché et y le nombre de jours demandé. 1° L'escompte de 2460f pour y jours est $2460 \times \frac{xy}{100 \times 360}$; 2° l'escompte de 2460f pour $(y - 55)^j$ à $x + 1,5$ pour 0/0 est $\frac{2460 \times (x + 1,5)(y - 55)}{36000}$. Nous avons donc les deux équations $\frac{2460 \times xy}{36000} = 67,65$ (1), et $\frac{2460 \times xy}{36000} = \frac{2460(x + 1,5)(y - 55)}{36000}$, ou simplement $(x + 1,5)(y - 55) = xy$ (2) ; d'où : $-55x + 1,5y - 82,5 = 0$; puis $3y - 110x = 165$ (2). Je déduis de cette équation (2) la valeur de y en x, et je la porte dans l'équation (1), qui simplifiée se réduit à $xy = 9000$. Cette substitution conduit à l'équation finale : $110x^2 + 165x = 2970$, qui se réduit par division à $2x^2 + 3x = 54$.

Je résous ; $x' = 4,5$; $x'' = -6$. $x = 4,5$ donne $y = 990 : 4,5 = 220$. Rép. La somme de 2460f payable dans 220 jours, a été escomptée à 4 ${}^1/_2$ pour 0/0.

Solution négative. $x = -6$. $y = 990 : -6 = -165$. Je change x en $-x$, et y en $-y$ dans les équat. du problème qui deviennent : $\frac{2460 \times xy}{36000} = 67,65$, et $\frac{2460\,(-x+1,5)(-y-55)}{36000} = 67,65$; ou bien $\frac{2460(x-1,5)(y+55)}{36000} = 67,65$. Ces équations sont les équations du problème modifié en ce sens que l'escompte reste le même si le taux est *diminué* de $^1/_2$ pour 0/0, et l'échéance *reculée* de 55 jours. Dans ce cas le taux est 106 pour $^0/_0$, et le nombre de jours 165.

Questions de géométrie.

Avis. La valeur de chaque ligne demandée ou nécessaire pour la résolution de la question proposée doit être calculée ou exprimée en fonction des quantités données ; de même la valeur de chaque surface ou de chaque volume demandé. — On interprétera autant que possible les solutions négatives des équations finales

Si on a déjà étudié les questions de maximum ou de minimum, on fera bien de discuter tout de suite complétement chaque question proposée, c'est-à-dire que l'on résoudra en même temps la question de maximum ou de minimum correspondante proposée plus loin dans la série des questions de ce genre ; c'est ce que nous allons faire nous même. Si nous avons proposé plus loin à part ces questions de maximum ou de minimum, c'est qu'on les propose souvent ainsi.

Ayant résolu la question algébrique, on fera bien d'interpréter au point de vue de la géométrie les circonstances et les résultats indiqués par l'algèbre, et on construira, s'il y a lieu, les lignes trouvées d'après les formules algébriques.

Voilà ce que les élèves doivent faire le plus complétement possible. Nous ne le ferons pas complétement ici, parce que cela nous mènerait trop loin, et parce qu'il s'agit ici plus spécialement d'algèbre que de géométrie.

794. Connaissant le nombre N des diagonales qu'on peut mener dans un polygone ABCDEF....., trouver le nombre de ses côtés Appliquez au cas de $N = 54$.

Soit x le nombre des côtés cherchés. (Faites une figure.) Du sommet C partent $x - 3$ diagonales qui joignent ce point aux autres sommets (B et D exceptés). Il en part autant de chaque sommet, et il semble d'abord qu'on peut mener en tout x fois $x - 3$ ou $(x-3) \times x$ diagonales. Mais on compte ainsi chaque diagonale 2 fois, AC par exemple comme issue de C puis comme issue de A ; le nombre des diagonales possibles est donc en réalité deux fois moindre ; il y en a $^1/_2\,(x-3)x$. L'équation du problème est $^1/_2(x-3)x = N$, ou $x^2 - 3x = 2N$.

Application. $N = 54$; $x^2 - 3x = 108$; $x' = 12$; $x'' = -9$. Le polygone a douze côtés.

Valeur négative. Je change x en $-x$ dans l'équation du problème qui devient $\frac{1}{2}(-x-3)(-x) = N$, équivalant à $\frac{1}{2}(x+3)x = N$. Pour interpréter cette équation, on remarque qu'il y a 3 côtés de plus dans un polygone qu'il n'y a de diagonales issues du même sommet. De sorte que x représentant le nombre de ces diagonales, $x+3$ est celui des côtés, et $x(x+3)$ le nombre de toutes les diagonales possibles du polygone. La nouvelle équation, vérifiée par $x = 9$, sert donc à résoudre ce problème.

Connaissant le nombre de toutes les diagonales possibles d'un polygone, trouver le nombre des diagonales partant du même sommet.

795. La surface d'un champ rectangulaire est de 72 ares ; un autre champ qui a 30 mètres de moins en longueur et 20 mètres de plus en largeur a la même surface. Trouver les dimensions du 1er champ (Interpréter la solution négative)

$72^a = 7200^{mq}$. Soient x mèt. et y mèt. les dimensions cherchées. On a : $xy = 7200$; et $(x-30)(y+20) = xy$ qui se réduit à $20x - 30y = 600$. On résout ces équations, et on trouve : 1° $y = 60$, $x = 120$; 2° $y = -80$; $x = -90$. Rép. 60^m et 120^m.

Valeurs négatives. Je change x en $-x$ et y en $-y$ dans les équations du problème qui deviennent : $xy = 7200$, et $(-x-30)(-y+20) = xy$ équivalant à $(x+30)(y-20) = xy$. Ces deux équations vérifiées par $y = 80$, $x = 90$ correspondent au problème modifié ainsi au milieu : un autre champ qui a 30^m de *plus* en longueur et 20^m de *moins* en largeur, etc.

796. Inscrire dans un cercle un rectangle de surface donnée.
— *Idem* de périmètre donné.

Soient x et y les côtés AC, BC du rectangle cherché, a^2 sa surface donnée, et 2R le diamètre du cercle circonscrit. Je mène les diagonales qui sont des diamètres.

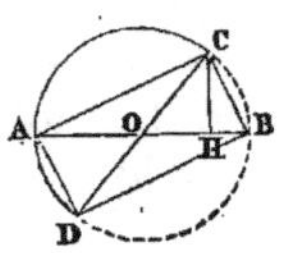

1er problème. *Équations:* $xy = a^2$ et $x^2 + y^2 = 4R^2$. On en déduit : $(x+y)^2 = 4R^2 + 2a^2 = 4R^2 + (a\sqrt{2})^2$; $(x-y)^2 = 4R^2 - 2a^2 = 4R^2 - (a\sqrt{2})^2$. On calcule ou on construit aisément $x + y$ et $x - y$; d'où x et y.

MAXIMUM. $(x-y)^2$ ne pouvant pas être négatif, on doit avoir en général $2a^2 < 4R^2$, $a^2 < 2R^2$; le *maximum* de a^2 est $2R^2$; mais alors $x-y=0$, $x=y$; le plus grand rectangle inscrit est le carré.

2e PROBLÈME. Soit $2p$ le périmètre donné (figure précédente). *Équations :* $x+y=p$; $x^2+y^2=4R^2$. On déduit de là : $2xy=p^2-4R^2$; puis $(x-y)^2=x^2+y^2-2xy=8R^2-p^2$. On connaît $x+y$ et $x-y$.

MAXIMUM de p. $(x-y)^2$ devant être positif, p^2 doit être en général $< 8R^2$ ou $p < 2R\sqrt{2}$; le *maximum* est $p=2R\sqrt{2}$. Quand $p=2R\sqrt{2}$, $x-y=0$, $x=y$. Le rectangle inscrit de plus grand périmètre est encore le carré.

MINIMUM de p. xy ne pouvant pas être négatif, p^2 doit être en général $> 4R^2$, ou $p > 2R$; le *minimum* est $p=2R$, ou $2p=4R$.

797. Mener par un point donné *intérieur* ou *extérieur* à un cercle une sécante AMB ou MAB, de manière que

— la corde AB ait une longueur donnée. (2 problèmes.)

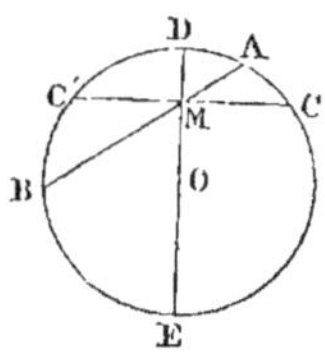

1er CAS. M *intérieur*. Je mène le diamètre DME et la corde perpendiculaire C'MC (qui est la plus courte passant par M). Soient $C'M=MC=c$, AMB la sécante cherchée, $MA=x$, $MB=y$, et $2l$ la longueur donnée de AMB. On a les équations : $x+y=2l$, et $xy=c^2$ (Géom.) ; par suite, x et y sont les racines de l'équation $X^2-2l.X+c^2=0$.

On sait calculer x et y et les construire. $X=l\pm\sqrt{l^2-c^2}$.

MINIMUM de l. Pour que x et y soient réels, l^2 doit être en général $> c^2$, ou $l > c$; le *minimum* est $l=c$ ou $2l=2c$. La plus *petite* corde qui passe par M est C'MC. La plus *grande* est le diamètre DME.

2e CAS. M *extérieur*. Je mène la sécante MCOC' et la tangente $MT=t$. Soient MAB la sécante cherchée, $MA=x$, $MB=y$, et $AB=2l$, longueur donnée. Par hypothèse, $y-x=2l$, et $x\times y=t^2$. D'où $y=2l+x$, puis $2lx+x^2=t^2$. Je résous $x=-l\pm\sqrt{l^2+t^2}$; $y=l\pm\sqrt{l^2+t^2}$. Les valeurs positives de x et de y conviennent seules ; on sait les construire.

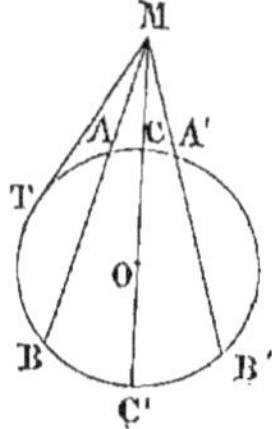

MAXIMUM de l. On sait que la plus grande sécante issue de M est MOC'$=r+\sqrt{r^2+t^2}$; comme $y=l+\sqrt{l^2+t^2}$, la plus *grande* valeur de l qui doit rendre $y=$ MOC' est $l=r$, ou $2l=2r$. $2l$ n'a pas de minimum puisque y peut décroître jusqu'à t ou $\sqrt{t^2}$.

798. Mener par un point donné intérieur ou extérieur à un cercle une sécante AMB ou MAB telle que la somme $\overline{AM}^2+\overline{MB}^2$ (M intérieur), ou $\overline{MA}^2+\overline{AB}^2$ (M extérieur) soit égale à un carré donné. (2 problèmes.)

1er CAS. M *intérieur* (1re fig. de l'Ex. 797, mêmes constructions et notations). Équations : $x^2+y^2=a^2$; $xy=c^2$. D'où $(x+y)^2=a^2+2c^2=a^2+(c\sqrt{2})^2$; $(x-y)^2=a^2-2c^2=a^2-(c\sqrt{2})^2$. D'où $x+y$, $x-y$, puis x et y.

MINIMUM de a. $(x-y)^2$ ne pouvant être négatif, a^2 doit être en général $>2c^2$; le *minimum* est $a^2=2c^2$. Mais alors $x-y=0$; $x=y$; $xy=x^2=c^2$; $x=c$; la corde inscrite est dans ce cas CMC'.

2e CAS. 2e fig. M *extérieur* (2e fig. ci-dessus). AB $=y-x$, *Équations du problème* : $y^2+(y-x)^2=a^2$; $xy=t^2$. D'où $2y^2-2xy+x^2=a^2$ ou $2y^2+x^2=a^2+2t^2$ (k). $y=t^2:x$. On substitue cette valeur dans l'équation (k) et on a : $x^4-(a^2+2t^2)x^2+2t^4=0$. $x^2=\frac{1}{2}(a^2+2t^2\pm\sqrt{a^4+4a^2t^2-4t^4})$.

MINIMUM de a^2. On doit avoir en général : $a^4+4a^2t^2-4t^4>0$ (1). Je résous par rapport à a^2 l'équation $a^4+4a^2t^2+4t^4=0$; $a^2=2t^2(-1\pm\sqrt{2})$. L'inégalité (1) peut donc s'écrire ainsi : $[a^2-2t^2(\sqrt{2}-1)][a^2+2t^2(\sqrt{2}+1)]$. $a^2>$ doit être en général $>2t^2(\sqrt{2}-1)$; le minimum $a^2=2t^2(\sqrt{2}-1)$.

798 *bis*. Mener par un point donné M *intérieur* ou *extérieur* à un cercle une sécante AMB ou MAB telle que $\overline{MB}^2-\overline{MA}^2=a^2$

1er CAS. M *intérieur* (1re fig. de l'Ex. 797). Les équations du problème sont $xy=c^2$; $y^2-x^2=a$. D'où $y=c^2:x$; puis $x^4+a^2x^2-c^4=0$. $x=\pm\sqrt{\frac{1}{2}(-a^2\pm\sqrt{a^4+4c^4})}$.

2e CAS. M *extérieur* (2e fig. de l'Ex. 797). Équations $xy=t^2$ et $y^2-x^2=a^2$. Même solution, t remplaçant c.

799. Mener par un point donné M *intérieur* ou *extérieur* à un cercle, une sécante AMB, ou MAB telle que la corde (M *intérieur*) ou la sécante (M *extérieur*) soit divisée par le point ou par la circonférence en moyenne et extrême raison. (2 problèmes et 2 cas pour le 2e)

1er Cas. M *intérieur* (1re fig. de l'Ex. 797). Soit un instant $x + y = z$, on doit avoir $z - x : x = x : z$, ou $x^2 = z^2 - xz$; d'où $x = {}^1/_2 z(\sqrt{5} - 1)$; puis $y = z - x = {}^1/_2 z(3 - \sqrt{5})$; d'où $x : y = \frac{\sqrt{5} - 1}{3 - \sqrt{5}}$. On a, d'ailleurs, $xy = c^2$. On déduit de ces deux équations x et y, que nous avons appris à construire dans les exercices de géométrie.

2e cas. M *extérieur* (fig. de l'Ex. 797). 1° On peut demander que la plus grande partie de la sécante soit la partie extérieure MA $= x$. Alors AB $= y - x$, et on doit avoir $y - x : x = x : y$; d'où $x = {}^1/_2 y(\sqrt{5} - 1)$. On a d'ailleurs $xy = t^2$. On calcule aisément x et y.

2° La corde AB doit être la plus grande partie. AB$= {}^1/_2 y(\sqrt{5} - 1)$; par suite MA ou $x = y -$ AB $= {}^1/_2 y(3 - \sqrt{5})$. D'ailleurs, $xy = t^2$; etc.

800. Étant donnée une perpendiculaire à la ligne des centres de deux circonférences, trouver sur cette droite un point d'où ces circonférences soient vues sous des angles égaux. (Discuter ; le problème est-il possible pour toutes les perpendiculaires à la ligne des centres ?)

(*Abaissez, sur la fig.* MC *perpendiculaire à* 00'). Soient OA$=r$, O'A' $= r'$, $r > r'$, OO' $= d$, OC $= c$, O'C$= d - c$, et enfin MC$= y$. D'après l'hypothèse, l'angle AmO$=$A'mO' les triangles rectangles AMO, A'MO' sont donc semblables, donc MO' : MO$=$OA : O'A', ou $\frac{\sqrt{y^2 + (d-c)^2}}{\sqrt{y^2 + c^2}} = \frac{r'}{r}$; d'où $(r^2 - r'^2)y^2 = r'^2c^2 - r^2(d - c)^2$; d'où y^2, puis y.

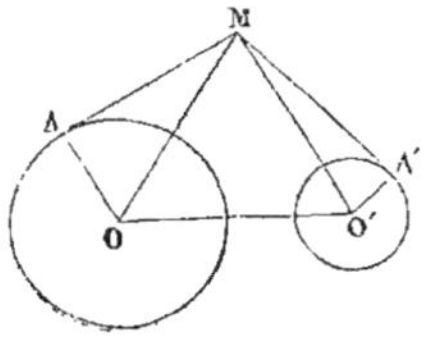

Maximum de c. y^2 devant être positif, on doit avoir en général $r'^2c^2 > r^2(d - c)^2$; d'où $r'c > r(d - c)$, ou $r'c > r(c - d)$, suivant que c

est plus petit ou plus grand que d. La 1re inégalité donne $c > \frac{rd}{r+r'}$, et la 2e, $c < \frac{rd}{r-r'}$. Le *minimum* de c est donc $c_1 = rd : (r+r')$, et le *maximum* $c_2 = rd : (r-r')$; je prends à partir de O sur OO′ deux longueurs OF_1 et OF_2 égales à c_1 et à c_2 ; j'élève les perpendiculaires F_1G_1, F_2G_2 sur la droite OO′. La perpendiculaire MC doit se trouver entre F_1G_1, F_2G_2.

801. Connaissant les cordes de deux arcs et le rayon d'un cercle, calculer la corde de leur somme ou de leur différence. Appliquer au cas de $r = 4$; $c = 3$; $c' = 2$.

1er PROBLÈME. On donne $AB = c$, $BC = c'$; il faut trouver $AC = x$. Je trace le diamètre $BOD = 2r$ et les cordes AD, DC. Les angles BAD, BCD étant droits, $AD = \sqrt{4r^2 - c^2}$, et $CD = \sqrt{4r^2 - c'^2}$. D'après un théorème de géométrie (Ex. 32, liv. III), $BD \times AC = AB \times CD + BC \times AD$, ou $2r \times x = c\sqrt{4r^2 - c'^2} + c'\sqrt{4r^2 - c^2}$; d'où x facile à calculer et à construire.

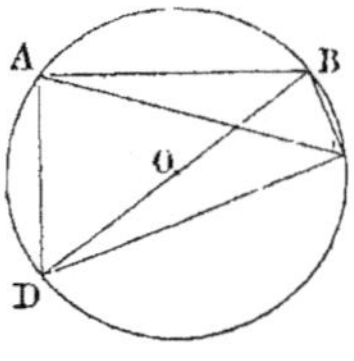

2e PROBLÈME. On donne $AB = c$, $AC = c'$; il faut trouver $BC = x$. Je mène le diamètre $AD = 2r$. (Il faut mener le diamètre de manière qu'il multiplie l'inconnue.) On a $AC \times BD = AD \times BC + AB \times CD$, ou $c'\sqrt{4r^2 - c^2} = 2rx + c\sqrt{4R^2 - c'^2}$. D'où x.

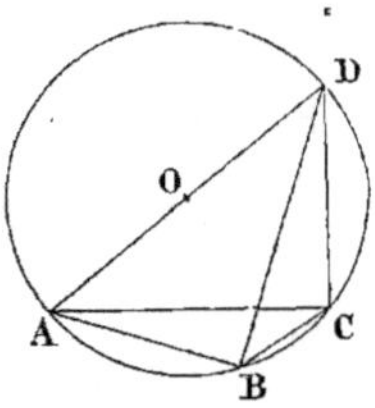

C'est donc par erreur que nous avons proposé ces deux questions comme des problèmes du 2e degré. En menant le diamètre convenablement, on a deux équations très-simples du 1er degré. De même pour l'Exercice suivant.

APPLICATION. 1er *Problème*. $r = 4$, $c = 3$, $c' = 2$.
$8 \cdot x = 3\sqrt{60} + 2\sqrt{55}$; $x = 4{,}76$.

802. Exprimer en fonction du rayon le côté du pentédécagone régulier inscrit dans un cercle. Appliquer au cas de $r = 2{,}5$

(*Fig. précédente*.) Je trace $AC = r$ côté de l'hexagone, puis le côté AB du décagone, et je joins B et C. BC est le côté du pentédécagone : en effet, arc $BC = {}^1/_6 - {}^1/_{10} = {}^{10}/_{60} - {}^6/_{60} = {}^4/_{60} = {}^1/_{15}$ de la circonférence. Soient $AC = r$, et $AB = d$, c'est le problème précédent; il faut trouver $BC = x$

$$r\sqrt{4r^2 - d^2} = 2rx + d\sqrt{4r^2 - r^2} = 2rx + dr\sqrt{3}; \text{ d'où } x.$$

On sait que $d = {}^1/_2 r(\sqrt{5} - 1)$. Appliquez au cas de $r = 2{,}5$.
RÉP. $x = 1{,}04$.

803. Mener par un point donné dans l'intérieur d'un angle une droite telle que le rectangle des segments intercepté sur les côtés de l'angle soit équivalent à un carré donné.

Soit O le point donné, et HOI la droite demandée supposée trouvée. Je mène OD parallèle à AC; il suffit de trouver AI ou AH. Soient $AH = x$, $AI = y$; $AD = a$, $OD = b$. Par hypothèse, $xy = m^2$ (carré donné) (1). Les triangles semblables HDO, HAI donnent $\frac{OD}{AI} = \frac{HD}{AH}$ ou $\frac{b}{y} = \frac{x - a}{x}$; d'où $bx = xy - ay = m^2 - ay$. On déduit de là $x = (m^2 - ay) : b$; cette valeur mise dans $xy = m^2$ donne $m^2y - ay^2 = bm^2$; $ay^2 - m^2y + bm^2 = 0$.

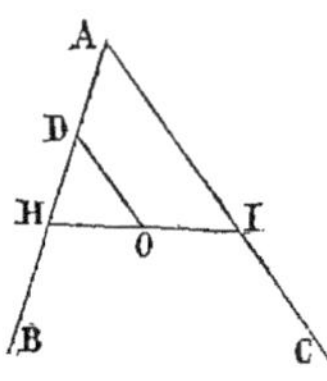

$$y = \frac{m}{2a}(m \pm \sqrt{m^2 - 4ab}); \text{ par suite } x = \frac{m}{2b}(m \mp \sqrt{m^2 - 4ab}).$$

Si m^2 est $> 4ab$, on a deux systèmes de valeurs de x et de y qui satisfont à la question proposée.

MAXIMUM. D'après le radical, le *maximum* du rectangle xy est $m^2 = 4ab$.

804. Mener par un point donné dans l'intérieur d'un angle une droite telle que la somme des segments interceptés soit égale à une ligne donnée.

(Fig. de l'Ex. 803; mêmes désignations.) *Équation :* $x + y = l$; $bx = xy - ay$. D'où on déduit : $y = l - x$; $bx = lx - x^2 - al + ax$, ou $x^2 - (a + l - b)x + al = 0$; $x = {}^1/_2 [a + l - b \pm \sqrt{(a + l - b)^2 - 4al}]$; d'où y. Les valeurs de x et de y sont positives quand elles sont réelles ; il y a donc alors deux solutions du problème.

MINIMUM de l. On doit avoir en général : $(a+l-b)^2-4al>0$ (1). Je résous, par rapport à l, l'équation : $(a+l-b-4al)^2=0$; $l=a+b\pm 2\sqrt{ab}$. L'inégalité (1) peut s'écrire ainsi :

$$[l-(a+b+2\sqrt{ab})]\ [l-(a+b-2\sqrt{ab})]>0.$$

D'après cette inégalité l doit être plus grand que $a+b+2\sqrt{ab}$; le *minimum* est $l=a+b+2\sqrt{ab}$, ou bien $l<a+b-2\sqrt{ab}$; le *maximum* est $l=a+b-2\sqrt{ab}$. Quand $l=a+b+2\sqrt{ab}$, $x=\frac{1}{2}(a-b+l)=a+\sqrt{ab}$ et $y=b+\sqrt{ab}$; x et y sont tous deux positifs. Quand $l=a+b-2\sqrt{ab}$, $x=a-\sqrt{ab}=\sqrt{a}(\sqrt{a}-\sqrt{b})$, et $y=b-\sqrt{ab}=b(\sqrt{b}-\sqrt{a})$; x et y sont de signes contraires, et $x+y=l$ est une différence. On conclut de là que $l=a+b+2\sqrt{ab}$, est le *minimum* d'une série de valeurs de l auxquelles correspondent des couples de valeurs positives de x et de y comptées sur les côtés de l'angle CAB. (*Prolongez les côtés* AB *et* CA *au delà de* A.) $l=a+b-2\sqrt{ab}$ est le *maximum* des valeurs de l qui correspondent à des valeurs de signes contraires de x et de y, comptées sur les côtés de l'angle CAB′ ou de l'angle BAC′ ; ces dernières valeurs de l sont des différences. En se bornant à la question proposée, le *minimum* est $l=a+b+2\sqrt{ab}$; c'est la seule limite à considérer.

805. Mener par un point donné dans un cercle deux cordes rectangulaires qui soient les diagonales d'un quadrilatère inscrit de surface donnée.

Soient M le point donné, d le diamètre du cercle, $BM=x'$, $MD=x''$, $MC=y'$, $MA=y''$ les segments des cordes demandées ; il suffit de connaître un de ces segments pour que le problème soit résolu. Je mène OM et la corde perpendiculaire $IME=2c$ (la plus courte passant par M). D'après la géométrie $x'x''=y'y''=c^2$. D'après l'Ex. 28, liv. III, Géom., $x'^2+x''^2+y'^2+y''^2=d^2+c^2$. D'ailleurs

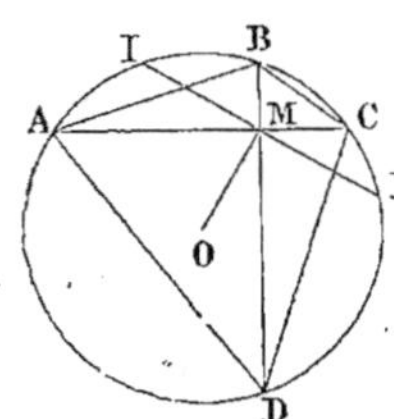

l'aire du polygone est $\frac{1}{2}BD\times AC$ ou $\frac{1}{2}(x'+x'')(y'+y'')=m^2$ (carré donné). On déduit de ces équations $[(x'+x'')+(y'+y'')]^2=x'^2+x''^2+2x'x''+y'^2+y''^2+2y'y''+2(x'+x'')(y'+y'')=d^2+c^2+4c^2+4m^2$. On connaît donc $(x'+x'')+(y'+y'')$, et $(x'+x'')(y'+y'')$; on peut calculer ou construire $x'+x''$ et $y'+y''$, puis x' et x'', y' et y''.

D'ailleurs $x' + x''$ ou AC étant connue, on peut mener une corde égale par le point M, puis BMD perpendiculaire.

MAXIMUM de l'aire m^2. D'après ce qui précède $[(x' + x'') - (y' + y'')]^2 = d^2 + c^2 + 4c^2 - 4m^2$. On doit donc avoir en général : $4m^2 < (d^2 + 5c^2)$; le *maximum* est $m^2 = {}^1/_4\,(d^2 + 5c^2)$.

806. Circonscrire à un cercle un trapèze isocèle ayant un périmètre donné — une surface donnée. (2 problèmes.)

1er PROBLÈME. On connaît le *périmètre* $2p$ du trapèze et le rayon r du cercle. Soient $AI = AM = x$, et $DM = DH = y$. Je mène les bissectrices DO, CO qui déterminent le centre. Le triangle ODC est isocèle, à cause de l'égalité des angles ADC, BCD.

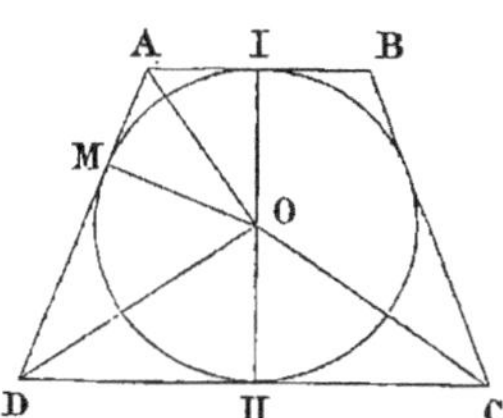

Le rayon OH perpendiculaire à DC tombe au milieu H de DC, et prolongé va passer au milieu I de AB ; la ligne brisée IAMDH est donc la moitié du périmètre ABCD ; $IAMDH = x + x + y + y = p$; ou $x + y = {}^1/_2\,p$ (1). D'un autre côté, comme $BAC + ADC = 2^{dr}$, $OAD + ODA = 1^{dr}$; par suite AOD est un angle droit, et $\overline{OM}^2 = AM \times MD$, ou bien $xy = r^2$ (2). x et y sont les racines de l'équation : $X^2 - {}^1/_2\,p\,X + r^2 = 0$. $x = {}^1/_4\,(p \pm \sqrt{p^2 - 16r^2})$.

MINIMUM de p. On doit avoir en général $p^2 > 16r^2$, $p > 4r$; le *minimum* est $p = 4r$; $2p = 8r$. Le trapèze de plus petit périmètre est le carré circonscrit.

2e PROBLÈME. Le trapèze a une *surface* donnée m^2. On a toujours $xy = r^2$. L'aire du trapèze $= {}^1/_2\,IH \times (AB + DC) = IH \times (AI + DH) = 2r\,(x + y)$. On a donc $2r\,(x + y) = m^2$; d'où $x + y = m^2 : 2r$, x et y sont les racines de l'équation du 2e degré :

$$X^2 - \frac{m^2}{2r}\,X + r^2 = 0\ (k). \qquad X = \frac{m^2 \pm \sqrt{m^4 - 16r^4}}{4r}.$$

MINIMUM de m^2. D'après le radical, on doit avoir en général $m^4 > 16r^4$; le *minimum* est $m^4 = 16r^4$ ou $m^2 = 4r^2$. Le trapèze *minimum* n'est autre que le carré circonscrit.

807. Circonscrire à une circonférence un losange ayant un périmètre donné.

Soit $4p$ le périmètre donné du losange : le côté $BC = p$. Les diagonales BD, AC bissectrices des angles B, D, C, A se rencontrent au centre du cercle inscrit. Il s'agit de trouver BF ou CF ; soient $BF = x$, $CF = y$. $x + y = p$. Le triangle BOC étant rectangle en O, on a $\overline{OF}^2 = BF \times FC$, ou $xy = r^2$. Donc x et y sont les racines de l'équation $X^2 - p.\ X + r^2 = 0$ (k); $X = {}^1/_2(p \pm \sqrt{p^2 - 4r^2})$.

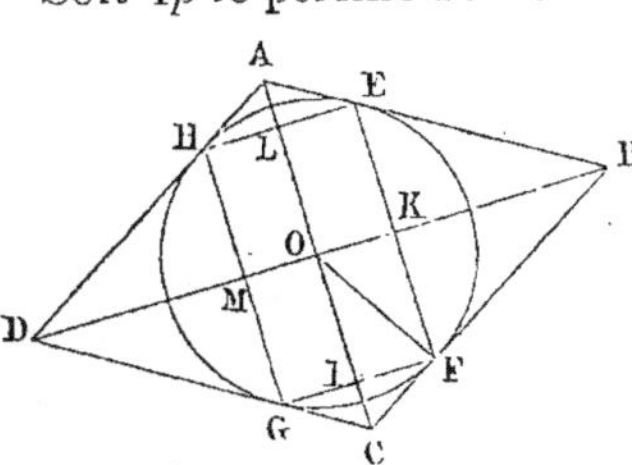

MINIMUM de p. D'après l'équation (k), on doit avoir en général $p^2 > 4r^2$ ou $p > 2r$, le *minimum* est $p = 2r$. Le losange est dans ce cas le carré circonscrit.

808. Circonscrire à une circonférence un losange ayant une surface donnée.

(Fig. de l'Ex. 807 ; mêmes désignations.) La surface du losange vaut $4BOC = 2BC \times OF = 2(x + y) \times r$; donc $2(x + y) \times r = m^2$; d'où $x + y = {}^1/_2(m^2) : r$. D'ailleurs on a toujours $xy = r^2$. x et y sont donc les racines de l'équation $X^2 - \frac{m^2}{2r} X + r^2 = 0$. ($k$). (Voyez l'Ex. 806, 2e problème.)

MINIMUM de m^2. Comme dans l'Ex. 806, pour le trapèze circonscrit.

809. Circonscrire à une circonférence un losange tel que sa surface ajoutée à celle du rectangle qui a pour sommets les points de contact fasse une somme donnée.

(Même fig. que dans l'Ex. 807; mêmes désignations). Je mène les droites EF, FG, GH, HE. Par hypothèse $ABCD + EFGH = m^2$ (carré donné). $BE = BF$ et $BA = BC$; donc EF est parallèle à AC ; de même EH est parallèle à BD. Comme BD est perpendiculaire à AC, EF est perpend. à EH ; EFGH est un rectangle. Soient $BD = d$, $AC = d'$, et l'aire $ABCD = s$. $s = {}^1/_2 d \times d'$. $dd' = 2s$. D'un autre côté, le triangle rectangle OFC donne $\overline{OF}^2 = OC \times OI$; d'où $OI = \overline{OF}^2 : OC = r^2 : {}^1/_2 d' = 2r^2 : d'$. Le triangle BOF donne de même $OK = r^2 : BO = r^2 : {}^1/_2 d = 2r^2 : d$.

Le rectangle KOIF $= \frac{4r^4}{dd'}$, et le rectangle entier EFGH $= \frac{16r^4}{dd'} = \frac{16r^4}{2s} = \frac{8r^4}{s}$. ABCD + EFGH ou $m^2 = s + \frac{8r^4}{s}$; d'où $s^2 - m^2s + 8r^4 = 0$. $s = \frac{1}{2}(m^2 - \sqrt{m^4 - 32r^4})$. Connaissant s, on est ramené au problème de l'Ex. 808.

MINIMUM : D'après le radical, m^4 doit être en général $> 32r^4$, ou $m^2 > 4r^2\sqrt{2}$; le minimum serait, d'après cela, $m^2 = 4r^2\sqrt{2}$. Dans ce cas $S = \frac{1}{2} m^2 = 2R^2\sqrt{2}$. Mais il faut employer S pour trouver x et y comme il est expliqué dans l'Ex. 808 ; or pour que x et y soient réels, on doit avoir au moins $S = 4r^2$; le minimum de m^2 n'est donc pas $4r^2\sqrt{2}$. D'après la valeur $s = \frac{1}{2} m^2 + \sqrt{m^4 - 32r^4}$ *de l'aire du losange*, on voit que le minimum de s correspond au minimum de m^2, et vice versâ. Or le minimum de s est $4r^2$, et alors $8r^4 : s = 2r^2$. Donc le *minimum* de $m^2 = s + (8r^4 : s)$ est $4r^2 + 2r^2 = 6r^2$. Le losange est alors le carré circonscrit.

810. Inscrire dans une circonférence un triangle isocèle dont la base et la hauteur fassent une somme donnée.

(Faites une figure.) Soient ABC le triangle proposé, sa base $BC = 2x$, et sa hauteur $AOD = y$ (AODE est un diamètre). Par hypothèse $2x + y = l$ (longueur donnée). D'ailleurs, $\overline{BD}^2 = AD \times DE$ ou $x^2 = y \times (2r - y) = 2ry - y^2$ (2). Je substitue dans cette équation : $x = \frac{1}{2}(l - y)$, et je trouve $5y^2 - 2(4r + l)y + l^2 = 0$; d'où $y = \frac{4r + l \pm \sqrt{16r^2 + 8rl - 4l^2}}{5}$. Connaissant y, on prend une longueur $AD = y$ sur un diamètre ADE ; on mène BDC perpendiculaire au diamètre ADE ; puis les droites AB, AC.

MAXIMUM de l. D'après le radical, on doit avoir en général $16r^2 + 8rl - 4l^2 > 0$ (1). Je décompose ce trinome en facteurs en résolvant par rapport à l l'équation simplifiée : $l^2 - 2rl - 4r^2 = 0$; $l = r \pm \sqrt{5r^2} = r(1 \pm \sqrt{5})$. D'après ces racines, l'inégalité (1) peut s'écrire ansi : $[r(1 + \sqrt{5}) - l]\,[l + r(\sqrt{5} - 1)] > 0$. Le 2e facteur étant essentiellement positif, on doit avoir en général $l < r(1 + \sqrt{5})$; le *maximum* est $l = r(1 + \sqrt{5})$.

811. Inscrire dans un triangle un rectangle de surface donnée.

Soit EFGH le rectangle cherché supposé construit ; il suffit de trouver EF ou EH. Soient $BC = a$, $AD = h$, $EH = ID = y$, et $EF = x$. D'abord $xy = k^2$ (1). Les triangles semblables donnent $\frac{AI}{AD} = \frac{EF}{BC}$, ou $\frac{h-y}{h} = \frac{x}{a}$ (2). Ces équations donnent : $\frac{hy-y^2}{h} = \frac{xy}{a}$, ou $\frac{hy - y^2}{h} = \frac{k^2}{a}$; d'où $y^2 - hy + \frac{hk^2}{a} = 0$. Je résous : $y = \frac{1}{2}\left(h \pm \sqrt{h^2 - \frac{4hk^2}{a}}\right)$. Ces deux valeurs de h sont positives quand elles sont réelles ; il y a donc en général deux valeurs de y, et par suite deux valeurs de x, c'est-à-dire deux solutions du problème. Quand le radical est nul, $y = \frac{1}{2}h$, et il n'y a qu'une solution.

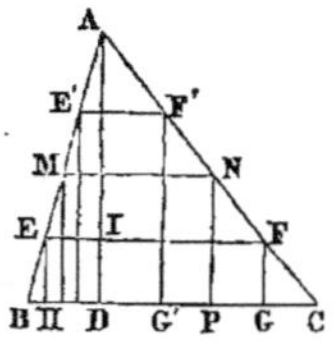

MAXIMUM de k^2. D'après les valeurs de y, on doit avoir : $4hk^2 < ah^2$ ou $k^2 < \frac{1}{4}ah$; le *maximum* est $k^2 = \frac{1}{4}ah$; dans ce cas $y = \frac{1}{2}h$. Le rectangle maximum équivaut à la moitié du triangle.

812. Circonscrire à un rectangle un rectangle de surface donnée.

EFGH rectangle donné; ABCD *id.* cherché. $GH = a$, $GF = b$; $AH = x$, $HB = x'$, $AG = y$, $GD = y'$. Les triangles égaux HBE, GDF donnent $BE = GD = y'$, puis $EC = AG = y$. $x^2 + y^2 = a^2$ (1); $AB \times AD = c^2$, ou $(x + x')(y + y') = c^2$ (carré donné) (2). L'angle AHG, complément de BHE, étant égal à BEH, les triangles AHG, BHE sont semblables et donnent $\frac{y'}{x} = \frac{x'}{y} = \frac{b}{a}$; d'où $y' = \frac{bx}{a}$ et $x' = \frac{by}{a}$. Je mets ces valeurs dans l'équation (2), puis je chasse les dénominateurs. $(ax + by)(ay + bx) = a^2c^2$, ou $ab(x^2 + y^2) + (a^2 + b^2)xy = a^2c^2$. Je remplace $x^2 + y^2$ par a^2 et je dégage xy. $xy = \frac{a^2(c^2 - ab)}{a^2 + b^2}$ (3). Cette équation et l'équation (1) donnent $(x+y)^2 = a^2 + \frac{2a^2(c^2-ab)}{a^2 + b^2} = \frac{a^2[(a-b)^2 + 2c^2]}{a^2 + b^2}$

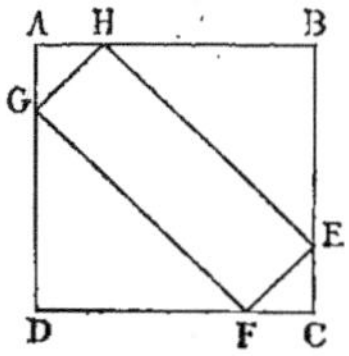

et $(x-y)^2 = \dfrac{a^2[(a+b)^2 - 2c^2]}{a^2+b^2}$. On peut maintenant calculer ou construire aisément $x+y$ et $x-y$, et par suite x et y, puis x' et y'.

MAXIMUM de c^2. $(x-y)^2$ devant être positif, on doit avoir en général $2c^2 < (a+b)^2$ ou $c^2 = {}^1/_2(a+b)^2$; le *maximum* est $c^2 = {}^1/_2(a+b)^2$.

813. Inscrire un carré donné dans un carré donné.

(Fig. précédente). Supposons que les rectangles ABCD, EFGH soient des carrés. Soient d'ailleurs $AB = BC = a$, $HG = GF = c$, $AH = x$, $AG = y$. L'angle AHG complément de BHE est égal à BEH; d'ailleurs, $HE = HG$; les triangles AHG, BHE sont donc égaux, et $BH = AG$, ou $a - x = y$; donc $x + y = a$; d'ailleurs, $x^2 + y^2 = \overline{HG}^2 = c^2$; par suite. $2xy = (x+y)^2 - (x^2+y^2) = a^2 - c^2$; puis $(x-y)^2 = x^2 + y^2 - 2xy = 2c^2 - a^2$. Connaissant $x+y$ et $x-y$, on trouve aisément x et y.

MINIMUM de c^2. $(x-y)^2$ devant être positif, on doit avoir en général $2c^2 > a^2$, $c^2 > {}^1/_2a^2$; le *minimum* est $c^2 = {}^1/_2a^2$; alors $x - y = 0$, ou $x = y = {}^1/_2a$. C'est-à-dire que les sommets du plus petit carré inscrit sont les milieux des côtés du carré donné.

814. Diviser un triangle en moyenne et extrême raison par une parallèle à un de ses côtés. (*Faites une figure.*)

Diviser une quantité quelconque a en moyenne et extrême raison, revient à la diviser en parties proportionnelles à deux nombres donnés ou à deux lignes données. Car si x et $a - x$ désignent les deux parties, $a : x = x : (a - x)$; d'où $x^2 = a^2 - ax$; ou $x^2 + ax - a^2 = 0$. Je résous : $x = {}^1/_2a(\sqrt{5} - 1)$, et $a - x = {}^1/_2a(3 - \sqrt{5})$. $x : (a - x) = (\sqrt{5} - 1) : (3 - \sqrt{5})$ Ce rapport est constant quelle que soit la quantité a; notre proposition est donc démontrée.

Revenons à la question proposée; soit DE la ligne de division supposée tracée. Si le triangle ADE doit être la plus grande partie, $\dfrac{ADE}{DECB} = \dfrac{\sqrt{5}-1}{3-\sqrt{5}}$; d'où $\dfrac{ADE}{ABC} = \dfrac{\sqrt{5}-1}{2}$, et par suite $\dfrac{\overline{AD}^2}{\overline{AB}^2} = \dfrac{\sqrt{5}-1}{2}$;

d'où $\overline{AD}^2$. Si le triangle ADE doit être la plus petite partie, $\frac{ADE}{ABC}$ ou $\frac{\overline{AD}^2}{\overline{AB}^2} = \frac{3 - \sqrt{5}}{2}$. On calcule et on construit aisément AD dans les deux cas.

Remarque. S'il s'agit de construire AD, on remplace $\frac{1}{2}(\sqrt{5} - 1)$ et $\frac{1}{2}(3 - \sqrt{5})$ par les deux segments d'une ligne droite quelconque divisée en moyenne et extrême raison.

815. Diviser un trapèze en moyenne et extrême raison par une parallèle à ses bases.

D'après ce qui vient d'être expliqué, Ex. 814, ce problème revient au 2e problème de l'Ex. 314, les 2 nombres donnés m et n étant $\sqrt{5} - 1$ et $3 - \sqrt{5}$, ou les deux lignes données les 2 parties d'une droite quelconque divisée en moyenne et extrême raison.

816. Diviser un cercle en moyenne et extrême raison par une circonférence excentrique.

Soient $AI = x$, et r les rayons de la circ. cherchée et du cercle donné.

1er cas. Le cercle AI doit être la plus grande partie. $\pi r^2 : \pi x^2 = \pi x^2 : \pi r^2 - \pi x^2$; d'où $x^4 = r^2(r^2 - x^2)$ (1). Je pose $r^2 - x^2 = y^2$; d'où $x^2 = r^2 - y^2$. L'équation (1) devient d'après cela : $(r^2 - y^2)^2 = r^2y^2$; d'où $r^2 - y^2 = ry$; puis $y^2 + ry - r^2 = 0$.
On déduit y de cette équation, puis x de $x^2 = r^2 - y^2$.

2e cas. Le cercle AI est la plus petite partie. $\pi r^2 : \pi r^2 - \pi x^2 = \pi r^2 - \pi x^2 : \pi x^2$; d'où $(r^2 - x^2)^2 = r^2x^2$; puis $r^2 - x^2 = rx$, et enfin $x^2 + rx = r^2$. D'où on déduit x.

Remarque. x est dans le 2e cas le plus grand segment du rayon r divisé en moyenne et extrême raison. Car $r^2 - x^2 = rx$ revient à $r^2 - rx = x^2$, ou $r(r - x) = x^2$; d'où $r : x = x : (r - x)$.
Dans le 1er cas, c'est la ligne auxiliaire y qui est le plus grand segment du rayon.

817. Calculer les côtés inconnus d'un triangle rectangle connaissant
— le périmètre et l'hypoténuse a, ou $b + c$.
818. — le périmètre et la différence $b - c$.
819. — le périmètre et le rapport $b : c$.
820. — le périmètre et la surface.

821. — le périmètre et le rapport $a : (b + c)$, ou $a : (b - c)$ (2 problèmes.)

822. — le périmètre et $a^2 + b^2 + c^2$.

Dans tous ces énoncés et les suivants a désigne l'hypoténuse connue ou inconnue, b et c les deux autres côtés, et $2p$ le périmètre $(a + b + c)$; on a toujours $b^2 + c^2 = a^2$.

Ex. 817. *Équations du problème :* $b + c = 2p - a = s$, et $b^2 + c^2 = a^2$. On en déduit : $2bc = (b + c)^2 - (b^2 + c^2) = s^2 - a^2$. Par suite $(b - c)^2 = b^2 + c^2 - 2bc = 2a^2 - s^2$. Connaissant $b + c$ et $b - c$, on trouve aisément b et c.

MAXIMUM de $2p$. On doit avoir en général $s^2 < 2a^2$ ou $s < a\sqrt{2}$; le *maximum* est $s = a\sqrt{2}$, et $2p = a + s = a(1 + \sqrt{2})$, alors $b = c$. Le triangle est *isocèle*.

2e CAS. $a = 2p - (b + c)$. On connaît $2p$ et a ; c'est le 1er cas.

Ex. 818. *Équations du problème :* $a + b + c = 2p$; $b - c = d$; $b^2 + c^2 = a^2$. $b + c = 2p - a$; $b^2 + c^2 + 2bc$ ou $a^2 + 2bc = 4p^2 - 4ap + a^2$. $2bc = 4p^2 - 4ap$; $b^2 + c^2 - 2bc$ ou $a^2 - 2bc = d^2$; $2bc = a^2 - d^2$; $a^2 - d^2 = 4p^2 - 4ap$. $a^2 + 4ap = 4p^2 + d^2$; d'où $a = -2p + \sqrt{8p^2 + d^2}$. Connaissant $b + c = 2p - a$ et $b - c = d$, on trouve aisément b et c.

MAXIMUM de d. $2bc$ ne pouvant pas être négatif, ni même nul, d^2 doit être en général $< a^2$, ou $d < a$, ou $d < -2p + \sqrt{8p^2 + d^2}$. On déduit de là $d < p$; le *maximum* est $d = p$. d peut approcher de cette valeur sans l'atteindre ; car si $d = a$ ou $d = p$, $bc = 0$, c ou $b = 0$; ce qui ne peut pas être.

Ex. 819. ÉQUATIONS. $a + b + c = 2p$; $b : c = r$; $b^2 + c^2 = a^2$. D'où $b = cr$; $a = c\sqrt{1 + r^2}$; $2p = c(1 + r + \sqrt{1 + r^2})$. D'où c, puis b, puis a.

Ex. 820. *Équations du problème :* $a + b + c = 2p$; $bc = 2m^2$; $a^2 = b^2 + c^2$. J'en déduis : $b + c = 2p - a$. $(b + c)^2$ ou $a^2 + 4m^2 = 4p^2 - 4ap + a^2$; donc $4p^2 - 4ap = 4m^2$; $a = \frac{(p^2 - m^2)}{p}$ (1). D'un autre côté, $b + c = 2p - a = \frac{p^2 + m^2}{p}$;

$$(b - c)^2 = (b + c)^2 - 4bc = \frac{(p^2 + m^2)^2}{p^2} - 8m^2 = \frac{p^4 + m^4 - 6p^2m^2}{p^2}.$$

On connaît $b + c$ et $b - c$, par suite b et c.

MAXIMUM de m. $(b-c)^2$ ne pouvant pas être négatif, on doit avoir en général $m^4+p^4-6p^2m^2>0$ (1). Je résous par rapport à m^2 l'équation $m^4-6p^2m^2+p^4=0$. $m^2=p^2(3\pm2\sqrt{2})$. L'inégalité (1) peut donc s'écrire ainsi : $[m^2-p^2(3+2\sqrt{2})][m^2-p^2(3-2\sqrt{2})]>0$. Pour que cette inégalité soit vérifiée, il faut que l'on ait $m^2>p^2(3+2\sqrt{2})$, ou $m^2<p^2(3-2\sqrt{2})$. Or, d'après la valeur (1) de a qui doit être positive, m^2 ne peut pas surpasser p^2 ; m^2 ne peut donc pas être $>p^2(3+2\sqrt{2})$; il doit être en général $<p^2(3-2\sqrt{2})$; le *maximum* est $m^2=p^2(3-2\sqrt{2})$. Mais alors $b=c$. Le triangle maximum est donc le triangle *isocèle*.

Ex. 821. *Équations :* $a+b+c=2p$; $(b+c):a=r$; $a^2=b^2+c^2$. Jen déduis : $b+c=ar$; $2p=a+ar=a(1+r)$; $a=2p:(1+r)$. On connaît $2p$ et a ; on est ramené à l'Ex. 817.

MAXIMUM de r. $(b-c)^2+(b+c)^2=2b^2+2c^2=2a^2$; $(b-c)^2=2a^2-(b+c)^2=2a^2-a^2r^2=a^2(2-r^2)$. D'après cela, $(b-c)^2$ ne pouvant pas être négatif, on doit avoir en général $r^2<2$, ou $r<\sqrt{2}$; le maximum est $r=\sqrt{2}$. Mais alors $b-c=0$, $b=c$; le triangle est isocèle.

2e *problème. Équations :* $a+b+c=2p$; $(b-c):a=r$; $a^2=b^2+c^2$. D'où $(b-c)=ar$; b^2+c^2-2bc ou $a^2-2bc=a^2r^2$; $2bc=a^2-a^2r^2=a^2(1-r^2)$; $(b+c)^2=a^2+2bc=(2p-a)^2=4p^2-4ap+a^2$. D'où $2bc=4p^2-4ap$. $a^2(1-r^2)=4p^2-4ap$; $a=\dfrac{2p(-1+\sqrt{2-r^2})}{1-r^2}=\dfrac{2p}{1+\sqrt{2-r^2}}$.

MAXIMUM de r. D'après l'égalité $2bc=a^2(1-r^2)$, r doit être <1 ; le maximum est $r=1$. Ce maximum ne peut pas être atteint ; car on aurait alors $bc=0$, b ou $c=0$; ce qui ne peut pas être; mais r peut différer très-peu de 1.

Ex. 822. *Équations du problème :* $a^2=b^2+c^2$; $a+b+c=2p$; $a^2+b^2+c^2=m^2$. D'où $2a^2=m^2$. Connaissant $2p$ et a, on est ramené à l'Ex. 817. $b+c=2p-{}^1/_2m\sqrt{2}$; $2bc=(b+c)^2-a^2=4p^2-4ap=4p(p-{}^1/_2m\sqrt{2})$. $(b-c)^2=a^2-2bc={}^1/_2m^2-4p^2+2pm\sqrt{2}$. On connaît $b+c$ et $b-c$.

MAXIMUM de m. bc devant être positif, ${}^1/_2m\sqrt{2}$ doit être $<p$; ou $m<p\sqrt{2}$ et $m^2<2p^2$; le *maximum* est $m^2=2p^2$. MINIMUM. D'un autre côté, $(b-c)^2$ devant être positif, on doit avoir en général $\frac{1}{2}m^2+2pm\sqrt{2}-4p^2>0$ ou $m^2+4pm\sqrt{2}-8p^2>0$ (1). Je résous l'équation $m^2+4pm\sqrt{2}-8p^2=0$. $m=2p(-\sqrt{2}\pm 2)$. L'inégalité (1) peut donc s'écrire ainsi $[m-2p(2-\sqrt{2})][m+2p.(\sqrt{2}+2)]>0$. Le 2e facteur étant essentiellement positif, m doit être $>2p(2-\sqrt{2})$; le *minimum* est $m=2p(2-\sqrt{2})$ ou $m^2=8p^2(3-2\sqrt{2})$.

823. Calculer les côtés inconnus d'un triangle rectangle connaissant — le périmètre et la hauteur correspondante à l'hypoténuse.
824. — l'hypoténuse et la différence $b-c$, ou le rapport $b:c$.
825. — l'hypoténuse et la surface $(b\times c)$.
826. — l'hypoténuse et la somme $b+c+h$, h étant la hauteur correspondante à l'hypoténuse.
827. — le rayon du cercle inscrit et l'hypoténuse, ou le périmètre.
828. — le rayon du cercle inscrit et la surface.

Ex. 823. *Équations du problème :* $a+b+c=2p$; $bc=ah$; $a^2=b^2+c^2$. On en déduit : $(b+c)^2=a^2+2bc=a^2+2ah$; $(b+c)^2=(2p-a)^2=4p^2-4ap+a^2$; donc $2ah=4p^2-4ap$; $a=2p^2:(h+2p)$. $b+c=2p-a=\dfrac{2p^2+2ph}{h+2p}$; $bc=ah=\dfrac{2p^2h}{h+2p}$.

b et c sont les racines de l'équation : $(h+2p)X^2-2p(p+h)X+2p^2h=0$. Je résous : $X=\dfrac{p}{h+2p}[p+h\pm\sqrt{p^2-2hp-h^2}]$.

Maximum de h. On doit avoir en général $p^2-2hp-h^2>0$ (1).

Je résous par rapport à h l'équation : $h^2+2hp-p^2=0$. $h=-p\pm p\sqrt{2}$.

L'inégalité (1) peut s'écrire ainsi : $[p(\sqrt{2}-1)-h][h+p(\sqrt{2}+1)]$. Le 2e facteur étant positif, on doit avoir en général $h<p(\sqrt{2}-1)$; le *maximum* est $h=p(\sqrt{2}-1)$.

Ex. 824. *Équations du* 1er *problème :* $b-c=d$; $a^2=b^2+c^2$. D'où b^2+c^2-2bc ou $a^2-2bc=d^2$; $2bc=a^2-d^2$; $(b+c)^2=a^2+2bc=2a^2-d^2$. Connaissant $b+c$ et $b-c$, on trouve aisément b et c.

Maximum de d. $2bc$ devant être positif, d^2 doit être $<a^2$; le maximum est $d^2=a^2$. Ce maximum ne peut être atteint ; car $d^2=a^2$

donne $bc = 0$, b ou $c = 0$; ce qui est impossible. Mais d peut différer de a aussi peu que l'on veut.

2e *problème* : $b : c = r$ ou $b = cr$; $a^2 = b^2 + c^2$; d'où $a^2 = c^2(1 + r^2)$; $c = a : \sqrt{1 + r^2}$; $b = ar : \sqrt{1 + r^2}$.

Ex. 825. $bc = m^2$; $b^2 + c^2 = a^2$; $(b + c)^2 = a^2 + 2m^2$; $(b - c)^2 = a^2 - 2m^2$. D'où b et c.

MAXIMUM de m^2. $(b - c)^2$ devant être positif, on doit avoir en général $2m^2 < a^2$; $m^2 < 1/2 a^2$. Le *maximum* est $m^2 = 1/2 a^2$; alors $b - c = 0$, $b = c$; le triangle de plus grande surface est isocèle.

Ex. 826. *Équation* : $b + c + h = s$; $b^2 + c^2 = a^2$; $bc = ah$. D'où $(b + c)^2 = (s - h)^2 = s^2 - 2sh + h^2$; $(b + c)^2 = a^2 + 2bc = a^2 + 2ah$; donc $s^2 - 2sh + h^2 = a^2 + 2ah$; $h^2 - 2(a + s)h + s^2 - a^2 = 0$. Je résous : $h = a + s \pm \sqrt{2a^2 + as}$. Le signe $+$ doit être rejeté puisque h est $< s$; $h = a + s - \sqrt{2a^2 + 2as}$. Connaissant h, on trouve aisément $b + c = s - h$, et $bc = ah$, et par suite b et c.

MINIMUM de s. h doit être positif; on doit donc avoir en général $a + s > \sqrt{2a^2 + 2as}$; d'où $s^2 > a^2$ et $s > a$; le minimum est $s = a$. Ce minimum ne peut pas être atteint; car alors $h = 0$, ce qui est impossible; mais s peut différer de a aussi peu que l'on veut.

MAXIMUM de h. On doit avoir $(b - c)^2 = (b + c)^2 - 4bc > 0$ ou $(b + c)^2 > 4ah$. Or $b + c = s - h = \sqrt{2a^2 + 2as} - a$; $(b + c)^2 = 3a^2 + 2as - 2a\sqrt{2a^2 + 2as} > 4a(a + s - \sqrt{2a^2 + 2as})$. Je divise par a, je simplifie, et je trouve finalement : $2\sqrt{2a^2 + 2as} > 2s + a$; d'où $7a^2 + 4as - 4s^2 > 0$ (1). Je résous l'équation $4s^2 - 4as - 7a^2 = 0$; $s = 1/2 a \pm a\sqrt{2}$. L'inégalité (1) peut donc s'écrire ainsi $[1/2 a + a\sqrt{2} - s]\,[s + a\sqrt{2} - 1/2 a] > 0$. On doit donc avoir en général $s < 1/2 a + a\sqrt{2}$; le *maximum* est $s = a(\sqrt{2} + 1/2)$. Alors $b - c = 0$; $b = c$; le triangle rectangle est isocèle.

Ex. 827. 1er PROBLÈME. Données r et a. On sait que dans un triangle rectangle $r = p - a$; donc $p = r + a$; $2p$ ou $b + c + a = 2r + 2a$; $b + c = 2r + a$. D'ailleurs la surface du triangle est $1/2 bc = pr$; donc $bc = 2pr = 2r(r + a)$. Connaissant $b + c$ et bc, on trouve aisément b et c.

MINIMUM de a. On doit avoir $(b-c)^2=(b+c)^2-4bc=(2r+a)^2-8r(r+a)>0$, ou $a^2-4ar-4r^2>0$ (1). Je résous l'équation: $a^2-4ar-4r^2=0$; $2r(1\pm\sqrt{2})$. L'inégalité (1) peut donc s'écrire ainsi : $[a-2r(1+\sqrt{2})]\,[a+2r(\sqrt{2}-1)]>0$. Le 2e facteur étant positif, le 1er doit l'être; on doit avoir en général $a>2r(1+\sqrt{2})$; le *minimum* est $a=2r(1+\sqrt{2})$. Mais alors $b-c=0$, $b=c$; le triangle est isocèle.

2e PROBLÈME. Données r et $2p$. Comme $r=p-a$, ou $a=p-r$, on donne en réalité r et a, et on est ramené au 1er problème.

MINIMUM de p. $p=a+r$; le minimum de a étant $2r(1+\sqrt{2})$, le minimum de p est $r+2r(1+2\sqrt{2})=r(3+2\sqrt{2})$. Mais ce 2e problème pouvant être proposé *à priori*, il faut chercher le minimum de p directement.

On doit avoir $(b-c)^2=b^2+c^2-2bc=a^2-2bc=(p-r)^2-4pr=p^2+r^2-6pr>0$ (1). Je résous par rapport à p l'équation $p^2+r^2-6pr=0$; $p=r(3\pm 2\sqrt{2})$. L'inégalité (1) peut donc s'écrire ainsi : $[p-r(3+2\sqrt{2})]\,[p-r(3-2\sqrt{2})]>0$. Pour que cette inégalité soit satisfaite, on doit avoir en général $p>r(3+2\sqrt{2})$, ou $p<r(3-2\sqrt{2})$. Or $r(3-2\sqrt{2})$ est $<r$; p ne peut pas être plus petit que r, puisque $a=p-r$; on doit donc avoir en général : $p>r(3+2\sqrt{2})$. Le *minimum* est $p=r(3+2\sqrt{2})$. Alors $b-c=0$, $b=c$; le triangle est isocèle.

Ex. 828. La surface $m^2=pr$; d'où $p=m^2:r$. Ensuite $a=p-r=(m^2-r^2):r$. Connaissant a et r, on achève comme dans l'Ex. 827 (1er problème).

MINIMUM de m^2. Puisque $m^2=pr$, le minimum de p étant $r(3+2\sqrt{2})$, le minimum de m^2 est $r^2(3+2\sqrt{2})$. Nous allons le chercher directement.

On doit avoir en général $(b-c)^2=b^2+c^2-2bc=a^2-4m^2=\left(\frac{m^2-r^2}{r}\right)^2-4m^2>0$, ou $m^4+r^4-6m^2r^2>0$ (1). Je résous par rapport à m^2 l'équation $m^4+r^4-6m^2r^2=0$; $m^2=r^2(3\pm 2\sqrt{2})$. L'inégalité (1) peut donc s'écrire ainsi : $[m^2-r^2(3+2\sqrt{2})]\,[m^2-r^2(3-2\sqrt{2})]>0$. Pour que cette inégalité soit vérifiée, on doit avoir ou $m^2>r^2(3+2\sqrt{2})$, ou $m^2<r^2(3-2\sqrt{2})$. Mais $r^2(3-2\sqrt{2})$ est $<r^2$, et on ne peut pas avoir $m^2<r^2$, puisque $a=(m^2-r^2):r$.

On doit donc avoir en général $m^2 > r^2(3 + 2\sqrt{2})$. Le *minimum* est $m^2 = r^2(3 + 2\sqrt{2})$; alors $b - c = 0$, $b = c$; le triangle est isocèle.

829. Circonscrire à une circonférence un triangle rectangle
— ayant une hypoténuse donnée
— un périmètre donné
— une surface donnée.

La circonférence donnée est la circonférence inscrite au triangle en question; on donne son rayon r.

1er *problème*. On donne a et r. C'est le 1er problème de l'Ex. 827.
2e *problème*. On connaît $2p$ et $r = p - a$; Ex. 827 (2e problème).
3e *problème*. On connaît r et $bc = m^2$. C'est l'Ex. 828.

Remarque. Nous avons trouvé dans les exercices précédents le minimum de chacune des quantités données dans cet Exerc. 829 et par suite dans l'Ex. 830.

830. Une circonférence étant inscrite dans un angle droit, mener une tangente inscrite dans l'angle
— de longueur donnée
— déterminant un triangle de surface donnée
— déterminant un triangle de périmètre donné.
(*Ces trois derniers problèmes sont les mêmes que les trois précédents.*)

Supposons le problème résolu (faites la figure). La tangente une fois menée est l'hypoténuse d'un triangle rectangle circonscrit à la circonférence donnée. Résoudre le problème actuel, revient donc à circonscrire à la circonférence donnée un triangle rectangle : 1° connaissant son hypoténuse; 2° connaissant sa surface; 3° connaissant son périmètre. Ce sont les 3 problèmes de l'Ex. 829.

831. Connaissant deux côtés d'un triangle et la surface, trouver le 3e côté.

$2p$ désignant le périmètre d'un triangle quelconque ABC, et a, b, c ses trois côtés, on sait que le carré de sa surface, $s^2 = p(p-a)(p-b)(p-c) = \frac{1}{16}(b+c+a)(b+c-a)(a+b-c)[a-(b-c)]$; d'où $16s^2 = [(b+c)^2 - a^2][a^2 - (b-c)^2]$ (k). On déduit de là : $16s^2 = 2a^2(b^2+c^2) - a^4 - (b^2-c^2)^2$, puis $a^4 - 2(b^2+c^2)a^2 + 16s^2 + (b^2-c^2)^2 = 0$. D'où a.

Maximum de s. Pour que les valeurs de a^2 soient réelles, on doit avoir en général $(b^2+c^2)^2 > 16s^2 + (b^2-c^2)^2$, d'où $4b^2c^2 > 16s^2$; $2bc > 4s$; $s < \frac{1}{2}bc$; le maximum est $s = \frac{1}{2}bc$. Alors $a^2 = b^2 + c^2$; le triangle de plus grande surface parmi tous ceux qui ont deux côtés donnés est donc le triangle *rectangle*.

832. Connaissant la base d'un triangle, la hauteur correspondante et la somme ou la différence des deux autres côtés, trouver ces côtés.

On donne a, h, et $b+c$ ou $b-c$; on connaît donc $s={}^1/_2 ah$. Partant de là, on raisonne d'abord comme dans l'Ex. 831 jusqu'à trouver l'équation (k). Cette équation ne renferme d'autre inconnue que $b-c$ dans le 1er cas proposé, ou $b+c$ dans le 2e. On en déduit aisément $b-c$ ou $b+c$, et par suite b et c.

833. Inscrire dans un demi-cercle donné un trapèze de périmètre donné.

Soient $OD=r$, $AI=x$, $AD=y$, $AD+AB+BC=2l$ (longueur donnée); d'après cela, $2l$ doit être $>DC$ ou $2r$, ou $l>r$. *Équations du problème :* $x+y=l$ (1); $y^2=2r(r-x)=2r^2-2rx$ (2). J'élimine y; $(l-x)^2$ ou $l^2-2lx+x^2=2r^2-2rx$; d'où $x^2-2(l-x)x+l^2-2r^2=0$. Je résous : $x=l-r\pm\sqrt{3r^2-2rl}$; par suite $y=r\mp\sqrt{3r^2-2rl}$. (2 systèmes de valeurs : x' et y', x'' et y''.)

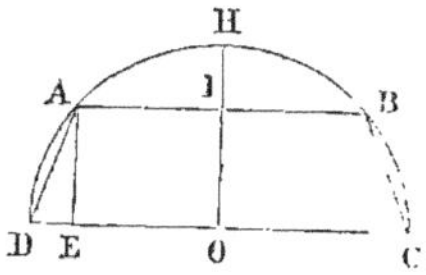

MAXIMUM. D'après le radical, on doit avoir $2rl<3r^2$, d'où $l<{}^3/_2 r$, et $2l<3r$. Le maximum est $2l=3r$; alors $x={}^1/_2 r$, $AB=2x=r$; AD ou $BC=y=r$. Le trapèze de plus grand périmètre est le demi-hexagone régulier inscrit.

Pour que x'' soit positive, $l-r$ doit être $>\sqrt{3r^2-2rl}$; d'où on déduit en élevant au carré : $l>r\sqrt{2}$. Pour que y' soit positive, on doit avoir $r>\sqrt{3r^2-2rl}$: d'où on déduit $l>r$, ou $2l>2r$. D'après tout cela, 1° quand $l<r$ ou $l>{}^3/_2 r$, il n'y a pas de solution; quand l est compris entre r et $r\sqrt{2}$, le problème a une solution; quand r est compris entre $r\sqrt{2}$ et ${}^3/_2 r$, il a deux solutions.

834. Circonscrire à un demi-cercle donné un trapèze de surface donnée.

Soient $AO=r$, $AD=DE=y$, $BC=CE=x$. La surface du trapèze $={}^1/_2 AB(AD+BC)=r(x+y)$. On a donc d'abord $r(x+y)=m^2$ (1). Je trace CI parallèle à AB ; $DI=y-x$. $\overline{IC}^2$ ou $\overline{AB}^2=DC^2-\overline{DI}^2$; ou $4r^2=(x+y)^2-(x-y)^2=4xy$. D'où $xy=r^2$ (2). x et y sont donc les racines de l'équation $X^2-\frac{m^2}{r}X+r^2=0$ (k).

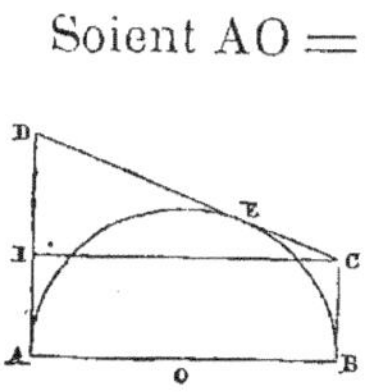

MINIMUM de m^2. Pour que le problème proposé soit possible, il faut et il suffit que cette équation ait ses racines réelles. Pour cela, $\left(\frac{m^2}{r}\right)^2$ doit être en général $> 4r^2$, ou $m^4 > 4r^4$, ou $m^2 > 2r^2$; le *minimum* est $m^2 = 2r^2$; alors $x = y = {}^1/_2 m^2 : r = r$. Le trapèze circonscrit de plus petite surface est le demi-carré circonscrit.

835. Couper un prisme triangulaire donné par un plan tel que la section soit un triangle équilatéral.

Je mène par le point donné un plan ABC perpendiculaire aux arêtes du prisme. Supposons le problème résolu et soit ADE le triangle demandé. Soient $AB = c$, $AC = b$, $BC = a$, $BD = x$, $CE = y$; je mène DI parallèle à BC. $AD = AE = DE$. Mais $\overline{AD}^2 = x^2 + c^2$; $\overline{AE}^2 = y^2 + b^2$; $\overline{DE}^2 = \overline{DI}^2 + \overline{EI}^2 = a^2 + (y - x)^2$; Donc $x^2 + c^2 = y^2 + b^2$, et $x^2 + c^2 = a^2 + (y - x)^2 = a^2 + y^2 + x^2 - 2xy$; d'où $2xy = y^2 + a^2 - c^2$. J'élimine x entre cette dernière équation et la 1re; je simplifie, et je trouve : $3y^4 - 2(a^2 + c^2 - 2b^2)y^2 - (a^2 - c^2)^2 = 0$. Je résous en n'écrivant que la racine positive :

$$y^2 = {}^1/_3\left[a^2 + c^2 - 2b^2 + \sqrt{(a^2 + c^2 - 2b^2)^2 + 3(a^2 - c^2)^2}\right] =$$

${}^1/_3\left(a^2 + c^2 - 2b^2 + 2\sqrt{a^4 + b^4 + c^4 - a^2b^2 - a^2c^2 - b^2c^2}\right)$. On déduit de là : $x^2 = {}^1/_3\left(a^2 + b^2 - 2c^2 + 2\sqrt{a^4 + b^4 + c^4 - a^2b^2 - a^2c^2 - c^2b^2}\right)$.

c_1 désignant le côté triangle équilatéral,

$$c_1^2 = y^2 + b^2 = {}^1/_3\left(a^2 + b^2 + c^2 + 2\sqrt{a^4 + b^4 + c^4 - a^2b^2 - a^2b^2 - b^2c^2}\right).$$

836. Mener par un point donné une circonférence qui touche une droite et une circonférence données.

Soient circ. C la circonf. donnée, circ. O la circonf. cherchée, M le point donné, et DP la droite donnée. J'abaisse les perpendiculaires MP, CD; je trace CO, le rayon OM, et de plus IOH parallèle à DP. Soient $MP = a$, $CD = b$, $IH = c$, le rayon $OM = x$, et $IO = y$; $HP = x$. Nous avons les équations : $\overline{MO}^2 = \overline{MH}^2 +$

$\overline{OH}^2$, et $\overline{CO}^2 = \overline{OI}^2 + \overline{CI}^2$, ou $x^2 = (a-x)^2 + (c-y)^2$; $(r+x)^2 = y^2 + (b-x)^2$. Ces équations se réduisent à $y^2 - 2cy + c^2 + a^2 - 2ax = 0$, et $y^2 + b^2 - r^2 - 2(b+r)x = 0$. J'élimine x entre ces deux équations et je trouve $(b+r-a)y^2 - 2(b+r)cy + (b+r)(a^2+c^2-ab+ar) = 0$. On déduit y de cette équation, puis x de l'une des précédentes.

837. Mener par un point donné une circonférence qui touche deux circonférences données.

Soient circ. A et circ. A′ les circonf. données, circ. O la circ. cherchée, et M le point donné. J'abaisse MP et OH perpendiculaires sur AA′, puis MI perpendic. sur OH ; je trace OA, OB′A′. Soient r et r' les rayons donnés, x le rayon cherché, $MP = a$, $AP = b$, $A'P = c$, $MI = y$, $OH = z$. D'après la figure $\overline{OM}^2 = \overline{OI}^2 + \overline{MI}^2$; $\overline{OA}^2 = \overline{OH}^2 + \overline{AH}^2$; $\overline{OA'}^2 = \overline{OH}^2 + \overline{A'H}^2$; c'est-à-dire $x^2 = (z-a)^2 + y^2$; $(r+x)^2 = z^2 + (y-b)^2$; $(r'+x)^2 = z^2 + (c-y)^2$.

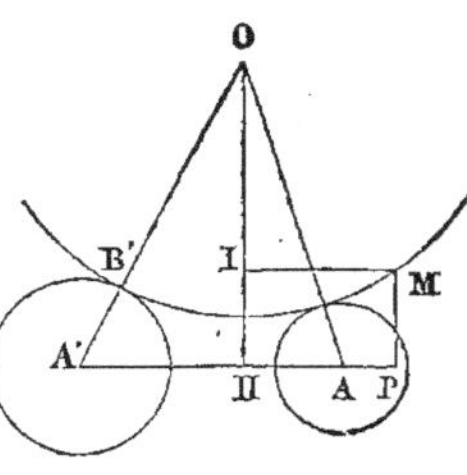

Je développe ces trois équations; je retranche la première de chacune des deux dernières que je remplace par les deux équations résultantes. J'obtiens ainsi les 3 équations; $x^2 = z^2 + y^2 - 2az + a^2$ (1); $r^2 + 2rx = b^2 - 2by + 2az - a^2$ (2); $r'^2 + 2r'x = c^2 - 2cy + 2az - a^2$ (3). Je retranche (3) de (2), membre à membre, et je trouve $r^2 - r'^2 + 2(r-r')x = b^2 - c^2 - 2(b-c)y$; cette équation donne y en x. En mettant cette valeur de y dans l'équation (2), j'obtiens z en x. Je remplace y et z par leurs valeurs trouvées dans l'équation (1); ce qui donne une équation du 2e degré en x. Connaissant x on trouve aisément y et z

838. Calculer les arêtes d'un parallélipipède rectangle connaissant
— sa surface totale, sa diagonale et sachant que ses arêtes forment une proportion continue par différence.
— *idem* par quotient (2 problèmes).

1er PROBLÈME. *Équations :* $xy + xz + yz = a^2$ (1); $x^2 + y^2 + z^2 = d^2$ (2); $2y = x + z$ (3). J'ajoute (2) à (1) doublée, et je trouve : $(x+y+z)^2 = d^2 + 2a^2$ qui, d'après (3), devient $(3y)^2$ ou $9y^2 = d^2 + 2a^2$; d'où $y = \frac{1}{3}\sqrt{d^2+2a^2}$; par suite, $x + z = \frac{2}{3}\sqrt{d^2+2a^2}$. L'équation (1) peut s'écrire $xz + y(x+z) = a^2$, ou $xz + 2y^2 = a^2$; d'où $xz = \frac{1}{9}(5a^2 - 2d^2)$. Connaissant $x + z$ et xz, on calcule aisément x et z.

2e Problème. *Équations* : $xy + xz + yz = a^2$ (1), $x^2 + y^2 + z^2 = d^2$ (2) ; $y^2 = xz$ (3). On a trouvé (1er *Problème*) $(x+y+z)^2 = d^2 + 2a^2$. Je remplace xz par y^2 dans l'équation (1) qui devient $xy + y^2 + yz = a^2$ ou $y(x+y+z) = a^2$; d'où $y^2(x+y+z)^2 = a^4$, ou $y^2(d^2+2a^2) = a^4$; d'où $y = \frac{a^2}{\sqrt{d^2+2a^2}}$. D'ailleurs, $xz = y^2 = a^4 : d^2 + 2a^2$, et $x + z = \sqrt{d^2+2a^2} - y = \frac{d^2+a^2}{\sqrt{d^2+2a^2}}$. On calcule donc aisément x et z.

839. Calculer les arêtes d'un parallélipipède rectangle connaissant son volume et la somme de ses arêtes qui forment une proportion continue par quotient.

Équations : $xyz = a^3$, $x + y + z = b$, $y^2 = xz$. Je remplace xz par y^2 dans la 1re équation, et je trouve $y^3 = a^3$; d'où $y = a$. Par suite $x + z = b - a$ et $xz = a^2$; d'où x et z.

840. Calculer les trois arêtes x, y, z d'un parallépipède rectangle connaissant son volume, sa diagonale et la somme $\frac{1}{a}+\frac{1}{b}+\frac{1}{c}$ des inverses des valeurs de ses arêtes.

Équations : $xyz = a^3$; $x^2 + y^2 + z^2 = d^2$; $\frac{1}{x}+\frac{1}{y}+\frac{1}{z} = b$.

La 3e donne $yz + xz + xy = bxyz = ba^3$. Je double cette dernière équation et j'ajoute à la 2e ; puis j'extrais la racine carrée ; je trouve ainsi : $x + y + z = \sqrt{d^2 + 2ba^3}$. D'après les Ex. 73 et 600, x, y, z sont les trois racines de l'équation complète du 3e degré : $X^3 - \sqrt{d^2+2ba^3}\,X^2 + ba^3 . X - a^3 = 0$. Nous ne savons pas résoudre cette équation, et par suite le problème proposé, si ce n'est dans le cas où une des racines au moins est un nombre entier. Rien dans les équations proposées ne distinguant x, y, z l'une de l'autre, l'équation finale obtenue en éliminant deux de ces inconnues ne peut pas donner plutôt cette inconnue que chacune des deux autres ; elle doit donner les valeurs de toutes les trois ; c'est pourquoi nous avons trouvé l'équation ci-dessus du 3e degré.

841. Calculer les arêtes d'un parallélipipède rectangle connaissant sa surface totale, la diagonale d'une face et la somme des arêtes.

Équations : $xy+xz+yz=m^2$ (1); $x^2+y^2=d^2$ (2); $x+y+z=a$ (3). J'élève (3) au carré, et j'en retranche (2) doublée ; je trouve ainsi : $x^2+y^2+z^2=a^2-2m^2$; d'où, à cause de (2), $z^2=a^2-2m^2-d^2$; d'où z. Mais $x+y=a-z$ et $xy=\frac{1}{2}[(a-z)^2-d^2]$. On connaît donc $x+y$ et xy; on en déduit x et y.

842. Connaissant la hauteur h, la grande base B^2, et le volume V d'un tronc de pyramide ou d'un tronc de cône à bases parallèles, calculer l'autre base.

Tronc de pyramide. Soit b la base inconnue. On a $V=\frac{1}{3}h(B^2+b^2+Bb)$, équation du 2e degré qui donne b.

Tronc de cône. $\pi \cdot a^3=\frac{1}{3}\pi h(R^2+r^2+Rr)$; cette équation du 2e degré donne r.

843. Connaissant la surface totale et le côté ou le rayon de la base d'un cône, calculer son volume (2 problèmes).

Problème. *Équations :* $\pi ar+\pi r^2=\pi m^2$ ou $ar+r^2=m^2$ (1); puis $a^2=h^2+r^2$ (2). Si le côté a est donné, l'équation (1) du 2e degré donne $r=\frac{1}{2}(-a+\sqrt{a^2+4m^2})$; la 2e équation donne $h=\sqrt{a^2-r^2}$; puis on calcule le volume $V=\frac{1}{3}\pi r^2 h$. Si le rayon r est donné, l'équation (1) donne a, (2) donne h; puis on calcule V.

844. Inscrire dans un triangle donné un rectangle qui engendre, en tournant autour du côté commun, un cylindre de surface convexe donnée ; — de surface totale donnée (2 problèmes).

(*Même fig. et mêmes notations que dans l'Ex.* 811); soit $2\pi k^2$ la surface donnée.

1er Problème. $2\pi xy = 2\pi k^2$ ou $xy = k^2$; on est ramené à l'Ex. 811 dont l'équation est précisément $xy = k^2$. On achève comme il a été dit, et on discute de même.

2e Problème. $2\pi xy + \pi y^2 = \pi k^2$ ou $2xy + y^2 = k^2$. La fig. de l'Ex. 811, donnant $x = \frac{a(h-y)}{h}$ (1), je substitue et je trouve : $2a(hy - y^2) + hy^2 = hk^2$; d'où $(2a-h)y^2 - 2ahy + hk^2 = 0$. $y = \frac{ah \pm \sqrt{a^2h^2 - 2ahk^2 + h^2k^2}}{2a-h}$. On déduit x de y d'après l'équation (1).

Maximum de k. D'après le radical, on doit avoir $a^2h^2 - 2ahk^2 + h^2k^2 > 0$; d'où $k^2 < \frac{a^2h^2}{2ah - h^2}$; le maximum est $k^2 = \frac{a^2h}{2a-h}$.

845 Mener un plan parallèle à la base d'un cône dont les dimensions sont connues de manière que le tronc de cône ait un volume donné. Calculer la hauteur et le rayon de la 2e base du tronc. Appliquer au cas de $R = 2^m,5$; $h = 3^m,6$; $V = 24\pi$.

Soient y la hauteur du tronc, r le rayon de la petite base, et $\frac{1}{3}\pi m^3$ le volume donné. On a $\frac{1}{3}\pi y(R^2 + r^2 + Rr) = \frac{1}{3}\pi m^3$; d'où $y(R^2 + r^2 + Rr) = m^3$ (1). D'ailleurs, $R : r = h : h - y$; d'où $R - r : R = y : h$; d'où $y = \frac{(R-r)h}{R}$ (2). Je substitue ceci pour y dans l'équation (1), et je trouve $\frac{h(R^3 - r^3)}{R} = m^3$; d'où $r^3 = \frac{hR^3 - Rm^3}{h}$; d'où r. Connaissant r, on calcule y d'après l'équation (2). Application. On trouve $r = 2,16$; $h = 0,01296$.

846. Couper une sphère par un plan de manière que l'aire de la section soit la moitié de la petite zone adjacente.

(*Faites une figure.*) Soient y le rayon du cercle demandé et x sa distance au centre : $y^2 = r^2 - x^2$. Le cercle $= \pi y^2 = \pi(r^2 - x^2)$; la zone $= 2\pi r(r - x)$. On doit donc avoir : $\pi(r^2 - x^2) = \pi r(r - x)$. Je puis diviser par $\pi(r - x)$; car si la solution $x = r$ n'est pas fausse, elle est insignifiante. Je divise, et je trouve : $r+x=r$; d'où $x=0$. Le plan demandé passe par le centre; l'intersection est un grand cercle $=\pi r^2$; la zone (demi-sphère) $=2\pi r^2$.

QUESTION GÉNÉRALE. *Le rapport de la section à la zone doit être un nombre donné n.* Alors $\pi(r^2-x^2)=n\times 2\pi r(r-x)$; d'où on déduit $r+x=2nr$; puis $x=(2n-1)r$. On voit que x sera positif quand $2n>1$ ou $n>{}^1/_2$, négatif quand $2n<1$ ou $n<{}^1/_2$, et nul quand $n={}^1/_2$. Suivant que x est *positif* ou *négatif,* le cercle et le sommet de la zone considérée sont du même côté du centre de la sphère ou de côtés différents. (1er CAS. Cercle et petite zone); (2e CAS. Cercle et grande zone).

EXEMPLE. Appliquez à $n={}^3/_5$; puis à $n={}^1/_3$.

847. Couper une sphère par un plan de manière que l'aire de la section soit égale à la différence des zones déterminées.

(*Faites une figure.*) Cercle : $\pi y^2=\pi(r^2-x^2)$. Grande zone: $2\pi r(r+x)$; petite zone : $2\pi r(r-x)$. Différence $2\pi r\times 2x=4\pi rx$. L'équation du problème est donc $\pi(r^2-x^2)=4\pi rx$; ou $r^2-x^2=4rx$. Je résous : $x=-2r+r\sqrt{5}=r(\sqrt{5}-2)$.

848. Un cylindre et un tronc de cône ont une base commune et même hauteur. Dans quel rapport doivent être les rayons des bases non communes pour que le tronc de cône soit les 2/3 du cylindre.

(*Faites une figure.*) ÉQUATION : ${}^1/_3\pi h(r^2+rx+x^2)={}^2/_3\pi r^2h$, ou $x^2+rx-r^2=0$; $x={}^1/_2r(-1+\sqrt{5})$. Le rapport demandé est ${}^1/_2(\sqrt{5}-1)$. Le petit rayon doit être ici la plus grande partie du grand rayon divisé en moyenne et extrême raison.

849. Inscrire dans un cône donné un cylindre de surface convexe donnée. — de surface totale donnée (2 problèmes).

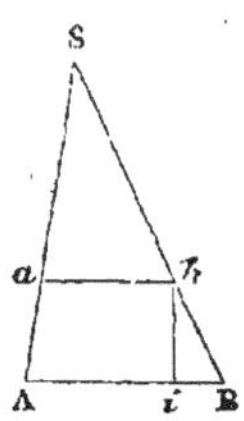

$AB=r$; $ab=Ai=x$; $Ao=y$; $Aa=y$; $SA=h$; $2\pi m^2$ surface donnée.

1er PROBLÈME. *Équation :* $2\pi xy=2\pi m^2$, ou $xy=m^2$ (1). Les triangles semblables donnent $x:r=(h-y):h$ (2). Je déduis de là la valeur de x, et je la substitue dans l'équation (1) :

$y^2 - hy + \frac{m^2h}{r} = 0$. Je résous : $y = \frac{1}{2}\left(h + \frac{1}{r}\sqrt{r^2h^2 - 4m^2rh}\right)$;
$x = {}^1/_2\left(r + \frac{1}{h}\sqrt{r^2h^2 - 4m^2rh}\right)$.

MAXIMUM de m^2. On doit avoir $4m^2rh < r^2h^2$, ou $m^2 < {}^1/_4 rh$; le *maximum* est $m^2 = {}^1/_4 rh$. Alors $y = {}^1/_2 h$; $x = {}^1/_2 r$. Quand la surface πm^2 est moindre que ${}^1/_4 \pi rh$, il y a deux solutions.

2° PROBLÈME. $2\pi xy + 2\pi x^2 = 2\pi m^2$, ou $xy + x^2 = m^2$. Je remplace x par sa valeur ci-dessus en y, et j'ai : $r^2(h - y)^2 + rhy(h - y) = h^2m^2$; d'où $(r^2 - rh)\,y^2 - rh\,(2r - h)\,y + h^2\,(r^2 - m^2) = 0$ (1). Je résous :

$$y = \frac{h(2r^2 - rh \pm \sqrt{r^2h^2 + 4(r^2 - rh)m^2})}{2(r^2 - rh)};$$

y étant connu, on calcule x par l'équation (2) (1er problème).

MAXIMUM de m^2. D'après le radical, le maximum de $m^2 = rh^2 : (h - r)$.

850. Couper une sphère par un plan tel que la moyenne géométrique des zones déterminées soit équivalente à un cercle donné.

(*Fig. de l'Ex.* 855 *ci-après.*) Soit x la hauteur d'une des zones. 1re zone $= 2\pi rx$; 2° *id.* $= 2\pi r(2r - x)$. La moyenne géométrique est $2\pi r\sqrt{x(2r - x)} = \pi a^2$; d'où $4r^2x^2 - 8r^3x + a^4 = 0$; Je résous $x = \frac{4r^3 \pm \sqrt{16r^6 - 4a^4r^2}}{4r^2} = \frac{2r^2 \pm \sqrt{4r^4 - a^4}}{2r}$.

MAXIMUM de a^2. On doit avoir en général $a^4 < 4r^4$, ou $a^2 < 2r^2$; le *maximum* est $a^2 = 2r^2$; alors $x = 2r^2 : 2r = r$. $2r - x = r$. Les deux zones sont égales et le plan sécant passe par le centre.

851. Un cône donné étant inscrit dans une sphère, mener un plan tel que la différence des sections obtenues dans les deux corps soit équivalente à un cercle donné.

Imaginons le cône, la sphère et le plan demandé, coupés tous

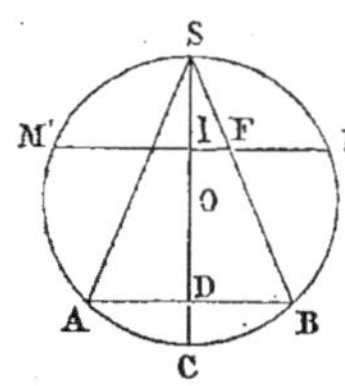

trois par un plan qui passe par le centre de la sphère et le sommet du cône; la section sera la figure ci-contre. Soient $SO=r$, $SD=h$, $BD=r'$, $SI=x$, $MI=y$, $IF=y'$, et πm^2 le cercle donné. La section de la sphère est πy^2, celle du cône $\pi y'^2$, et on doit avoir $\pi(y^2-y'^2)=\pi m^2$, ou $y^2-y'^2=m^2$. Mais $y^2=x(2r-x)=2rx-x^2$. D'un autre côté $y':r'=x:h$; $y'=r'x:h$. On a donc l'équation $2rx-x^2-(r'^2x^2:h^2)=m^2$; d'où $(r'^2+h^2)x^2-2h^2rx+h^2m^2=0$. Je résous : $x=\dfrac{rh^2\pm h\sqrt{r^2h^2-(r'^2+h^2)m^2}}{r^2+h^2}$. Il suffit de connaître x.

MAXIMUM. Le maximum de m^2 est $\dfrac{r^2h^2}{r'^2+h^2}=\dfrac{r^2h^2}{a^2}$ (a désignant le côté ou l'arête du cône). Quand m^2 est plus petit que $r^2h^2:a^2$, le problème a deux solutions.

852. Une sphère et un cylindre étant posés sur un plan, mener un 2e plan tel que les volumes interceptés soient entre eux dans un rapport donné.

(*Faites une figure.*) Soient r le rayon de la sphère, r' le rayon du cylindre, k le rapport donné, x la distance du plan sécant cherché au plan donné, et y le rayon de la section de la sphère. Le cylindre formé a pour volume $\pi r'^2x$; le segment de sphère *à une base,* déterminé en même temps, a pour mesure $^1/_6\pi x^3+{}^1/_2\pi y^2x$. Le rapport du 2e volume au premier est k ; j'écris ce rapport, puis je simplifie et je chasse les dénominateurs : $x^2+3y^2=6kr'^2$. Mais $y^2=x(2r-x)=2rx-x^2$. On a donc $2x^2-6rx+6kr'^2=0$ ou $x^2-3rx+3kr'^2=0$. Je résous : $x={}^1/_2(3r\pm\sqrt{9r^2-12kr'^2})$.

MAXIMUM de k: D'après le radical, ce maximum est $\dfrac{3r^2}{4r'^2}$. D'ailleurs x ne doit pas surpasser $2r$, puisque le plan doit couper la sphère; il est donc nécessaire pour que la 1re valeur convienne que l'on ait $\sqrt{9r^2-12kr'^2}<r$, ou $9r^2-12kr'^2<r^2$; d'où $8r^2<12kr'^2$ et $k>\dfrac{2}{3}\dfrac{r^2}{r'}$. Quand k est compris entre $\dfrac{3}{4}\dfrac{r^2}{r'^2}$ et $\dfrac{2}{3}\dfrac{r^2}{r'^2}$ le problème a deux solutions. Quand k est plus petit que $\frac{2}{3}\frac{r^2}{r'^2}$, la 2e valeur de x convient seule, et il n'y a qu'une solution.

853 Étant donnés un demi cercle AEB et deux tangentes aux extrémités du diamètre AB, mener une tangente CED telle que le trapèze ABCD ait une surface donnée.

Voyez la fig. suivante. C'est le problème de l'Ex. 834.

854. Étant donnés un demi-cercle AEB et deux tangentes aux extrémités du diamètre AB, mener une tangente CED telle que le volume engendré par le trapèze tournant autour du diamètre ait une valeur donnée.

(Fig. de l'Ex. 834) Supposons le problème résolu, et soit DEC la tangente cherchée. Soient $AO = r$, $AD = DE = x$, $BC = CE = y$, et $\frac{4}{3}\pi a^3$ le volume donné.

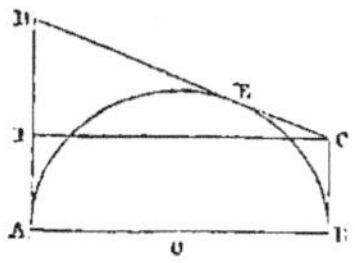

Le trapèze engendre un tronc de cône; on a donc $\frac{2}{3}\pi r(y^2 + x^2 + xy) = \frac{4}{3}\pi a^3$, ou $y^2 + x^2 + xy = 2a^3 : r$. Je trace DI parallèle à AB; $\overline{CI}^2 = \overline{DC}^2 - \overline{DI}^2$, ou $4r^2 = (x+y)^2 - (x-y)^2 = 4xy$; $xy = r^2$.
Mais $(x+y)^2 = (y^2+x^2+xy)+xy$, et $(x-y)^2 = (y^2+x^2+xy) - 3xy$. On a donc : $(x+y)^2 = \frac{2a^3}{r} + r^2$, et $(x-y)^2 = \frac{2a^3}{r} - 3r^2$.
On connaît donc $x + y$ et $x - y$.

MINIMUM de a^3. D'après la valeur de $(x - y)^2$, on voit que le minimum de a^3 est $\frac{3}{2}r^3$. Alors $x = y$, et le trapèze est le demi-carré circonscrit.

855. Couper une sphère par un plan tel que le plus petit segment de sphère déterminé et le cône de même base ayant son sommet au centre de la sphère soient équivalents, ou soient entre eux dans un rapport donné.

1er PROBLÈME. Le cône et le segment forment le secteur sphérique AOBC. Demander que le cône et le segment soient équivalents, c'est demander que le cône AOB soit la moitié du secteur. Soient $AO = r$, $AI = y$ et $OI = x$. Sect. $AOBC = \frac{2}{3}\pi r^2 \times CI = \frac{2}{3}\pi r^2(r - x)$, et cône $AOB = \frac{1}{3}\pi y^2 x$. On doit donc avoir $\frac{1}{3}\pi y^2 x = \frac{1}{3}\pi r^2$

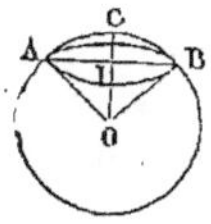

$\times (r - x)$, ou $y^2 x = r^2(r - x)$. Mais $y^2 = r^2 - x^2$; donc $x(r^2 - x^2) = r^2(r - x)$. Je puis diviser par $r - x$, parce que $x = r$ est une solution insignifiante. Je divise, et je trouve : $x(r + x) = r^2$; ou $rx + x^2 = r^2$; d'où $x = \frac{1}{2}[- r + \sqrt{5r^2} = \frac{1}{2}r(\sqrt{5} - 1)]$. Le signe — devant le radical ne convient pas.

Remarque. Cette valeur de x est précisément la plus grande partie du rayon divisé en moyenne et extrême raison.

2° Problème. Le rapport du cône au segm. de sphère $= m : n$; on a par suite cône : sect. sphérique $= m : m + n$. On remplace le cône et le segment par leurs valeurs ci-dessus (1er problème), et on achève comme précédemment.

856. Inscrire dans une sphère un cylindre d'une surface latérale donnée.

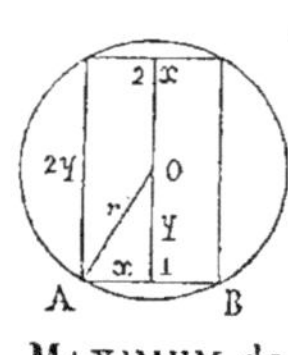

Soient x et $2y$ le rayon de base et la hauteur du cylindre cherché, et $4\pi a^2$ la surface donnée. On doit avoir $4\pi xy = 4\pi a^2$ ou $xy = a^2$. On a d'ailleurs $x^2 + y^2 = r^2$. On achève comme dans l'Ex. 796.

Maximum de a. Comme dans l'Ex. 796.

857. Inscrire dans une sphère un cylindre d'une surface totale donnée.

(Même fig. et mêmes désignations que dans l'Ex. 856.) On doit avoir $4\pi xy + 2\pi x^2 = 4\pi a^2$; d'où $xy + \frac{1}{2}x^2 = a^2$; d'ailleurs $x^2 + y^2 = r^2$. La 1re équation donne : $y = \frac{2a^2 - x^2}{2x}$; je substitue dans la 2e, et je chasse les dénominateurs; $4x^4 + (2a^2 - x^2)^2 = 4r^2x^2$. Je pose $x^2 = z$, et je développe : $5z^2 - 4(a^2 + r^2)z + 4a^4 = 0$. Je résous

$$z = \frac{2(a^2 + r^2) \pm \sqrt{4(a^2 + r^2)^2 - 20a^4}}{5}; \quad x = \sqrt{z}.$$

Maximum de a^2. Développons et réduisons sous le radical. On doit avoir en général : $8a^2r^2 + 4r^4 - 16a^4 > 0$ (1). Je résous l'équation simplifiée : $4a^4 - 2a^2r^2 - r^4 = 0$. $a^2 = \frac{1}{4}(r^2 \pm r^2\sqrt{5})$. L'inégalité (1) équivaut à celle-ci : $[\frac{1}{4}r^2(1 + \sqrt{5}) - a^2]\,[a^2 + \frac{1}{4}r^2(\sqrt{5} - 1)] > 0$.

D'après cette inégalité, le *maximum* est $a^2 = \frac{1}{4}r^2(1 + \sqrt{5})$; le maximum de l'aire donnée $4\pi a^2$ est $\pi r^2(1 + \sqrt{5})$. Il n'y a pas de maximum.

858. Couper une sphère par un plan de manière que le segment de sphère détaché ait une surface donnée.

(Figure de l'Ex. 855.) Soient r le rayon de la sphère donnée, y le rayon du cercle demandé et x la distance au centre. Surface zone $= 2\pi r(r - x)$; surface cercle $= \pi y^2 = \pi(r^2 - x^2)$. L'équation du problème est donc $2\pi(r^2 - rx) + \pi(r^2 - x^2) = \pi a^2$; ou $x^2 + 2rx + a^2 - 3r^2 = 0$. Je résous : $x = -r \pm \sqrt{4r^2 - a^2}$.

Maximum de a^2. D'après le radical, le maximum de a^2 est $4r^2$; alors $x = -r$, comme nous avons appelé la hauteur de la zone $r - x$, cette hauteur est ici $2r$, et la zone devient la sphère entière située au dessus du plan déterminant qui est ici tangent. Il n'y a pas de *minimum*.

859. Circonscrire à une sphère un cône droit ayant un volume donné.

x et y rayon de base et hauteur du cône; r le rayon de la sphère; $\frac{1}{3}\pi a^3$ volume donné. On a d'abord $\frac{1}{3}\pi x^2 y = \frac{1}{3}\pi a^3$; d'où $x^2 y = a^3$ (1). Les triangles semblables SCB, SOD donnent $x : r = y : \text{SD} = y : \sqrt{y(y - 2r)}$; d'où $x^2 = r^2y^2 : y(y - 2r) = r^2 y : y - 2r$. Je substitue cette valeur de x^2 dans l'équation (1), et je trouve : $r^2y^2 = a^3(y - 2r)$; d'où : $r^2y^2 - a^3y + 2ra^3 = 0$. Je résous :

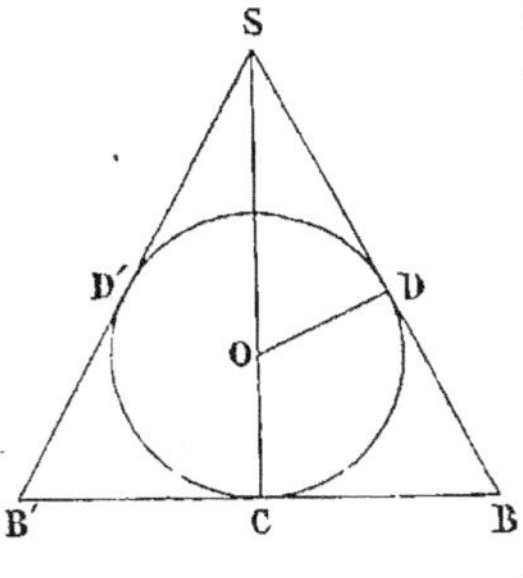

S
D'
D
O
B'
C
B

$$y = \frac{(a^3 \pm \sqrt{a^6 - 8a^3r^3})}{2r^2}.$$

Minimum de a^3. D'après le radical on doit avoir en général $a^6 > 8a^3r^3$, ou $a^3 > 8r^3$; le *minimum* est $a^3 = 8r^3$. Dans ce cas $y = 8r^3 : 2r^2 = 4r$; $x^2 = a^3 : y = 8r^3 : 4r = 2r^2$; $x = r\sqrt{2}$. Quand a^3 est $> 8r^3$, le problème a deux solutions. Il n'y a pas de maximum.

860. Circonscrire à une sphère un cône ayant une surface donnée.

(Même figure et mêmes notations que dans l'Exerc. 859.)

Équation du problème : $\pi x\sqrt{x^2+y^2}=\pi a^2$, ou $x\sqrt{(x^2+y^2)}=a^2$. Nous avons trouvé (Ex. 859) : $x^2=\frac{r^2y}{y-2r}$; on en déduit aisément $x^2+y^2=\frac{y(y-r)^2}{y-2r}$. Par suite $x^2(x^2+y^2)=\frac{r^2y^2(y-r)^2}{(y-2r)^2}$, et $x\sqrt{x^2+y^2}$ ou $a^2=\frac{ry(y-r)}{y-2r}=\frac{ry^2-r^2y}{y-2r}$. D'où $ry^2-(a^2+r^2)y+2ra^2=0$. Je résous :

$$y=\frac{(a^2+r^2)\pm\sqrt{a^4+r^4-6a^2r^2}}{2r}.$$

MINIMUM de a^2. On doit avoir en général $a^4+r^4-6a^2r^2>0$ (1); je résous l'équation : $a^4-6a^2r^2+r^4=0$; $a^2=r^2(3\pm2\sqrt{2})$. L'inégalité (1) peut s'écrire ainsi : $[a^2-r^2(3+2\sqrt{2})(a^2-r^2(3-r\sqrt{2})]>0$. Pour que cette inégalité soit vérifiée, on doit avoir en général : $a^2>r^2(3+2\sqrt{2})$, ou $a^2<r^2(3-2\sqrt{2})$. Mais $a^2=x\sqrt{x^2+y^2}$ est $>r^2$, puisque $x>r$, et *à fortiori* $\sqrt{x^2+y^2}>r$. On ne peut donc pas avoir $a^2<r^2(3-2\sqrt{2})$; on doit avoir en général $a^2>r^2(3+2\sqrt{2})$; le *minimum* est $a^2=r^2(3+2\sqrt{2})$; alors $y=2r+r\sqrt{2}$. Il n'y a pas de maximum.

861. Circonscrire à une sphère un cône ayant une surface latérale donnée.

(Même figure et mêmes notations que dans l'Ex. 859). *Équation du problème* : $\pi x^2+\pi x\sqrt{x^2+y^2}=\pi b^2$, ou $x^2+x\sqrt{x^2+y^2}=b^2$. Nous avons vu dans l'Ex. 859 que $x^2=\frac{r^2y}{y-2r}$, et dans l'Ex. 860 que $x\sqrt{x^2+y^2}=\frac{ry^2-r^2y}{y-2r}$. Par suite $x^2+x\sqrt{x^2+y^2}$ ou $b^2=\frac{ry^2}{y-2r}$, D'où $ry^2-b^2y+2rb^2=0$. Je résous : $y=\frac{b^2\pm\sqrt{b^4-8r^2b^2}}{2r}$.

MINIMUM de b^2. On doit avoir $b^4>8r^2b^2$ ou $b^2>8r^2$; le *minimum* est $b=2r\sqrt{2}$. Alors $y=4r$, et $x=r\sqrt{2}$. Il n'y a pas de maximum.

Pour le cône circonscrit de plus petit volume, on a aussi trouvé $y=4r$. Le cône circonscrit de plus petit volume est donc aussi celui qui a la plus petite surface totale. Cette proposition se démontre aisément par la géométrie.

862. Inscrire dans une sphère un cylindre dont le volume soit la demi-somme des volumes des segments sphériques adjacents à ses bases (fig. de l'Ex. 856).

Soient r le rayon de la sphère, $2y$ et x la hauteur du cylindre et le rayon de sa base. Les deux segments de la sphère étant égaux, le cylindre doit être équivalent à l'un d'eux. L'équation du problème est donc $\pi x^2 y = {}^1/_6\, \pi(r-y)^3 + {}^1/_2\, \pi x^2(r-y)$.

Comme $x^2 = r^2 - y^2$, on a $6(r^2 - y^2)y = (r-y)^3 + 3(r^2 - y^2)(r-y)$. $y = r$ étant *une* solution insignifiante, je puis diviser par $r - y$. Je divise et je trouve : $6(r+y)y = (r-y)^2 + 3(r^2 - y^2)$; d'où, par réduction, $2y^2 + 2ry - r^2 = 0$. Je résous $y = -r + r\sqrt{3} = r(\sqrt{3} - 1)$.

863. Inscrire dans une sphère un cône droit équivalent au segment sphérique opposé de même base.

Équation du problème : ${}^1/_3\, \pi x^2 y = {}^1/_6 \pi(2r-y)^3 + {}^1/_2 \pi x^2(2r-y)$.

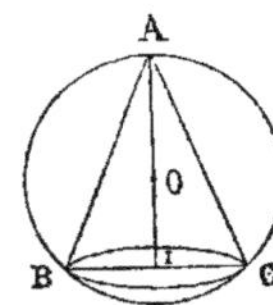

Or $x^2 = y(2r-y)$. Je substitue cette valeur et je divise par $2r - y$; ($y = 2r$ est une solution insignifiante) ; je chasse aussi les dénominateurs : $2y^2 - (2r-y)^2 + 3y(2r-y)$; d'où $y^2 - ry - r^2 = 0$. Je résous : $y = {}^1/_2\,(r + r\sqrt{5})$.

864. Circonscrire à une sphère un cône droit dont la surface convexe soit double de sa base.

(Même fig. et mêmes notations que dans l'Ex. 859.) *Équations du problème :* $\pi x\sqrt{x^2+y^2} = 2\pi x^2$; d'où $\sqrt{x^2+y^2} = 2x$; $x^2 + y^2 = 4x^2$; $y^2 = 3x^2 = \dfrac{3r^2 y}{y - 2r}$ (Ex. 859). D'où $y^2 - 2ry - 3r^2 = 0$. Je résous : $y = r \pm 2r$; $y = 3r$ est la valeur convenable.

865. Inscrire dans une sphère un cône droit dont la base soit une partie déterminée de la surface convexe

(Même fig. et mêmes notations que dans l'Ex. 863.) *Équation du problème :* $\pi x^2 = k \cdot \pi x\sqrt{x^2+y^2}$ (k étant donné). D'où $x = k\sqrt{x^2+y^2}$, $x^2 = k^2(x^2+y^2)$ (1). Mais $x^2 = y(2r-y) =$

$2ry - y^2$; $x^2 + y^2 = 2ry$. L'équation (1) équivaut donc à celle-ci : $2ry - y^2 = 2kry$; $y = 0$ étant une solution insignifiante, je divise par y et je trouve : $2r - y = 2kr$; $y = 2r(1-k)$.

866. Inscrire dans une sphère un cylindre droit dont la somme des deux bases soit à la surface latérale dans un rapport donné.

(*Même fig. et mêmes notations que dans l'Ex.* 856.) *Équation du problème :* $2\pi x^2 = 4k\pi xy$, ou $x = 2ky$; puis $x^2 = 4k^2y^2$ ou $r^2 - y^2 = 4k^2y^2$; $r^2 = y^2(1 + 4k^2)$. $y = r : \sqrt{1 + 4k^2}$.

867. Mener au diamètre AB d'un demi-cercle ACB une perpendiculaire CD telle que les volumes engendrés par le demi-segment de cercle ACD et le triangle CBD tournant autour de AB soient entre eux dans un rapport donné. (Ex. 863.)

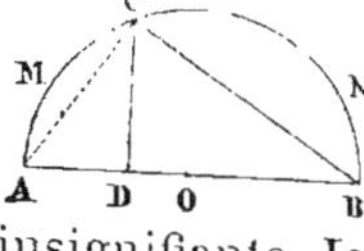

Soient AO $= r$, AD $= x$ et CD $= y$. *Équation du problème :* $\frac{1}{6}\pi x^3 + \frac{1}{2}\pi y^2 x = \frac{1}{3}k\pi y^2(2r - x)$ (k étant un nombre donné). $y^2 = x(2r - x)$; on a donc : $x^3 + 3x^2(2r - x) = 2kx(2r - x)^2$. On peut diviser par x ; car $x = 0$ est une solution insignifiante. Je divise par x, et je simplifie : $2 + 2k)x^2 - 2r(4k + 3)x + 8kr^2 = 0$. Je résous :

$$x = \frac{(4k + 3)r \pm r\sqrt{9 + 8k}}{2(1 + k)}.$$

868. Déterminer sur une demi-circonférence AMCNB le point C de manière que la somme des volumes engendrés par les segments de cercle AMC, CNB tournant autour de AB soit équivalente à un volume donné.

Tracez les cordes AC et CB, Vol. segm. AMC + vol. segm. CNB = sphère — vol. triangle ACB $= \frac{4}{3}\pi r^3 - \frac{2}{3}\pi y^2 \times 2r$. L'équation du problème est donc : $\frac{4}{3}\pi r^3 - \frac{4}{3}\pi y^2 r = \frac{4}{3}\pi a^3$ (volume donné). D'où

$$y^2 = \frac{r^3 - a^3}{r}.$$

MAXIMUM : $a^3 = r^3$. Ce maximum ne peut pas être atteint ; car

$a^3 = r^3$ donne $y=0$; ce qui est une solution insignifiante. Mais a^3 peut différer de r^3 aussi peu que l'on veut.

869. Trouver la largeur d'une malle formée par un parallélipipède rectangle surmonté d'un demi-cylindre, connaissant la hauteur totale de cette malle, sa longueur et sa capacité. (Faites une figure.)

Soient h la hauteur totale de la malle, l sa longueur, x sa largeur, et a^2l sa capacité ; x est le diamètre du demi-cercle supérieur. L'équation du problème est $x(h-x)l + {}^1/_8\,\pi l x^2 = a^2 l$; d'où $x^2({}^1/_8\pi - 1) + hx = a^2$. Je résous :

$$x = \frac{-h + \sqrt{h^2 + 4a^2({}^1/_8\pi - 1)}}{2({}^1/_8\pi - 1)}.$$

870. Mener une parallèle à la base BC d'un triangle ABC de manière que les volumes engendrés par le triangle partiel et le trapèze obtenus tournant autour de BC soient équivalents. On sait que la parallèle qui passe par les milieux de AB et de AC répond à la question. Y a-t-il d'autres solutions ?

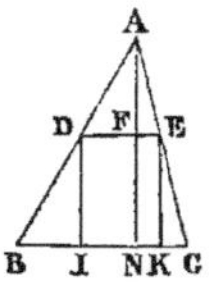

Soient AN $=h$, BC $=a$, DE $=x$, DI $=y$. Les deux volumes partiels devant être équivalents, chacun doit être la moitié du volume engendré par le triangle ABC lui-même tournant autour de BC. Or vol. ABC $={}^1/_3\pi h^2 a$. Vol. BDEC = vol. DEKI + vol. BDI + vol. EKC $= \pi y^2 x + {}^1/_3\pi y^2 \times \text{BI} + {}^1/_3\pi y^2 \times \text{KC} = \pi y^2 x + {}^1/_3\pi y^2 (a-x) = {}^1/_3\,\pi y^2\,(a+2x)$. La 1re équation du problème est donc $y^2(a+2x) = {}^1/_2 a h^2$ (1). Les triangles semblables donnent $x : h-y = a : h$; d'où $x = a(h-y) : h$ (2). Je substitue cette valeur de x dans (1) qui devient : $2y^2(3ah - 2ay) = ah^3$; ou simplement $4y^3 - 6hy^2 + h^3 = 0$. On sait que cette équation est vérifiée par $y = {}^1/_2 h$; on peut donc diviser le 1er membre par $y - {}^1/_2 h$; je divise, et je trouve : $4y^2 - 4hy - 2h^2 = 0$ ou $2y^2 - 2hy - h^2 = 0$. Je résous : $y = {}^1/_2\,(h \pm h\sqrt{3})$; ces deux valeurs de y l'une plus grande que h, l'autre négative ne satisfont pas à la question proposée. Celle-ci n'a donc que la solution ; $y = {}^1/_2 h$.

Questions de physique.

871. Une lampe L et une bougie B sont séparées par une distance LB de

$3^m,75$. La lampe éclairant à l'unité de distance 5 fois plus que la bougie, on demande de déterminer sur la direction LB les points également éclairés par les deux lumières.

Soient $LB = a$, $LC = x$, $BC = a - x$, et y l'intensité de la lumière B à l'unité de distance ; par suite celle de L est $5y$. A la distance x l'intensité de la lumière de la lampe est $\frac{5y}{x^2}$; à la distance $a - x$, l'intensité de la bougie est $\frac{y}{(a-x)^2}$. Par hypothèse, ces deux intensités sont égales : $\frac{5y}{x^2} = \frac{y}{(a-x)^2}$; d'où $5 = \frac{x^2}{(a-x)^2}$; $\frac{x}{a-x} = \pm\sqrt{5}$.

L C B C'

1re valeur $x = a\sqrt{5} : (1 + \sqrt{5}) = {}^1/_4\, a(5 - \sqrt{5})$. 2e valeur $x = a\sqrt{5} : (\sqrt{5} - 1) = {}^1/_4\, a(\sqrt{5} + 5)$. La 1re valeur donne le point C ; la 2e le point C' au delà de B.

872. Trouver le diamètre d'un fil de platine dont la densité est 22,08, sachant que le mètre de ce fil pèse 100^{gr}. Rép. $0^{cm},24$.

Prenons pour unités le *cm* et le gramme ; 1^{cm} du fil pèse 1^{gr} ; soit x le diamètre cherché. *Équation* : ${}^1/_4\pi x^2 \times 22,08 = 1$. Rép. $x = 0,24$.

873. La profondeur d'un puits est dit-on de a^m. Pour le vérifier, on y jette une pierre et on compte le nombre de secondes qui s'écoulent entre le moment où on a lancé la pierre et celui où entend le bruit de sa chute. Combien doit-on compter de secondes pour que la profondeur annoncée soit exacte. Appliquer au cas de $a = 100^m$; la vitesse du son est de 340^m par seconde et $g = 9,8088$.

Ce problème n'est pas du 2e degré. Le nombre x de secondes cherché se compose du temps t de la chute de la pierre, et du temps t' que le bruit du choc de la pierre au fond du puits met à parvenir à l'orifice : $x = t + t'$. On sait que l'espace parcouru dans la chute verticale $a = {}^1/_2 g t^2$; donc $t = \sqrt{\frac{2a}{g}}$. D'un autre côté, à raison de 340^m par seconde, l'espace a est parcouru par le son dans le temps $t' = \frac{a}{340}$, on a donc $x = \sqrt{\frac{2a}{g}} + \frac{a}{340}$.

APPLICATION PROPOSÉE. *Rép.* $5^s,12$.

874. Un tube cylindrique, dans lequel se meut un piston, plonge dans une cuve de mercure. Le mercure s'élevant dans le tube à 12^{cm} au-dessus de son niveau dans la cuve, la colonne d'air a 30^{cm} de longueur. On abaisse le piston de 6^{cm} ; quelle est alors la hauteur du mercure dans le tube ? Rép. $8^{cm},89$.

Soit x^{cm} la hauteur cherchée. Du niveau du mercure dans la cuve jusqu'au sommet du tube, il y a $30+12$ ou 42^{cm}. Quand on abaisse le tube de 6^{cm}, cette hauteur n'est plus que de 36^{cm} qui se partagent ainsi : x^{cm} occupés par le mercure, et $(36-x)^{cm}$ occupés par l'air ; soit H la pression atmosphérique exprimée en *cm* de mercure. La colonne d'air avait 30^{cm} de long sous la pression $H-12$; elle a ensuite $(36-x)^{cm}$ de long, sous la pression $H-x$. D'après la loi de Mariotte, $\frac{30}{36-x}=\frac{H-x}{H-12}$; d'où $30(H-12)=(36-x)(H-x)$. J'effectue les calculs : $30H-360=36H-36x-Hx+x^2$; d'où $x^2-(36+H)x+6H+360=0$. Je suppose, pour fixer les idées, $H=76^{cm}$; alors l'équation à résoudre est : $x^2-102x+816=0$. $x=56\pm\sqrt{56^2-816}=56\pm 47{,}11$, à une unité près. x étant nécessairement moindre que 56, le signe $-$ convient seul ; je prends donc $x=56-47{,}11=8^{cm},89$.

875. Un corps de pompe a un tuyau d'aspiration de 2^m de hauteur. Le piston peut se mouvoir entre 1^{dm} et 5^{dm} à partir du fond du corps de pompe où se trouve la soupape du tuyau d'aspiration. Le rayon du corps de pompe est 2^{dm} ; celui du tuyau d'aspiration 1^{cm} ; on demande à quelle hauteur s'é-s'élèvera l'eau au 1er coup de piston ? Rép. A $49^{cm},35$ au-dessus de la soupape.

Unités, le *cm* et le *cmc*. Les dimensions données 5*dm*, 2*dm*, 1*cm*, et 2*m* sont remplacées par 50*cm*, 20*cm*, 1*cm*, et 200*cm*. Volume du tuyau d'aspiration : $\frac{1}{4}\pi\times 200=50\pi^{cmc}$; *id.* du corps de pompe entre la soupape et le piston soulevé : $\pi.100\times 50$ ou $5000\pi^{cmc}$. D'après ces volumes, il est plus que probable que l'eau arrivera dans le corps de pompe dès le 1er coup de piston ; soit x^{cm} la hauteur atteinte alors par l'eau au dessus de la soupape.

Quand le piston touche la soupape pour la 1re fois, l'air du tuyau d'aspiration occupe un volume de $50\pi^{cmc}$ sous la pression atmosphérique, que je suppose égale à 76^{cm} de mercure, ou à $(76\times 13{,}6)$*cmc* d'eau $=1033^{cmc},6$ d'eau. Quand le piston est remonté, *le même air* occupe un espace cylindrique dont la hauteur est $50-x$ et le rayon de base 10^{cm}, et par suite un volume égal à $\pi\times100\times(50-x)^{cmc}$, sous une pression égale à $1033^{cm},6-(200+x)^{cm}$ (hauteur du niveau de l'eau soulevée au dessus du réservoir inférieur). D'après la loi de Mariotte, $\frac{50\pi}{\pi\times100\times(50-x)}=\frac{1033,6-200-x}{1033,6}$. Je simplifie : $\frac{50}{5000-100x}=\frac{1}{100-2x}=\frac{833,6-x}{1033,6}$. Je chasse les dénominateurs et je réduis. Équation finale : $x^2-883,6x+41163,2=0$. $x=441,8\pm\sqrt{(441,8)^2-41163,2}$, la plus petite racine $x'=49^{cm},35$; comme la valeur de x doit être inférieure à 50, cette racine x' est la seule convenable.

876. Dans un manomètre à air comprimé dont le tube est parfaitement calibré, le mercure est de niveau dans les deux branches sous la pression de $0^m,76$. On demande de combien le mercure montera dans les deux branches sous la pression H, n étant le nombre des centimètres du tube primitivement occupés par l'air dans la branche fermée.

C'est un problème très-simple du 1er degré proposé ici par mégarde.

Soit x le nombre de *cm* dont s'élève le mercure dans la branche fermée. La colonne d'air enfermée qui avait d'abord n^{cm} de long sous la pression de 76^{cm} de mercure a finalement $(n-x)^{cm}$ sous la pression H. D'après la loi de Mariotte, $n-x:n=76:\mathrm{H}$; d'où $x=n(\mathrm{H}-76):\mathrm{H}$.

877. On emploie $88^{Kg},1625$ de glace à zéro pour amener de 35° à 15° centigrades l'eau contenue dans un bassin qui a la forme d'un tronc de cône circulaire à bases horizontales ; la base supérieure a $1^m,2$ de rayon ; la hauteur est $0^m,90$ et le bassin est rempli d'eau à moitié de sa hauteur. Calculer le rayon de la base inférieure, sachant que la chaleur latente de fusion de la glace est 80. Rép. $3^{dm},04$ ou $0^m,304$.

La glace doit fondre, puis s'élever à 15° ; il lui faut pour cela $80+15$ ou 95 unités de chaleur par *Kg*, en tout $95\times88,1625$ ou $8375^{un.},4375$. Cette quantité de chaleur lui est fournie par l'eau qui pèse, je suppose, P^{Kg} ; cette eau, s'abaissant de 35° à 15°, cède 20P unités de chaleur ; donc $20\mathrm{P}=8375,4375$, et $\mathrm{P}^{Kg}=(8375,4375:20)^{Kg}=418^{Kg},771875$; le volume de cette eau est donc $417^{dmc},731875$. Prenons le *dm* pour unité. Le volume d'eau est un tronc de cône dont la hauteur est $4^{dm},5$, le rayon de la base inférieure $2x^{dm}$, et celui de la base supérieure à mi-hauteur du bassin $\frac{1}{2}(2x+12)=x+6$. Ce volume en *dmc* est donc $1,5.\pi[(2x)^2+(x+6)^2+2x(x+6)]=1,5\pi(7x^2+24x+36)=418,771875$; c'est l'équation du problème. Je divise par 1,5, puis par π, par 6, et je retranche 36; je trouve ainsi: $7x^2+24x=52,8662$. Je résous: la racine positive convient seule: $x=1,52$; $2x=3,04$. Le rayon demandé est donc $3^{dm},04$ ou $0^{m},304$.

Nous n'avons pas tenu compte de la dilatation de l'eau.

Questions de maximum et de minimum.

QUESTION GÉNÉRALE. *Trouver le maximum ou le minimum de chacune des expressions suivantes jusqu'à l'Exercice 903 inclusivement. Expliquer la marche progressive des valeurs positives ou négatives, croissantes, ou décroissantes, que prend chacune d'elles quand* x *varie d'une manière continue de* $-\infty$ *à* $+\infty$.
On tiendra compte dans cette discussion des signes des radicaux.

DÉFINITIONS ET OBSERVATIONS GÉNÉRALES. Une expression algébrique dont les valeurs dépendent des valeurs attribuées à une variable x, ou à des variables x, y, z, est une *fonction* de x, $f(x)$, ou une *fonction* de x, y, z, $f(x, y, z)$.

Supposons qu'on donne à x toutes ses valeurs consécutives possibles, *constamment croissantes*, et qu'on considère les valeurs correspondantes de la fonction : Lorsque la fonction *augmentant depuis quelque temps* arrive à une valeur X', puis *diminue* aussitôt après, cette valeur X' s'appelle un *maximum* de la fonction. Lorsque la fonction, *décroissant depuis quelque temps*, arrive à une valeur X'_1, puis *augmente* aussitôt après, cette valeur X'_1 est un *minimum* de la fonction.

Nous allons traiter quelques questions de maximum ou de minimum. Si la fonction considérée n'exprime aucune grandeur particulière désignée (Exerc. 878 à 903), il faut étudier la succession de toutes les valeurs réelles possibles, positives ou négatives, de cette fonction que nous désignerons habituellement d'une manière générale par m, m^2, ou m^3. Si la fonction exprime une grandeur particulière qui ne peut être négative, par exemple une longueur, une surface, un volume, un nombre assujetti à des conditions particulières, on ne considère naturellement que les valeurs positives de la fonction.

Quand x ou y doit être positif, on tient compte de cette condition comme nous l'avons fait dans l'Ex. 833.

878. Trouver le maximum ou le minimum de $\frac{a}{x}+\frac{a}{a-x}$.

Je pose $\frac{a}{x}+\frac{a}{a-x}=m$ (1), d'où $mx^2-amx+a^2=0$ (2).

Je résous: $x=\frac{a[m\pm\sqrt{m(m-4)}]}{2m}$ (3). Les équations (2) et (3), conséquences de l'équation (1), sont vérifiées avec celle-ci par les mêmes valeurs simultanées de x et de m. En donnant à x dans (1) toutes les valeurs positives ou négatives possibles, on obtient une série de valeurs réelles correspondantes de m. Si on met successivement ces valeurs de m dans l'une et l'autre des équations (3), on *reproduit* toutes les valeurs employées de x, c'est-à-dire toutes les valeurs réelles possibles. Les valeurs de m, c'est-à-dire toutes les valeurs que peut prendre la fonction $\frac{a}{x}+\frac{a}{a-x}$ ne sont donc autres que les nombres qui substitués à m dans les équations (3) donnent des valeurs réelles de x, c'est-à dire les nombres qui rendent positive ou nulle la quantité sous le radical : $m(m-4)$. Ce sont ces nombres qu'il nous faut étudier.

On doit avoir en général $m(m-4)>0$. Supposons m *positif*; alors on doit avoir $m-4>0$, $m>4$; le *minimum* est $m=4$. Pour $m=4$, le radical est nul, et $x=am:2m={}^1/_2a$.

m prend toutes les valeurs positives de ∞ à 4 ou de 4 à ∞.

Supposons m négatif et égal à $-m'$ (m' positif) ; $m(m-4)=-m'(-m'-4)=m'(m'+4)>0$. m' peut prendre toutes les valeurs possibles de 0 à ∞ ; par suite m peut prendre toutes les valeurs négatives de 0 à $-\infty$, ou de $-\infty$ à 0.

x croissant de $-\infty$ à 0, de 0 à ${}^1/_2a$, de ${}^1/_2a$ à a, de a à ∞,
m *décroît* de 0 à $-\infty$, et de ∞ à 4, puis *croît* de 4 à $+\infty$, et de $-\infty$ à 0.

Remarque importante. Pour bien comprendre et bien établir la marche des valeurs croissantes et décroissantes d'une fonction rationnelle de x, il faut savoir qu'entre $+\infty$ et $-\infty$, une pareille expression ne cesse de croître pour décroître qu'en passant par un *maximum*, ou de décroître pour croître qu'en passant par un *minimum*.

La valeur $m=4$ est un *minimum* de la fonction d'après notre définition. En effet, considérons les valeurs de x et de m quand x croissant par degrés infiniment petits arrive à $\frac{1}{2}a$, puis toujours croissant s'éloigne de $\frac{1}{2}a$. Pendant la 1re période, la fonction proposée, qui ne peut pas prendre des valeurs plus petites que 4, prend nécessairement des valeurs plus grandes que 4, et par suite arrive à 4 en *diminuant* ou *décroissant*. Dans la 2e période, x croissant au delà de $\frac{1}{2}a$, la fonction proposée qui ne peut pas davantage prendre des valeurs plus petites que 4, prend des valeurs plus grandes que 4, c'est-à-dire *augmente* aussitôt après avoir été égale à 4. 4 est donc un *minimum* de la fonction.

De ∞ à 4 signifie une série de valeurs d'abord infiniment grandes, puis décroissant d'une manière continue jusqu'à 4. De $-\infty$ à 0 signifie une série de valeurs négatives, dont les valeurs absolues d'abord infiniment grandes, diminuent continuellement jusqu'à 0.

Nous avons traité cette question très-complètement afin de faire bien comprendre ce qui se passe dans tous les cas analogues. Tout ce que nous ne répéterons pas dans les Exercices suivants sera sous-entendu. Après avoir établi les équations (1), (2) et (3), nous dirons tout de suite, par exemple : on doit avoir en général $m(m-4)>0$, et nous continuerons comme ci-dessus jusqu'à l'indication de la marche des valeurs de x et de m ; ce qui suit sera également sous-entendu. On fera bien d'expliquer chaque question aux élèves ou de la leur faire expliquer en détail comme nous venons de le faire.

Remarque. La question de l'exercice 878 est souvent proposée ainsi : *Partager un nombre* a *en deux parties* (a *et* a $-$x), *telles que la somme* $\frac{a}{x}+\frac{a}{a-x}$, *soit un minimum ou un maximum.* Alors il n'y a lieu de donner à x que les valeurs comprises entre 0 et a, et la fonction ne prend que des valeurs positives. On ne considère donc alors que les valeurs de x de 0 à $\frac{1}{2}a$, puis de $\frac{1}{2}a$ à a, et les valeurs correspondantes de m. Cette remarque s'applique aux quatre questions suivantes qui peuvent être proposées de même.

879. Trouver le maximum ou le minimum de $\frac{x}{a-x}+\frac{a-x}{x}$, a étant positif.

Je pose $\frac{x}{a-x}+\frac{a-x}{x}=m$ (1). D'où $2x^2+a^2-2ax=amx-mx^2$; puis $(2+m)x^2-(2a+am)x+a=0$ (2). Je résous : $x=\frac{a(2+m)\pm a\sqrt{m^2-4}}{2(2+m)}$ (3). On doit avoir en général $m^2-4>0$, ou $m^2>4$. Le *minimum* est $m^2=4$; d'où $m=\pm 2$ $m=2$ correspond à $x={}^1/_2a$.

Pour étudier la marche des valeurs de m quand x varie de $-\infty$ à ∞, il faut d'abord remarquer que les deux termes de m sont tous deux de mêmes signes quel que soit x. Quand x est négatif et égal à $-x'$, ces deux termes, qui deviennent : $\frac{-x'}{a+x'}+\frac{a+x'}{-x'}$, sont constamment négatifs, et par suite m idem ; quand x est positif et plus petit que a ces deux termes sont positifs ; quand x est positif et $>a$ ces deux termes sont négatifs. Pour savoir ce que devient m quand $x=\pm\infty$, je divise les deux termes de chaque fraction par x, et j'écris $m=\frac{1}{\frac{a}{x}-1}+\frac{\frac{a}{x}-1}{1}$; on voit alors aisément que pour $x=\pm\infty$, $m=-2$.

x croissant de $-\infty$ à 0, de 0 à ${}^1/_2a$, de ${}^1/_2a$ à a, de a à $+\infty$. m décroît de -2 à $-\infty$, de ∞ à 2, puis croît de 2 à $+\infty$, de $-\infty$ à -2.

$m=2$ est donc un *minimum* de l'expression proposée correspondant à $x={}^1/_2a$.

Pour $m=-2$, l'équation (2) se réduit à son dernier terme : $+a^2$; les coefficients de m et de x deviennent nuls. On sait que ces coefficients tendant vers 0, les racines tendent toutes deux à devenir infiniment grandes; $m=-2$ quand $x=-\infty$ et quand $x=+\infty$.

Nous avons encore développé cet exercice à cause des cas particuliers qui s'y présentent. Nous engageons le lecteur désireux de bien comprendre la marche des expressions algébriques variables, analogues à celles que nous considérons, de discuter aussi complètement ces expressions et de les faire ainsi discuter aux élèves. Nous le laisserons à faire désormais.

880. Trouver le maximum ou le minimum de $x^2+(a-x)^2$.

Je pose $x^2+(a-x)^2=m^2$; $2x^2-2ax+a^2-m^2=0$. Je résous

$x = {}^1/_2[(a \pm \sqrt{2m^2 - a^2})]$. On doit avoir en général $2m^2 - a^2 > 0$ ou $m^2 > {}^1/_2a^2$; le minimum est $m^2 = {}^1/_2a^2$; alors $x = {}^1/_2a$.

x croissant de $-\infty$ à ${}^1/_2a$, puis de ${}^1/_2a$ à $+\infty$,
m^2 *décroît* de $+\infty$ à ${}^1/_2a^2$, puis *croît* de ${}^1/_2a^2$ à $+\infty$.

881. Trouver le maximum ou le minimum de $\sqrt{x} + \sqrt{a-x}$.

Je pose $\sqrt{x} + \sqrt{a-x} = m$ (1) ; D'où $m^2 - a = 2\sqrt{ax - x^2}$ (1) : puis $x^2 - ax + {}^1/_4(m^2 - a)^2 = 0$(3). Je résous : $x = {}^1/_2[a \pm \sqrt{m^2(2a - m^2)}]$ (4). On doit avoir en général : $2a - m^2 < 0$, ou $m^2 < 2a$; le *maximum* est $m^2 = 2a$, ou $m = \pm\sqrt{2a}$; alors $x = {}^1/_2a$.

Notre calcul s'applique aux 4 expressions : $\pm\sqrt{x} \pm \sqrt{a-x}$. En prenant pour équation (1) l'une des 4 suivantes : $\sqrt{x} + \sqrt{a-x} = m$; $\sqrt{x} - \sqrt{a-x} = m$; $-\sqrt{x} - \sqrt{(a-x)} = m$; $-\sqrt{x} + \sqrt{a-x} = m$; on arrive à la même équation (3) et finalement aux valeurs (4) de x. C'est-à-dire qu'on étudie à la fois, sans le vouloir, les valeurs que prennent les 4 expressions précitées. Comment distinguer les valeurs de chacune et savoir à laquelle appartient le maximum ou le minimum trouvé. On les distingue comme il suit : 1° L'expression $\sqrt{x} + \sqrt{a-x}$ ne prend que des valeurs positives ; $-\sqrt{2a}$ n'est donc pas une valeur possible de cette expression (elle appartient à $-\sqrt{x} - \sqrt{a-x}$). 2° Il suffit d'étudier en général les expressions $\sqrt{x} + \sqrt{a-x}$ et $\sqrt{x} - \sqrt{a-x}$; car les 2 autres ont des valeurs correspondantes égales aux valeurs de celles-ci et de signes contraires. 3° Les valeurs de $\sqrt{x} - \sqrt{a-x}$ sont constamment plus petites que celles de $\sqrt{x} + \sqrt{a-x}$; le maximum ne peu donc appartenir qu'à $\sqrt{x} + \sqrt{a-x}$; en effet, pour $x = {}^1/_2a$, $\sqrt{x} + \sqrt{a-x} = 2\sqrt{{}^1/_2a} = {}^2/_2\sqrt{2a} = \sqrt{2a}$, tandis que $\sqrt{x} - \sqrt{a-x} = 0$.

$-\sqrt{2a}$ indique que le maximum des valeurs absolues de $-\sqrt{x} - \sqrt{a-x}$ est $\sqrt{2a}$; comme cela doit être eu égard à celles de $\sqrt{x} + \sqrt{a-x}$. D'ailleurs, x ne peut pas être négatif ni plus grand que a (voyez les radicaux) ; il ne peut varier que de 0 à a.

x croissant de 0 à ${}^1/_2a$, puis de ${}^1/_2a$ à a.
$\sqrt{x} + \sqrt{a-x}$ croît de $\sqrt{a}$ à $\sqrt{2a}$, puis décroît de $\sqrt{2a}$ à $\sqrt{a}$.
$\sqrt{x} - \sqrt{a-x}$ croît de $-\sqrt{a}$ à 0, puis de 0 à $\sqrt{a}$.

La différence $\sqrt{x} - \sqrt{a-x}$ n'a ni maximum ni minimum.

882. Trouver le maximum ou le minimum de $3x + 4\ (a = x)$.

Je pose $3x + 4(a - x)^2$ ou $4x^2 - (8a - 3)x + 4a^2 = m$. $x = \frac{1}{8}\left[(8a - 3) \pm \sqrt{9 - 48a + 16m}\right]$. On doit avoir en général $16m - (48a - 9) > 0$; $16m > 48a - 9$. Le *minimum* est $m = 3a - \frac{9}{16}$; alors $x = a - \frac{3}{8}$.

x croissant de $-\infty$ à $a - \frac{3}{8}$, puis de $a - \frac{3}{8}$ à $+\infty$:
m décroît de $+\infty$ à $3a - \frac{9}{16}$, puis croît de $3a - \frac{9}{16}$ à $+\infty$.

883. Trouver le maximum ou le minimum de $\sqrt{5 - 3x} + \sqrt{7x - 8}$.

Je pose $\sqrt{5 - 3x} + \sqrt{7x - 8} = m$. J'élève une 1re fois au carré : $-3 + 4x + 2\sqrt{50x - 21x^2 - 40} = m^2$. J'isole le radical et j'élève une 2e fois au carré ; je trouve en réduisant et ordonnant : $100x^2 - 4(2m^2 + 65)x + m^4 + 6m^2 + 169 = 0$. Je résous, et je réduis sous le radical : $x = \dfrac{2(2m^2 + 65) \pm \sqrt{-84m^4 + 440m^2}}{100}$.
D'après le radical, on doit avoir en général $440 - 84m^2 > 0$, ou $m^2 < \dfrac{440}{84} = \dfrac{110}{21}$; le *maximum* $m^2 = \dfrac{110}{21}$. Alors $x = \dfrac{2(2m^2 + 65)}{100} = \dfrac{317}{210}$.

Ainsi que nous l'avons expliqué dans l'Ex. 881, le calcul précédent s'applique aux 4 expressions $\sqrt{5 - 3x} + \sqrt{7x - 8}$; $\sqrt{5 - 3x} - \sqrt{7x - 8}$; $-\sqrt{5 - 3x} - \sqrt{7x - 8}$; $-\sqrt{5 - 3x} + \sqrt{7x - 8}$, et il suffit d'étudier les valeurs des deux premières. Les valeurs de la somme $\sqrt{5 - 3x} + \sqrt{7x - 8}$ sont toutes plus grandes que celles de $\sqrt{5 - 3x} - \sqrt{7x - 8}$, et le maximum $m = \sqrt{110/21}$ concerne certainement la somme. En résumé, x ne peut pas prendre des valeurs plus grandes que $\frac{5}{3}$ ni des valeurs plus petites que $\frac{8}{7}$; il ne peut varier que de $\frac{8}{7}$ à $\frac{5}{3}$. De plus, x croissant depuis $\frac{8}{7}$, $\sqrt{5 - 3x}$ décroît, et $\sqrt{7x - 8}$ croît continuellement; pour ces deux raisons la différence $\sqrt{5 - 3x} - \sqrt{7x - 8}$ diminue constamment, et n'a ni maximum ni minimum.
On voit aisément que

x croissant de $\frac{8}{7}$ à $\frac{317}{210}$, puis de $\frac{317}{210}$ à $\frac{5}{3}$.
$\sqrt{5 - 3x} + \sqrt{7x - 8}$ croît de $\sqrt{11/7}$ à $\sqrt{110/21}$, puis décroît de $\sqrt{110/21}$ à $\sqrt{11/3}$
$\sqrt{5 - 3x} - \sqrt{7x - 8}$ décroît continuellement de $\sqrt{11/7}$ à $-\sqrt{11/3}$.

Nous ne répéterons plus ce que nous avons dit dans l'Ex. 881 et dans celui-ci à propos des divers signes des radicaux proposés. Mais le lecteur et surtout les élèves devront discuter aussi généralement toutes les questions analogues.

884. Trouver le maximum et le minimum de $\sqrt{1+x}+\sqrt{1-x}$.

$\sqrt{1+x}+\sqrt{1-x}=m$. $2\sqrt{1-x^2}=m^2-2$. $1-x^2={}^1/_4(m^4-4m^2+4)$. $x^2={}^1/_4(4m^2-m^4)={}^1/_4\,m^2(4-m^2)$. On doit avoir en général $m^2<4$. Le *maximum* est $m^2=4$; $m=\pm 2$; alors $x=0$. x ne peut varier que de -1 à $+1$. Quand $x=-1$ ou quand $x=+1$, $\sqrt{1+x}+\sqrt{1-x}=\sqrt{2}$.

	x croissant de -1 à 0,	puis de 0 à $+1$
$\sqrt{1+x}+\sqrt{1-x}$	croît de $\sqrt{2}$ à 2,	puis décroît de 2 à $\sqrt{2}$.
$\sqrt{1+x}-\sqrt{1-x}$	croît de $-\sqrt{2}$ à 0,	puis de 0 à $\sqrt{2}$.

Le maximum concerne donc la somme proposée.

Développpez la question générale comme dans les Ex. 881 et 883.

885. Trouver le maximum et le minimum de $\sqrt{5+3x}-\sqrt{7x-8}$.

$\sqrt{5+3x}-\sqrt{7x-8}=m$. J'élève au carré, puis j'isole le nouveau radical : $-2\sqrt{11x+21x^2-40}=m^2+3-10x$. J'élève de nouveau au carré ; je simplifie, et j'ordonne par rapport à x : $16x^2-(104+20m^2)x+m^4+6m^2+169=0$. Je résous et je simplifie : $x={}^1/_{16}\,(52+10m^2\pm\sqrt{944m^2+84m^4})$. D'après le radical, m^2 peut prendre toutes les valeurs de 0 à ∞, et m toutes les valeurs positives ou négatives de 0 à ∞ et de 0 à $-\infty$. Cette conclusion n'est vraie que si on considère à la fois la somme et la différence des radicaux proposés qui ne sont pas distinguées dans le calcul précédent et qui sont représentées l'une et l'autre par m.

A l'inspection attentive des radicaux, on voit que x ne peut pas être inférieur à ${}^8/_7$. Pour $x={}^8/_7$ le 2e radical est nul; la somme et la différence sont égales; chacune vaut $\sqrt{{}^{39}/_7}$.

x croissant de $\frac{8}{7}$ à ∞, $\sqrt{5+3x}-\sqrt{7x-8}$ décroît continuellement de $\sqrt{59/7}$ à 0 d'abord (quand $5+3x=7x-8$, ou $x={}^{13}/_{4}$), puis de 0 à $-\infty$. Cette expression proposée n'a donc ni *maximum*, ni *minimum*. Elle *décroît* continuellement quand *x augmente* parce que le radical soustrait qui renferme $7x$ croît plus rapidement que le 1er radical qui renferme $3x$. Les deux radicaux augmentant sans cesse avec x, la somme $\sqrt{5+3x}+\sqrt{7x-8}$ croît sans cesse de $\sqrt{59/7}$ à $+\infty$ quand x croît de $8/7$ à $+\infty$. Cette somme n'a elle-même ni *maximum* ni *minimum*.

886. Trouver le maximum et le minimum de $5x^2+3x-266$.

$5x^2+3x-266=m$. Je résous : $x={}^1/_{10}(-3\pm\sqrt{5329+20m})$. D'après le radical, m peut prendre toutes les valeurs positives de 0 à ∞, et les valeurs négatives de $m=0$ à $m=-{}^{5329}/_{20}$. Le *minimum* est $m=-{}^{5329}/_{20}$, alors $x=-0{,}3$.

x croissant de $-\infty$ à $-0{,}3$, puis de $-0{,}3$ à $+\infty$,
le trinôme décroît de $+\infty$ à $-{}^{5329}/_{20}$, puis croît de $-{}^{5329}/_{20}$ à $+\infty$.

887. Trouver le maximum et le minimum de 1° $4x^2-7x+3$. 2° de $(x-3)(x+7)$.

1re Question. $4x^2-7x+3=m$. Je résous : $x={}^1/_8(7\pm\sqrt{1+16m})$. D'après le radical, m peut varier de 0 à ∞ et de 0 à $-{}^1/_{16}$; le minimum es —t ${}^1/_{16}$; alors $x={}^7/_8$.

x croissant de $-\infty$ à $7/8$, puis de $7/8$ à $+\infty$,
le trinome décroît de $+\infty$ à $-{}^1/_{16}$, puis croît de $-{}^1/_{16}$ à $+\infty$.

2e Question. $(x+7)(x-3)=m$; $x^2+4x-21=m$. Je résous : $x=-2\pm\sqrt{25+m}$. D'après le radical, la valeur m du trinôme peut varier de 0 à ∞ et de 0 à -25 ; le *minimum* est $m=-25$; alors $x=-2$.

x croissant de $-\infty$ à -2, puis de -2 à $+\infty$,
le trinôme décroît de $+\infty$ à -25, puis croît de -25 à $+\infty$.

888. Trouver le maximum et le minimum de $8x^2-5x+3$.

$8x^2-5x+3=m$. Je résous : $x={}^1/_{16}(5\pm\sqrt{25-96+32m})=$

$^1/_{16}(5\pm\sqrt{32m-71})$. D'après le radical, $32m$ doit être en général >71 ; le *minimum* est $m={}^{71}/_{32}$; alors $x={}^5/_{16}$.

x croissant de $-\infty$ à $^5/_{16}$,	puis de $^5/_{16}$ à $+\infty$,
le trinôme décroît de $+\infty$ à $^{71}/_{32}$,	puis croît de $^{71}/_{32}$ à $+\infty$.

889. Trouver le maximum et le minimum de $5x-3+\sqrt{2-3x}$.

$5x-3+\sqrt{2-3x}=m$; $\sqrt{2-3x}=m+3-5x$; $2-3x=m^2+9+25x^2+6m-10mx-30x$. J'ordonne par rapport à x. $25x^2-(27+10m)x+m^2+6m+7=0$. Je résous : $x={}^1/_{50}(27+10m\pm\sqrt{(27+10m)^2-100(m^2+6m+7)}={}^1/_{50}(27+10m\pm\sqrt{29-60m})$. D'après ce radical, le *maximum* de m est $^{29}/_{60}$: alors $x=\dfrac{27+{}^{29}/_6}{50}={}^{191}/_{300}$.

Comme dans l'Ex. 881, on ne distingue pas ici la somme de $5x-3+\sqrt{2-3x}$ de la différence $5x-3-\sqrt{2-3x}$; m désigne la valeur de l'une ou de l'autre ; $^{29}/_{60}$ est une valeur qui ne peut pas être dépassée ni par l'une ni par l'autre. Comme la somme est la plus grande, c'est elle qui atteint ce *maximum* $^{29}/_{60}$ quand $x={}^{191}/_{300}$; la différence vaut alors $-0,15$. En examinant le radical, on voit que x ne peut pas prendre de valeurs supérieures à $^2/_3$ ou $^{200}/_{300}$. Quand $x={}^2/_3$, le radical est nul ; la somme et la différence sont égales à $^1/_3$.

x croissant de $-\infty$ à $^{191}/_{300}$,	puis de $^{191}/_{300}$ à $^2/_3$.
La somme croît de $-\infty$ à $^{29}/_{60}$,	puis décroît de $^{29}/_{60}$ à $^1/_3$.

La différence croît continuellement de $-\infty$ à $^1/_3$.

La différence croît toujours puisque la racine retranchée diminue quand x augmente; cette différence n'a donc ni *maximum* ni *minimum*.

890. Trouver le maximum et le minimum de ax^2+bx+c.

$ax^2+bx+c=m$. Je résous : $x=\dfrac{-b\pm\sqrt{b^2-4ac+4am}}{2a}$.

On doit avoir, en général, $b^2-4ac+4am>0$ (1), et à la limite $b^2-4ac+4am=0$; d'où $m=(4ac-b^2):4a$. Le trinôme a cette valeur quand $x = -\frac{b}{2a}$. $(4ac-b^2):4a$ est le *minimum* de ax^2+bx+c quand a est positif ; c'est un *maximum* quand a est négatif.

1er *cas. a positif.* On doit avoir en général $b^2-4ac+4am>0$, d'où $m>(4ac-b^2):4a$; $(4ac-b^2):4a$ est donc la plus petite valeur possible, le *minimum* de m ou du trinôme ax^2+bx+c.

x croissant de $-\infty$ à $-\frac{b}{2a}$, puis de $-\frac{b}{2a}$ à $+\infty$.
ax^2+bx+c décroît de $+\infty$ à $(4ac-b^2):4a$, puis croît de $(4ac-b^2):4a$ à $+\infty$.

2e *cas. a négatif.* Supposons $a=-a'$ (a' positif). En général $b^2+4a'c-4a'm>0$; ou $m<(b^2+4a'c):4a'$, et à la limite $m=(b^2+4a'c):4a'$. $(b^2+4a'c):4a'$ est donc la plus grande valeur que puisse prendre le trinôme ax^2+bx+c ; c'est son *maximum*.

x croissant de $-\infty$ à $-\frac{b}{2a}$, puis de $\frac{b}{2a}$ à $+\infty$.
ax^2+bx+c croît de $-\infty$ à $(b^2+4a'c):4a'$, puis décroît de $(b^2+4a'c):4a'$ à $-\infty$.

Quand 0 est compris entre les deux limites $(4a^2c-b^2):4a$ et $+\infty$, ou $(b^2+4a'c):4a'$ et $-\infty$, l'équation $ax^2+bx+c=0$ a ses racines réelles.

Nous avons suivi la marche précédente pour résoudre les questions de ce genre déjà proposées parce que c'est la plus simple. Il y a cependant une autre manière de trouver le maximum de ax^2+bx+c. On résout l'équation $ax^2+bx+c=0$ qui peut avoir des racines réelles et inégales, ou des racines égales, ou des racines imaginaires.

1er *cas* : $ax^2+bx+c=a(x-x')(x-x'')$. 2e *cas* : $m=a(x-x')^2$. 3e *cas* : $m=a\left[\left(x+\frac{b}{2a}\right)^2+\frac{4ac-b^2}{2a}\right]$. On discute l'expression sous ces trois formes, de manière à se rendre compte des valeurs croissantes ou décroissantes qu'elle prend quand x varie de $-\infty$ à $+\infty$, et l'on arrive à la même conclusion que de l'autre manière suivant que a est positif ou négatif. Nous ferions volontiers cette discussion très-intéressante et très-utile qu'il convient tout à fait de faire faire aux élèves d'une manière générale et à propos des expressions précédentes (Ex. 880, 882, 886, 887, 888); mais notre livre est déjà bien long, et nous nous en abstenons, à notre grand regret. Nous nous contentons d'avoir résolu la question proposée directement et de la manière la plus simple.

891. Trouver le maximum et le minimum de $\frac{ax^2+bx+c}{a'x^2+b'x+c'}$.

On examinera tous les cas qui peuvent se présenter, et on résoudra bien complétement la question générale (page 333) pour chacun de ces cas.

Nous ne traiterons bien complétement que les premières questions ci-après; mais le lecteur devra traiter toutes les questions comme nous avons traité les premières, et surtout les faire traiter aux élèves. Rien de plus utile que de pareilles études et discussions pour les habituer au calcul algébrique et à l'intelligence de l'algèbre.

Je pose $\frac{ax^2+bx+c}{a'x^2+b'x+c'}=m$ (1). D'où $(a-a'm)x^2+(b-b'm)x+c-c'm=0$. Je résous cette équation ; elle donne des valeurs de cette forme : $x=\frac{-(b-b'm)\pm\sqrt{pm^2+qm+r}}{a-a'm}$ (3). Comme il a été expliqué dans l'Ex. 878, les valeurs de l'expression (1) proposée ne sont autres que les nombres qui, mis à la place de m dans les équations (3), rendent positive la quantité sous le radical, pm^2+qm+r. Je vais donc étudier ces valeurs.

Pour cela, je résous l'équation $pm^2+qm+r=0$. Il peut se présenter trois cas : 1° les racines de cette équation sont *réelles et inégales ;* 2° les racines sont *égales;* 3° les racines sont *imaginaires.*

1er CAS. L'*équation* $pm^2+qm+r=0$ *a deux racines réelles et inégales* m' et m''; $(m''>m')$. Alors l'inégalité $pm^2+qm+r>0$ (1) peut s'écrire $p(m-m')(m-m'')>0$ (2). Supposons p *positif.* Cette inégalité est alors vérifiée par toutes les valeurs de $m<m'$, c'est-à-dire variant de $-\infty$ à m'; car, pour chacune de ces valeurs, le facteur $m-m'$ est négatif, $m-m''$ *idem*, et le produit $p(m-m')(m-m'')$ positif. Cette inégalité n'est vérifiée par aucune des valeurs de m comprises entre m' et m''; car, pour chacune de ces valeurs $>m'$ et $<m''$, le facteur $m-m'$ est positif, $m-m''$ est négatif, et par suite le produit $p(m-m')(m-m'')$

négatif. Ainsi aucune valeur réelle de x mise dans l'équation (1) ne donne une valeur de m comprise entre m' et m''. Mais toutes les valeurs de m plus grandes que m'', de m'' à $+\infty$, rendent le trinôme $pm^2+qm+r=p(m-m')(m-m'')$ positif et, par suite, correspondent à des valeurs réelles de x.

En résumé, dans ce 1er cas, l'expression proposée peut prendre toutes les valeurs réelles de $-\infty$ à m' d'une part, et de m'' à $+\infty$ de l'autre ; elle ne peut prendre aucune des valeurs comprises entre m' et m''. La valeur m' est un *minimum*, et m'' est un *maximum*, quand l'une et l'autre sont des valeurs finies de m et correspondent à des valeurs finies de x.

Voici comment on explique et justifie ces dénominations. D'après l'équation (3), $m=m'$ correspond à $x=\dfrac{b'm'-b}{a-c'm'}$ que j'appelle x', et $m=m''$ à $x=\dfrac{b'm''-b}{a-a'm''}=x''$. Soient $x'_1 < x'$ et $x'_2 > x'$ des valeurs très-voisines de x'. L'expression proposée varie évidemment d'une manière continue, c'est-à-dire par différences très-petites, quand x varie d'une manière continue entre x'_1 et x'_2 ; or comme m ne peut pas prendre les valeurs immédiatement plus grandes que m' qui seraient comprises entre m' et m'', il faut qu'aussitôt après avoir pris la valeur m', elle prenne, x augmentant, des valeurs plus petites que m'. Les choses doivent nécessairement se passer ainsi :

x croissant de x'_1 à x', puis de x' à x'_2.
L'expression proposée croît de m'_1 à m', puis décroît de m' à m'_2.

Pour des raisons analogues :

x croissant de x''_1 à x'', puis de x'' à x''_2,
m décroît de m''_1 à m'', puis croît de m'' à m''_2.

Voilà pourquoi, d'après nos définitions (Exerc 878), la valeur m' est dite un *maximum*, et la valeur m'' un *minimum* quoique m' soit $< m''$.

Supposons maintenant que p soit un nombre *négatif*, $-p'$, les racines étant toujours réelles et inégales. Alors $pm^2+qm+r=p(m-m')(m-m'')=p'(m-m')(m''-m)$. Pour toutes les valeurs réelles de m plus petites que m' (de $-\infty$ à m'), le 1er facteur $m-m'$ est *négatif*, le 2e $m''-m$ est *positif*, le produit $p'(m-m')(m-m'')$ est *négatif*; ces valeurs de m ne correspondent donc pas à des valeurs réelles de x. Pour chaque valeur de m comprise entre m' et m'', c'est-à-dire $> m'$ et $< m''$, les deux facteurs $m - m'$ et $m'' - m$ sont tous deux *positifs*, et le produit $p'(m - m')(m'' - m)$ aussi. Ces valeurs de m correspondent donc à des valeurs réelles de x. Mais chacune des valeurs de m plus grandes que m'' rend $m - m'$ positif, $m'' - m$ négatif, et, par suite $p'(m - m')(m'' - m)$ *négatif;* ces valeurs ne correspondent donc pas à des valeurs réelles de x. Les seules valeurs réelles de m qui correspondent dans le cas actuel à des valeurs réelles de x forment une suite continue de $m = m'$ à $m = m''$; la plus petite est m', la plus grande m''. Dans ce cas, l'expression $\dfrac{ax^2 + bx + c}{a'x^2 + b'x + c'}$ a un *minimum* qui est m' et un *maximum* qui est m''.

2° cas. *Les racines de* $pm^2 + qm + r = 0$ *sont égales.* Alors l'inégalité (1) peut s'écrire $p(m - m')^2 > 0$. Si p est alors positif, il est évident que toutes les valeurs réelles de m négatives ou positives de $-\infty$ à 0 et de 0 à $+\infty$ rendent $p(m - m')^2$ positif, et, par suite, correspondent à des valeurs réelles de x données par l'équation (1). Les valeurs m de la quantité $\dfrac{ax^2 + bx + c}{a'x^2 + b'x + c'}$ variant de $-\infty$ à 0 et de 0 à $+\infty$, cette quantité n'a, dans le cas actuel, ni maximum ni minimum.

Si p était *négatif*, $p(m - m')^2$ serait constamment *négatif* pour toutes les valeurs réelles de m, c'est-à-dire qu'il n'y aurait aucune valeur réelle de m, c'est-à-dire de l'expression proposée $\dfrac{ax^2 + bx + c}{a'x^2 + b'x + c'}$, correspondant à des valeurs réelles de x; ce qui est absurde; car il est évident que chaque valeur réelle de x donne une valeur réelle de cette expression. *Il ne peut donc jamais arriver*, quand on traite une question de ce genre, que $pm^2 + qm + r = 0$ ait ses racines égales et que p soit négatif.

3° cas. *Les racines de* $pm^2 + qm + r = 0$ *sont imaginaires.* Cela arrive quand on a $q^2 - 4pr < 0$. On sait qu'alors $pm^2 + qm + r = p\left[\left(m + \dfrac{q}{2p}\right)^2 + \dfrac{4pr - q^2}{4p^2}\right]$, $4pr - q^2$ étant positif.

Si p est *positif*, la quantité entre parenthèses est essentiellement positive pour toutes les valeurs réelles données à m, de

$-\infty$ à 0, et de 0 à $-\infty$. On en conclut de là, comme dans le cas précédent, que la quantité $\dfrac{ax^2+bx+c}{a'x^2+b'x+c}$ n'a dans ce cas ni *maximum* ni *minimum*.

Si p était *négatif*, la quantité entre parenthèses étant toujours positive, pm^2+qm+r serait négative quel que soit m, et l'on conclurait ce que nous avons conclu dans le cas précédent pour p négatif. Il ne peut donc pas arriver dans une question de ce genre que $pm^2+qm+r=0$ ait ses racines imaginaires, et que p soit négatif. (Voy. ci-après dans l'Ex. 892 la règle générale pour trouver les valeurs de l'expression proposée quand $x=\pm\infty$.)

Nous avons considéré tous les cas qui peuvent se présenter. Nous sommes donc préparés à traiter tous les cas particuliers.

892. Trouver le maximum et le minimum de $\dfrac{2x^2-10x+9}{12x-14}$.

Je pose l'égalité $\dfrac{2x^2-10x+9}{12x-14}=m$. D'où $2x^2-(10+12m)x+9+14m=0$. Je résous : $x=\frac{1}{2}[5+6m\pm\sqrt{36m^2+32m+7}]$ (1) ; les valeurs de m sont les nombres qui vérifient l'inégalité : $36m^2+32m+7>0$ (2). Je résous l'équation : $36m^2+32m+7=0$, et je trouve $m'=-\frac{1}{2}$, $m''=-\frac{7}{18}$. (C'est le 1er cas de l'Ex. 891, p étant *positif*). L'inégalité (2) peut s'écrire ainsi : $36(m+\frac{1}{2})(m+\frac{7}{18})>0$. D'après cette inégalité, m ou l'expression proposée peut prendre toutes les valeurs réelles de $-\infty$ à $-\frac{1}{2}$ d'une part, de $-\frac{7}{18}$ à $+\infty$ d'autre part ; elle ne peut prendre aucune valeur comprise entre $-\frac{1}{2}$ et $-\frac{7}{18}$. $m=-\frac{1}{2}$ est donc un *maximum*, et $-\frac{7}{18}$ un *minimum* de l'expression proposée. Je substitue successivement $m=-\frac{1}{2}$, et $m=-\frac{7}{18}$ dans l'équation (1) et je trouve que $m=-\frac{1}{2}$ correspond à $x=1$, et $m=-\frac{7}{18}$ à $x=\frac{4}{3}$.

Pour établir la marche des valeurs croissantes ou décroissantes que prend une expression fractionnaire telle que la proposée, quand x varie de $-\infty$ à $+\infty$, on procède comme il suit : 1° On égale à 0 le numérateur et le dénominateur. Une racine commune aux deux équations posées indique un facteur commun qu'il faut supprimer tout de suite. Toute valeur de x qui annule le dénominateur seul donne $m=\pm\infty$. Pour connaître le signe de m un peu avant cette valeur de x et un peu après, on la substitue aussi dans le numérateur. 2° On cherche ce que devient l'expression proposée par $x = \pm \infty$; voyez pour cela la règle suivante. 3° On cherche le maximum et le minimum de l'expression proposée comme nous l'avons fait.

J'applique cette méthode à l'expression proposée. 1° $2x^2 - 10x + 9 = 0$; $x = \frac{1}{2}(5 \pm \sqrt{7})$. $12x - 14 = 0$; $x = \frac{7}{6}$. Pour $x = \frac{7}{6}$, $2x^2 - 10x + 9 = \frac{1}{18}$. Pour $x = \frac{7}{6}$, l'expression proposée $= \pm \infty$. Elle était négative et très-grande un peu avant $x = \frac{7}{6}$; elle devient positive et très-grande un peu après. Remarquons que $\frac{7}{6}$ est compris entre 1 et $\frac{4}{3}$.

2° Cherchons maintenant les valeurs de notre expression par $x \pm \infty$.

Règle générale. *Pour trouver la valeur d'une expression fractionnaire telle que* $\frac{ax^2 + bx + c}{a'x^2 + b'x + c'}$, *pour* $x = +\infty$ *et pour* $x = -\infty$, *on divise préalablement son numérateur et son dénominateur, terme à terme par la plus haute puissance de* x *qu'ils renferment, s'ils sont de même degré en* x, *ou dans le cas contraire par la puissance de* x *qui commence le terme de plus faible degré. Puis on fait* $x = -\infty$ *ou* $x = +\infty$ *dans l'expression ainsi préparée.*

Je divise donc par x les deux termes de l'expression précédente qui devient $\dfrac{2x - 10 - \frac{9}{x}}{12 - \frac{14}{x}}$. Je fais $x = -\infty$, et je trouve $(-\infty - 10) : 12 = -\infty$. Je fais $x = +\infty$, et je trouve $(+\infty - 10) : 12 = +\infty$.

Un nombre ordinaire quelconque ajouté ou retranché, qui multiplie ou qui divise, s'efface à côté de ∞; un nombre divisé par ∞ donne évidemment pour quotient 0. 3° Nous avons déjà trouvé le minimum et le maximum de m.

De tout cela, on conclut ce qui suit :

1° x croissant de $-\infty$ à 1, puis de 1 à $\frac{7}{6}$.
L'expression proposée croît de $-\infty$ à $-\frac{1}{2}$, puis décroît de $-\frac{1}{2}$ à $-\infty$.

2° x croissant de $\frac{7}{6}$ à $\frac{4}{3}$, puis de $\frac{4}{3}$ à $+\infty$.
L'expression proposée décroît de $+\infty$ à $-\frac{7}{18}$, puis croît de $-\frac{7}{18}$ à $+\infty$.

On voit ainsi clairement pourquoi la valeur $m = -\frac{1}{2}$ est appelée un *maximum*, et $m = -\frac{7}{18}$ un *minimum*.

893. Trouver le maximum et le minimum de $\frac{x^2 + 4x - 2}{x^2 - 4x + 4}$.

Je pose l'égalité $\frac{x^2 + 4x - 2}{x^2 - 4x + 4} = m$. D'où $(1 - m)\ x^2 +$

$4(1+m)x-(2+4m)=0$. Je résous : $x=\dfrac{-2(1+m)\pm\sqrt{10m+6}}{1-m}$.

D'après le radical, on doit avoir en général, $10m+6>0$ (1). Cette inégalité est vérifiée, si on donne à m toutes les valeurs positives de 0 à ∞ et des valeurs négatives de 0 à $-0{,}6$ seulement; car si on pose $m=-m'$, l'inégalité (1) devient $6-10m'>0$.

$m=-0{,}6$ est minimum de l'expression proposée. Je substitue $m=-0{,}6$ dans la valeur de x, et je trouve $x=-{}^1/_2$.

J'égale le numér. et le dénominateur à 0. $x^2+4x-2=0$; $x=-2\pm\sqrt{6}$. $x^2-4x+4=0$; $x=2$ (racines égales); je mets $x=2$ dans le numérateur qui devient égal à 6. Je conclus de là que l'expression proposée $m=\infty$ pour $x=2$ et qu'elle est positive un peu avant et un peu après $x=2$.

J'applique la règle précédente (Ex. 892) pour la substitution de $x=\pm\infty$, et je trouve que l'expression proposée se réduit à 1 dans les deux cas.

De tout cela, on conclut ce qui suit :

x croissant de $-\infty$ à $-{}^1/_2$, puis de $-{}^1/_2$ à 2, de 2 à $+\infty$,
m décroît de 1 à $-0{,}6$, croît de $-0{,}6$ à $+\infty$, puis décroît de ∞ à 1.

894. Trouver le maximum et le minimum de $\dfrac{x^2-1}{x^2+1}$.

$\dfrac{x^2-1}{x^2+1}=m$. D'où $x^2(1-m)-(1+m)=0$, puis $x=\sqrt{\dfrac{1+m}{1-m}}$.

On doit avoir $\dfrac{1+m}{1-m}>0$ (1). Cette inégalité est vérifiée seulement par les valeurs positives de m comprises entre 0 et 1, et par les valeurs négatives de m comprises entre 0 et -1.

$m=-1$ quand $x=0$, $m=1$ quand $x=\pm\infty$.

x croissant de $-\infty$ à 0, puis de 0 à $+\infty$.
L'expression proposée décroît de $+1$ à -1, puis croît de -1 à $+1$.

Cette expression a donc seulement un *minimum* qui est -1.

895. Trouver le maximum et le minimum de $\dfrac{15x-24}{9x^2-15x+20}$.

$\dfrac{15x-24}{9x^2-15x+20}=m$. D'où $9mx^2-(15m+15)x+20m+24=0$.

Je résous: $x = \dfrac{15m + 15 \pm \sqrt{-495m^2 - 414m + 225}}{18m}$. (k) On doit avoir en général $-495m^2 - 414m + 225 > 0$ (1). Je résous l'équation $495m^2 + 414m - 225 = 0$; $m = {}^1/_{495}(-207 \pm \sqrt{154224})$; appelons ces valeurs $-m'$ et m''. C'est le 1er cas de l'Ex. 891, p étant *négatif*. L'inégalié (1) peut s'écrire ainsi: $495(m + m')(m'' - m) > 0$. Cette inégalité est vérifiée par toutes les valeurs de m comprises entre $-m'$ et $+m''$. L'expression proposée $\dfrac{15x - 24}{9x^2 - 15x + 20}$ prend donc une série de valeurs qui commencent à $-m'$ et finissent à m''; elle a un *minimum*, $-m'$, et un *maximum*, $-m''$.

On calcule m' et m'' par approximation, puis les valeurs correspondantes de x; $x' = (-15m' + 15) : 18m'$, $x'' = \ldots$ On résout l'équation : $9x^2 - 15x + 20 = 0$; cette équation n'a pas de racines réelles.

On cherche ensuite les valeurs de l'expression proposée pour $x = \infty$ et pour $x = -\infty$ (Règle de l'Ex. 892); on trouve 0 dans les deux cas. De tout cela, on conclut ce qui suit :

x croissant de $-\infty$ à x',	de x' à x'',	de x'' à ∞,
m décroît de 0 à $-m'$,	croît de $-m'$ à m'',	puis décroît de m'' à 0.

896. Trouver le maximum et le minimum de $\dfrac{5x^2 - 8}{7x^2 - 3x - 6}$.

Je pose $\dfrac{5x^2-8}{7x^2-3x-6} = m$; d'où $(5-7m)x^2 + 3mx - 8 + 6m = 0$.

Je résous : $x = \dfrac{-3m \pm \sqrt{177m^2 - 344m + 160}}{5 - 7m}$. On doit avoir en général $177m^2 - 344m + 160 > 0$ (1). Je résous l'équation $177m^2 - 344m + 160 = 0$. Cette équation a des racines réelles, inégales, et toutes deux positives; appelons-les m' et m'', m'' étant $> m'$. Cela étant, l'inégalité (1) peut s'écrire ainsi : $177(m - m')(m - m'') > 0$. C'est le 1er cas de l'Ex. 891, p étant positif. On calcule m' et m'', puis les valeurs correspondantes de x par approximation. L'expression proposée a un *minimum* qui est m'' correspondant à $x = \frac{15m''+15}{18m''}$, et un *maximum* m' correspondant à $x = \frac{15m'+15}{18m'}$. Complétez la discussion et établissez la marche des valeurs de l'expression proposée, comme il a été expliqué dans les Exercices précédents.

897. Trouver le maximum et le minimum de $\frac{x^2-2x-3}{3x-x^2-2}$.

$\frac{x^2-2x-3}{3x-x^2-2} = m$. D'où $(1+m)x^2-(2+3m)x-3+2m=0$.

Je résous : $x = \frac{2+3m \pm \sqrt{m^2+16m+16}}{2+2m}$ On doit avoir en général $m^2+16m+16>0$ (1). Je résous l'équation $m^2+16m+16=0$; $m = -8 \pm \sqrt{48}$. Ces deux valeurs de m sont négatives; appelons-les $-m'$ et $-m''$. L'inégalité (1) peut s'écrire ainsi : $(m+m')(m+m'')>0$. C'est le 1er cas de l'Ex. 891, p étant positif. On calcule m' et m'' puis les valeurs correspondantes de x par approximation. L'expression proposée a un minimum $-m''$ correspondant à $x = \frac{2-3m''}{2-2m''}$ et un maximum $-m'$ correspondant à $x = \frac{2-3m'}{2-2m'}$. Complétez la discussion, et établissez la marche des valeurs de l'expression proposée comme dans les Exercices précédents, 891, 892, etc.

898. Trouver le maximum et le minimum de $\frac{(x-3)(x+5)}{x^2}$.

$\frac{(x-3)(x+5)}{x^2} = m$; ou $\frac{x^2+2x-15}{x^2} = m$; d'où $x^2(1-m)+2x-15=0$. Je résous : $x = \frac{-1 \pm \sqrt{16-15m}}{1-m}$. On doit avoir en général : $16-15m>0$, ou $15m<16$; $m<{}^{16}/_{15}$; m a un *maximum* qui est ${}^{16}/_{15}$ correspondant à $x=15$. Complétez la discussion, et établissez la marche des valeurs de l'expression proposée, comme nous l'avons fait dans plusieurs exercices précédents.

899. Trouver le maximum et le minimum de $\dfrac{5x^2-3x-2}{8x^2+5x-9}$.

$\dfrac{5x^2-3x-2}{8x^2+5x-9}=m$. D'où $(5-8m)x^2-(3+5m)x-2+9m=0$.

Je résous $x=\dfrac{3+5m\pm\sqrt{313m^2-214m+49}}{2(5-8m)}$. On doit avoir en général $313m^2-214m+49>0$ (1). Je résous l'équation,

$313m^2-214m+49=0$. $m=\dfrac{107\pm\sqrt{107^2-196\times 313}}{313}$;

ces racines sont imaginaires. C'est donc le 3e cas de l'Ex. 891, p étant positif. L'inégalité (1) peut s'écrire ainsi :

$313\left[\left(m+\dfrac{107}{313}\right)^2+\dfrac{196\times 313-107^2}{313}\right]>0$. $196\times 313-107^2$ étant >0, tous les nombres positifs ou négatifs mis à la place de m vérifient l'inégalité (1). L'expression proposée n'a donc ni *maximum* ni *minimum*. Complétez la discussion, et établissez la marche des valeurs de cette expression, comme il a été expliqué, Ex. 891 et suivants.

900. Trouver le maximum et le minimum de $\dfrac{7x-1}{\sqrt{3x^2-7x+2}}$.

$\dfrac{7x-1}{\sqrt{3x^2-7x+2}}=m$; $\dfrac{49x^2-14x+1}{3x^2-7x+2}=m^2$; $(49-3m^2)x^2-(14-7m^2)x+1-2m^2=0$. Je résous :

$x=\dfrac{14-7m^2\pm\sqrt{25m^4+208m^2}}{2(49-3m^2)}$. D'après le radical, m^2 peut varier de 0 à $+\infty$, et m de $-\infty$ à 0, et de 0 à $+\infty$. Ce résultat concerne l'ensemble des expressions $\dfrac{7x-1}{\sqrt{3x^2-7x+2}}$ et

$\dfrac{7x-1}{-\sqrt{3x^2-7x+2}}$ qui ont constamment des valeurs correspondantes égales et de signes contraires. Pour étudier spécialement la marche des valeurs de l'expression proposée, on cherche d'abord ce qu'elle devient pour $x = -\infty$ et $x = +\infty$ (Ex. 892), en tenant compte de ce qu'en divisant le radical qui a le signe $+$ par $-\infty$, on obtient un quotient négatif ; on trouve $\frac{-7}{\sqrt{3}}$ et $\frac{+7}{\sqrt{3}}$. On résout d'ailleurs l'équation $3x^2 - 7x + 2 = 0$, qui donne : $x' = 1/_3$, $x'' = 2$; par suite $3x^2 - 7x + 2 = 3(x - 1/_3)(x - 2)$ s'annule pour $x = 1/_3$, et pour $x = 2$, et est négative pour x compris entre $1/_3$ et 2 ; de sorte que l'expression proposée $= \infty$ pour $x = 1/_3$ et pour $x = 2$, et n'a pas de valeurs réelles correspondantes aux valeurs de x comprises entre $1/_3$ et 2.

Les deux expressions considérées ensemble prennent toutes les valeurs de $-\infty$ à $+\infty$. Mais

x croissant de $-\infty$ à $1/_7$, de $1/_7$ à $1/_3$, de 2 à $+\infty$,
l'expression proposée varie de $-7/\sqrt{3}$ à 0, de 0 à $+\infty$, de $+\infty$ à $7/\sqrt{3}$,
la 2e expression varie de $7/\sqrt{3}$ à 0, de 0 à $-\infty$, de $-\infty$ à $7/\sqrt{3}$.

901. Trouver le maximum et le minimum de $\frac{x^2 + 2x - 3}{x - 2}$.

$$\frac{x^2 + 2x - 3}{x - 2} = m; \qquad x^2 + (2 - m)x - 3 + 2m = 0;$$

$x = 1/_2\left[(m - 2) \mp \sqrt{m^2 - 12m + 16}\right]$. On doit avoir : $m^2 - 12m + 16 > 0$ (1). Je résous $m^2 - 12m + 16 = 0$; $m = 6 \pm \sqrt{20} = 6 \pm 2\sqrt{5}$. Si j'appelle ces deux valeurs positives m' et m'', l'inégalité (1) peut s'écrire $(m - m')(m - m'') > 0$. C'est le 1er cas de l'Ex. 891. L'expression proposée a un *maximum* m' correspondant à $x = 2 - 2\sqrt{5}$, et un *minimum* correspondant à $x = 2 + 2\sqrt{5}$. Cette expression devient infinie pour $x = 2$, valeur comprise entre $2 - 2\sqrt{5}$ et $2 + 2\sqrt{5}$. Elle est égale à $+\infty$ quand $x = \pm\infty$.

x croissant de $-\infty$ à $2 - 2\sqrt{5}$, de $2 - 2\sqrt{5}$ à 2, de 2 à $2 + 2\sqrt{5}$, de $2 + 2\sqrt{5}$ à ∞.
m croît de $-\infty$ à m', décroît de m' à ∞, décroît de ∞ à m'', puis croît de m'' à ∞.

902. Trouver le maximum et le minimum de $\frac{x^4+6x^2-12}{2x^2-6}$.

Je pose $x^4=z^2$; $\frac{x^4+6x^2-12}{2x^2-6}=\frac{z^2+6z-12}{2z-6}=m$; d'où $z^2+(6-2m)z-12+6m=0$; $z=m-3\mp\sqrt{m^2-12m+21}$. On doit avoir en général $m^2-12m+21>0$ (1). Je résous l'équation $m^2-12m+21=0$; $m=6\mp\sqrt{15}$. J'appelle ces racines positives m' et m'' $(m''>m')$; L'inégalité (1) peut s'écrire : $(m-m')(m-m'')>0$. C'est le 1er cas de l'Ex. 891 (p positif). On en conclut donc d'abord que l'expression $(z^2+6z-12):2z-6$ a un *maximum* m' et un *minimum* m''. Mais cette conclusion concerne l'ensemble des valeurs que prend cette expression pour les valeurs positives et négatives de z, et il ne faut considérer que les valeurs positives, puisque $z=x^2$. Résolvons l'équation $z^2+6z-12=0$; $z=-3\pm\sqrt{21}$, valeurs que j'appelle z' et $-z''$. Le dénominateur est nul pour $z=3$. De plus, le maximum m' correspond à $z=m'-3=3-\sqrt{15}$, valeur négative qui ne convient pas; le minimum correspond à $z=m''-3=3+\sqrt{15}$, valeur positive. Il y a donc seulement un *minimum* $m''=6+\sqrt{15}$. Il faut commencer à $z=0$ qui donne $m=2$.

z ou x^2 croissant de 0 à 3, de 3 à $3+\sqrt{15}$, de $3+\sqrt{15}$ à ∞, l'expression proposée croît de 2 à ∞, décroît de ∞ à m'', croît de m'' à ∞.

903. Trouver le maximum et le minimum de $\frac{3x^2-12x+1}{x^2+2}$.

$$\frac{3x^2-12x+1}{x^2+2}=m\,;\quad (3-m)x^2-12x+1-2m=0\,;$$

$$x=\frac{6\pm\sqrt{33+7m-2m^2}}{3-m}.$$ On doit avoir en général $33+7m-2m^2>0$ (1). Je résous l'équation $2m^2-7m-33=0$; $m={}^1\!/_4(7\mp\sqrt{181})$, valeurs que j'appelle $-m'$ et m''; l'inégalité (1) peut s'écrire ainsi : $2(m+m')(m''-m)>0$. C'est le premier cas de l'Ex. 891, p étant négatif. L'expression proposée a un minimum $-m'$ et un maximum m''; j'appelle x' et x'' les valeurs correspondantes de x. Pour $x=\pm\infty$, $m=3$.

x croissant de $-\infty$ à x', de x' à x'', de x'' à $+\infty$.
m décroît de 3 à $-m'$, puis croît de $-m'$ à m'', décroît de m'' à 3.

904. Principe. Si une quantité A étant donnée, une autre quantité A′ est maximum dans certaines circonstances, réciproquement A′ étant fixe, A sera un minimum dans les mêmes circonstances, pourvu que la valeur donnée de A diminuant, le maximum correspondant de A′ diminue. Démontrez.

On appliquera ce principe quand il y aura lieu dans les Exercices suivants.

A et A′ sont des fonctions de x, y, z... 1re Proposition. Il est démontré que x, y, z, variant de manière que A conserve la même valeur donnée, A′ variant est un *maximum* quand x, y, z, ... remplissent en outre certaines conditions précises et connues, par exemple quand $x=y=z$. 2me Proposition. Cela étant, il est vrai de dire : x, y, z,... variant de manière que A′ conserve la même valeur donnée A_1', la fonction A est un *minimum* quand x, y, z,... remplissent en outre les mêmes conditions précédentes, c'est-à-dire quand $x=y=z$.

Démonstration. Je fais d'abord remarquer que A étant égal à A_1, et $A'=A'_1$ avec $x=y=z$, le maximum de A′, A restant constamment égal à A_1, est A'_1, d'après la 1re proposition. Pour démontrer la 2e proposition, il suffit de prouver qu'il n'est pas possible d'avoir à la fois $A'=A_1'$ et $A=A_2<A_1$. En effet, d'après la 1re proposition, x, y, z, ... variant de manière que A conserve la valeur A_2, le maximum de A_1 est $A'_2<A'_1$, puisque $A_2<A_1$ (voyez la fin de notre énoncé). On ne peut donc pas avoir à la fois $A=A_2$, et $A'=A'_1>$ le maximum A'_2 correspondant à $A=A_2$. La 2e proposition est donc démontrée.

Exemple et application. Ayant démontré que x et y variant de manière qu'on ait toujours $x+y=a$, xy est un *maximum* quand $x=y$, on peut affirmer comme conséquence que, x et y variant de manière qu'on ait toujours $xy=P$, $x+y$ est un *minimum* quand $x=y$. (Répétez la démonstration précédente sur cet exemple.)

905. Maximum de xy quand $x^2+y^2=a^2$; *idem* de $x+y$.

1° xy est un maximum quand x^2y^2 est un maximum. Or la somme x^2+y^2 étant constante, x^2y^2 est un maximum quand $x^2=y^2$ ou $x=y$.

2° $(x+y)^2 = x^2 + y^2 + 2xy = a^2 + 2xy$. $x+y$ est donc un maximum quand xy est un maximum, c'est-à-dire d'après 1° quand $x = y$.

906. Minimum de $x^2 + y^2$ quand $x + y = a$; *idem* de $x^3 + y^3$.

1° $x^2 + y^2 = (x+y)^2 - 2xy = a^2 - 2xy$. $x^2 + y^2$ diminue quand xy augmente ; $x^2 + y^2$ est donc un minimum quand xy est un maximum, c'est-à-dire quand $x = y$. (Ex. 907).

2° $(x+y)^3$ ou $a^3 = x^3 + y^3 + 3x^2y + 3xy^2 = x^3 + y^3 + 3xy(x+y) = x^3 + y^3 + 3axy$. Donc $x^3 + y^3 = a^3 - 3axy$. On achève comme 1°.

907. Minimum de $x^2 + y^2 + z^2$ quand $x + y + z = a$.

Supposons d'abord à z une valeur fixe z_1 ; alors $x + y = a - z_1$ (valeur fixe). $x + y$ étant constante, le minimum de $x^2 + y^2$ a lieu quand $x = y = {}^1/_2(a - z_1)$, et par suite le minimum de $x^2 + y^2 + z^2$ est alors ${}^1/_4\,(a - z_1)^2 + {}^1/_4\,(a - z_1)^2 + z_1{}^2 = {}^1/_2(a - z_1)^2 + z_1{}^2$. Ceci ayant lieu pour chaque valeur particulière z_1 ainsi attribuée à z, faisons varier cette valeur z_1 et cherchons alors le minimum de ${}^1/_2(a - z_1)^2 + z_1{}^2$. Je pose donc ${}^1/_2\,(a - z_1)^2 + z_1{}^2 = m$. D'où $3z_1{}^2 - 2az_1 + a^2 - 2m = 0$. Je résous : $z_1 = {}^1/_3\left(a \pm \sqrt{4(6m - 2a^2)}\right)$. D'après le radical, le minimum $m = {}^1/_3a^2$, et il a lieu quand $z_1 = {}^1/_3a$, et par suite $x = y = {}^1/_2\,(a - z_1) = {}^1/_3\,a$. Le minimum de $x^2 + y^2 + z^2$ dans le cas de $x + y + z = a$ a donc lieu quand $x = y = z$.

Nous appelons l'attention du lecteur sur cette manière de passer du cas de deux variables au cas de trois variables.

Questions géométriques de maximum et de minimum.

Pour ménager la place, nous énonçons ces questions uniformément et le plus simplement possible. Elles sont souvent énoncées autrement ; on dit par exemple , *Parmi tous les triangles de même périmètre quel est celui qui a la plus grande surface. Inscrire dans un cercle le plus grand rectangle possible*... On ramène aisément ces énoncés aux nôtres et *vice versâ*, et la manière d'opérer est la même. Le résultat trouvé, on en fait l'usage demandé.

Chaque maximum ou minimum doit être déterminé par le calcul en fonction des quantités fixes ou constantes de la question, à moins qu'il ne soit indiqué d'avance par un théorème algébrique Cela fait, on indiquera, autant que possible; la manière de construire les lignes ou les figures correspondantes, et on dira leurs caractères spéciaux ou distinctifs. Si le maximum ou le minimum demandé peut être trouvé par des moyens ou par des considérations purement géométriques, on le déterminera ainsi pour vérifier la solution algébrique tout en faisant un exercice utile de géométrie.

908. Maximum de l'aire d'un rectangle inscrit dans un cercle donné (Ex. 796).

Je vais résoudre cette question: *Inscrire dans un cercle donné un rectangle ayant une surface donnée.* (C'est la 1re question de l'Ex. 796; on continue par ce que nous avons dit dans cet exercice (1re question), jusqu'à la recherche du maximum inclusivement.)

909. Maximum du périmètre du rectangle inscrit dans un cercle donné (Ex 796).

Je vais résoudre cette question: *Inscrire dans un cercle donné un rectangle de périmètre donné*, et je chercherai en terminant le maximum du périmètre donné (C'est la 2e question de l'Ex. 796; on continue par ce que nous avons dit dans cet exercice (2e question), jusqu'à la recherche du maximum inclusivement.)

Avis. On ramène de la même manière chacune des questions de maximum ou de minimum ci-après, suivie d'un numéro d'exercice indiqué, à cet exercice antérieur. Nous nous bornerons donc à mettre ici les énoncés de ces questions déjà résolues.

910. Minimum et maximum de la longueur d'une corde AMB menée par un point M donné dans une circonférence (Ex. 797).

911. Minimum de la somme $\overline{AM}^2 + \overline{MB}^2$ pour la même corde (Ex. 798).

912 Minimum de $\overline{MA}^2 + \overline{AB}^2$, MAB étant une sécante menée par un point M donné hors du cercle (Ex. 798).

913. Minimum du produit des segments interceptés sur les côtés d'un angle par une droite inscrite menée par un point intérieur donné (Ex. 803).

914. Minimum de la somme des mêmes segments (Ex. 804).

915 Minimum de l'aire du quadrilatère inscrit qui a pour diagonales deux cordes rectangulaires menées par un point donné dans un cercle (Ex. 805).

916. Minimum de l'aire d'un trapèze isocèle circonscrit à un cercle donné (Ex. 806).

917. Minimum du périmètre du trapèze de l'Ex. précédent (Ex. 806).

918. Minimum de l'aire du losange circonscrit à un cercle donné (Ex. 808).

919. Minimum du périmètre du losange de l'Ex. précédent (Ex. 807).

919 *bis* Minimum de la somme des aires du losange circonscrit à un cercle donné et du rectangle inscrit qui a pour sommets les points de contact du losange. (Ex. 809).

920. Maximum de la somme de la base et de la hauteur d'un triangle isocèle inscrit dans un cercle donné (Ex. 810).

921. Trouver le minimum ou le maximum de la somme de la base et de la hauteur des triangles isocèles dont les côtés égaux sont les mêmes.

(Faites une figure.) Soient x et y la demi-base et la hauteur, et a le côté donné d'un des triangles à considérer, $x^2+y^2=a^2$. Il s'agit de trouver le *maximum* de $2x+y$; je pose $2x+y=m$. Je remplace y par $m-2x$ dans la 1re équation, et je trouve $5x^2-4mx+m^2-a^2=0$. Je résous : $x={}^1/_5\,(2m\pm\sqrt{5a^2-m^2})$. Le maximum de m^2 est $5a^2$; celui de $m=a\sqrt{5}$. Alors $x={}^2/_5\,a\sqrt{5}$; par suite $y=m-2x={}^1/_5\,a\sqrt{5}$.

922. Minimum de la surface du triangle isocèle circonscrit à une circonférence donnée (fig. de l'Ex 859).

Minimum du périmètre du même triangle (fig. de l'Ex. 859).

1re *Question*. Soient r le rayon de la circonférence donnée, x la demi-base et y la hauteur d'un triangle isocèle circonscrit. La surface est xy. Les triangles semblables donnent $x:y=r:\sqrt{y(y-2r)}$; d'où $x^2=\dfrac{r^2y}{y-2r}$. (Ex. 859). Le minimum de xy a lieu en même temps que le minimum de $x^2y^2=\dfrac{r^2y^3}{y-2r}$. Cherchons donc le minimum de cette expression. $\dfrac{r^2y^3}{y-2r}=$

$$\frac{r^2}{\frac{1}{y^2}\times\left(1-\frac{2r}{y}\right)}=\frac{r^2}{2r\left(\frac{1}{y}\right)^2\left(\frac{1}{2r}-\frac{1}{y}\right)}.$$

Le minimum de cette expression a lieu quand $\left(\frac{1}{y}\right)^2\left(\frac{1}{2r}-\frac{1}{y}\right)$ est un maximum. Or la somme des facteurs pris sans exposants est constante et égale à $1 : 2r$; le maximum a lieu quand $1 : 2r$ étant divisé en deux parties proportionnelles à 2 et à 1, $\frac{1}{y}$ est égal à la plus grande (Alg., nº 172). Je divise ainsi $\frac{1}{2r}$, et je trouve $\frac{1}{y} = \frac{1}{3r}$; d'où $y = 3r$. Connaissant y, on peut construire le triangle.

2ᵉ *Question*. Le périmètre étant $2p$, la surface $= pr$. Le minimum du périmètre a donc lieu en même temps que celui de la surface, c'est-à-dire quand $y = 3r$.

923. Trouver sur la droite qui sépare les centres de deux circonférences extérieures un point tel que le produit de ses distances aux deux circonférences soit un maximum. (Faites une figure.)

Soient M un point de la droite OO′, MA et MB ses plus longues distances aux deux circonférences. Le produit $MA \times MB$ est plus grand que le produit de deux autres distances quelconques de M aux deux circ.; le maximum demandé est donc le maximum de ce produit $MA \times MB$. Mais, quel que soit M sur OO′, $MA + MB = OO' + r + r'$. Cette somme étant constante, le maximum de $MA \times MB$ a lieu quand $MA = MB = \frac{1}{2}(d + r + r')$. Le point cherché est le milieu de la droite AB.

Avis. Même avis qu'après l'Exerc. 809.

924. Maximum du rectangle inscrit dans un triangle donné (Ex. 811)

925. Maximum de l'aire du rectangle circonscrit à un rectangle donné (Ex. 812).

926. Maximum du carré inscrit dans un carré donné (Ex. 813).

927. Le périmètre d'un triangle rectangle restant constant, trouver — le minimum et le maximum de l'hypoténuse ou de $b + c$. (Ex 817).

928. — le maximum de la surface (Ex. 820)

929. — le maximum de la différence $b - c$ (Ex. 818).

930. — le maximum ou le minimum de $b : c$ (Ex 819).

931. — le maximum ou le minimum de $a : b + c$; *id.* de $a : b - c$ (Ex. 821).

932. — le minimum ou le maximum de $a^2 + b^2 + c^2$.

933. — Le minimum et le maximum de la hauteur h correspondante à l'hypoténuse (Ex. 823).

934. Minimum du périmètre d'un triangle rectangle dont la surface est donnée (Ex. 826).

935. L'hypoténuse d'un triangle rectangle restant constante, trouver le — maximum de la surface (Ex. 825).

936. — *id.* du périmètre (Ex. 817).

937. — *id.* de $b - c$ (Ex. 824).

938. — le minimum ou le maximum de $b + c + h$ (Ex. 826).

939. Le rayon du cercle inscrit dans un triangle rectangle étant constant, trouver
— le minimum de la surface (Ex. 828).

940. — le minimum du périmètre ou de l'hypoténuse (Ex. 827).

941. — le minimum ou le maximum de $a^2 + b^2 + c^2$.

Autrement dit :

Trouver le minimum de l'aire, ou du périmètre, ou de l'hypoténuse du triangle rectangle circonscrit à une circonf. donnée.

942. Trouver le minimum de chacune des quantités données dans l'Ex. 830.

943. Parmi les triangles de même base et de même périmètre, quel est celui qui a la plus grande surface ?

$S = \sqrt{p(p-a)(p-b)(p-c)}$. p et a, et par suite $p - a$, sont constants. Le maximum de S a lieu quand $(p-b)(p-c)$ est un maximum. Or $(p-b)+(p-c) = 2p - b - c = a$. Cette somme étant constante, le maximum de S a lieu quand $p - b = p - c$ ou $b = c$. Le triangle de plus grande surface est donc le triangle isocèle.

944. Maximum des triangles de même périmètre.

$S = \sqrt{p(p-a)(p-b)(p-c)}$. p étant constant, S est un maximum quand $(p-a)(p-b)(p-c)$ est un maximum. Or $(p-a) + (p-b) + (p-c) = 3p - (a+b+c) = 3p - 2p = p$. Cette somme étant constante, le produit est maximum quand $p-a = p-b = p-c$ ou $a = b = c$. Le triangle maximum est équilatéral.

945. Minimum du périmètre des triangles qui ont un côté commun et la même surface.

L'un des côtés du triangle étant constant, le minimum du

périmètre a lieu quand la somme AC+CB des deux autres est un minimum. Soient $AB=2a$ le côté donné, $CP=h$, O le milieu de AB, et $OP=x$; $AO=OB=a$. La surface ah étant constante ainsi que a, la hauteur $h=CP$ est constante, et le sommet C est sur la parallèle DE à AB menée à la distance h. Pour déterminer la position de C pour laquelle CA+CB est un minimum, il suffit de déterminer $OP=x$. Je pose d'abord $CA+CB=2m$, puis $CB-CA=2z$. $\overline{CB}^2-\overline{CA}^2=4mz$. $\overline{CB}^2=h^2+(a+x)^2$, $\overline{CA}^2=h^2+(a-x)^2$. $\overline{CB}^2-\overline{CA}^2=4ax$; $4mz=4ax$; donc $z=ax:m$. Par suite, $CB=m+z=m+\frac{ax}{m}$.

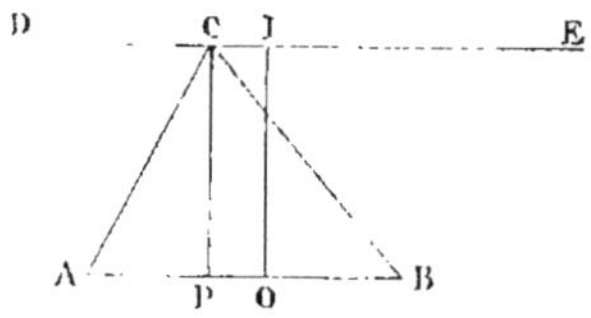

$\overline{CB}^2$ ou $h^2+x^2+a^2+2ax=m^2+\frac{a^2x^2}{m^2}+2ax$. D'où

$m^2h^2+(m^2-a^2)x^2=m^2(m^2-a^2)$, puis $x^2=m^2\left[\frac{m^2-(a^2+h^2)}{m^2-a^2}\right]$.

Mais, d'après la figure, CA+CB>AB, ou $2m>2a$; m^2-a^2 est positif. Pour que x soit positif, on doit donc avoir en général $m^2>a^2+h^2$; le *minimum* est $m^2=a^2+h^2$; alors $x^2=0$, c'est-à-dire que le point P coïncide avec le point O et le point C avec le point I ; alors IA = IB et le triangle est isocèle. Le triangle de plus petit périmètre est donc le triangle *isocèle*.

946. Inscrire dans un demi-cercle un trapèze maximum (Ex. 834). Circonscrire un demi-cercle par un trapèze de périmètre minimum (Ex. 833). (Avis de l'Exercice 909.)

947. Maximum du volume d'un parallélipipède rectangle dont la somme des arêtes est donnée.

Soient x, y, z, les arêtes. $x+y+z=a$; le maximum du volume xyz a lieu quand $x=y=z={}^1/_3a$; le maximum est ${}^1/_{27}a^3$.

948. Maximum du volume d'un parallélipipède rectangle inscrit dans une sphère donnée ou dont la diagonale est donnée.

Arêtes : x, y, z; $x^2+y^2+z^2=D^2$; D étant la diagonale donnée ou le diamètre de la sphère. Le maximum de $x^2y^2z^2$ et par suite celui de xyz a lieu quand $x=y=z$.

949. Minimum de la surface du parallélipipède rectangle de volume donné.

Arêtes x, y, z ; surface : $xy+xz+yz$. $xy \times xz \times yz = x^2y^2z^2$. xyz et par suite $x^2y^2z^2$ étant constants, la somme $xy+xz+yz$ est un minimum quand $xy=yz=xz$, ou $x=y=z$.

950. Maximum du volume d'un parallélipipède rectangle dont la surface totale est donnée.

Arêtes : x, y, z. On a $xy+xz+yz=a^2$. Le produit $xy \times xz \times yz = x^2y^2z^2$ est un maximum quand $xy=xz=yz$ ou $x=y=z$. Or xyz est un maximum quand $x^2y^2z^2$ est un maximum.

951. Minimum de la surface d'un cylindre de volume donné.

Le volume $\pi x^2y=\pi a^3 : x^2y=a^3$. La surface est $2\pi xy$; $y=\frac{a^3}{x^2}$, et $xy=\frac{a^3}{x}$. En donnant à x une valeur quelconque, et prenant $y=a^3 : x^2$, le volume $x^2y=a^3$ et la surface $xy=\frac{a^3}{x}$. Sans que le volume change, la suface peut varier de 0 à $+\infty$, x variant de ∞ à 0. La surface du cylindre n'a donc, dans le cas actuel, ni maximum ni minimum.

952. Maximum de la surface latérale d'un cylindre inscrit dans une sphère donnée (Ex 856).

953. Maximum de la surface totale d'un cylindre inscrit dans une sphère donnée (Ex. 857).

954. Circonscrire à une sphère donnée un cône droit minimum (Ex. 859).

955. Circonscrire à une sphère donnée un cône droit
— de surface convexe minimum (Ex. 861).

956. — de surface totale minimum (Ex. 860).

Voyez l'avis donné à la suite de l'Exerc. 909.

957. Trouver le minimum : 1° du volume ; 2° de la surface convexe du cône droit circonscrit à une demi-sphère donnée, dont la base est intérieure et concentrique à la sienne. RÉP. Minimum du volume : $\frac{1}{2}\pi r^3 \sqrt{3}$; idem, de la surface convexe $\frac{3}{2}\pi r^2 \sqrt{3}$.

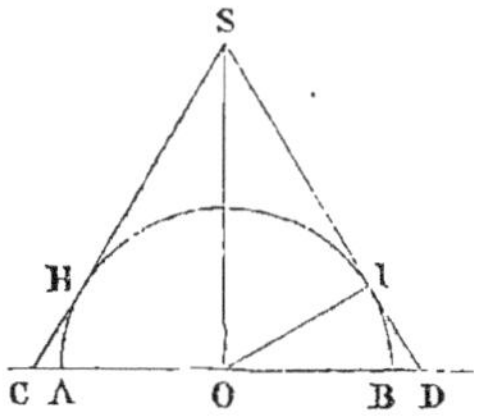

S, H, I, C, A, O, B, D

1re *question*. Soient $OB = r$ $OD = x$, $SO = y$. 1° Le *volume* du cône $SOD = \frac{1}{3}\pi x^2 y$; il faut trouver le minimum de x^2y. Les triangles semblables SOD, SOI donnent $OD : OI = SO : SI$ ou $x : r = y : \sqrt{y^2 - r^2}$; d'où $x^2y = \frac{r^2y^3}{y^2 - r^2}$. Je divise les deux termes par r^2y^3, et je trouve $x^2y = \frac{1}{\frac{1}{y}\left(\frac{1}{r^2} - \frac{1}{y^2}\right)}$. Cette expression est un minimum quand $\frac{1}{y}\left(\frac{1}{r^2} - \frac{1}{y^2}\right)$, ou bien le carré $\frac{1}{y^2}\left(\frac{1}{r^2} - \frac{1}{y^2}\right)^2$ est un maximum. Je pose $\frac{1}{y^2} = z$, $\frac{1}{r^2} - \frac{1}{y^2} = z'$; $z + z' = \frac{1}{r^2}$, $\frac{1}{y^2}\left(\frac{1}{r^2} - \frac{1}{y^2}\right)^2 = zz'^2$. Pour le maximum, on doit avoir (d'après le n° 172 de l'Alg.), $z : z' = 1 : 2$; d'où $z + z'$ ou $\frac{1}{r^2} : z = 3 : 1$; d'où z ou $\frac{1}{y^2} = \frac{1}{3r^2}$; puis $y^2 = 3r^2$; $y = r\sqrt{3}$. Le *maximum* de $\frac{1}{y}\left(\frac{1}{r^2} - \frac{1}{y^2}\right)$, par suite le minimum de x^2y (ou du volume du cône) a lieu quand la hauteur $SO = r\sqrt{3}$.

2e *question*. La surface convexe est $\pi OD \times SD = \pi x\sqrt{x^2 + y^2}$; il faut trouver le minimum de $x\sqrt{x^2 + y^2}$. Nous avons trouvé (1re question) $x^2 = \frac{r^2y^2}{y^2 - r^2}$; par suite $x^2 + y^2 = \frac{y^4}{y^2 - r^2}$, puis $x^2(x^2 + y^2) = \frac{r^2y^6}{(y^2 - r^2)^2}$; d'où $x\sqrt{x^2 + y^2} = \frac{ry^3}{y^2 - r^2}$. Or $\frac{ry^3}{y^2 - r^2}$

est un minimum en même temps que $\frac{r^2y^3}{y^2 - r^2}$, c'est-à-dire quand y ou $SO = r\sqrt{3}$ (1re *Question*).

Le calcul montre que le volume est égal à la surface convexe multipliée par le tiers du rayon de la sphère ; c'est pourquoi l'un est *minimum* en même temps que l'autre ; c'est ce qu'on peut vérifier par des considérations géométriques.

Remarque. Au lieu de $\frac{1}{y}\left(\frac{1}{r^2} - \frac{1}{y^2}\right)$, nous avons considéré son carré $\frac{1}{y^2}\left(\frac{1}{r^2} - \frac{1}{y^2}\right)^2$ afin que, le terme variable étant le même dans la parenthèse qu'en dehors, la somme des deux facteurs soit bien une constante $\frac{1}{r^2}$. Nous ferons encore ainsi dans les exercices suivants, et nous appelons l'attention du lecteur sur ce procédé de calcul simple et utile.

958. Inscrire dans une sphère un cylindre maximum.

(Fig. de l'Ex, 856.) Soient x le rayon de la base et $2y$ la hauteur ; le volume est $2\pi x^2 y$; il faut trouver le maximum de x^2y. Or $x^2 = r^2 - y^2$, et $x^2y = (r^2 - y^2)y$. Cette expression sera un maximum en même temps que son carré $(r^2 - y^2)^2y^2$. Je pose $r^2 - y^2 = z$ et $y^2 = z'$; $(r^2 - y^2)^2y^2 = z^2z'$; $z + z' = r^2$. Pour le maximum, on doit avoir $z : z' = 2 : 1$. D'où $z + z'$ ou $r^2 : z' = 3 : 1$; $z' = {}^1/_3 r^2$. $y^2 = {}^1/_3 r^2$ donne $y = r : \sqrt{3} = {}^1/_3 r\sqrt{3}$; $x^2 = r^2 - y^2 = {}^2/_3 r^2$; $x = r\sqrt{2} : \sqrt{3}$. Le volume du cylindre est un maximum quand sa hauteur $2y = {}^2/_3 r\sqrt{3}$. Ce maximum de $2\pi x^2 y = {}^4/_9\, \pi r^3 \sqrt{3}$.

959. Inscrire dans une sphère un cône maximum (fig. de l'Ex 863.

(Faites une figure.) Soient x le rayon de la base et y la hauteur; le volume est ${}^1/_3 \pi x^2 y$; il faut trouver le maximum de x^2y. Or $x^2 = y(2r - y) = 2ry - y^2$; $x^2y = 2ry^2 - y^3 = y^2(2r - y)$. Je pose $2r - y = z$; $y + z = 2r$, et $y^2(2r - y) = y^2 z$. Pour le maximum, on doit avoir : $y:z=2:1$; d'où $y+z$ ou $2r:y=3:2$; $y={}^4/_3r$. Le volume du cône est un *maximum* quand sa hauteur $y={}^4/_3 r$; alors, $x^2={}^4/_3 r \times {}^2/_3 r = {}^8/_9 r^2$, et ${}^1/_3 \pi x^2 y = {}^{32}/_{81} \pi r^3$.

960. Étant données les hauteurs h et h' de deux cylindres, on propose de déterminer les rayons de leurs bases, de manière que la somme de leurs surfaces latérales soit égale à celle d'une sphère donnée, et que la somme de leurs volumes soit la plus petite possible. (Faites une figure.)

Soient x et y les rayons des bases. On doit avoir $2\pi(xh+yh') = 4\pi r^2$. La somme des volumes est $\pi(x^2h+y^2h')$. Je pose $x^2h+y^2h'=a^3$; il faut trouver le minimum de a^3. Je tire y de la 1re équation, et je substitue dans la 2e ; puis je chasse les dénominateurs. Je trouve ainsi : $(hh'+h^2)x^2-4r^2hx+4r^4-a^3h'=0$. Je résous : $x=\dfrac{2r^2h \pm h\sqrt{a^3h'(hh'+h^2)-4r^4hh'}}{hh'+h^2}$. D'après le radical, le *minimum* de $a^3=\dfrac{4r^4hh'}{h'(hh'+h^2)}=\dfrac{4r^4}{h+h'}$; alors $x=\dfrac{2r^2}{h+h'}$ et $y=\dfrac{2r^2}{h+h'}$; les deux rayons sont égaux.

961. Minimum de la surface du trapèze de l'Ex. 853.

962. Maximum du volume engendré par le trapèze de l'Ex. 854.
(Voyez l'avis placé à la suite de l'Ex. 909.)

963. Maximum du volume d'un cône dont l'arête est donnée.

Volume. ${}^1/_3\pi x^2y$. Le côté donné $a=\sqrt{x^2+y^2}$; $x^2+y^2=a^2$; $x^2=a^2-y^2$; $x^2y=(a^2-y^2)y$. Ce produit est un maximum en même temps que son carré $(a^2-y^2)^2y^2$. Je pose $a^2-y^2=z$, et $y^2=z'$; $z+z'=a^2$ et $(a^2-y^2)^2y^2=z^2z'$. Pour le maximum de z^2z', on doit avoir : $z:z'=2:1$; d'où $z+z'$ ou $a^2:z'=3:1$. D'où z' ou $y^2={}^1/_3a^2$; $x^2=a^2-y^2={}^2/_3a^2$. Le volume est un *maximum* quand $y={}^1/_3 a\sqrt{3}$ et $x=a\sqrt{2}:\sqrt{3}$; ce *maximum* $={}^2/_{27}\pi a^3\sqrt{3}$.

964 Maximum de l'aire d'un triangle isocèle inscrit dans un cercle donné.

Soient $2x$ la base et y la hauteur. Il faut trouver le maximum de la surface xy. Ce maximum a lieu en même temps que celui de x^2y^2. Or $x^2=(2r-y)y$ et $x^2y^2=y^3(2r-y)$. Je pose $2r-y=z$; $z+y=2r$. $y^3(2r-y)=y^3z$. Pour le maximum, on doit avoir $y:z=3:1$; d'où $y+z$ ou $2r:y=4:3$. $y={}^6/_4r={}^3/_2r$. Le triangle isocèle inscrit *maximum* a pour hauteur ${}^3/_2r$; c'est le triangle équilatéral inscrit.

965. Parmi les cônes ayant le même côté, quel est celui qui a la plus grande surface convexe.

Soient x le rayon de base, y la hauteur, a le côté donné. *Surface convexe* : πax. Le maximum de la surface a lieu en même temps que le maximum de x. Or $x^2+y^2=a^2$; le maximum de x est a, et alors $y=0$. C'est-à-dire que la surface variable en question tend vers un maximum dont elle approche à mesure que la hauteur diminue, et dont on peut la faire différer aussi peu qu'on veut en rendant la hauteur suffisamment petite. Ce maximum est πa^2, c'est-à-dire l'aire du cercle dont le rayon serait le côté donné.

966. Parmi les cônes ayant le même côté, quel est celui qui a la plus grande surface totale ?

x rayon de base, y hauteur, a l'arête donnée. Surface totale $\pi x^2+\pi ax=\pi x(x+a)$. Cette surface est la plus grande possible quand x est le plus grand possible, c'est-à-dire quand $x=a$ et $y=0$, puisque $x^2+y^2=a^2$. Le maximum est $2\pi a^2$. Même explication que dans l'Ex. 965.

967. Maximum du volume d'un cylindre dont la surface totale est donnée.

Soient x et y le rayon de la base et la hauteur. Le volume est πx^2y ; la surface totale donnée $2\pi xy+2\pi x^2=2\pi a^2$; $xy+x^2=a^2$; $xy=a^2-x^2$; $x^2y=(a^2-x^2)x$; il faut trouver le maximum de $(a^2-x^2)x$. Le maximum a lieu en même temps que celui de $(a^2-x^2)^2x^2$. Je pose $a^2-x^2=z$; $x^2=z'$; $z+z'=a^2$ et $(a^2-x^2)^2x^2=z^2z'$. Pour le maximum, on doit avoir $z:z'=2:1$; d'où $z+z'$ ou $a^2:z'=3:1$. z' ou $x^2={}^1/_3a^2$; $x={}^1/_3a\sqrt{3}$.

$y=(a^2-x^2)$; $x={}^2/_3a^2:{}^1/_3a\sqrt{3}={}^2/_3a\sqrt{3}$. Telles sont les dimensions du cylindre de plus grand volume.

968. Maximum du volume d'un cône dont la surface convexe est donnée.

Soient x et y les rayons de la base et la hauteur. Volume ${}^1/_3\pi x^2y$. La surface convexe donnée $\pi x\sqrt{x^2+y^2}=\pi b^2$; $x^2(x^2+y^2)=b^4$. x^2y est un maximum en même temps que x^4y^2. Or $x^4+x^2y^2=b^4$ donne : $x^6+x^4y^2=b^4x^2$, puis $x^4y^2=b^4x^2-x^6=x^2(b^4-x^4)$. Le maximum de $x^2(b^4-x^4)$ a lieu en même temps que celui de $x^4(b^4-x^4)^2$. Je pose $x^4=z$ et $b^4-x^4=z'$; $z+z'=b^4$, et $x^4(b^4-x^4)^2=zz'^2$. Pour le maximum, on doit avoir $z:z'=1:2$; d'où $z+z'$ ou $b^4:z=3:1$; puis z ou $x^4={}^1/_3b^4$; puis $x^2={}^1/_3b^2\sqrt{3}$; d'où $y^2=(b^4-x^4):x^2$; puis y ; puis le volume *maximum*.

969. Maximum du volume d'un cône dont la surface totale est donnée.

(*Notations* de l'Ex. 968.) Volume ${}^1/_3\pi x^2y$. La surface donnée $\pi x^2+\pi x\sqrt{x^2+y^2}=\pi a^2$. $x^2+x\sqrt{x^2+y^2}=a^2$ $x\sqrt{x^2+y^2}=a^2-x^2$. $x^4+x^2y^2=(a^2-x^2)^2$; puis $x^6+x^4y^2=(a^2-x^2)^2x^2$, et enfin $x^4y^2=(a^2-x^2)^2x^2-x^6=x^2[(a^2-x^2)^2-x^4]=x^2(a^4-2a^2x^2)=2a^2x^2({}^1/_2a^2-x^2)$. Le maximum de x^2y a lieu en même temps que celui de x^4y^2 qui a lieu en même temps que celui de $x^2({}^1/_2a^2-x^2)$. Or la somme des deux facteurs $x^2+({}^1/_2a^2-x^2)={}^1/_2a^2$; le produit est donc un maximum quand $x^2={}^1/_2a^2-x^2$ ou $x^2={}^2/_4a^2$; $x={}^1/_2a$. $y^2=(a^2-x^2)^2-x^4:x^2={}^1/_2a^4:{}^1/_4a^2=2a^2$; $y=a\sqrt{2}$. Le *maximum* de ${}^1/_3\pi x^2y={}^1/_{12}\pi a^3\sqrt{2}$.

970. Trouver le maximum de $\sin x+\cos x$ — Idem de $\sin x\cos x$ par un moyen tout à fait algébrique.

1° Je pose $\sin x=z$; alors $\cos x=\sqrt{1-z^2}$. Il faut trouver le maximum de $z+\sqrt{1-z^2}$. Je pose $z+\sqrt{1-z^2}=m$. D'où $1-z^2=(m-z)^2=m^2-2mz+z^2$; puis $2z^2-2mz+m^2-1=0$. Je résous $z={}^1/_2(m\pm\sqrt{2-m^2})$. D'après le radical, on doit avoir en général $m^2<2$; le maximum est $m^2=2$;

$m=\sqrt{2}$. Alors $z={}^1/_2\sqrt{2}$. Sin $x={}^1/_2\sqrt{2}$; cos $x=\sqrt{1-{}^1/_2}=\sqrt{{}^1/_2}={}^1/_2\sqrt{2}$; sin $x=$ cos x ; le maximum a lieu quand l'arc $x=45°$.

2° Sin x cos $x=z\sqrt{1-z^2}$. Le maximum de $z(\sqrt{1-z^2})$ a lieu en même temps que celui du carré $z^2(1-z^2)$. Or la somme des facteurs $z^2+(1-z^2)=1$. Le produit est maximum quand $z^2=1-z^2$; $z^2={}^1/_2$, ou $z={}^1/_2\sqrt{2}$. Sin $x={}^1/_2\sqrt{2}$; et cos $x={}^1/_2\sqrt{2}$; $x=45°$.

971. Trouver le maximum de $\sin^m x \cos^n x$; n et m étant donnés.

$\text{Sin}^m x \cos^n x$ est un maximum en même temps que son carré $\sin^{2m}x \cos^{2n}x=(\sin^2 x)^m(\cos^2 x)^n=(z^2)^m(1-z^2)^n$, si on pose $\sin x=z$ et $\cos x=\sqrt{1-z^2}$. Pour le maximum, on doit avoir $z^2:(1-z^2)=m:n$; $1:z^2=m+n:m$. D'où z^2 ou $\sin^2 x=\dfrac{m}{m+n}$; d'où sin x, puis cos x, puis x par log.

972. Trouver le maximum ou le minimum de $\dfrac{1+\sin x}{\sin x(1-\sin x)}$.

Je pose $\sin x=z$, puis $\dfrac{1+\sin x}{\sin x(1-\sin x)}=\dfrac{1+z}{z(1-z)}=m$.
D'où $mz^2-(m-1)z+1=0$. Je résous :

$z=\dfrac{m-1\pm\sqrt{m^2-6m+1}}{2m}$. On doit donc avoir $m^2-6m+1>0$.

Je résous l'équation : $m^2-6m+1=0$; $m'=3+2\sqrt{2}$; $m''=3-2\sqrt{2}$. L'inégalité (1) peut s'écrire ainsi : $(m-3-2\sqrt{2})(m-3+2\sqrt{2})>0$. Cette inégalité est vérifiée quand $m>3+2\sqrt{2}$, ou bien quand $m<3-2\sqrt{2}$; donc $m'=3+2\sqrt{2}$ est un *minimum*, et $m''=3-2\sqrt{2}$ est un *maximum*. Quand $m=m'=3+2\sqrt{2}$, $z=z'=\dfrac{m'-1}{2m'}=\dfrac{2+2\sqrt{2}}{2(3+2\sqrt{2})}=\dfrac{1+\sqrt{2}}{3+2\sqrt{2}}<1$. Quand $m=$

$m''=3-2\sqrt{2}$, $z=z''=2-2\sqrt{2} : 2(3+3\sqrt{2})$
$=(1-\sqrt{2}) : 3+2\sqrt{2}$, valeur négative comprise entre 0 et -1
Ces deux valeurs de $z=\sin x$ conviennent. L'expression proposée a un *minimum* : $m'=3+2\sqrt{2}$ et un *maximum* : $m''=3-2\sqrt{2}$.

$z=\sin x$ ne peut varier que de -1 à $+1$.
z ou $\sin x$ croissant de -1 à z'', de z'' à 0,
l'expression proposée croît de 0 à m'', décroît de m'' à $-\infty$.

z continuant à croître de 0 à z', de z' à 1,
l'expression proposée décroît de $+\infty$ à m', croît de m' à $+\infty$.

973. Trouver le maximum ou le minimum de $\dfrac{(1-\sin x)^2}{\sin x(1-\sin x)}$.

Je pose $\sin x=z$, puis $\dfrac{(1+\sin x)^2}{\sin x(1-\sin x)}=\dfrac{(1+z)^2}{z(1-z)}=m$.
D'où $(1+m)z^2-(m-2)z+1=0$. Je résous :
$z=\dfrac{m-2\pm\sqrt{m^2-8m}}{2(m+1)}$. On doit avoir en général:
m^2-8m ou $m(m-8)>0$ (1). Cette inégalité est vérifiée quand $m<0$ et quand $m>8$. Pour $m=0$, $z=-1$; pour $m=8$, $z={}^6/_{18}={}^1/_3$; ces valeurs de $z=\sin x$ conviennent.

L'expression algébrique $\dfrac{(1+z)^2}{z(1-z)}$ a un *maximum* qui est 0, et un *minimum* qui est 8 quand on fait varier z de $-\infty$ à -1, de -1 à 0, de 0 à $+{}^1/_3$ et de ${}^1/_3$ à $-\infty$. Mais $z=\sin x$ ne pouvant varier que de -1 à $+1$, l'expression trigonométrique proposée a seulement un *minimum* qui est 8 quand $\sin x={}^1/_3$. Cependant tout en laissant de côté les valeurs de z comprises entre $-\infty$ et -1, on conclut de ce que 0 est un *maximum* correspondant à $z=-1$, que l'expression trigonométrique proposée décroît à partir de 0, ou de $\sin x=-1$.

z ou $\sin x$ croissant de -1 à 0, de 0 à ${}^1/_3$, de ${}^1/_3$ à 1,
l'expression proposée décroît de 0 à $-\infty$, décroît de $+\infty$ à 8, puis croît de 8 à $+\infty$.

Progressions arithmétiques.

AVIS. a désignant le 1er terme d'une progression arithmétique, r la raison, l le dernier terme, n le nombre et s leur somme, on établira les *formules* générales servant à la résolution de chacun des dix premiers problèmes suivants ; puis on appliquera chaque formule aux nombres donnés.

974. Résoudre les quatre problèmes suivants :

On donne 1° $l = 19$; $n = 13$; $s = 130$; trouver a et r.
2° $r = 1,25$; $n = 24$; $s = 405$; trouver a et l.
3° $r = 8,4$; $l = 217$; $n = 26$; trouver a et s.
4° $a = 3,6$; $n = 41$; $s = 2427,2$; trouver r et l.

1° $2s = (a + l)n$ donne $a = 1$; puis $l = a + (n - 1)r$ donne $r = {}^3/_2$.

2° $2s = (a + l)n$ donne $a + l = 33,75$; d'ailleurs $l - a = (n - 1)r = 28,75$; d'où $l = 31,25$; $a = 2,5$.

3° $a = l - (n + 1)r = 7$; $s = {}^1/_2\,(a + l)\,n = 2912$.

4° $2s = (a + l)n$ donne $l = 114,8$; puis $l = a + (n - 1)r$ donne $r = 2,78$.

975. Résoudre les quatre problèmes suivants :

On donne 1° $a = 1,625$; $l = 20$; $s = 108\,{}^1/_8$; trouver r et n.
2° $a = 4,6$; $l = 22,5$; $n = 16$; trouver r et s.
3° $a = 3$; $r = 1,8$; $n = 21$; trouver l et s.
4° $a = 8\,{}^3/_8$; $r = 1\,{}^{11}/_{15}$; $l = 60,6$; trouver n et s.

1° $2s = (a + l)n$ donne $n = 10$; $l = a + (n - 1)r$ donne $r = 2\,{}^1/_{24}$.

2° $s = {}^1/_2(a + l)n = 216$; $l = a + (n - 1)r$ donne $r = 18 : 15 = 1,2$.

3° $l = a + (n - 1)r = 39$; $s = {}^1/_2\,(a + l)n = 441$.

4° $l = a + (n - 1)r$ donne $n - 1 = 52 : {}^{26}/_{15} = 30$; $n = 31$.
$s = {}^1/_2\,(a + l)n = 107$[illegible]$,6$.

976. On donne $r = 2$, $s = 520$, $l = 45$; trouver a et n.

On discutera les formules trouvées.

Équations : $2s = (a + l)n$ et $a = l - (n - 1)r$. J'élimine a ; $2s = (2l - (n - 1)r)n$. Je remplace s, l et r, et je trouve $n^2 - 46n + 520 = 0$. Je résous. $n' = 20$, et $n'' = 26$. $n = 20$ donne $a = 45 - 19 \times 2 = 7$; $n = 26$ donne $a = -5$. On conclut de là qu'il y a deux progressions répondant

$7 . 9 \ldots\ldots 45$ à la question : ces deux pro-

$-5 . -3 . -1 . 3 . 5 . 7 . 9 \ldots\ldots 45$ gressions ont les 21 derniers termes communs. La 2e a 6 termes de plus : -5 ; -3 ; -1 ; 1 ; 3 ; 5. Mais la somme de ces 6 termes est 0 ; de sorte que pour les deux progressions $s = 50$, $r = 2$, $l = 45$.

977. Étant donnés $a = 12$; $r = 3$; $s = 882$; trouver l et n.

On discutera les formules.

$2s = (2a + (n - 1)r)n$. Je remplace a, s et r ; $882 \times 2 = (24 + (n - 1)3)n$; d'où $3n^2 + 21n = 1764$. Je résous : $n' = 21$, et $n'' = -28$. $n = 21$ donne $l = a + (n - 1)r = 12 + 20 \times 3 = 72$. La réponse est donc $n = 21$, $l = 72$.

Valeur négative. Pour interpréter cette valeur négative, je change n en $-n$ dans l'équation (1) qui devient $882 \times 2 = (24 - 3n - 3) \times -n$, ou $882 \times 2 = (-24 + 3n + 3)n$, ou bien encore $882 \times 2 = (-18 + (n - 1)3)n$, si on remplace -24 par $-18 - 6$. Or, si on met cette dernière équation en regard de la formule : $2s = (2a + (n - 1)r)n$, on voit que cette équation sert à trouver n et par suite l, *étant donnés :* $s = 882$, $r = 3$ et $a = -9$. Il n'y a que la valeur de a de changée dans les valeurs données ci-dessus.

978. Écrire les 12 premiers termes et trouver la somme des 30 premiers termes d'une progr. ar. dont le premier terme est $3\,^4/_7$ et la raison $2\,^3/_5$.

Je réduis $^4/_7$ et $^3/_5$ au même dénominateur. Le 1er terme de la progression devenant alors $3\,^{20}/_{35}$ et la raison $2\,^{21}/_{35}$, rien de plus facile que d'écrire les 12 premiers termes, dont le dernier est $32\,^6/_{35}$. La somme des 30 premiers termes est $1238\,^1/_7$.

979. Écrire les 10 premiers termes et trouver la somme des 40 premiers termes d'une progr. ar. dont le premier terme est 158 $^3/_4$ et la raison – (2 $^4/_5$).

Je réduis $^3/_4$ et $^4/_5$ en décimales. Le 1er terme étant alors 158,75 et la raison — 2,8, on trouve facilement par des soustractions successives les 10 premiers termes demandés, dont le dernier est 133,55. La somme des 40 premiers termes est 4166.

930 Le 15e terme d'une progression arithmétique est 59, le 21e terme 83, et le dernier 163. Trouver a, n et s.

Soient a le 1er terme et r la raison. $59 = a + 14r$; $83 = a + 20r$. Je soustrais : $6r = 24$; $r = 4$; puis $a = 3$. Le dernier terme $163 = 3 + (n - 1)4$; $n - 1 = 160 : 4 = 40$; $n = 41$. $s = 3403$.

981 Un corps abandonné à lui même dans le vide parcourt 4m 9044 pendant la 1re seconde de sa chute, 4m 9044 × 3 pendant la seconde, 4m,9044 × 5 pendant la 3e seconde : ainsi de suite, les espaces parcourus par seconde croissant en progression arithmétique.

— quel espace parcourt un corps qui tombe pendant 40 secondes ?

981 *bis*. – en combien de temps un corps parcourt-il 1961m,76 ?

Ex. 981. La somme des espaces parcourus est 4,9044 $(1 + 3 + 5 + \ldots + 79)$. Les parenthèses comprennent la somme des 40 premiers nombres impairs qu'on sait être égale à $40^2 = 1600$. La réponse est donc 4m,9044 × 1600 = 7847m,04.

Ex. 981 *bis*. Soit n le nombre des secondes cherché. D'après ce qui précède, 1961m,76 est le produit de 4,9044 par la somme des n premiers nombres impairs ; $1961,76 = 4,9044 \times n^2$. On en déduit $n^2 = 400$, puis $n = 20$.

982. La somme des quatre termes du milieu d'une progression arithmétique de 10 termes est 68, le produit des extrêmes est 64 Quelle est cette progression ?

La somme des 2 termes du milieu est égale à la somme des extrêmes ; la somme de leurs voisins de droite et de gauche *idem*; la somme des 4 termes du milieu qui est 68 vaut donc 2 fois la somme des extrêmes. La somme des extrêmes est donc 34 ; leur produit est 64 ; ces extrêmes sont les racines de l'équation :

$X^2 - 34X + 64 = 0$. Je résous, et je trouve $a = 2$, $l = 32$. $2 + 10r = 32$; $r = 3$. La progression est donc 2.5.8.....32.

983. Deux mobiles M et M′ partent en même temps de deux points A et B, distants l'un de l'autre de 75m, M poursuivant M′ dans la direction AB. Le 1er parcourt 1m dans la 1re minute, 3m dans la 2e minute, 5m dans la 3e ; ainsi de suite, sa vitesse augmentant en progression arithmétique ; le 2e parcourt 3m dans la 1re minute, 4m dans la 2e minute, 5m dans la 3e, ainsi de suite (en progression arithmétique). Au bout de combien de minutes M atteindra-t-il M′ ?

Soit x le nombre des minutes cherché. Le chemin parcouru par M est la somme des x premiers nombres impairs : $3 + 5 + 7 \ldots\ldots + 2x - 1 = x^2$. Le chemin parcouru par M′ est la somme des x premiers termes de la progression $3 . 4 . 5 \ldots\ldots = \frac{1}{2}[6 + (x - 1)]x$. M doit parcourir 75m de plus que M′ ; donc $x^2 = \frac{1}{2}(6 + (x - 1)1)x + 75$ (1). D'où $x^2 - 5x = 150$. Je résous $x' = 15$; $x'' = -10$. La réponse est 15 minutes.

Valeur négative. Pour interpréter cette valeur, je change x en $-x$ dans l'équation (1) qui devient $x^2 = \frac{1}{2}(6 - x - 1) \times -x + 75$, ou $x^2 = \frac{1}{2}(-6 + x + 1)x + 75$, ou bien encore $x^2 = \frac{1}{2}(-4 + (x - 1)1)x + 75$. Cette équation est vérifiée par $x = 10$. Or $\frac{1}{2}[-4 + (x - 1)1]x$ est la somme des x premiers termes de la progression : $-2 . -1 . 0 . 1 . 2 . 3 \ldots$ Il résulte de là que $x = 10$ répond à la question modifiée seulement en ce qui concerne le mouvement de M′. Il faut dire à la 4e ligne :

Le 2e revient d'abord de B vers A en parcourant 2m la 1re minute, 1m la 2e; s'arrête pendant 1m; puis se met à marcher dans le sens AB, en parcourant 1m, puis 2m, puis 3m, ainsi de suite en progression arithmétique. Au bout de combien de minutes M atteindra-t-il M′ ?

984. La somme des termes d'une progression arithmétique de 11 termes est 176, et la différence des extrêmes est 30. Former cette progression.

La formule $2s = (a + l)n$ donne ici : $352 = (a + l)11$; d'où $l + a = 32$. D'ailleurs $l - a = 30$; donc $l = 16 + 15 = 31$; $a = 16 - 15 = 1$. $l = a + (n - 1)r$, ou $31 = 1 + 10r$ donne $r = 3$. La progression est donc 1 . 4 . 7 ..... 31.

985. Si $\frac{1}{a + b}$, $\frac{1}{a + c}$ et $\frac{1}{b + c}$ forment une progr. arith., il en est de même de a^2, b^2 et c^2.

Les trois premiers nombres formant une progression arithmétique, on a $\frac{2}{a+c}=\frac{1}{a+b}+\frac{1}{b+c}$. Je chasse les dénominateurs, et je trouve, après réductions, $2b^2=a^2+c^2$; d'où $a^2-b^2=b^2-c^2$. C. Q. F. D.

986. En divisant la différence des carrés des extrêmes d'une prog. arith. par la raison, on obtient pour quotient la somme des termes de la progression, plus la somme des termes qui sont compris entre les extrêmes.

En effet, $(l^2-a^2):r=(l+a)(l-a):r=(l+a)(n-1)r:r=(l+a)(n-1)=(l+a)n-(l+a)=2s-(l+a)=s+[s-(l+a)]$ Or $s-(l+a)$ est la somme des termes compris entre les extrêmes.

987. Combien doit-on réclamer pour une rente de 50 fr. qui n'a pas été payée depuis 17 ans en calculant l'intérêt simple des payements arriérés à raison de 4 ½ p. 100 par an ?

Il est dû pour la 1re rente arriérée $50+16i$ (en appelant i l'intérêt annuel de 50^f) ; pour la 2e, $50+15i$; pour la 3e, $50+14i$; ,.... pour la 16e, $50+i$; et enfin pour la dernière 50. La somme est $\frac{1}{2}(50+50+16i)17=(50+8i)17=850+136i$. Mais $i=\frac{50\times4,5}{100}=2,25$; $2,25\times136=306$. On doit donc réclamer 850^f + 306^f ou 1106^f.

988. Dans une progression arithmétique d'un nombre impair de termes, la somme des termes de rang impair est 240 et la somme des termes de rang pair est 216. Trouver le terme du milieu et le nombre des termes.

Soit $2n+1$ le nombre des termes : le terme du milieu a n termes avant lui et n termes après ; il vaut $a+nr$. Les termes de rangs impairs, au nombre de $n+1$, sont $a.a+2r.a+4r$..... $a+n.2r$; leur somme $240=\frac{1}{2}(2a+n.2r)(n+1)=(a+nr)(n+1)$ (1).

Les termes de rangs pairs, au nombre de n, sont $a+r.a+3r$, $a+5r$,.... $a+r+(n-1)2r$; et leur somme $216=\frac{1}{2}[2a+2r+(n-1)2r]a=(a+nr)n$ (2). En retranchant les égalités (1) et (2), l'une de l'autre, membre à membre, on trouve 24=

$a+nr$. *Le terme du milieu* est donc 24. D'un autre côté $(a+nr)n=216$, ou $24n=216$; donc $n=216:24=9$; $2n+1=19$. Le nombre des termes est 19.

989. Les angles d'un triangle rectangle sont en progr. arith. et son périmètre est 24^m. Calculer ses côtés.

Les 3 angles sont b°, $b^\circ+r^\circ$, $b^\circ+2r^\circ$. Mais le plus grand est la somme des deux autres : $b+2r=2b+r$; d'où $b=r$. Les angles sont donc b°, $2b^\circ$. $3b^\circ$. La somme $6b=180$; $b=30$. Les 3 angles sont 30°, 60° et 30°. Mais quand un des angles B d'un triangle rectangle ABC est 60°, le côté adjacent c est la moitié de l'hypoténuse (Ex. de Géom., liv. I, n° 45). $c={}^1/_2a$; $b=\sqrt{a^2-{}^1/_4a^2}={}^1/_2a\sqrt{3}$. $a+b+c$ ou $24={}^1/_2a(1+\sqrt{3}+2)={}^1/_2a(3+\sqrt{3})$; $a=48:3+\sqrt{3}=8(3-\sqrt{3})$. $a=10,144$; $c=5,072$ et $b=8,784$ à 0,01 près.

990. Étant données les deux progr. arith. 13, 15, 17, etc., et -120, -111 -102, etc., déterminer n de manière que la somme des n premiers termes soit la même dans les deux progressions.

La raison de la 1re progression est 2 ; celle de la 2e, 9. D'après la formule $2s=[2a+(n-1)r]n$, on doit avoir $[26+(r-1)2]n=[-240+(n-1)9]n$. D'où $26+2n-2=-240+9n-9$; d'où $7n=273$; $n=39$.

991. Généralisez la question précédente en considérant deux progr. a, $a+r$, $a+2r$, etc., et a', $a'+r'$, $a'+2r'$, etc. (Discussion.)

On doit avoir $(2a+(n-1)r]n=[2a'+(n-1)r']n$. En simplifiant et transposant, je trouve : $n-1=\frac{2a-2a'}{r'-r}=\frac{2(a-a')}{r'-r}$.
Pour que le problème soit possible, il faut que l'on ait en même temps $a>a'$ et $r<r'$, ou $a<a'$ et $r>r'$, et de plus que le quotient $2(a-a'):(r'-r)$ soit un nombre entier. On explique aisément *à priori* la nécessité de ces deux conditions.

992. Les angles d'un polygone forment une progr. ar. dont la raison est 4° ; le plus grand angle est de 172°. Trouver le nombre des côtés.

Soit x le nombre des côtés, et par suite le nombre des angles; on sait que la somme des angles est égale à $(n - 2)\ 180^\circ = 180n - 360$. La formule $2s = [2l - (n-1)r]n$ donne ici; $360n - 720 = (344 - 4n + 4)n$; d'où $4n^2 + 12n - 720 = 0$, puis $n^2 + 3n = 180$. Je résous : $n' = 12$; $n'' = -15$. Le polygone a 11 côtés. Le plus petit angle $= 172^\circ - 4^\circ \times 11 = 128^\circ$. Les autres sont 132°, 136°,..... etc., jusqu'à 172°.

993. Quelle condition doit remplir une progression arithmétique pour que la somme de deux termes quelconques soit un terme de progression ?

Soit a le 1er terme ; 3 termes quelconques ont pour formules $a+nr$, $a+n'r$, et $a+n''r$. On doit avoir $2a+(n+n')r = a+n''r$; d'où $a = [n'' - (n + n')]\ r$; c'est-à-dire que le 1er terme doit être un multiple de la raison. Cette condition est suffisante ; car si le 1er terme est kr, les termes suivants seront tous les multiples suivants de r sans exception. Or la somme de deux termes de la progression et un de ces multiples suivants.

994. Les trois côtés d'un triangle rectangle forment une progression arithmétique dont la raison est 7. Calculer ses côtés.

Soient $x - 7$, x et $x + 7$ les trois côtés. Le carré de l'hypothénuse $(x + 7)^2 = (x - 7)^2 + x^2$; d'où $x^2 + 14x = 2x^2 - 14x$; puis $x^2 - 28x = 0$. $x = 0$ est une solution insignifiante ou étrangère ; on a donc $x - 28 = 0$; $x = 28$. Les 3 côtés sont 21, 28, 35 ou 7×3, 7×4, 7×5; or $7^2 \times 5^2 = 7^2\ (3^2 + 4^2)$; le triangle est bien rectangle.

995 Insérer entre 1 et 31 des moyens arithmétiques en nombre tel que la somme de ces moyens soit 4 fois plus grande que la somme des deux plus grands d'entre eux.

Soient m le nombre des moyens demandés et r la raison de la progression; on sait que $r = \dfrac{31-1}{m+1} = \dfrac{30}{m+1}$. Le plus grand moyen $31 - r = \dfrac{31m + 1}{m+1}$, le moyen précédent est $\dfrac{31m+1}{m+1} - \dfrac{30}{m+1} = \dfrac{31m - 29}{m+1}$; la somme de ces deux plus grands moyens

$=\frac{62m-28}{m+1}$ (1). Le 1er moyen est $1+r$; le dernier $31-r$; les m moyens forment une progression dont la somme des extrêmes est $1+r+31-r=32$, et dont la somme complète est $\frac{1}{2}\times 32\times m=16m$. D'après l'énoncé du problème, cette somme $16m=\frac{4(62m-28)}{m+1}$. D'où $2m^2-29m+14=0$. Je résous: $m'=14$; $m''=\frac{1}{2}$. $m=14$ convient seule; on insérera 14 moyens; la raison $r=30:(14+1)=2$. La progression demandée est 1. 3. 5..... 27. 29. 31.

996 On partage la hauteur d'un triangle en parties égales, et par chaque point de division on mène une parallèle à la base. On construit ensuite sur chaque base et sur chaque parallèle en remontant un rectangle compris entre deux parallèles consécutives Trouver les aires de ces rectangles, et la limite de la somme de ces aires quand a augmente indéfiniment.

(Faites une figure.) Je divise la hauteur h en n parties égales; je mène par les points de division en remontant des parallèles $b_1, b_2, b_3 \ldots b_{n-1}$ à la base b du triangle, puis j'abaisse des perpendiculaires des extrémités de b_1 sur b, de b_2 sur b_1, etc., jusqu'en haut. La somme des rectangles ainsi formés est $\frac{h}{n}(b_1+b_2+b_3+\ldots+b_{n-1})$. Or $\frac{b_1}{b}=\frac{\left(h-\frac{h}{n}\right)}{h}$; d'où $b_1=\frac{b(n-1)}{n}$. De même $b_2=\frac{b(n-2)}{n}$; etc. La somme des rectangles vaut donc $\frac{bh}{n^2}\times[n-1+n-2+n-3+\ldots+n-(n-1)]$. Mais la somme entre parenthèses $=n\times(n-1)-[1+2+\ldots+(n-1)]=n(n-1)-\frac{1}{2}n(n-1)=\frac{1}{2}n(n-1)$. La somme des rectangles vaut donc $\frac{1}{2}\,\frac{bh\times n(n-1)}{n^2}=\frac{1}{2}bh\left(1-\frac{1}{n}\right)$. Imaginons maintenant que n croisse indéfiniment; $\frac{1}{n}$ a pour limite 0, et la somme des rectangles a pour limite $\frac{1}{2}bh$, *aire du triangle*; c'est-à-dire que les rectangles tendent indéfiniment à occuper tout le triangle.

997 La somme de 5 nombres en progr. arith. est 35, leur produit 3640. Former la progression.

Soit x le terme du milieu et r la raison. La progression est $x-2r$, $x-r$, x, $x+r$, $x+2r$. La somme des termes, $5x=35$; donc $x=7$. Le produit $x(x^2-r^2)(x^2-4r^2)=7(49-r^2)(49-4r^2)$ $=3640$. On déduit de là : $4r^4-245r^2+1881=0$. Je résous : $r^2={}^1/_8(245\pm173)$. $245-173=72$; $r^2={}^1/_8\times72=9$; $r=\pm3$. La progression est donc 1 . 4 . 7 . 10 . 13. (Vérifiez les conditions du problème). Les autres valeurs de r sont incommensurables ; on peut les calculer par approximation.

998. La somme de 6 nombres entiers en progr. arith. est 57 ; leur produit 209440. Former la progression.

Donner la solution générale de cette question dans le cas de termes entiers

Soit r la raison. Nous pouvons désigner les termes du milieu par $x-{}^1/_2r$ et $x+{}^1/_2r$; la progression est alors : $x-{}^5/_2r$, $x-{}^3/_2r$, $x-{}^1/_2r$, $x+{}^1/_2r$, $x+{}^3/_2r$, $x+{}^5/_2r$. La somme des termes $6x=57$; donc $x=9{,}5$. Leur produit est : $(2x-5r)(2x-3r)(2x-r)(2x+r)$ $(2x+3r)(2x+5r):2^6$; d'où $(4x^2-25r^2)(4x^2-9r^2)(4x^2-r^2)=$ 209440×64. Or $4x^2$ ou $(2x)^2=19^2=361$; soit $r^2=z$. On a l'équation : $(361-25z)(361-9z)(361-z)=209440$, équation du 3ᵉ degré en z que nous savons résoudre si z a une valeur entière. On effectue ; l'équation a une racine entière $z=9$; $z=r^2=9$ donne $r=\pm3$. Les termes du milieu sont donc $9{,}5-1{,}5=8$, et $9{,}5+1{,}5=11$, de sorte que la progression est 2 . 5 . 8 . 11 . 14 . 17. (Vérifiez les conditions du problème).

Ayant trouvé x, on peut raisonner ainsi : la somme des extrêmes est $2x=19$, et leur différence $5r$. Suposons que tous les termes de la progression, et par suite r, soient des nombres entiers. Tous ces termes sont des diviseurs de 209440. Il faut donc choisir deux diviseurs de 209440. dont la somme soit 19 et dont la différence soit divisible par 5 Je décompose 209440 en ses facteurs premiers, $209440=2\times2\times2\times2\times2\times5\times$ $7\times11\times17$. Le premier et le dernier facteur, 2 et 17, ont pour somme 19, et leur différence est divisible par 5. Essayons donc 2 et 17. $5r=17-2=15$ donne $r=3$. La progression serait alors

2. 5. 8. 11. 14. 17. Elle vérifie les conditions proposées. Il est clair que ces considérations amèneront plus ou moins vite à la solution du problème quand on saura d'avance que les termes sont des nombres entiers. D'ailleurs le 1er moyen est général et conduit certainement à la solution dans le même cas.

999. Former une progression arithmétique dont la somme des n premiers termes soit n^2, quel que soit n

Posons en général la somme $s = \frac{1}{2}(2a + (n-1)r)n = n^2$; ou $2a + (n-1)r = 2n$. $2a - r + (r-2)n = 0$. Il faut choisir a et r de manière que cette équation en n soit vérifiée par toutes les valeurs entières possibles de n. Mettons ici deux valeurs entières différentes quelconques n' et n''; on doit avoir $2a - r + (r-2)n' = 0$, et $2a - r + (r-2)n'' = 0$. Je soustrais membre à membre : $(r-2)(n' - n'') = 0$. Comme $n' - n''$ n'est pas 0, il faut qu'on ait $r - 2 = 0$, ou $r = 2$. Mais si $r - 2 = 0$, la 1re équation $2a - r + (r-r)n'$ donne elle-même $2a - r = 0$, ou $a = \frac{1}{2} r = 1$. La progression demandée doit donc avoir pour 1er terme 1, et pour raison 2 : c'est précisément la progression des nombres impairs 1. 3. 5. 7... On sait déjà que la somme des n 1ers termes de cette progression est n^2, quel que soit n. Ceci prouve que cette progression est la seule qui jouisse de cette propriété.

1000. Un particulier emprunte 25500[f] à condition de rembourser 300[f] à la fin du premier mois, puis de mois en mois, chaque payement surpassant le précédent de 60[f]. Il doit de plus payer les intérêts simples à 6 p. 100 de la somme encore due à la fin de chaque trimestre. Au bout de combien de temps aura-t-il tout payé, et combien aura-t-il donné en tout ? Rép. 25 mois et 27296[f],40.

Soit n le nombre des sommes remboursées qui forment une progression arithmétique. $\frac{1}{2}[300 \times 2 + (n-1)60]n = 25500$. On déduit de là : $n^2 + 9n = 850$. Je résous : $n' = 25$; $n'' = -34$. 1re RÉPONSE. *Au bout de 25 mois.*

Pour calculer les intérêts payés, on retranche de 25500[f] le total des 3 premières sommes remboursées (300[f] + 360[f] + 420[f] = 1080[f]), et on écrit à part le 1er reste à payer, 24420[f]. On retranche de 24420[f] le total des 3 remboursements suivants : (1080[f]+540[f])=1620[f], et on écrit le 2[e] reste à payer, 22800[f], sous le 1er, 24420^f. On retranche de 22800^f le total des remboursements du 3e trimestre qui est 1620^f + 540^f = 2160^f. et on écrit le 3e reste à payer 17640^f sous les 2 premiers. Ainsi de suite jusqu'au 8e reste à payer. On additionne tous les restes à payer. Comme on paye pour chacun 3 mois d'intérêt à 6 p. 0/0 l'an, soit 1^f,5 par trimestre et par 100^f, ou 0^f,015, par franc, on multiplie la somme des restes à payer par 0^f,015, et on obtient le total des intérêts payés qui est 1796^f,40. Le particulier paye en tout 25500^f + 1796^f,40 = 27296^f,40.

REMARQUE. Entre le 1er payement d'un trimestre et le 1er payement du suivant, il y a trois mois d'intervalle, et par suite 3 fois 60^f ou 180^f de différence ; entre les seconds payements de même, 180^f ; entre les troisièmes 180^f ; entre le total des payements d'un trimestre et le total des payements du suivant, 3 fois 180^f, ou 540^f ; c'est ce que nous avons compté.

1001. Insérer entre 1 et 49 des moyens arithm. en nombre tel que le 2e de ces moyens soit la neuvième partie de l'avant-dernier.

Le 2e moyen et l'avant-dernier sont des termes de la progression complète situés à égales distances des extrêmes; donc leur somme $x+y=1+49=50$. Mais y vaut $9x$; donc $10x=50$ et $x=5$. Le 2e moyen $x=5$ est le 3e terme de la progression complète; il vaut $1+2r$; d'ailleurs $r=(49-1):(m+1)=48:(m+1)$; on a donc l'équation : $5=1+\dfrac{48\times 2}{m+1}$. D'où $4(m+1)=96$; $m+1=96:4=24$; $m=23$, et $r=48:(m+1)=2$. La progression demandée est donc 1.3.5.....45.47.49. Or 45 vaut bien 9 fois 5.

1002. La somme de 3 nombres en progression arithmétique est 33 et leur produit 2187. Quels sont ces nombres?

Désignons ces trois nombres par $x-r$, x, et $x+r$; leur somme $3x=33$; $x=11$. Leur produit $11\times(11^2-r^2)=1287$; $121-r^2=117$; $r^2=4$; $r=\pm 2$. La progression est 9.11.13.

1003. La raison d'une progr. arith. de 4 termes est 4 ; le produit des 4 termes est 585. Former la progression.

Les termes du milieu peuvent être représentés par $x-2$ et

$x+2$ (on divise la raison par 2) et les 2 autres par $x-6$ et $x+6$. Le produit des 4 termes $(x^2-4)(x^2-36)=525$. D'où $x^4-40x^2=441$. Je résous : $x=20\pm29$; $x^2=49$; $x=\pm7$. La progression est 1. 5. 9. 13 ou $-13.-9.-5.-1$.

1004. La raison d'une progression arithmétique de 6 termes entiers est 2 ; le produit des 6 termes est 46080. Former cette progression.

Les termes du milieu peuvent être représentés par $x-1$ et $x+1$. La progression complétée à droite et à gauche, est alors $x-5$, $x-3$, $x-1$, $x+1$, $x+3$, $x+5$. Le produit $(x^2-25)(x^2-9)(x^2-1)=46080$. On pose $x^2=z$, et on obtient cette équation du 3e degré : $z^3-35z^2+259z=46305$. Pour résoudre, on cherche les diviseurs de 46305 et on essaye ceux de ces diviseurs qui sont des carrés ; ($z=x^2$, et x est un nombre entier). On essaye 9 et 49 ; 49 réussit ; $z=49$; $x^2=49$; $x=7$. Les termes du milieu sont 6 et 8 ; la progression est 2. 4. 6. 8. 10. 12.

1005. Traiter la question précédente (Ex. 1004) généralement pour une progression arithmétique composée de nombres entiers.

La marche à suivre en général ressort si clairement de ce que nous venons de faire dans les exercices précédents que nous nous abstenons de l'exposer ici.

1006. Former une progression arithmétique de 4 termes dont la somme soit 14 et dont la somme des cubes soit 224.

Je désigne la raison par $2r$ et les termes du milieu par $x-r$ et $x+r$. La progression est $x-3r$, $x-r$, $x+r$, $x+3r$. La somme des termes $4x=14$; donc $x=3,5$. 1° $(x-r)^3+(x+r)^3=2x^3+6r^2x$; 2° $(x-3r)^3+(x+3r)^3=2x^3+54r^2x$. La somme des cubes des 4 termes est $4x^3+60r^2x=4x(x^2+15r^2)=224$. Mais $4x=14$; on a donc $x^2+15r^2=16$; $15r^2=16-(3,5)^2=3.75$; $r^2=0,25$; $r=\pm0,5$. Par suite $x-r=3$; $x+r=4$; $2r=1$. La progression est donc 2. 3. 4. 5. (Vérifiez les conditions du problème) $r=-0,5$ donne la progression 5. 4. 3. 2.

1007. En général, former une progression arithmétique de 4 termes, connaissant la somme s des 4 termes et la somme s_3 de leurs cubes.

On suit la même marche que dans l'Ex. 1006. On trouvera $4x = s$; $x = \frac{1}{4}s$. Puis $4x(x^2 + 15r^2) = s_3$; ou $s(\frac{1}{16}s^2 + 15r^2) = s_3$; d'où on déduira r^2, puis r, et on formera la progression.

1008. En général, former une progression arithmétique de 4 termes, connaissant la somme s des 4 termes et la somme s_2 de leurs carrés.

Soient $2r$ la raison et $x-r$, $x+r$ les termes du milieu. Les 4 termes sont $x-3r$, $x-r$, $y+r$, $x+3r$. La somme $4x = s$; d'où $x = \frac{1}{4}s$. $(x-r)^2 + (x+r)^2 = 2x^2 + 2r^2$; $(x-3r)^2 + (x+3r)^2 = 2x^2 + 18r^2$. La somme des 4 carrés, $s_2 = 4x^2 + 20r^2 = \frac{1}{4}s^2 + 20r^2$. On déduit de là r^2 puis r. Connaissant x et r, on forme la progression.

1009. Trouver la somme des carrés des n premiers nombres entiers.

Soit $a.b.c.d, \ldots i.k.l.$ une progr. arith. quelconque de n termes, et soient r la raison, s la somme des termes, s_2 la somme de leurs carrés, s_3 la somme de leurs cubes. $b = a + r$, $c = b + r$; etc. On a donc les égalités ci-contre.

$$b^3 = a^3 + 3a^2r + 3ar^2 + r^3$$
$$c^3 = b^3 + 3b^2r + 3br^2 + r^3$$
$$d^3 = c^3 + 3c^2r + 3cr^2 + r^3$$
$$\ldots\ldots\ldots\ldots$$
$$l^3 = k^3 + 3k^2r + 3kr^2 + r^3$$

J'additionne ces égalités, et je trouve $s_3 - a^3 = s_3 - l^3 + 3(s_2 - l^2)r + 3(s-l)r^2 + (n-1)r^3$ J'applique cette dernière formule à la progression : $1.2.3.4 \ldots n$; pour cela, j'y fais $n = 1$, $r = 1$, $l = n$; puis je simplifie. Je trouve ainsi : $0 = -n^3 + 3s_2 - 3n^2 + 3s - 3n + n$; d'où $3s_2 = n^3 + 3n^2 + 2n - 3s$, Mais $n^3 + 3n^2 + 2n = n(n^2 + 3n + 2) = n(n+1)(n+2)$, et $s = \frac{1}{2}n(n+1)$. Par suite $3s_2 = \frac{1}{2}n(n+1)(2n + 4 - 3) = \frac{1}{2}n(n+1)(2n+1)$. D'où $s_2 = \frac{1}{6}n(n+1)(2n+1)$ (1).

1010. Trouver la somme des cubes des n premiers nombres entiers. (Cette somme est égale à $(1 + 2 + 3 + \ldots n)^2$. Démontrer.

Quand j'additionne les cubes successifs, 1^3, 2^3, 3^3, 4^3, etc., je trouve $1+8=9=3^2=(1+2)^2$; $1+8+27=36=6^2=(1+2+3)^2$; $1+8+27+64=100=10^2=(1+2+3+4)^2$. Jusque-là la somme des cubes des n premiers nombres est égale au carré de la somme de ces nombres. Je dis que cette loi est générale. En effet, supposons-la vraie pour les n premiers nombres; supposons qu'on ait par exemple : $1^3+2^3+3^3+\ldots+n^3=(1+2+3+\ldots+n)^2=(\frac{1}{2}n(n+1))^2=\frac{1}{4}n^2(n+1)^2$. J'ajoute $(n+1)^3$ et je trouve $1^3+2^3+\ldots+n^3+(n+1)^3=\frac{1}{4}n^2(n+1)^2+(n+1)^3=\frac{1}{4}(n+1)^2(n^2+4n+4)=\frac{1}{4}(n+1)^2(n+2)^2=[\frac{1}{2}(n+1)(n+2)]^2$. Mais $\frac{1}{2}(n+1)(n+2)$ est précisément la valeur de $1+2+3+\ldots..+n+(n+1)$. Donc $1^3+2^3+\ldots..+n^3+(n+1)^3=[1+2+\ldots..+n+(n+1)]^2$. Si la loi est vraie pour les n premiers nombres, elle est vraie pour les $n+1$ premiers nombres. Or elle est vraie pour les 4 premiers nombres; elle est donc vraie pour les 5 premiers, etc.; elle générale.

On peut aussi trouver la somme des cubes en question en suivant la même marche que dans l'Ex. 1009. On considère : $b^4=(a+r)^4$; $c^4=(b+r)^4$; etc. On développe et on additionne; etc.

1011. Trouver la somme des n premiers termes de la série; 1×2, 2×3, 3×4, 4×5, *etc.*

$1\times 2=1^2+1$; $2\times 3=2\times 2+2=2^2+2$. De même $3\times 4=3^2+3$; $4\times 5=4^2+4$; etc. La somme des n premiers termes de la série proposée est donc $1^2+2^2+3^2+\ldots+n^2+(1+2+3+\ldots.n)=\frac{1}{6}n(n+1)(2n+1)+\frac{1}{2}n(n+1)=\frac{1}{6}n(n+1)(2n+1+3)=\frac{1}{6}n(n+1)(2n+4)=\frac{1}{3}n(n+1)(n+2)$.

1012 Le rayon de la base, la hauteur, et le côté d'un cône forment une progression arithmétique dans cet ordre : R. h, et a; le volume du cône est d'ailleurs équivalent à celui de la sphère dont le rayon est 3m. Calculer a, h, R, et la surface latérale du cône.. (*Faites une figure.*)

Soit x la raison de la progression; $R=h-x$ et $a=h+x$. Mais d'après la fig. $a^2=h^2+R^2=$ donc $(h+x)^2=h^2+(h-x)^2$. Je développe et je simplifie : $4hx=h^2$; $h=4x$. $R=3x=\frac{3}{4}h$; $a=5x=\frac{5}{4}h$. D'ailleurs $\frac{1}{3}\pi R^2h=\frac{4}{3}\pi 3^3$: $\frac{9}{16}h^3=4\times 3^3$; $h^3=64\times 3$; $h=4\sqrt[3]{3}$; $R=3\sqrt[3]{3}$, et $a=5\sqrt[3]{3}$

1013. Les rayons des bases la hauteur et le côté d'un tronc de cône à bases parallèles forment une progr. arithm. dans cet ordre, R, a, h et r; le volume du tronc est d'ailleurs équivalent à une sphère dont le rayon est 4^m. Calculer les dimensions et la surface du tronc de cône.

Par hypothèse, $\frac{1}{3}\pi h(R^2 + r^2 + Rr) = \frac{4}{3}\pi \times 4^3$.
Soit x la raison de la progression : r, h, a, R valent r, $r + x$, $r + 2x$, $r + 3x$. Mais d'après la figure, $a^2 = h^2 + (R - r)^2$; donc $(r + 2x)^2 = (r + x)^2 + (3x)^2$; je développe et je simplifie : $2rx = 6x^2$; $x = \frac{1}{3}r$; $h = \frac{4}{3}r$; $a = \frac{5}{3}r$; $R = \frac{6}{3}r = 2r$. L'égalité : $\frac{1}{3}\pi h\ (R^2 + Rr + r^2) = \frac{4}{3}\pi \times 4^3$ devient $\frac{4}{3}r(4r^2 + 2r^2 + r^2)$ ou $\frac{28}{3}r^3 = 256$, d'où on déduit r par approximation, puis la surface latérale : $\pi a(R + r) = 5\pi r^2$.

Progressions géométriques.

1014. Trouver la somme des 7 premiers termes de la progression géométrique : 2 2/7, 3 1/5, 4 12/25,... Rép. 54,522.

La raison $q = \frac{16}{5} : \frac{16}{7} = \frac{7}{5} = 1,4$; $s = \frac{\frac{16}{7}[(1,4)^7 - 1]}{0,4} = 54,522$.

1015. Somme des 20 premiers termes de la suite : 3 − 6 + 9 − 12 + 27 − 24, etc. Rép. 6774.

$s = (3 + 9 + 27 + ...) - (6 + 12 + 24 + ...)$, chacune de ces progressions ayant 10 termes. Je calcule les deux sommes et je les retranche l'une de l'autre. $s = 6774$.

1016. Somme des n premiers termes de la progression : 8, 3, $\frac{9}{8}$, ...; limite de cette somme quand n augmente indéfiniment.

La raison est $\frac{3}{8}$. $s_n = \frac{8\ [(\frac{3}{8})^n - 1]}{\frac{5}{8}}$; à la limite : $s = \frac{8}{1 - \frac{3}{8}} = \frac{64}{5}$.

1017. Somme à l'infini de $(5 + 4/9) + (2 + 1/3) + 1 + ...$ Rép. $9\ \frac{19}{36}$.

La raison est $\frac{7}{3} : \frac{49}{9} = \frac{3}{7}$. $s = \frac{a}{1-q} = \frac{\frac{49}{9}}{\frac{4}{7}} = \frac{343}{36} = 9\frac{19}{36}$.

1018. Somme à l'infini de $1 - 1/2 + 1/4 - \frac{1}{8} + \dots$ RÉP $^2/_3$.

C'est la différence des sommes des termes des 2 prog. $1 : {}^1/_4$, etc., et $^1/_2 : {}^1/_8$, etc., dont l'un est double de l'autre.

1019. Somme à l'infini de $\frac{3}{4} + \frac{4}{8} + \frac{5}{16} + \frac{6}{32} + \dots$

Cette somme résulte de l'addition à l'infini des termes des progressions suivantes : $^3/_4 : {}^3/_8 : {}^3/_{16} : {}^3/_{32}$, etc. ; $^1/_8 : {}^1/_{16} : {}^1/_{32}$, etc. ; $^1/_{16} : {}^1/_{32} : {}^1/_{64}$; ainsi de suite indéfiniment. La 1re somme $= {}^3/_2$; la 2e $= {}^1/_4$; la 3e $= {}^1/_8$; la 4e $= {}^1/_{16}$ La 2e somme, la 3e, la 4e, etc., forment elles mêmes une progression géométrique indéfiniment décroissante pour laquelle $s = {}^1/_2$. Total général : $^3/_2 + {}^1/_2 = 2$.

1020. Le 1er terme d'une progression géométrique est 192, le 4e est 3. Somme des termes à l'infini.

La raison $\sqrt[3]{3 : 192} = {}^1/_4$. La somme demandée est 256.

1021. Insérer entre 1 et 10 trois moyens géométriques sans employer les log. (à 0,001 près).

La raison est $\sqrt[4]{10} = \sqrt{\sqrt{10}} = 1,7782...$ La progression demandée est $1 : 1,7782 : 3,1623 : 5,6232 : 10$.

1022. Insérer trois moyens géométriques entre 3 et $\frac{16}{2187}$ (sans logarithmes).

La raison est $\sqrt[4]{16 : 6561} = {}^2/_9$; la progression demandée est $3 : {}^2/_3 : {}^4/_{27} : {}^8/_{243} : {}^{16}/_{2187}$.

1023 Les trois angles d'un triangle rectangle sont en progression géométrique. Calculer les angles aigus à 1″ près.

Soient x° et y° les deux angles aigus. $x + y = 90$ et $y^2 = 90x$; $y^2 = 90\,(90 - y) = 90^2 - 90y$; $y^2 + 90y = 90^2$. Je résous : $y = -45 \pm \sqrt{45^2 + 90^2}$; le signe + convient seul ; $y = 55^\circ,6230$. Je convertis la partie décimale en ′ et ″; j'ai $y = 55^\circ\ 37'\ 23''$; $x = 34^\circ\ 22'\ 37''$.

1024. Dans quel cas le produit de plusieurs termes quelconques d'une progression géométrique est-il toujours un terme de cette progression ?

Désignons le 1er terme par a, et la raison par q; tous les termes sont de la forme aq^n. Considérons deux termes quelconques: aq^r et aq^s; on doit avoir $aq^r \times aq^s$ ou $a^2q^{r+s} = aq^p$; d'où $a=q^{p-r-s}$.

a est une puissance de la raison. La condition demandée est donc que le 1er terme de la progression soit une puissance de la raison : (q^k ou q^{-k}).

1025. Insérer cinq moyens géométriques entre 18 et 13122 (sans log.).

La raison doit être : $\sqrt[6]{13122 : 18} = \sqrt[6]{729} = \sqrt{\sqrt[3]{729}} = \sqrt{9} = 3$. La progression est 18 : 54 : 162 : 486 : 1458 : 4374 : 13122.

1026. Insérer sept moyens géométriques entre 1 et 10000. Calculer la raison à 0,01 près (sans log.).

La raison est : $\sqrt[8]{10000} = \sqrt[4]{100} = \sqrt{10} = 3,1623$. La progression est donc 1 : 3,1623 : 10 : 31,623 : 100 : 316,23 : 1000 : 3162,3 : 10000.

1027. Former une progression géométrique de 4 termes connaissant la somme des extrêmes et la somme des moyens.

Cet exercice est le même que l'Ex. 792.

1028. Former une progression géométrique de 4 termes connaissant l'excès de la somme des extrêmes sur la somme des moyens et l'excès de la somme des carrés des extrêmes sur la somme des carrés des moyens.

Progression cherchée : $x : y : z : t$. On sait que $yz = xt$. On a $x + t - y - z = a$; et $x^2 + t^2 - y^2 - z^2 = c$. On déduit de là : $x+t=a+(y+z)$; $x^2+t^2+2tx=a^2+y^2+z^2+2yz+2a(y+z)$. Je biffe $2tx$ et $2yz$ qui sont égaux, et j'ai $x^2+t^2-y^2-z^2$ ou $c= a^2+2a(y+z)$. D'où $y+z=\dfrac{c-a^2}{2a}$; puis $x+t=a+\dfrac{c-a^2}{2a}=\dfrac{a^2+c}{2a}$. On connaît la somme des extrêmes et la somme des moyens; on est ramené à l'Ex. précédent, ou plutôt à l'Ex. 792.

1029. Le 10ᵉ terme d'une progression géométrique est 39366 ; le 6ᵉ, 486. Former la progression de 10 termes.

1° $39366 = 486q^4$; d'où $q = \sqrt[4]{39366 : 486} : \sqrt[4]{81} = 3$.
2° Le 1ᵉʳ terme étant a, $486 = a \times 3^5 = a \times 243$; d'où $a = 2$.
La progression est donc 2 : 6 : 18 : 54 : 162 : 486 : 1458 : 4374 : 13122 : 39366.

1030. Un nombre donné a est moyen géométrique, et b moyen arithmétique entre deux nombres inconnus x et y ; trouver x et y. En déduire que la moyenne géométrique est moindre que la moyenne arithmétique.

Équations : $\sqrt{xy} = a$ ou $xy = a^2$, et $\frac{1}{2}(x+y) = b$, ou $x+y = 2b$. x et y sont les racines de $X^2 - 2bX + a^2 = 0$. Je résous $x = b + \sqrt{b^2 - a^2}$, et $y = b - \sqrt{b^2 - a^2}$. Pour que x et y soient réels, on doit avoir en général : $a^2 < b^2$ ou $a < b$; le maximum de a est b. Quand $a = b$, $x = y$. *La moyenne géométrique de deux nombres inégaux est plus petite que leur moyenne arithmétique.*

1031. Trouver la fraction ordinaire génératrice de la fraction décimale périodique 0,324324324.. .. considérée comme la somme à l'infini des termes d'une progression géométrique.

$0,324324324... = \frac{324}{1000} + \frac{324}{1000^2} + \frac{324}{1000^3} + ...$ est la somme des termes d'une progression géométrique continuée indéfiniment, laquelle a pour 1ᵉʳ terme 0,324 et pour raison 0,001. La somme est $0,324 : (1 - 0,001) = 0,324 : 0,999 = {}^{324}/_{999}$.

1032. Trouver la somme des 100 premiers termes de la série 0,6 ; 0,66 ; 0,666 ; 0,6666 ; etc.

Cette somme se compose elle-même des sommes des termes des 100 progressions suivantes : 1° 0,6 : 0,06 : 0,006, etc. 2° 0,6 : 0,06 : 0,006 : etc ; 3° 0,6 : 0,06 : 0.006 : etc., jusqu'à la 100ᵉ. C'est constamment la même progression, mais de moins en moins prolongée; la 1ʳᵉ a 100 termes; la 2ᵉ, 99; la 3ᵉ, 98; la 4ᵉ, 97; ainsi de suite, en diminuant, jusqu'à la dernière qui n'a qu'un terme. La 1ʳᵉ somme est ${}^6/_9[1-(0,1)^{100}]$; la 2ᵉ, ${}^6/_9[1-(0,1)^{99}]$; la 3ᵉ, ${}^6/_9[1-(0,1)^{98}]$; ..... la 100ᵉ, ${}^6/_9[1-0,1]$. Le total général cherché est $^6/_9\,[100 - [0,1 + (0,1)^3 + (0,1)^3 + \ldots\ldots + (0,1)^{100}] = {^6/_9}[100 - {^1/_9}\,[1-(0,1)^{100}] = {^{600}/_9} - {^6/_{81}} + {^6/_{81}}(0,1)^{100}$. Si nous négligeons ce dernier terme, nous trouvons finalement : $s = {^{5344}/_{81}} = {^{1798}/_{27}} = 66\,{^{16}/_{27}}$.

1033. Trouver la somme à l'infini de $6 + 0,66 + 0,0666 + 0,006666 + 0,00066666 + \ldots$

Cette série est la somme à l'infini des termes des progressions suivantes : $6 : 0,6 : 0,06 : 0,006$, etc.; $0,6 : 0,06 : 0,006$, etc.; $0,06 : 0,006$; etc., etc., etc. Ces sommes valent $6 : 0,9 = {^{60}/_9} = {^{20}/_3}$; $^2/_3$; $^2/_{30}$; $^2/_{300}$, etc. Elles forment elles-mêmes une progression géométrique. Total général : ${^{20}/_3} : (1 - 0,1) = {^{20}/_3} : 0,9 = {^{200}/_{27}} = 7\,{^{11}/_{27}}$.

1034. Deux mobiles M et M', partis en même temps de deux points A et B distants de 240^m, se suivent dans la direction AB ; la vitesse de M' est à celle de M dans le rapport de 5 à 9. Trouver le chemin que fera M pour atteindre M', en le considérant comme la somme à l'infini des termes d'une progr. géom. qu'on établira.

A. B.

1° M parcourt d'abord la distance $AB = 240^m$; et pendant ce temps M' parcourt une distance $BB_1 = 240^m \times {^5/_9}$; 2° M parcourt BB_1, et M', $B_1B_2 = BB_1 \times {^5/_9} = 240^m \times ({^5/_9})^2$; 3° M parcourt B_1B_2, et M', $B_2B_3 = B_1B_2 \times {^5/_9} = 240^m \times ({^5/_9})^3$; etc. Ainsi de suite indéfiniment, jusqu'à ce que le dernier produit devenant nul à la limite, M atteigne M'. Le chemin total parcouru par M est donc la limite de la somme des termes d'une progression géométrique décroissante à l'infini dont le 1er terme est 240^m et la raison $^5/_9$. Ce chemin $= 240^m : (1 - {^5/_9}) = 240^m : {^4/_9} = 240^m \times 9 : 4 = 540^m$.

1035. Généralisez la question précédente (Ex. 1034), c'est-à-dire établissez la formule du problème des mobiles à l'aide d'une progr. géométr. en désignant les vitesses données et la distance AB par v, v' et d.

Pendant que M parcourt $v^{\text{mèt.}}$, M' parcourt v'^{m} ; M parcourant 1^m, M' parcourt $\frac{v'^m}{v} = 1^m \times \frac{v'}{v}$; M parcourant c^m, M' parcourt $c^m \times \frac{v'}{v}$. Cela posé, durant la poursuite, 1° M parcourt d^m et M', $d^m \times \frac{v'}{v}$; 2° M parcourt ces $d^m \times \frac{v'}{v}$, et M', $\left(d^m \times \frac{v'}{v}\right) \times \frac{a}{v'}$

$= d^m \times \left(\frac{v'}{v}\right)^2$; 3° M parcourt ces $d^m \left(\frac{v'}{v}\right)^2$, et M', $d^m \left(\frac{v'}{v}\right)^3$; ainsi de suite indéfiniment. Le nombre de mètres parcouru par M est donc en totalité : $d + d\left(\frac{v'}{v}\right) + d\left(\frac{v'}{v}\right)^2 + d\left(\frac{v'}{v}\right)^3 + \ldots$ etc.

v' étant $< v$ ou $v' : v < 1$, les espaces additionnés forment une progr. géom. décroissante à l'infini, et leur somme $x = d : \left(1 - \frac{v'}{v}\right)$, d'où $x = \frac{dv}{v - v'}$; ce qui est la formule trouvée autrement.

1036. Quelqu'un à qui l'on demandait l'heure répondit : l'aiguille des minutes est sur l'aiguille des heures entre 5 et 6 heures Trouver l'heure à 1 seconde près, en la considérant comme la somme à l'infini des termes d'une progr. géom. qu'on établira.

Prenons l'heure pour unité de temps, et la distance de deux heures consécutives du cadran pour unité de chemin. Les vitesses de l'aiguille des *min.* et de l'aiguille des *h.* sont 12 et 1. A 5^h l'aiguille des *min.* était sur midi, et l'aiguille des *h.* sur 5^h ; la première avait une avance de 5. On peut appliquer la formule de l'exerc. précédent : $d = 5$; $v = 12$; $v' = 1$. L'espace parcouru, depuis midi jusqu'à la rencontre, par l'aiguille des *min.* est $\frac{5 \times 12}{12 - 1} = \frac{5 \times 12}{11}$. L'aiguille des *h.* qui fait 12 fois moins de chemin a parcouru depuis 5^h le chemin $^5/_{11}$. Comme elle parcourt 1 en 1^h, elle parcourt $^5/_{11}$ en $^5/_{11}$ d *h.*; je réduis $^5/_{11}$ d'*h.* en *m.* et en *s.* $^5/_{11}$ d'$h = 27^m 16^s\, ^3/_{11}$. La rencontre des aiguilles entre 5 et 6 *h* a donc lieu à $5^h 27^m 16^s\, ^3/_{11}$.

Si on veut traiter la question directement, on dira : l'aig. des m. partant de midi, et celle des h. de 5^h, elles parcourent, 1° 5 et $^5/_{12}$; 2° $^5/_{12}$ et $(^5/_{12})^2$; 3° $(^5/_{12})^2$ et $(^5/_{12})^3$; 4° $(^5/_{12})^3$ et $(^5/_{12})^4$; ainsi de suite indéfiniment. L'aiguille des h. parcourt donc en tout : $^5/_{12} + (^5/_{12})^2 + (^5/_{12})^3 + \ldots$ à l'infini ; total $^5/_{12} : (1 - {}^1/_{12}) = {}^5/_{12} : {}^{11}/_{12} = {}^5/_{11}$. Comme elle parcourt 1 en 1^h, etc.; comme ci-dessus.

1037. Déterminer comme dans l'Ex. 1036, les heures et les nombres de rencontres 2 à 2 des trois aiguilles d'une montre de midi à minuit.

Désignons les aiguilles des heures, des minutes et des secondes par H, M et S. (*Faites une figure.*)

Rencontres de H *et de* M. Prenons pour unité de temps l'h, et pour unité de parcours l'intervalle de deux heures consécutives du cadran. Considérons H et M à partir d'un point quelconque de rencontre a jusqu'au suivant b; leurs vitesses sont 12 et 1.

1° M prenant l'avance fait un tour de cadran en 12^h; pendant ce temps, H parcourt 1. 2° M parcourt cette unité, et H, $^1/_{12}$. 3° M parcourt ce 12e, et H, $^1/_{12}$ de $^1/_{12}$ ou $(^1/_{12})^2$. 4° M parcourt $(^1/_{12})^2$, et H $(^1/_{12})^3$; ainsi de suite indéfiniment. L'espace total parcouru par H du point a au point b, c'est-à dire ab, est la somme des termes d'une progr. géom. décroissante à l'infini: $1 : {^1/_{12}} : (^1/_{12})^2 ..$; $ab = 1 : (1 - {^1/_{12}}) = 1 : {^{11}/_{12}} = {^{12}/_{11}}$. Comme cette aiguille parcourt 1 en 1^h, elle parcourt $^{12}/_{11}$ en $^{12}/_{11}$ d'$h = 1^h 5^m {^5/_{11}}$. Le temps qui s'écoule entre deux rencontres consécutives quelconques de H et de M est donc $1^h 5^m {^5/_{11}}$. A partir de midi, la 1re rencontre a lieu à $1^h 5^m {^5/_{11}}$; la 2e à $1^h 10^m {^{10}/_{11}}$; etc. La distance ab qui sépare deux points de rencontre consécutifs étant $^{12}/_{11}$, le nombre des rencontres qui ont lieu de midi à minuit, à marquer sur le cadran qui vaut 12, est $12 : {^{12}/_{11}} = 11$.

Rencontres de M *et de* S. Prenons pour unité de temps la minute, et pour unité de parcours l'intervalle de deux minutes du cadran, ou le 60e du contour. Pendant que S fait le tour ou parcourt 60, M parcourt 1 (les vitesses sont 60 et 1). Soient a' et b' deux points de rencontre consécutifs quelconques. En étudiant la marche de S et de M entre les deux rencontres de la même manière que celle de M et de H tout à l'heure, on trouve que les espaces parcourus sont 60 et 1, 1 et $^1/_{60}$; $^1/_{60}$ et $(^1/_{60})^2$; $(^1/_{60})^2$ et $(^1/_{60})^3$; ainsi de suite indéfiniment. M parcourt $1 + \frac{1}{60} + \frac{1}{60^2} + \frac{1}{60^3} ...$; le total qui est la distance $a'b' = 1 : (1 - {^1/_{60}}) = 1 : {^{59}/_{60}} = {^{60}/_{59}}$. Mais cette aiguille parcourt 1 en 1^m ; elle parcourt $^{60}/_{59}$ en $^{60}/_{59}$ de $m = 1^m {^1/_{59}}$; le temps qui s'écoule entre deux rencontres consécutives de M et de S est donc $1^m {^1/_{59}}$. Pendant que M fait le tour du cadran ou 60, c'est-à-dire dans 1^h, il y a un nombre de rencontres $= 60 : {^{60}/_{59}} = 59$; pendant 12^h, c'est-à-dire de midi à minuit, il y en a $59 \times 12 = 708$.

Rencontres de S *et de* H. H qui marche 12 fois moins vite que M, marche 12×60 ou 720 fois moins vite que S. Prenons pour unité de temps l'heure, et pour unité de parcours l'intervalle de deux heures consécutives du cadran. Considérons les deux aiguilles à partir d'une rencontre a'' jusqu'à la suivante b''. En raisonnant comme précédemment, on trouve que S et H parcourent, 1° 12 et $^{12}/_{720}$, 2° $^{12}/_{720}$ et $(^{12}/_{720})^2$; 3° $(^{12}/_{720})^2$ et $(^{12}/_{720}))^3$, ainsi de suite. L'espace total parcouru par H, ou $a''b''$ $= {}^{12}/_{720} : (1 - {}^{1}/_{720}) = {}^{12}/_{720} : {}^{719}/_{720} = {}^{12}/_{719}$. Comme cette aiguille parcourt 1 en 1^h, le temps qui sépare deux rencontres consécutives est $^{12}/_{719}$ d'$h = 1^m\,{}^{1}/_{719}$. Le nombre des rencontres de midi à minuit est $12 : {}^{12}/_{719} = 719$.

Pour les rencontres des aiguilles 3 à 3, on raisonne comme dans l'Ex. 413, 4°.

1038. Montrer que l'escompte en dehors à 5 p. $^0/_0$ d'un billet de 2100^f payable dans un an est égal à l'intérêt de la somme payée au porteur du billet, plus l'intérêt de cet intérêt, plus l'intérêt de ce 2e intérêt ; ainsi de suite indéfiniment.

L'escompte en question est 105^f; la somme payée au porteur est $2100^f - 105^f = 1995^f$. Or, l'intérêt de 1995^f à 5 $^0/_0$ pour un an est $1995 \times 0,05$; l'intérêt de cet intérêt est $1995 \times 0,05 \times 0,05 = 1995 \times (0,05)^2$; l'intérêt de ce 2e intérêt est $1995 \times (0,05)^3$; ainsi de suite. Ces intérêts forment une progression géométrique décroissante à l'infini, et leur somme est $1995 \times 0,05 : (1 - 0,05) = 1995 \times 0,05 : 0,95 = 1995 \times 5 : 95 = 105.$ 105^f est donc la somme des intérêts indiqués.

1039. Montrer que la proposition de l'Ex. 1038 est vraie pour tous les escomptes en dehors quels que soient le taux et l'échéance.

Considérons un billet de a, et soit I l'intérêt de 1^f pour le temps qui doit s'écouler jusqu'à l'échéance. L'escompte est aI et la somme payée au porteur $a - a\text{I} = a(1 - \text{I})$; (I est < 1 sans quoi le porteur ne recevrait rien. Posons un instant $a(1 - \text{I}) = a'$. L'intérêt de a' pour le temps en question est a'I; l'intérêt de cet intérêt est $(a'\text{I}) \times \text{I} = a' \times (\text{I})^2$. L'intérêt de cet intérêt est $a'\text{I}^3$; ainsi de suite. La somme de ces intérêts est $a'\text{I} : (1 - \text{I})$. Remplaçons a' par sa valeur; nous trouvons cette somme égale à $a(1 - \text{I})\text{I}$:

$(1 - I) = aI$. L'escompte en dehors, aI, est donc la somme de tous les intérêts indiqués.

1040. Étant donné un triangle ACB rectangle en A, on abaisse AD perp. sur l'hypoténuse, puis DE perp. sur AC, puis ED' perp. sur BC, puis D'E' sur AC, ainsi de suite indéfiniment a, b, c étant les côtés du triangle ABC, exprimer en fonction de a, b, c, 1° les longueurs des perp. AD, DE, ED', etc.; 2° la limite de leur somme, en supposant la construction continuée indéfiniment; 3° les aires des triangles BAD, ADE DED', etc.; 4° la limite de la somme de ces aires. Appliquer au cas de $a = 10$, $b = 8$, $c = 6$.

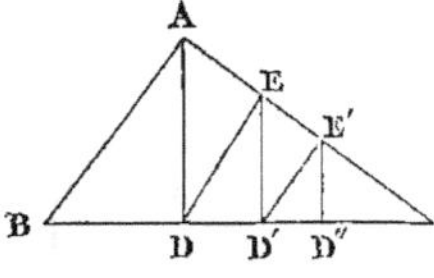

1° Les triangles semblables ABD, ABC donnent AD : AB = AC : BC, ou $AD : c = b : a$; d'où $AD = c \times \frac{b}{a}$. Les triangles ADE, ABC (côtés perpendiculaires) donnent $DE : b = AD : a$; d'où $DE = AD \times \frac{b}{a}$. Les triangles ABD, DED' donnent ED' : ED = AD : AB = AC : BC ou $ED' : ED = b : a$; d'où $ED' = ED \times b/a$; ainsi de suite. Les perpendiculaires AD, DE, ED' forment une progression géom. décroissante à l'infini dont le 1er terme est $AD = c \times \frac{b}{a}$, et la raison $\frac{b}{a}$.

2° En supposant la construction continuée indéfiniment, la somme de ces lignes a pour limites $\frac{cb}{a} : \left(1 - \frac{b}{a}\right) = \frac{cb}{a} \times \frac{a}{a-b} = \frac{bc}{a-b}$.

3° Les triangles semblables, ABD, ADE, DED', etc., sont entre eux comme les carrés de leurs côtés homologues, AB, AD, DE, ED', etc. $ADE : ABD = \overline{AD}^2 : \overline{AB}^2 = b^2 : a^2$; $ADE = ABD \times \frac{b^2}{a^2}$. De même $DED' = ADE \times \frac{b^2}{a^2}$; ainsi de suite. Mais $ABD : ABC = \overline{AB}^2 : \overline{BC}^2 = c^2 : a^2$; $ABD = ABC \times \frac{c^2}{a^2}$. Les aires de tous les petits triangles forment donc une progr. géom. décroissante dont le 1er terme ABD est connu, et la raison $b^2 : a^2$. La construction étant continuée indéfiniment, la somme de ces aires vaut à la limite $ABC \times \frac{c^2}{a^2} : \left(1 - \frac{b^2}{a^2}\right) = ABC \times \frac{c^2}{a^2} : \frac{a^2 - b^2}{a^2} =$ $ABC \times \frac{c^2}{a^2} : \frac{c^2}{a^2} = ABC$; ce qui est naturel puisque ces triangles finissent par occuper tout le triangle proposé.

APPLICATION. $a = 10^m$, $b = 8^m$, $c = 6^m$. La somme des lignes (à l'infini) $= 48 : 2 = 24^m$. La somme des aires $= 24^{mq}$.

1041. On joint les milieux des côtés d'un carré, puis les milieux des côtés du nouveau carré, et ainsi de suite indéfiniment. a étant le côté du carré, donné, exprimer en fonction de a la limite de la somme des aires de ces carrés inscrits.

(Faites une figure.) Soit a_1 le côté du 1er carré inscrit ; $a_1^2 = (^1/_2\, a)^2 + (^1/_2\, a)^2 = {}^1/_2\, a^2$. De même, le 2e carré $a_2^2 = {}^1/_2\, a_1^2$; puis $a_3^2 = {}^1/_2\, a_2^2$. Ainsi de suite indéfiniment. Ces aires a_1^2, a_2^2, ... sont les termes d'une progr. géom. indéfiniment décroissante et leur somme $a_1^2 + a_2^2 + \ldots = {}^1/_2\, a^2 : (1 - {}^1/_2) = {}^1/_2\, a^2 : {}^1/_2 = a^2$.

LOGARITHMES.

1042. Démontrer que les puissances de 10 sont les seuls nombres entiers ou fractionnaires qui aient dans le système vulgaire des logarithmes commensurables.

Supposons qu'un nombre A ait un logarithme commensurable $\frac{m}{n}$, m et n étant entiers. $\text{Log } A = \frac{m}{n}$; $n \log A = m$; ou $\log A^n = m = \log 10^m$. Donc $A^n = 10^m = 2^m 5^m$. A doit être un nombre entier n'ayant d'autres facteurs premiers que 2 et 5.

Soit $A = 2^p 5^q$; $A^n = 2^{pn} 5^{qn} = 2^m 5^m$; $pn = m$; $qn = m$; $p = q$; $A = 2^p 5^p = 10^p$. Tout nombre qui a un logarithme commensurable est donc une puissance de 10.

1043. Sachant que $\log 2 = 0{,}3010300$, et $\log 3 = 0{,}4771213$,
— dire le nombre des chiffres de 2^{100}, de 2^{68}, de 5^{1000}, de 5^{84}, de 3^{75}.

Soit n le nombre des chiffres de la partie entière d'un nombre A. A est compris entre 10^{n-1} et 10^n ; autrement dit, on a : $10^{n-1} > A < 10^n$; d'où $n - 1 < \log A < n$; $n - 1$ est la partie entière du logarithme de A.

1° 2^{100}. Log $2^{100} = 100 \log 2 = 30{,}10300$. $n - 1 = 30$; $n = 31$. 2^{100} a 31 chiffres. 2° 2^{68}. Log $2^{68} = 68 \log 2 = 0{,}30103 \times 68 = 20{,}47004$. 2^{68} a 21 chiffres. 3° 5^{1000} ; $\log 5 = \log 10 - \log 2 = 1 - 0{,}3010300 = 0{,}6989700$; $1000 \log 5 = 698{,}9700$; 5^{1000} a 699 chiffres. 4° 5^{84} ; $84 \log 5 = 0{,}69897 \times 84 = 58{,}71348$; 5^{84} a 59 chiffres. 5° 3^{75}. $75 \log 3 = 35{,}78410$; 3^{75} a 36 chiffres.

Observations *relatives aux exercices suivants*, 1044 *à* 1048 *inclus*. Pour résoudre les questions suivantes, on décompose les nombres proposés sans virgules en leurs facteurs premiers, puis on applique les principes de la théorie des logarithmes. On fera bien de vérifier les résultats à l'aide des tables ; mais un résultat considéré peut différer du nombre trouvé dans les tables à la dernière décimale, parce que les logarithmes employés des facteurs ne sont qu'approximatifs.

1044. Sachant que $\log 2 = 0{,}3010300$, et $\log 3 = 0{,}4771213$, — en déduire sans tables $\log 125$, $\log \sqrt{31{,}25}$; $\log. \sqrt[3]{0{,}0125}$.

1045. — Déduire de même : $\log 1{,}35$; $\log 1080$; $\log 33{,}75$; $\log 0{,}036$

Ex. 1044. $125 = 5^3$; $\log. 125 = 3 \log 5$; $\log 5 = \log 10 - \log 2 = 1 - 0{,}30103 = 0{,}6989700$; $\log 125 = 2{,}0969100$. $3125 = 5^5$; $\log \sqrt[3]{31{,}25} = {}^1/_3(5 \log 5 - 2) = 0{,}4982833$.
Log $\sqrt[3]{0{,}0125} = {}^1/_3(\log 125 - 4) = \overline{1}{,}3656366$.

Ex. 1045. $135 = 27 \times 5 = 3^3 \times 5$. Log $1{,}35 = 3 \log 3 + \log 5 - 2 = 0{,}1303339$; $1080 = 2^2 \times 3^3 \times 10$; $\log 1080 = 2 \log 2 + 3 \log 3 + 1 = 3{,}0334239$; $3375 = 3^3 \times 5^3$; $\log 33{,}75 = 3 \log 3 + 3 \log 5 - 2 = 1{,}5282739$; $\log 0{,}036 = 2 \log 2 + 2 \log 3 - 3 = \overline{2}{,}5563026$.

1046. Étant donnés $\log 11{,}25 = 1{,}0511526$ et $\log 20{,}25 = 1{,}3064152$. — en déduire sans tables $\log 303{,}75$; $\log 0{,}72$; $\log 432$; $\log 3{,}75$.

$1125 = 3^2 \times 5^3$; $\log 11{,}25 = 2 \log 3 + 3 \log 5 - 2$. $2025 = 3^4 \times 5^2$; $\log 20{,}25 = 4 \log 3 + 2 \log 5 - 2$. Posons $\log 3 = x$; $\log 5 = y$. Nous avons $2x + 3y - 2 = 1{,}0511526$; et $4x + 2y$

$-2 = 1{,}3064152$. On résout ces deux équations, et on trouve x ou $\log 3 = 0{,}4771213$; y ou $\log 5 = 0{,}6989700$. Connaissant log 3 et log 5, et par suite $\log 2 = 1 - \log 5$, on calcule log 303,75, etc., par la décomposition en facteurs premiers ;

$30375 = 5^3 \times 3^5$. $\text{Log. } 303{,}75 = 3 \log 5 + 5 \log 3 - 2 = 2{,}4825165$. $72 = 2^3 \times 3^2$; $\log 0{,}72 = 3 \log 2 + 2 \log 3 - 2 = \overline{1}{,}8573326$. $432 = 2^4 \times 3^3$; $\log 432 = 2{,}6354839$; $375 = 3 \times 5^3$; $\log 3{,}75 = \log 3 + 3 \log 5 - 2 = 0{,}5740313$.

1047. Étant donnés $\log 6{,}075 = 0{,}7835465$ et $\log 103{,}68 = 2{,}0156952$, — en déduire log 54 ; log 40,5 ; log 2,88.

$6075 = 3^5 \times 5^2$; $10368 = 3^4 \times 2^7$. Je pose $\log 3 = x$; $\log 5 = y$; $\log 2 = z$. On a les équations $y + z = 1$; $5x + 2y - 3 = 0{,}7835465$; $4x + 7z - 2 = 2{,}0156952$. On résout ces trois équations qui donnent log 2, log 3, et log 5. $\text{Log } 54 = \log 2 + 3 \log 3 = 1{,}7323939$; $\log 40{,}5 = 4 \log 3 + \log 5 - 1 = 1{,}6074552$. $\text{Log } 2{,}88 = 5 \log 2 + 2 \log 3 - 2 = 0{,}4593926$.

1048. Étant donnés $\log 370{,}44 = 2{,}5687179$, $\log 172{,}872 = 2{,}2377246$, et $\log 496125 = 5{,}6955912$,

— en déduire les log. de 42, de 1,26, de 35,48, de 22,5 de 0,0392.

$370844 = 3^3 \times 2^2 \times 7^3$; $172872 = 2^3 \times 3^2 \times 7^4$; $496125 = 3^4 \times 5^3 \times 7^2$. Je pose $\log 2 = x$; $\log 3 = y$; $\log 7 = z$; $\log 5 = t$. On a les équations : $2x + 3y + 3z - 2 = 2{,}5687179$;

$3x + 2y + 4z - 3 = 2{,}2377246$; $4y + 3t + 2z = 5{,}6955912$,

$t + x = 1$. On résout ces 4 équations, et on trouve x ou $\log 2 = 0{,}3010300$; y ou $\log 3 = 0{,}4771213$; z ou $\log 7 = 0{,}8450580$, et enfin t ou $\log 5 = 0{,}6989700$, Or $42 = 2 \times 3 \times 7$; $3528 = 2^3 \times 3^2 \times 7^2$; $392 = 2^3 \times 7^2$. On trouve donc aisément $\log 42 = 1{,}6232493$; $\log 1{,}26 = 0{,}1003706$; $\log \cdot 35{,}28 = 1{,}5475286$; $\log 0{,}0392 = \overline{2}{,}5932860$.

1049. Insérer, à l'aide des logar., 4 moyens prop. entre 17,524 et 39,815 (chaque moyen à 0,001 près).

La raison $q = \sqrt[5]{39{,}815 : 17{,}524}$. $\text{Log } q = {}^1/_5\,(1{,}6232493 - 1{,}2436332) = 0{,}0712827$.

J'ajoute ce logarithme à 1,2436332, puis à la somme, puis à la nouvelle somme, etc., et j'ai les 4 logarithmes ; 1,3149159 ; 1,3861986 ; 1,4574813 ; 1,5287640. Je cherche les nombres correspondants sans faire usage des différences tabulaires, parce que 5 chiffres suffisent pour l'approximation demandée. Les 4 moyens demandés sont 20,649 ; 24,333 ; 28,674 et 33,788.

1050 Calculer par log. la valeur d'un tétraèdre régulier d'argent massif au titre de 0,750, dont l'arête est de $0^m,18$, sachant que le poids spécifique de l'argent est 10,47, et que le kilog. d'argent au titre de 0,900 vaut $198^f,50$.

Le volume du tétraèdre régulier dont l'arête est $a = {}^1/_{12}a^3\sqrt{2}$ (Exerc. de géom., liv. VI, nº 34). Je prends le *décim.* et le Kg pour unités. Le volume de notre tétraèdre $= {}^1/_{12}(1,8)^3\sqrt{2}$; son poids ${}^1/_{12}(1,8)^3\sqrt{2} \times 10,47$; sa valeur

$$x = \frac{(1,8)^3\sqrt{2}\times10,47\times198,50\times750}{12\times900} = \frac{(0,9)^3\times\sqrt{2}\times3,49\times1985}{6}.$$

J'applique les logarithmes. $\text{Log}\,x = 4,0765771$. $x = 11928^f,25$.

1051. Calculer par log. le volume d'un prisme triangulaire droit dont l'arête est de $15^m,890$ et dont les côtés de la base sont $7^m,3476$; $5^m,8135$; $4^m,1380$.

On calcule l'aire de la base au moyen de la formule $s = \sqrt{p(p-a)(p-b)(p-c)}$; $V = {}^1/_3\, s \times 15,89$; $\log p = 0,7377460$; $\log(p-a) + 0,1195653$: $\log(p-b) = 0,4504108$; $\log(p-c) = 0,6557673$; $\log s = 1,0817467$; $\log.\ 15,89 = 1,2011239$; $\log 3V = 3,2828706$; $V = 63^{mc},94$.

1052. Calculer par log. l'arc et la surface du secteur circulaire dont l'angle au centre est de 96° 19′ 48″, le rayon du cercle étant $3^m,856$.

$96°19'48'' = 346788''$; l'arc $= \pi \times 3,856 \times 346788 : 648000$; $\log \text{arc} = \log\pi + \log 3,856 + \log.346788 + c^t\log.648000 - 10 = 1,8117885$. $\log \text{sect}^r = \log \text{arc} + \log {}^1/_2\, r = 2,0968955$. La longueur de l'arc est $64^m,832$; l'aire du secteur est $124^{mq},996$.

1053. Calculer par log. la surface d'une zone à une base, ainsi que les volumes du secteur sphérique et du segment de sphère limités par cette zone sachant que l'arc générateur de la zone est de 60°, et que le rayon de la sphère est $12^{m},86$.

(Faites une figure.) On voit aisément sur la figure que la hauteur de la zone est $^{1}/_{2}r$. Zone $= 2\pi r \times {}^{1}/_{2}r = \pi r^2 = \pi(12,86)^2$. Sect^r sphérique$= {}^{2}/_{3}\pi r^2 \times {}^{1}/_{2}r = {}^{1}/_{3}\pi r^3 = {}^{1}/_{3}\pi(12,86)^3$. Segment de sphère $= {}^{1}/_{6}\pi({}^{1}/_{2}r)^3 + {}^{1}/_{2}\pi r^2 \times {}^{1}/_{2}r = {}^{13}/_{48}\pi r^3 = {}^{13}/_{48}\pi(12,86)^3$. J'applique les logarithmes à ces trois formules. Log $\pi = 0,4971498$. Log $12,86 = 1,1092410$. Par suite log zone $= 2,7156318$; zone $519^{mq},5542$. Log sect$^r = 4,8048433$; sect$^r. = 63803^{mc},480$. Log segm sphère $= 3,2575750$; segm $= 1809^{mc},668$.

1054. La capacité du corps de pompe d'une machine pneumatique est $1^l,5$; celle du récipient $6^l,75$; la tension de l'air intérieur est de 760^{mm}. Que sera-t-elle après 12 coups de piston? Rép. $68^{mm},39$.

Traiter ce problème d'une manière générale (*formule*).

Appelons c la capacité du corps de pompe et C celle du récipient. $C = 6^l,75$ et $c = 1^l,5$; $C:c = 4,5 = {}^{9}/_{2}$, d'où $c = {}^{2}/_{9}C$. Avant le 1er coup de piston, l'air du récipient occupait le volume C, sous la pression de 760^m; après le 1er coup (le piston étant soulevé), l'air occupe le volume $C + {}^{2}/_{9}C = {}^{11}/_{9}C$, sous la pression x_1; d'après la loi de Mariotte, $x_1 : 760 = C : {}^{11}/_{9}C = {}^{9}/_{11}$; $x_1 = 760 \times {}^{9}/_{11}$.

L'air du récipient qui occupait le volume C sous la pression x_1, occupe après le 2e coup de piston le volume: $C + {}^{2}/_{9}C = {}^{11}/_{9}C$ sous la pression x_2; on a donc $x_2 : x_1 = C : {}^{11}/_{9}C = {}^{9}/_{11}$; $x_2 = x_1 \times {}^{9}/_{11} = 760 \times ({}^{9}/_{11})^2$. Ainsi de suite. Après le 12e coup de piston, la tension de l'air du récipient sera $x_{12} = 760 \times ({}^{9}/_{11})^{12}$. Log $x_{12} = \log 760 + 12 \log 9 - 12 \log 11$; $x_{12} = 68^{mm},39$.

Solution générale. Soient v et V les volumes du corps de pompe et du récipient, et H la pression atmosphérique. L'air du récipient qui occupait le volume V sous la pression H, occupe après le 1er coup de piston le volume $V + v$ sous la pression x_1; d'où $x_1 : H = V : V + v$; $x_1 = H \times \left(\frac{V}{V+v}\right)$. Après le 2e coup de piston, l'air du récipient qui occupait le volume V sous la pression x_1, occupe le volume $V + v$ sous la pression x_2; donc $x_2 = x_1 \times \frac{V}{V+v} = H \times \left(\frac{V}{V+v}\right)^2$. Ainsi de suite. Après n

coups de piston, la pression $x_n = H \times \left(\frac{V}{V+v}\right)^n$ (1).

$\text{Log}\, x_n = \log H + n \log V - n \log (V+v)$. Soit en général $\frac{v}{V} = k$; $v = Vk$; $v + V = Vk + V = V(1+k)$. $x_n = H \times \left(\frac{1}{1+k}\right)^n$.
$\text{Log}\, x_n = \log H - n \log (1+k)$.

1055. La capacité du corps de pompe d'une machine pneumatique est les 3/17 de celle du récipient. Après 3 coups de piston, la tension de l'air intérieur est de $442^{mm},17$; trouver la tension primitive. Rép. $687^{mm},433$.

$v : V = {}^3/_{17}$; $v = {}^3/_{17}\, V$; $v + V = {}^{20}/_{17}\, V$; $V : V + v = 1 : {}^{20}/_{17} = {}^{17}/_{20}$. Soit H la tension primitive; d'après la formule (1) de l'Ex. 1042, $x_3 = H \times ({}^{17}/_{20})^3$; mais $x_3 = 422^{mm},17$; donc $H = 422^{mm},17 : ({}^{17}/_{20})^3 = 422^{mm},17 : (0,85)^3$. $\text{Log}\, H = \log 422,17 - 3 \log (0,85)$.

1056. Combien dans le cas de l'exercice précédent (1055) faudra-t-il donner de coups de piston au moins pour abaisser la tension de l'air intérieur au-dessous de 100^{mm}. Rép. 12.

Soit n le nombre des coups de piston demandé. D'après l'Ex. 1055, après n coups de piston, la pression devient $H \times ({}^{17}/_{20})^n = H \times (0,85)^n$. On doit avoir $H \times (0,85)^n < 100^{mm}$. J'écris: $H \times (0,85)^n = 100^{mm}$. D'où $\log H + n \log (0,85) = 2$. Je prends log H dans l'Exerc. 1055, et je calcule n à l'aide des logarithmes. $n = 11,8...$ Le nombre entier 12, immédiatement supérieur, répond à la question proposée.

ÉQUATIONS A RÉSOUDRE.

1057. $\log x + \log y = 3$; $5x^2 - 3y^2 = 11300$.

$\text{Log}\, x + \log y = 3$; $5x^2 - 3y^2 = 11300$.

$\text{Log}\, x + \log y = \log xy = \log 1000$; $xy = 1000$. $y = 1000 : x$. Je substitue dans la 2e équation, et je trouve $5x^4 - 11300y^2 = 3000000$. Je résous : $x^2 = 2500$; $x = 50$; $y = 20$.

1058. $5^{2x} \times 3^x = 1875 \times 225$.

$5^{2x} \times 3^x = (5^2)^x \times 3^x = (25 \times 3)^x = 75^x = 1875 \times 225$. $x \log 75 =$

$\log 1875 + \log 225$; $x = (\log 1875 + \log 225) : \log 75 = 3$.

1059. $\log \sqrt{x} - \log \sqrt{5} = 0{,}5$; $3 \log x + 2 \log y = 1{,}5051500$.

La 1re équation revient à $\frac{1}{2} \log x - \frac{1}{2} \log 5 = \frac{1}{2} \log 10$; d'où $\log x - \log 5 = \log 10$; $\log \frac{1}{5}x = \log 10$; $\frac{1}{5}x = 10$; $x = 50$.
$3 \log x + 2 \log y = \log x^3 + \log y^2 = \log x^3y^2$. Je cherche le nombre correspondant à 1,5051500; c'est 32. $\operatorname{Log} x^3y^2 = \log 32$; $x^3y^2 = 32$; $y^2 = 32 : x^3 = 32 : 125000 = 16 : 62500$. J'extrais la racine carrée ; $y = \frac{4}{250} = 0{,}016$.

1060. $2 \log y - \log x = 0{,}1249387$; $\log 3 + 2 \log x + \log y = 1{,}7323939$.

1re *méthode*. $2 \log y - \log x = \log y^2 - \log x = \log \frac{y^2}{x}$.
D'un autre côté, $0{,}1249387 = \log 1{,}333\frac{1}{3} = \frac{4}{3}$ (je cherche le nombre correspondant). Donc $\frac{y^2}{x} = \frac{4}{3}$; $x = \frac{3}{4}y^2$. D'un autre côté, $3 + 2 \log x + \log y = \log 3x^2y$. Je cherche le nombre correspondant à 1,7323938 ; c'est 54. $\operatorname{Log} 3x^2y = \log 54$; $3x^2y = 54$. Je remplace x par $\frac{3}{4}y^2$; $\frac{27}{16}y^5 = 54$;
d'où $y^5 = 32$; $y = 2$. $x = 3$.

2e *méthode*. Je retranche log 3 pris dans la table de 1,7323938, et j'ai $2 \log x + \log y = 1{,}2552726$. J'élimine $\log x$ entre cette équation et la 1re proposée, et je trouve $5 \log y = 1{,}5051500$. $\operatorname{Log} y = 0{,}3010300$. Je cherche le nombre correspondant : $y = 2$. Je substitue la valeur de $\log y$ dans la 1re équation proposée, et j'ai $\log x = 0{,}4771213$; d'où $x = 3$.

1061. $\log x + \log y = 2{,}2552725$; $5x - 4y = 64$.

Log. $xy = 2{,}2552725 = \log 180$; $xy = 180$; $y = 180 : x$. Je substitue dans la 2e équation ; ce qui donne : $5x^2 - 64x = 720$; je résous $x = 20$; par suite, $y = 9$. La racine négative ne convient pas, puisque les nombres négatifs n'ont pas de logarithmes.

1062. $5 \log x - 3 \log y + 2 \log 3 = 3{,}0828226$;
$3 \log x - 2 \log y - \log 5 = 0{,}4583840$.

Je prends log 3 dans la table, et je retranche 2 log 3 du 2e membre de la 1re équation. J'ajoute de même log 5 au 2e membre de la 2e équation. Je trouve ainsi $5 \log x - 3 \log y = 2,1285800$; $3 \log x - 2 \log y = 1,1573540$. Je traite ces 2 équations comme 2 équations ordinaires à deux inconnues ($\log x$ et $\log y$). J'élimine $\log y$ et je trouve $\log x = 0,1962745$. Je cherche le nombre correspondant et j'ai $x = 1,572356$. Je remplace $\log x$ dans la 2e équation, et je trouve $\log y = \bar{1},7152348$; d'où $y = 0,51908$.

1063. $$5^{2x} - 7 \times 5^x = 450.$$

Je pose $5^x = y$. L'équation devient $y^2 - 7y = 450$; d'où $y = \frac{1}{2}(7 \pm \sqrt{49 + 1800})$; $y = \frac{1}{2}(7 + 43) = 25$; $5^x = 25$; $x = 2$.

1064. $$5 \times 3^{2x} - 7 \times 3^x = 3456.$$

Je pose $3^x = y$; $3^{2x} = (3^x)^2 = y^2$. *Équation :* $5y^2 - 7x = 3456$. Je résous et je trouve $y = 27$. $3^x = 27$; $x = \log 27 : \log 3 = 3$. La racine négative ne convient pas.

1065. $$2 \times 5^x - \frac{779375}{5^x} - 3 = 0.$$

Je pose $5^x = y$; je remplace, et je chasse le dénominateur ; $2y^2 - 3y = 779375$. Je résous. La racine positive $y = 625$. $5^x = 625$; $x \log 5 = \log 625$; $x = 4$.

1066. $$3^{x+1} + 3^{x-2} - \frac{15}{3^{x-1}} = \frac{247}{3^{x-2}}.$$

Je fais en sorte d'avoir partout 3^x ; $3^{x+1} = 3^x \times 3$; $3^{x-2} = 3^x : 3^2 = \frac{1}{9} \times 3^x$; $3^{x-1} = \frac{1}{3} \times 3^x$, et $\frac{15}{3^{x-1}} = \frac{15 \times 3}{3^x}$; de même $\frac{247}{3^{x-2}} = \frac{247 \times 9}{3^x}$. Je mets ces nouvelles valeurs dans l'équation proposée ; je chasse les dénominateurs, et je mets 3^x en facteur commun. Je trouve ainsi : $28 \times (3^x)^2 = 247 \times 81 + 15 \times 27 = 756 \times 27$. D'où $(3^x)^2 = 27 \times 27 = 27^2$; $3^x = 27$; $x = \log 27 : \log 3 = 3$.

1067. $3^{2x} \times 5^{2x-3} = 7^{x-1} \times 4^{x+3}.$

$5^{2x-3} = (5^2)^x : 5^3$; $7^{x-1} = 7^x : 7$; $4^{x+3} = 4^x \times 4^3$. Je mets ces valeurs dans l'équation proposée, et je transpose dans le 1er membre tous les termes qui renferment x. Je trouve ainsi :

$$\frac{9^x \times (25)^x}{7^x \times 4^x} = \frac{4^3 \times 5^3}{7}\text{ ; d'où } \left(\frac{9 \times 25}{7 \times 4}\right)^x \text{ ou } \left(\frac{225}{28}\right)^x = \frac{20^3}{27}.$$

D'où $x = \dfrac{3 \log 20 - \log 7}{\log 225 - \log 28} = 3,367$ à 0,001 près.

1068. $a^{x+1} + \dfrac{b}{a^{x-1}} = ac.$

L'équation peut s'écrire $a \times a^x + \dfrac{ab}{a^x} = ac$, d'où $(a^x)^2 - ca^x + b = 0$. Je pose $a^x = y$ et je résous l'équation : $y^2 - cy + b = 0$. Connaissant y, je déduis x de $a^x = y$.

1969. $a^{b^x} = c$; $3^{2^x} = 6561.$

1° $a^{b^x} = c$; d'où $b^x \log a = \log c$; $x \log b = \log\left(\dfrac{\log c}{\log a}\right)$;

d'où $x = \dfrac{\log.\log c - \log.\log a}{\log b}$.

$3^{2^x} = 6561$; $2^x \log 3 = \log 6561$; $2^x = \log 6561 : \log 3 = 8$; $x \log 2 = \log 8$; $x = 3$.

1070. $3 \times 2^{x+3} = 192 \times 3^{x-3}.$

L'équation peut s'écrire $3 \times 2^x \times 2^3 = 192 \times 3^x : 3^3$. D'où $\dfrac{2^x}{3^x}$ ou $\left(\dfrac{2}{3}\right)^x = \dfrac{8}{27}$; $x = 3$.

Les Exercices suivants offriront de très-nombreuses applications des logarithmes (théorie et pratique).

Intérêts composés et annuités.

AVIS. *Sauf mention expresse on supposera les intérêts capitalisés à la fin de chaque année.*

1071. Que deviennent au bout de 8 ans 12800f placés à intérêts composés au taux de 6 p. 0/0 ? RÉP. 20401f,27.

$A = 12800(1,06)^8$; $\log A = 4,3096572$; $A = 20401^f,27$.

1072. Quelle est la valeur acquise par une somme de 24800f placée à intérêts composés et à 5 p. 0/0 pendant 3 ans 8 mois ? RÉP. 29666f.

$A = 24800 \times (1,05)^3 (1 + {}^2/_3 \times 0,05) = {}^1/_3 (24800)(1,05)^3(3,10)$.
$\text{Log } A = 4,4722600$; $A = 29666$.

1073. Un particulier retire au bout de 4 ans 7 mois 20 jours la valeur acquise d'une somme de 18000f, placée à intérêts composés à 4 1/2 p. 0/0, pour acheter au cours de 285f des obligations nominatives rapportant chacune 15f de rente. Il paye un droit de mutation de 0f,20, et un courtage de $\frac{1}{8}$ pour 100f du capital employé. Combien s'est-il fait ainsi de rente annuelle ? RÉP. 1155f.

La somme retirée $A = 18000(1,045)^4 (1 + 0,045 \times {}^{23}/_{36}) = 4500(1,045)^4 (4,115)$; $\log A = 4,3440475$; $A = 22082^f,4$. Une obligation coûte $285^f + 0^f,57$ pour droit de mutation, plus ${}^1/_{800}$ de $285^f,57$ ou $0^f,36$ pour courtage; total $285^f,93$. Je divise 22082,4 par 285,93 ; le quotient entier est 77, et il reste $65^f,80$. Le particulier a acheté 77 obligations produisant 1155f de rente.

1074. Quelle est la somme qui, placée à 5 p. 0/0 et à intérêts composés pendant 12 ans, a produit un capital de 60000f ? RÉP. 33410f,25.

$A \times (1,05)^{12} = 60000$; $\log A = \log 60000 - 12 \log (1,05) = \bar{4},5238797$. $A = 33410^f,25$.

1075. Quelle somme faut-il placer à 4 1/2 p. 0/0 et à intérêts composés, pour se faire au bout de 2 ans 8 mois 24 jours, un capital de 36000f ? RÉP. 31913f,15.

$8^{\text{mois}}24 = 8^{m\,4}/_5 = {}^{44}/_5$ de mois $= {}^{44}/_{60}$ ou ${}^{11}/_{15}$ d'année. L'intérêt de 1f pour 1 an est $0^f,045$, et pour ${}^{11}/_{15}$ d'année, $0^f,033$. Par suite $A(1,045)^2(1,033) = 36000$. J'applique les logarithmes, et je trouve $\log A = 4,5039696$. $A = 31913^f,15$.

1076. A quel taux faut-il placer un capital de 54000^f pour se faire en deux ans un capital de $58406^f,31$. (Résoudre sans log.) Rép. à 4 p. 0/0.

$$54000(1+x)^2 = 58406,31\,; \quad (1+x)^2 = \frac{58406,31}{54000} = 1,0816.$$

$1 + x = \sqrt{1,0816} = 1,04$; $x = 0,04$. Le taux demandé est 4 pour 0/0 par an.

1677. A quel taux faut-il placer à intérêts composés un capital de 32400^f pour acquérir en 1 an 3 mois 20 jours un capital de 35784^f? Rép. 7,86 p. 0/0.

$3^{mois}\ 20^j = {}^{11}/_3$ de mois $= {}^{11}/_{36}$ d'année. L'équation du problème est donc $32400(1+x)(1+{}^{11}/_{36}x) = 34723,64$. Je développe, puis je simplifie, et je trouve : $11x^2 + 47x = 3,76$. Je résous : $x = 0,0786$. Le taux demandé est $7^f,86$ pour 0/0.

1078. Combien de temps doit-on laisser placé un capital de 24000^f à intérêts composés et à 4 1/2 p. 0/0 pour se faire un capital de $34723^f,64$? Rép. $8^a\ 4^m\ 19^j$.

J'opère d'abord comme si le temps x était un nombre entier d'années.

1re *Équation*. $24000(1 + 045)^x = 34723,64$. D'où $x = (\log 34723,64 - \log 24000) : \log(1,045)$. Le quotient entier de cette division est 8, et le reste 0,0074836. Le temps demandé se compose de 8 ans et d'une fraction y d'année. $24000(1,04)^8(1 + 0,045 \times y) = 34723,64$. D'où $\log(1+045\times y) = \log 34723,64 - \log 24000 - 8\log(1,04) = 0,0074836$. $1 + 0,045 \times y = 1,01738$; $0,045y = 0,01738$. $y = {}^{1738}/_{4500}$ d'année $= 4^{mois}\ 19^j$. Le temps demandé est donc $8^{ans}\ 4^{mois}\ 19^j$ à 1 jour près. (*Vérifiez.*)

1079. En combien de temps, un capital placé à intérêts composés et à 8 p. 0/0 par an sera-t-il augmenté des 5/6 de sa valeur ?

Soit A le capital en question. On doit avoir $A(1,08)^x = a + {}^5/_6 a = {}^{11}/_6 a$; d'où $(1,08)^x = {}^{11}/_6$; $x = \dfrac{\log 11 - \log 6}{\log 1,08}$. Le quotient entier de cette division est 7, et le reste 0,0292748. Le temps est

7 ans plus une fraction y d'année. En raisonnant comme dans l'Ex. 1078, on trouve que $\log(1+0{,}08y)=0{,}0292748$. Par suite $1+0{,}08y=1{,}06973$; $0{,}08y=0{,}06973$; $y={}^{6973}/_{8000}$ d'année$=10^{\text{mois}}\ 14^{\text{j}}$. Le temps demandé est donc $7^{\text{ans}}\ 10^{\text{mois}}\ 14^{\text{j}}$.

1080. Une somme de 180000f placée à intérêts composés pendant 2 ans 7 mois 15 jours a produit un capital de 209832f,30. Trouver le taux qui est un nombre entier.

J'appelle x le taux ; l'intérêt d'un franc pour un an est $\frac{x}{100}$; l'intérêt d'un franc pour $7^{\text{mois}}\ 15^{\text{j}}={}^{15}/_{2}$ mois $={}^{15}/_{24}$ ou ${}^{5}/_{8}$ d'année est $\frac{5x}{800}$. L'équation du problème est donc

$$180000\left(1+\frac{x}{100}\right)^2\left(1+\frac{5x}{800}\right)=209832{,}30.$$

D'où $$\frac{180000(100+x)^2\,(800+5x)}{8000000}=209832{,}30.$$ Puis $(100+x)^2\,(800+5x)=9325880$. Je développe, et je simplifie : $5x^3+1800x^2+210000x=1325880$. Le nombre entier cherché x doit diviser 1325880. J'essaye les diviseurs à partir de 5, car 1, 2, 3, 4 sont évidemment trop petits. 6 substitué rend le 1er membre égal à 1325880 ; le taux cherché est donc 6 pour 0/0.

1081. Combien de temps faut-il pour doubler, puis pour tripler un capital placé à intérêts composés 1° à 4, 2° à 5, 3° à 6 p. 0/0.

1re Question ; à 4 p. %. Je suppose d'abord que le capital doive être doublé au bout d'un nombre entier d'années n. L'équation du problème est dans ce cas : $a(1{,}04)^n=2a$, ou $(1{,}04)^n=2$; d'où $n=\log 2:\log 1{,}04$. Je cherche ces log ; (0,3010300 et 0,0170333) ; je les divise l'un par l'autre et je trouve le quotient entier 17 et le reste 0,0114639. Le temps cherché est compris entre 17 et 18 ans ; il faut trouver la fraction d'année f. Au bout de 17 ans, le capital 1f devenu $(1{,}04)^{17}$ est placé à intérêts simples pendant la fraction d'année f pour laquelle l'intérêt de 1 fr. est $0{,}04\times f$; de sorte que l'équation nouvelle est $(1{,}04)^{17}(1+0{,}04\times f)=2$. $\log(1+0{,}04f)=\log 2-17\log(1{,}04)$

$= 0,0114639$ (précisément le reste de la division précédente). Je cherche le nombre correspondant qui est 1,02675. $1 + 0,04f = 1,02675$; d'où $f = 02675 : 04000$; $f = {}^{2675}/_{4000}$ d'année. Je convertis cette fraction en mois et en jours, et je trouve $8^m\ 2^j$ (à 1 jour près). Un capital placé à intérêts composés, et à 4 p. $^0/_0$ par an, est donc doublé au bout de 17 ans 8 mois 2 jours.

Toutes les autres questions proposées se résolvent de la même manière.

Un capital placé à 5 p $^0/_0$ est doublé au bout de $14^{ans}\ 2^m\ 13^j$; à 6 p. $^0/_0$ au bout de $11^{ans}\ 10^m\ 22^j$.

Un capital placé à 4 p. $^0/_0$ par an est triplé au bout de $28^{ans}\ 0^m\ 4^j$; à 5 p. $^0/_0$ au bout de $22^{ans}\ 6^m\ 4^j$; à 6 p. $^0/_0$ au bout de $18^{ans}\ 10^m\ 7^j$.

Remarque. Dans ces questions et dans les suivantes, nous calculons le temps à un jour près par excès ; ce qui convient mieux évidemment.

1082. A quel taux faut-il placer un capital pour qu'il soit doublé en 15 ans?

Équation : $(1 + x)^{15} = 2$. $\log (1 + x) = 0,30103 : 15 = 0,0200687$. Je cherche le nombre correspondant : $1 + x = 1,04729$: $x = 0,04729$; x étant l'intérêt d'un franc par an, le taux cherché est 4,729, ou plus simplement 4,73 pour $^0/_0$.

1083. Un capital placé à intérêts composés a augmenté des 7/80 de sa valeur en 1 an 9 mois 21 jours. A quel taux était-il placé ? Rép. à $4^f,74$.

$9^{mois}\ 21^j = 9^m,7 = {}^{97}/_{120}$ d'année. Si x désignait l'intérêt d'un franc, l'équation du problème serait : $a(1 + x)(1 + {}^{97}/_{120}x) = {}^{87}/_{80}\,a$. Mais il est plus simple, je crois, dans le cas où le problème se résout, non par logarithmes, mais par une équation ordinaire, de prendre pour inconnu le taux cherché lui-même ou l'intérêt de 100^f, soit y ; alors l'intérêt x de 1^f est ${}^y/_{100}$. Je remplace et j'ai l'équation : $(1 + {}^1/_{100}y)(1 + {}^{97}/_{12000}y) = {}^{87}/_{80}$.

Je chasse les dénominateurs et je fais toutes les réductions possibles ; je trouve ainsi l'équation : $97y^2 + 21700y = 105000$. Je résous, et je trouve finalement $y = 4,74$. (La racine positive convient seule.)

1084. Un capital placé à intérêts composés à un certain taux est doublé au bout de 15 ans ; quel est ce taux (à 0,001 près) ? Dans quelle proportion augmentera un capital placé au même taux et pendant le même temps dans un établissement où les intérêts sont capitalisés à la fin de chaque semestre.

La 1re question a déjà été traitée dans l'Exerc. 1082 ; le taux demandé est 4,73 pour % par an.

2e Question. L'intérêt de 1f pour un an est 0,0473 ; id. pour 6 mois, 0,02365. 15 ans = 30 semestres : les intérêts étant capitalisés par semestre, un capital de 1f deviendra au bout de 15 ans ou de 30 semestres : $(1,02365)^{30}$. Je calcule ce nombre par logarithmes et je trouve 2,01626. 1f placé dans l'établissement en question devient, au bout de 15 ans, 2f,01626 ; un capital de a^f devient $a^f \times 2,01626$.

1085. Une somme de 42800f placée à intérêts composés pendant 2 ans a produit le même intérêt que si elle avait été placée à intérêts simples pendant 2 ans 1 mois. Trouver le taux et la somme retirée.

Soit x l'intérêt annuel de 1f au taux inconnu. 1er *placement*, valeur du capital : $4800(1+x)^2$; 2e *placement*, $4800(1 + 2x + {}^1/_{12}x)$.

Équation du problème $(1+x)^2 = 1 + 2x + {}^1/_{12}x$; d'où $x^2 = {}^1/_{12}x$; $x = {}^1/_{12}$. L'intérêt de 100f ou le taux cherché est ${}^{100}/_{12} = 8\ {}^1/_3$.

1086. 37500f placés à intérêts composés pendant 2 ans ont produit 60f de plus que s'ils avaient été placés à intérêts simples au même taux pendant le même temps. Trouver le taux.

Soit x l'intérêt de 1f par an au taux inconnu. 1er *placement* : valeur du capital : $37500(1+x)^2$; 2e *placement* : $37500(1+2x)$.

Équation du problème $37500(1+x)^2 = 37500(1+2x) + 60$; d'où $37500x^2 = 60$; $x^2 = 6 : 3750 = {}^1/_{625}$; $x = {}^1/_{25}$. Le taux cherché ou l'intérêt de 100f est ${}^{100}/_{25} = 4$.

1087. Ayant placé à intérêts composés, au même taux, 1° 25000f pendant 6 ans, puis 36000f pendant 3 ans, on a retiré les deux capitaux acquis se montant à 102427f,40. Trouver le taux.

Soit x l'intérêt inconnu de 1f par an. 1er *placement ;* valeur finale du capital : $25000(1+x)^6$; 2e *placement ;* valeur du capital : $36000(1+x)^3$. *Équation du problème* : $25000(1+x)^6 +$

$36000(1+x)^3 = 102427,40$. Je pose $(1+x)^3 = y$, et j'ai l'équation $25y^2+36y=102,4274$. Je résous et je trouve : $y=1,4284$; $(1+x)^3 = 1,4284$. J'applique les logarithmes ; $1+x=1,1262$; $x = 0,1262$. L'intérêt de 100^f ou le taux cherché est 12,62 pour $^0/_0$ par an.

1088. 42000f placés à intérêts composés à 5 p. 0/0 pendant un certain temps et 48000f placés à 4 $^1/_2$ pendant le même temps ont produit le même capital définitif. Trouver ce capital et le temps du placement.

Je suppose que le temps cherché soit un nombre entier d'années. *Équation du problème :* $42000(1,05)^x = 48000(1,045)^x$. D'où $\left(\frac{1,05}{1,045}\right)^x = \frac{48000}{42000} = \frac{8}{7}$. J'applique les logarithmes ; $x = \frac{\log 8 - \log 7}{\log(1,05) - \log(1,045)} = \frac{0,067992}{0,002073}$. En divisant je trouve le quotient entier 32 et le reste 0,0016560. Le temps cherché est compris entre 32 ans et 33 ans. Soit f la fraction d'année complémentaire. 2e *Équation du problème* : $42000\,(1,05)^{32}(1+0,05f) = 48000\,(1,045)^{32}\,(1+0,045f$; d'où $\frac{1+0,05f}{1+0,45f)} = \frac{8}{7}\left(\frac{1,045}{1,05}\right)^{32}$. J'applique les logarithmes ; le log. du 2e membre est *précisément le reste de la division précédente*, c'est-à-dire 0,0016560. (*Expliquez-le*). Je cherche le nombre correspondant ; c'est 1,0038. J'ai alors l'équation : $1+0,05f = (1+0,045f)\times(1,0038)$, d'où $0,05f = 0,0038+0,045f\times(1,0038)$; puis $f\times 0,004829 = 0,0038$, $f = 0,003800 : 0,004829$; $f = {}^{3800}/_{4829}$ d'année. Je convertis cette fraction en mois et en jours, et je trouve enfin que le temps cherché est 32 ans 9 mois 3 jours.

1089 Une somme de 60000f, placée à intérêts composés dans un établissement où les intérêts se capitalisent à la fin de chaque semestre, a été retirée au bout d'un nombre entier d'années. En la retirant un an plus tard, on aurait touché 3876f,5286 de plus. En ne la retirant que six mois plus tard, on aurait touché 1909f,62 seulement de plus. On demande la durée du placement, le taux et la somme retirée.

Soient n le nombre d'années cherché, et par suite $2n$ le nombre des semestres, et x l'intérêt inconnu de 1 fr. par semestre.

Valeurs du capital : 1er *placement*, 60000 $(1+x)^{2n}$; 2e *id.* 60000 $(1+x)^{2n+2}$; 3e *id.* 60000 $(1+x)^{2n+1}$. *Équations du problème* : $60000[(1+x)^{2n+2}-(1+x)^{2n}]=3876,5286$; $60000\,[(1+x)^{2n+1}-(1+x)^{2n}]=1909,62$. Je désigne un instant les seconds membres par m et m'; je divise membre à membre, et je simplifie après avoir mis $(1+x)^{2n}$ en facteur commun; je trouve ainsi : $\frac{(1+x)^2-1}{(1+x)-1}=\frac{m}{m'}$; ou $(1+x)+1=\frac{m}{m'}$; d'où $2+x=$ $3876,5286 : 1909,62=2,03$, $x=0,03$. *Le taux cherché* est donc 3 pour % pour 6 mois.

Pour trouver la durée du placement, j'ai l'équation : $60000\,(1,03)^{2n}\,[1,03-1]=1909,62$; d'où $(1,03)^{2n}=\frac{1909,62}{60000\times 0,03}=$ $\frac{1909,62}{1800}=1,0609$. J'applique les logarithmes et je trouve $n=1$. $2n=2$; le capital retiré au bout de deux semestres est $60000\,(1,03)^2=63654$f.

1090. Une somme de 100000f a été placée à intérêts composés pendant un nombre entier d'années ; retirée 2 ans plus tôt, elle aurait produit 10762f,50 de moins. Retirée au contraire 2 ans plus tard, elle aurait produit 11865f,65625 de plus. On demande la durée du placement, le taux et la somme retirée.

Soit x l'intérêt inconnu de 1f. Les équations du problème sont $10000\,[(1+x)^n]-(1+x)^{n-2}]=10762,50$, et $10000[(1+x)^{n+2}-(1+x)^n]=11865,65625$. Ces équations peuvent s'écrire ainsi $10000\,(1+x)^{n-2}\,[(1+x)^2-1]=10762,50$, et $10000(1+x)^n\,[(1+x)^2-1]=11865,65625$. Je divise la 2e par la première, et je trouve : $(1+x)^2=\frac{11865,65625}{10762,50}=1,1025$; $1+x=\sqrt{1,1025}=1,05$; $x=0,05$. Le *taux cherché* est donc 5 p. 0/0 par an. $(1+x)^2-1=1,1025-1=0,1025$. La 2e équation du problème peut donc s'écrire $100000(1,05)^n\times 0,1025=11865,65625$; d'où $(1,05)^n=11865,65625 : 10250=1,157625$. D'où $n\log(1,05)=\log 1,157625$. Je cherche ces logarithmes; je les divise l'un par l'autre, et je trouve $n=3$. 100000f à 5 p. 0/0 et à intérêts composés deviennent, au bout d'un an, 105000f; au bout de 3 ans, 115762f,50; au bout de 5 ans, 127628f,15625. En évaluant les différences indiquées dans l'énoncé, on trouve bien 10762f,50 et 11865,65625.

1091. Combien payerait-on pour racheter comptant une rente de 1260f qui doit être servie pendant 30 ans, l'intérêt de l'argent étant de 6 p. 0/0 par an ?

Une somme de 1260f, payable dans n années vaut aujourd'hui, si le taux est 6 p. 0/0 par an, $\frac{1260}{(1,06)^n}$. On doit payer comptant les valeurs qu'ont aujourd'hui les rentes successivement payables dans 1 an, dans 2 ans,...... dans 30 ans, c'est-à-dire $\frac{1260}{1,06}+\frac{1260}{(1,06)^2}+\ldots\ldots+\frac{1260}{(1,06)^{30}}=1260\left[\frac{(1,06)^{30}-1}{0,06\,(1,06)^{30}}\right]$. Je calcule par logarithmes $(1,06)^{30}=5,7435$; $(1,06)^{30}-1=4,7435$; $(1,06)^{30}\times 0,06=0,34461$. La somme cherchée est donc $1260\times 4,7435:0,34461$. Je calcule ce nombre par logarithmes et je trouve 17343f,70.

1092. Un particulier qui a placé au commencement de chaque année 1500f à intérêts composés et à 6 p. 0/0, retire son argent à la fin de la 12e année. Combien reçoit-il ? Rép. 26823f,25.

Il reçoit $1500\,[(1,06)^{12}+(1,06)^{11}+\ldots+(1,06)^2+(1,06)]=1500[1,06+(1,06)^{12}-1,06)]:0,06$. Je calcule par logarithmes $(1,06)^{13}=2,13293$, et j'en retranche 1,06. Je multiplie le reste 1,07293 par 1500; puis je divise le produit 1609,395 par 0,06. Le quotient 26823f,25 répond à la question.

1093. J'ai placé 1200f au commencement de chaque année à 4 p. 0/0 et à intérêts composés. Je retire mon argent 7 ans 8 mois 12 jours après le 1er placement pour acheter de la rente 4 1/2 p. 0/0 au cours de 94f,50 ; courtage 1/8 p. 0/0. Combien aurai-je de rente ? Rép. 540f,60

8mois 12j $= {}^{84}/_{120}$ ou 0,7 (d'année). Les sept premiers placements produisent avec leurs intérêts composés à la fin de la 7e année : $1200\,[(1,04)^8-1,04]:0,04$. Je calcule par logarithmes, $(1,04)^8=1,368569$, et j'en retranche 1,04 ; je multiplie le reste 0,328569 par 1200, et je divise le produit par 0,04 ; ce qui revient à multiplier 0,328569 par 30000. Le produit est 9857f,07. A la fin de la 7e année je possédais 9857f,07; je place encore 1200f. Le total 11057f,07 qui reste placé pendant 8mois 12j ou 0,7 d'année vaut au bout de ce temps $11057,07\times(1+0,04\times 0,7)=11057,07\times 1,028=11366,67$. Combien aurai-je de rente pour cette somme? $94^f,50$ + le courtage valent $94^f,618$. Je divise 11366,67 par 94,618 et je multiplie le quotient par 4,5; le produit est $540^f,60$; c'est la rente demandée.

1094. Un particulier qui a placé au commencement de chaque année une somme a, à intérêts composés et à 5 p. 0/0 pendant 15 ans, retire à la fin de la 15ᵉ année la somme de $19032^f,32$. Trouver a. RÉP. $a = 840^f$.

ÉQUATION. $a[(1,05)^{15} + (1,05)^{14} + \ldots (1,05)^2 + (1,05) =$ 19032,32, ou $a[1,05(1,05^{15}-1)] : 0,05 = a[(1,05)^{16} - 1,05] : 0,05$ $= 19032,32$. Je calcule à l'aide des logarithmes $(1,05)^{16} - 1,05$ $= 1,132875$. $a = 19032,32 \times 0,05 : 1,132875 = 840^f$.

1095. Un particulier qui a placé 4800^f au commencement de chaque année à intérêts composés et à 4 1/2 p. 0/0 retire son argent au bout d'un certain nombre d'années, et achète avec son capital 4527^f de rente 3 p. 0/0 au cours de 69^f; il paye un courtage de 1/8 p. 0/0. Combien avait-il fait de placements de 4800^f.

1^f de rente coûte 23^f; 4527^f coûtent $4527 \times 23 = 104121^f$, et avec le courtage : $104251^f,15$. Je suppose d'abord que l'argent ait été retiré au bout d'un nombre entier d'années n. Le particulier a retiré au bout de la $n^{ième}$ année une somme qui doit être égale à $104251^f,15$. De là l'équation : $4800[(1,045)^{n+1} - 1,045]$: $0,045 = 104251,15$. Je dégage $(1,045)^{n+1} = 2,0223545$; et je calcule $n + 1 = \log 2,0223545 : \log 1,045$. Je divise ces deux logarithmes l'un par l'autre, et je trouve le quotient 16 et un reste tout à fait négligeable; $n + 1 = 16$; d'où $n = 15$. Le particulier a fait 15 placements et retiré son argent à la fin de la 15ᵉ année.

1096. Un particulier, après avoir placé annuellement 2400^f pendant 2 ans à intérêts composés, retire son argent à la fin de la 2ᵉ année, et achète avec cet argent, moins $24^f,34$, *vingt* obligations rapportant chacune 15^f de rente au cours de 250^f. Il paye d'ailleurs un droit de mutation de $0^f,20$ p. 0/0 et un courtage de 1/8 p. 0/0. On demande le taux du premier placement.

$250^f \times 20 = 5000^f$; droit de mutation 10^f; courtage $6^f,26$. Total $5016^f,26$. J'y ajoute les $24^f,34$ non employés pour acheter la rente et j'ai $5040^f,60$ pour la valeur des deux placements à la fin de la 2ᵉ année. $2400(1+x)^2 + 2400(1+x) = 5040,60$. Je pose $1 + x = y$; $y^2 + y = 5040,60 : 2400 = 2,10025$. Je résous;

$y = \frac{1}{2}(-1 \pm \sqrt{1+8,40100})$; la racine positive $y=1,033$, donc $x = 0,033$. Le taux cherché est 3,3 p. 0/0.

1097. Un particulier a fait deux placements à intérêts composés et à 6 p. 0/0 chez le même banquier qui lui a souscrit deux obligations, l'une de 20000f, l'autre de 6000f, qui sont aujourd'hui payables la 1re dans 3 ans 7 mois 20 jours, la 2e dans 2 ans 4 mois 10 jours. Il convient avec son banquier de remplacer les deux obligations par une seule payable dans 3 ans; quelle doit être la somme portée sur cette obligation unique?

Je cherche les valeurs actuelles a et b des deux sommes placées. $7^{\text{mois}}\,20^{\text{j}} = 7^{\text{mois}}\,\frac{2}{3} = \frac{23}{3}$ de mois $= \frac{23}{36}$ d'année; $4^{\text{mois}}\,10^{\text{j}} = 4^{\text{mois}}\,\frac{1}{3} = \frac{13}{3}$ de mois $= \frac{13}{36}$ d'année. $a(1,06)^3\,(1+0,06\times\frac{23}{36})$ $= a(1,06)^3(6,23):6 = 20000$. D'où $a = \dfrac{120000}{(1,06)^3\times 6,23}$; de même $b = \dfrac{36000}{(1,06)^2\times 6,13}$. Le banquier doit donc faire une obligation de la valeur totale qu'acquerront ces deux obligations dans 3 ans laquelle est $(a+b)\,(1,06)^3 = \dfrac{120000}{6,23} + \dfrac{36000(1,06)}{6,13}$. Je calcule les 2 parties séparément. La 1re partie est 19261f,638 ; la 2e, 6225f,122 ; total : 25486f,76. L'obligation doit être de 25486f,76 payables dans 3 ans.

1098. Amortir une dette, c'est s'acquitter de cette dette et de ses intérêts composés par des payements égaux, successifs, effectués ordinairement d'année en année.

Un particulier emprunte une somme de 24000f qu'il doit rembourser avec ses intérêts à 5 pr 0/0 par an en 12 payements égaux effectués à la fin de chaque année. On demande la quotité de chaque annuité ou payement annuel. Il rachète cette rente au bout de 5 ans en payant une somme calculée d'après les échéances restantes, en tenant compte des intérêts composés à 5 p. 0/0 l'an. Combien donne-t-il ?

1re Question. Équation du problème : $\dfrac{a[(1,05)^{12}-1]}{0,05} = 24000(1,05)^{12}$. Je calcule, par log., $(1,05)^{12} = 1,795856$, et j'ai $a = 24000 \times 0,05 \times 1,795856 : 0,795856$. Je remplace $24000 \times 0,05$ par 1200, et je calcule a par log. d'après cette égalité. L'annuité demandée $a = 2707^{\text{f}},47$.

2e Question. Au bout de 5 ans, il reste encore 7 payements de 2707f,47 à faire à la fin de chaque année suivante. La somme à payer comptant est la somme de tous ces payements évalués en argent comptant :

$$x = 2707,47\left[\frac{1}{1,05}+\frac{1}{(1,05)^2}+\ldots+\frac{1}{(1,05)^7}\right]=$$

$$\frac{2707,47[(1,05)^7-1]}{0,05\times(1,05)^7}=\frac{2707,47}{0,05}-\frac{2707,47}{0,05}:(1,05)^7=54149,40-$$
$54149,40:(1,05)^7$.

Je cherche le log de 54149,40 et j'en retranche log $(1,05)^7$; puis je cherche le nombre correspondant qui est 38483f. Je retranche 38483f de 54149f,40; le reste 15666f,40 est la somme à payer pour le rachat.

1099. Une dette de 18867f,16 a été amortie par annuités de 1673f,50 ; le taux étant de 5 p. 0/0, on demande le nombre des annuités. Rép. 17.

Soit n le nombre des annuités. D'après la formule des annuités : $1673^f,50=\frac{18867^f,16\times 0,05(1,05)^n}{(1,05)^n-1}$. Je résous en prenant pour inconnue $(1,05)^n$; $(1,05)^n=\frac{1673,50}{1673,50-943,358}=$ $\frac{1673,5}{730,142}$. D'où $n=\frac{\log(1673,5)-\log(730,142)}{\log(1,05)}=17$.
Log 1673,5=3,2236257; log 730,142=2,864073; log 1,05= 0,0211893.

1100. Un débiteur s'est acquitté au moyen de 15 annuités de 3000f. L'intérêt de l'argent étant de 6 p. 0/0, on demande la quotité de sa dette.

Équation du problème. L'annuité $3000=\frac{a\times 0,06(1,06)^{15}}{(1,06)^{15}-1}$.

D'où $$a=\frac{3000[(1,06)^{15}-1]}{0,06\times(1,06)^{15}}=\frac{3000}{0,06}-\frac{3000}{0,06}\times\frac{1}{(1,06)^{15}}=$$
$50000-\frac{50000}{(1,06)^{15}}$. Log 50000 = 4,6989700; 15 log (1,06) = 0,3795885; $a=29136^f,75$.

1101. Un débiteur s'est acquitté d'une dette de 8000f au moyen de 2 annuités de 4363f,50. On demande le taux de l'intérêt.

Équation du problème. $4363,50(1+x)+4363,5=8000(1+x)^2$. Je pose $(1+x)=y$; $8000y^2-4363,5y-4363,5=0$. Je résous : la racine positive $y = 1{,}06$. $1+x=1{,}06$; $x=0{,}06$. Le taux cherché est 6 pour 0/0 par an.

1102. Un particulier s'est engagé à servir pendant 20 ans une rente annuelle de 840f. Au bout de 3 ans 8 mois, il se libère vis-à-vis de son créancier en lui payant la somme qui se trouverait remboursée par la rente de 840f payée aux échéances suivantes ; le taux est de 5 0/0, combien donne-t-il ? Rép. 9745f,80.

A la fin de la 4e année, il doit la 4e rente de 840f et la valeur des 16 autres rentes à payer, évaluées en argent comptant au commencement de la 5e année au taux de 5 pour 0/0 par an. Cette valeur est

$$840\left[\frac{1}{1{,}05}+\frac{1}{(1{,}05)^2}+\ldots+\frac{1}{(1{,}05)^{16}}\right]=840\left(\frac{(1{,}05)^{16}-1}{0{,}05(1{,}05)^{16}}\right)=$$

$\frac{840}{0{,}05}$ ou $16800-\frac{16800}{(1{,}05)^{16}}$. Je calcule par log, $16800:(1{,}05)^{16}=7731{,}8$. Je retranche de 16800 ; le reste est 9068,20. Le particulier doit comptant, à la fin de la 4e année, 840f + 9068f,20 = 9908f,20. Il paye comptant 4 mois auparavant. Soit a la somme payée ; on doit avoir : $a(1+{}^1/_3\,0{,}05)=9908^f{,}20$; $a=(9908^f{,}20\times 3):3{,}05=9745^f{,}80$.

1103. Un entrepreneur emprunte 100000f qu'il doit rembourser en 15 annuités dont la 1re ne sera payée que 6 ans après l'emprunt. Le taux de l'intérêt est 6 p. 0/0 ; quelle sera l'annuité à payer ?

L'emprunteur ne payant rien pendant 5 ans, doit au commencement de la 6e année $100000(1{,}06)^5$; les choses se passent comme s'il empruntait alors cette dernière somme pour la payer en 15 annuités. La formule est donc : $a=\frac{100000(1{,}06)^5\times 0{,}06\times(1{,}06)^{15}}{(1{,}06)^{15}-1}$

$=\frac{6000(1{,}06)^{20}}{(1{,}06)^{15}-1}$. Je cherche le log du numérateur ; je calcule $(1{,}06)^{15}=2{,}396562$, puis log $[(1{,}05)^{15}-1]$ ou log $(1{,}396562)$. Je retranche ce log du log. du numérateur, et j'ai log a. Je cherche le nombre correspondant ; $a = 13778^f{,}75$.

1104. Un capitaine de navire emprunte 100000f qu'il fait valoir sans rien payer pendant un certain nombre d'années inconnu n. Après cela, il s'acquitte au moyen de n annuités de 24332f. Le taux de l'intérêt est 6 p. 0/0 ; trouver n.

Le capitaine ne payant rien pendant n années, doit à la fin de la n^e année $100000(1,06)^n$; c'est absolument comme s'il empruntait alors cette somme payable en n annuités. Cela étant, la formule des annuités donne $24332 = \frac{100000\,(1,06)^n \times 0,06\,(1,06)^n}{(1,06^n - 1}$ $= \frac{6000(1,06)^{2n}}{(1,06)^n - 1}$. Je pose $(1,06)^n = x$; je remplace, et je chasse le dénominateur : $6000x^2 - 24332x = 24332$. Je résous, et je trouve : $x = 1,79085$; $(1,06)^n = 1,79085$; $n = \log(1,79085) : \log(1,06)$. Je divise les deux logarithmes, et je trouve $n = 10$.

1105. Un gouvernement emprunte 42000000f pour lesquels il donne des rentes à 3 p. 0/0 au cours de 63f net. Il veut amortir cette dette en 40 ans, en consacrant chaque année la même somme à racheter de la rente au cours moyen de 64f,50, et à payer les rentes non amorties. On demande la quotité de l'annuité, et la marche à suivre pour déterminer les quantités de rentes qui seront rachetées année par année.

NOTA Les rentes ne peuvent être rachetées à un cours uniforme ; car le gouvernement amortissant comme les particuliers, doit acheter au cours du jour. Les prévisions ne peuvent donc s'établir que sur un cours moyen précis, prévu ou convenu.

Pour 63f prêtés, le gouvernement donne 3f de rente ; pour 1f prêté, $^3/_{63}$ ou $^1/_{21}$f de rente ; pour 42000000f prêtés, 42000000 : 21 ou 2000000f de rente. Plus tard, il doit donc racheter ces 2000000f de rente par annuités, à raison de 64f,50 pour 3f de rente, ou de 21f,50 pour 1f de rente. Il doit donc rembourser en 40 ans par annuités 2000000 de fois 21f,50, ou $21^f,50 \times 2000000$, et de plus payer chaque année une rente et un intérêt de 3f pour 64f,50 non encore remboursés, ou $\frac{3^f}{64,50} = \frac{1^f}{21,50}$ pour chaque franc non encore remboursé ; désignons un instant par r cet intérêt annuel payé pour 1 fr. La question proposée est donc une question d'annuité ordinaire ; la formule spéciale donne l'annuité $a = \frac{2000000 \times 21,50 \times r \times (1+r)^{40}}{(1+r)^{40} - 1} = \frac{2000000 \times (1+r)^{40}}{(1+r)^{40} - 1}$, puisque $r = \frac{1}{21,50}$. Je calcule par logarithmes $(1+r)^{40}$; d'où $(1+r)^{40} - 1$; puis a au moyen des log. de 2000000, de $(1+r)^{40}$ et de $(1+r)^{40} - 1$. Tout calcul fait, $a = 2387955^f$.

Emploi de l'annuité. A la fin de la 1re année, l'État paye 2000000[f] pour les rentes échues, puis rachète des rentes pour 387955[f], soit, à raison de 1[f] de rente pour 21[f],50, 18044[f] de rente; et il reste 9[f] non encore employés. L'année suivante, le gouvernement n'ayant plus à payer ces 18044[f] les joint au reste 9[f] et à la 2[e] somme annuelle de 387955[f], et rachète avec le tout une 2[e] quantité de rente, soit $b_2{}^f$ de rente, par exemple ; et il reste $r_2{}^f$. L'année suivante, on rachète de la rente pour $387955^f + b_1{}^f + b_2{}^f + r_2$, soit $b_3{}^f$ de rente ; et il y a un reste r_3. L'année suivante, on rachète pour $387955^f + b_1{}^f + b_2{}^f + b_3{}^f + r_3{}^f$. Ainsi de suite. (Voyez à la fin de l'Exercice suivant.)

1106. Une compagnie de chemin de fer fait un emprunt de 240000000 francs en obligations au cours moyen de 300[f], dont la valeur nominale est de 500[f] et pour chacune desquelles elle paye 15[f] d'intérêt annuel. Elle doit amortir cet emprunt dans l'espace de 96 ans, en consacrant chaque année une somme fixe au rachat d'un certain nombre d'obligations et au payement des intérêts non amortis. Déterminer cette somme fixe et indiquer la marche à suivre pour établir le nombre d'obligations à rembourser dans les diverses années successives.

Chaque obligation coûtant 300[f], la compagnie en émet un nombre égal à 240000000 : 300 = 800000. Comme elle doit rembourser à 500[f] en payant 15[f] d'intérêt par obligation, elle est exactement dans la situation d'un particulier qui doit rembourser $500^f \times 800000$ ou 400000000[f] en 96 annuités, et de plus payer chaque année 15[f] par 500[f] non encore remboursés, soit 0[f],03 d'intérêt par chaque fr. non encore remboursé. Il y a donc lieu d'appliquer la formule ordinaire qui sert au calcul des annuités $a = \dfrac{400000000 \times 0,03(1,03)^{96}}{(1,03)^{96} - 1}$. Je calcule a par logarithmes comme on l'a vu dans les exercices précédents : $a = 12746700^f$.

Emploi de l'annuité. A la fin de la 1re année, on paye 12000000[f] d'intérêts échus, et on rachète des obligations pour 746700[f], soit 1493 obligations, et il reste 200[f] non employés. L'année suivante, on n'a pas à payer les intérêts de ces 1493 obligations, soit $15^f \times 1493 = 22395^f$, qu'on emploie en plus au 2[e] remboursement d'obligations. On y emploie donc $746700^f + 200^f + 22395^f = 769295^f$. On rachète cette fois 1538 obligations, et il reste 295[f] non employés; $15^f \times 1538 = 23070^f$; à la fin de la 3e année d'amortissement, on rachète pour 746700 + 22395 + 23070 + 295 = 792360f, soit 1584 obligations, et il y a un reliquat de 360f non employés. Ainsi de suite.

(Voyez dans notre *Algèbre*, 9e édition, ou dans notre *Traité de l'amortissement* une méthode plus simple et plus régulière pour calculer les nombres successifs d'obligations à rembourser, ou les quantités successives de rentes à racheter. — Exerc. 1105.)

1107. La population d'un pays s'accroît chaque année du 60e de sa valeur. En combien d'années sera-t-elle 1° doublée ; 2° triplée ?

Soit P cette population. A la fin de la 1re année, elle devient $P + {}^1/_{60}\,P = {}^{61}/_{60}\,P = P_1$; à la fin de la 2e année, $P_1({}^{61}/_{60}) = P({}^{61}/_{60})^2$; etc., etc.; au bout de n années : $P({}^{61}/_{60})^n$. Si elle doit être alors doublée, $P({}^{61}/_{60})^n = 2P$; ou $({}^{61}/_{60})^n = 2$. Si elle doit être triplée, $({}^{61}/_{60})^{n'} = 3$. Je calcule n et n' par logarithmes; et je réduis chaque fraction décimale d'année en mois et en jours. La population sera doublée dans 41ans 11m 7 ; triplée dans 67ans 9m 13j.

1108. La population d'une ville qui est actuellement de 25800 habitants, s'accroît moyennement chaque année du 30e de sa valeur. Dans combien de temps cette population atteindra-t-elle 40000 habitants ?

Soit P la population au commencement d'une année. Après un an, elle sera : $P + {}^1/_{30}P = P \times {}^{31}/_{30} = P_1$. Au bout de 2 ans, $P_1 \times {}^{31}/_{30} = P \times ({}^{31}/_{30})^2$. Ainsi de suite; après x années, $P \times {}^{31}/_{30})^x$. Dans le cas actuel,

$$P = 25800 \quad \text{et} \quad 25800 \times ({}^{31}/_{30})^x = 40000.$$

$\text{Log}\, x = \dfrac{\log 40000 - \log 25800}{\log 31 - \log 30}$. J'effectue le calcul, et j'évalue le nombre d'années trouvé en années, mois et jours; $x =$ 14ans 0m 2j.

1109. Une population de 48000 habitants s'est accrue en trois ans de 5000 habitants. Au bout de combien de temps sera-t-elle doublée, si elle continue à s'accroître dans la même proportion ?

Je prends la période de 3 ans pour unité de temps. La population augmente dans la proportion de 5000 pour 48000, c'est-à-dire à chaque période de 3 ans des ${}^5/_{48}$ de sa valeur. Après une période elle devient $P \times {}^5/_{48} = P_1$; après la 2e période,

$P_1 \times {}^5/_{48} = P \times ({}^5/_{48})^2$; .....; après x périodes, $P({}^5/_{48})^x$; on doit avoir $P \times ({}^5/_{48})^x = 2P$ ou $({}^5/_{48})^x = 2$. On calcule x par logarithmes. Le nombre d'années cherché est $3x$; $3x = 20^{ans}$ 11^{mois} 25^{j}.

1110. L'augmentation, éprouvée en 1863 par une population de 54000 habitants, est telle qu'on en conclut que cette population sera doublée en 1899. Que sera-t-elle en 1872 ?

La population sera doublée en 1899, c'est-à-dire au bout de 36 ans. Si x désigne le rapport de l'accroissement annuel à la population, celle-ci devient au bout d'un an, $P+Px=P(1+x) = P_1$; au bout de 2 ans, $P_1(1+x)=P(1+x)^2$; ... au bout de $36^{années}$, $P(1+x)^{36}$. On doit avoir $P(1+x)^{36}=2P$, ou $(1+x)^{36} = 2$. D'où $36 \log(1+x) = \log 2$; $\log(1+x) = \log 2 : 36 = 0,0083619$.

En 1872 la population sera $54000(1+x)^9 = P'$. $\text{Log } P' = \log 54000 + 9 \log(1+x) = \log 54000 + 0,0083619 \times 9$. Je cherche le nombre correspondant; $P' = 64217$.

1111. La population d'une ville, qui était en 1836 de 12800 habitants, s'est accrue annuellement du 50ième de sa valeur pendant 11 ans, a décru annuellement du 80e pendant les 5 années suivantes, puis a recommencé à croître annuellement du 60e de sa valeur. On demande la quotité de cette population en 1864. RÉP. 18181 hab.

En raisonnant comme précédemment, on trouve que la population devient au bout de 11 ans, $12800 \times ({}^{51}/_{50})^{11} = P_1$; 5 ans plus tard, $P_1({}^{79}/_{80})^5 = 12800 \times ({}^{51}/_{50})^{11} \times ({}^{79}/_{80})^5 = P_2$; 12 ans plus tard encore, c'est-à-dire en 1864, $P_2({}^{61}/_{60})^{12} = 12800({}^{51}/_{50})^{11} \times ({}^{79}/_{80})^5 \times ({}^{61}/_{60})^{12} = P_3$. $\text{Log } P_3 = \log 12800 + 11 \log 51 + 5 \log 79 + 12 \log 61 - (11 \log 50 + 5 \log 80 + 12 \log 60) = 4,2596297$. Je cherche le nombre correspondant; $P_3 = 18181$.

FIN.

1981 — Abbeville, imp. Briez, C. Paillart et Retaux.